基礎からわかる
リモートセンシング
第 2 版

日本リモートセンシング学会 編

理工図書

まえがき

　地球観測衛星 Landsat-1 が打上げられた 1972 年以来，リモートセンシングは新しい技術として世界に広まり，様々な分野で用いられてきた。例えば，天気予報，漁場予測，資源探査，収穫量予測，森林管理，災害状況把握など社会活動に直接的に関係するような分野で用いられてきている。また，1980 年代以降，温暖化をはじめとする地球環境問題が一般人にも認識されるようになり，環境変動がどのような要因とメカニズムで起こるかを研究する科学の重要性が増してきた。このような科学研究において，リモートセンシングは地球表層（大気，陸域，海洋）の広い領域での環境の状態とその変化に関する情報を得るための強力な手段として必要不可欠な技術となってきた。

　リモートセンシングに関する書物は現在まで数多く出版されているが，大学の講義に使える初学者用の教科書はなかった。本書は大学または大学院において初めてリモートセンシングを学ぶ学生を対象とした教科書である。日本リモートセンシング学会が本書の出版を企画したきっかけは，2008 年にリモートセンシングの発展のために何をなすべきかを学会の理事会において議論したことに始まる。このとき，リモートセンシングの講義に使える教科書が必要との意見が出された。これを受けて本書を編集すべく 2009 年に学会内に教科書編集委員会が設置された。本書は日本リモートセンシング学会が総力をあげて編集したリモートセンシング教科書の決定版といえる。

　本書の特徴は次のとおりである。
(1) 著者はリモートセンシングの各分野における日本を代表するエキスパートである。
(2) 90 分講義 15 回分として 15 章の構成とし，各章に学習目標を明示した。
(3) リモートセンシングがどのように社会に役立っているかを理解してもらうためにリモートセンシングの応用例を第 2，3，4 章で紹介した。
(4) 本教科書内の図および編集の都合で本書に含めることができなかった画像の講義用パワーポイントファイルは https : //www.rssj.or.jp/textbook 2/から入手可能である。本書の図表はすべて白黒であるが，パワーポイントファイルはカラーで表示されている。
(5) 本書の中心的な読者として理系の専門課程の大学生および大学院生を想定している。
(6) より発展的な解説はコラム欄に記述した。

　本教科書により，わずかでもリモートセンシングの理解が広がり，また将来のリモートセンシング専門家を目指す学生が増えれば，それは日本リモートセンシング学会の本望とするところである。

2011 年 1 月

編集委員長　建石隆太郎

第 2 版の刊行にあたって

　本書は，日本リモートセンシング学会が 2011 年 6 月に刊行したリモートセンシングの教科書「基礎からわかるリモートセンシング」の第 2 版である。初版の刊行から 10 年余りが過ぎ，リモートセンシング技術の進歩や取り巻く環境の変化により，初版には修正すべき箇所が散見されるようになってきた。このため，2022 年 8 月に学会内に教科書編集委員会が設置され，その後 2 年余りの改訂作業を経て刊行に至ったのが本書である。本改訂にあたっては，取り上げられている事例が多少古くとも，方法論や考え方等が現在でもそのまま通じる内容については基本的に残しつつ，現状になじまなくなった記述を中心に書き換える方針とした。また，ページ数の制約を考慮しつつ，新たな内容も一部追加することとした。本改訂により，本書が今後も引き続きリモートセンシングのスタンダードな教科書として大いに活用されることを期待したい。

　本書の刊行にあたり，初版の編集委員長の建石先生には貴重なご助言とご支援を頂いた。また，著者の皆様，編集委員各位，理工図書の谷内氏には，ご多忙の折，多くのご協力を頂いた。ここに厚く御礼を申し上げる次第である。

2024 年 10 月

第 2 版　編集委員長　外岡秀行

本書の使い方

　本書の使用法を以下に述べる。

《本書を講義用教科書として使われる教員に対して》

(1) 基本的には各章が講義1回分と想定しているが，講義回数の制限により一部の章を省いてもよい
　多くの章では90分講義以上の内容を含んでいるため，適宜内容を取捨選択していただきたい。

(2) 必ずしも章の順番に講義する必要はない。例えば，最後の2章の合成開口レーダ関係は前に回し
　て講義してもよい。次ページに各章の関係を示す。

(3) 講義でパワーポイントファイルを使用される場合は，本書からのスライドと各先生がお持ちのス
　ライドを組み合わせて独自のスライドセットを作成して講義されることをお勧めする。

《本書を自習用として使われる学生，専門家の方々に対して》

(1) リモートセンシングの初学者は第1章から順に通読されるとよい。ただし，応用例を紹介した第
　2，3，4章は興味に応じて後で読んでもよい。

(2) 既にリモートセンシングを学んだことのある読者は，確認したい内容の章を選んで読むとよい。
　学び漏らしていた知識の確認に役立つはずである。

まえがき

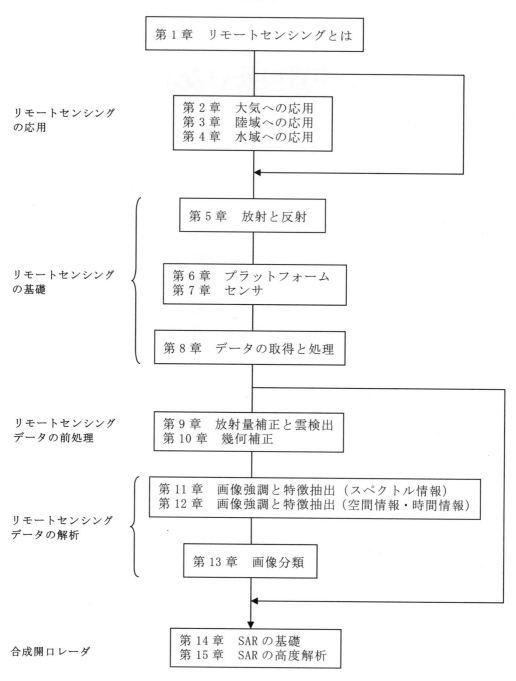

各章の関係と講義の順序

目　　次

まえがき

第1章　リモートセンシングとは　……………………………………… 1

1.1　リモートセンシングとは何か　………………………………………… 1

1.2　リモートセンシングの歴史　…………………………………………… 4

1.3　リモートセンシングのタイプ　………………………………………… 5

1.4　リモートセンシングのデータと処理　………………………………… 7

1.5　リモートセンシングデータから得られる情報　……………………… 7

第2章　大気への応用　…………………………………………………… 11

2.1　雲と降雨，エアロゾルの観測　………………………………………… 11

　　2.1.1　雲の観測　………………………………………… 11

　　2.1.2　降雨の観測　……………………………………… 13

　　2.1.3　エアロゾルの観測　……………………………… 16

　　2.1.4　ライダーによる大気観測　……………………… 19

2.2　成層圏オゾンの観測　…………………………………………………… 21

2.3　温室効果ガスおよびその他の大気中微量成分や気温の観測　……… 24

　　2.3.1　衛星による温室効果ガスリモートセンシングの意義　………… 24

　　2.3.2　短波長赤外域における温室効果ガスリモートセンシングの原理　… 24

　　2.3.3　衛星による温室効果ガスリモートセンシングの例　…………… 25

　　2.3.4　熱赤外域リモートセンシングによる大気サウンディング　……… 26

2.4　気象業務におけるリモートセンシングの利用　……………………… 29

第3章　陸域への応用　…………………………………………………… 37

3.1　土地利用・土地被覆　…………………………………………………… 37

3.2　DEM・地図　……………………………………………………………… 41

3.3　都市の熱環境　…………………………………………………………… 43

3.4　災害　……………………………………………………………………… 45

3.5　農業　……………………………………………………………………… 49

3.6　自然環境　………………………………………………………………… 51

3.7　森林・林業　……………………………………………………………… 53

3.8　水収支・熱収支　………………………………………………………… 55

3.9　砂漠化　…………………………………………………………………… 58

3.10　資源調査　……………………………………………………………… 60

v

3.11　氷河・氷河湖　……………………………………………………………………………………………　64

第4章　水域への応用　……………………………………………………………………………　71

4.1　水質・海色　…………………………………………………………………………………………　71
4.1.1　水質と分光特性　………………………………………………………………………　71
4.1.2　沿岸域・湖沼　…………………………………………………………………………　73
4.1.3　外洋　………………………………………………………………………………………　73
4.1.4　油汚染　……………………………………………………………………………………　75

4.2　海面温度　…………………………………………………………………………………………　76
4.2.1　海面からの熱放射　…………………………………………………………………　77
4.2.2　海面温度推定のための大気補正　…………………………………………　77
4.2.3　沿岸域と外洋域への応用　…………………………………………………………　78

4.3　サンゴ礁・藻場・水生生物　……………………………………………………………　79
4.3.1　海底のリモートセンシングの基本と水深推定　……………………　79
4.3.2　サンゴ礁・藻場　………………………………………………………………………　81
4.3.3　水生生物　…………………………………………………………………………………　83

4.4　マイクロ波による外洋の観測　………………………………………………………　83
4.4.1　海水　………………………………………………………………………………………　83
4.4.2　海上風と波浪　……………………………………………………………………………　83
4.4.3　海面高度と表層海流　………………………………………………………………　84
4.4.4　海面塩分　…………………………………………………………………………………　85

4.5　水産業における利用　…………………………………………………………………………　87
4.5.1　海面漁業への応用　……………………………………………………………………　87
4.5.2　海面増養殖業への応用　……………………………………………………………　89

第5章　放射と反射　…………………………………………………………………………………　93

5.1　電磁波の特徴　……………………………………………………………………………………　93
5.2　熱放射とプランクの放射則　……………………………………………………………　95
5.3　物質表面における電磁波の反射　………………………………………………………　97
5.4　分光反射率と分光放射率　…………………………………………………………………　100
5.5　大気の散乱・吸収・放射　…………………………………………………………………　102
5.6　放射と反射の要点　……………………………………………………………………………　107

第6章　プラットフォーム　…………………………………………………………………………　109

6.1　プラットフォームの概要　…………………………………………………………………　109
6.2　人工衛星　…………………………………………………………………………………………　110

6.2.1 人工衛星システム ………………………………………… 110

6.2.2 軌道 ……………………………………………………… 113

6.3 航空機 …………………………………………………………………… 118

6.3.1 航空機の種類と特性 ……………………………………… 118

6.3.2 航空機の運航計画 ………………………………………… 120

6.3.3 航空機の位置姿勢測定 …………………………………… 120

6.4 その他のプラットフォーム ……………………………………………… 121

6.4.1 成層圏プラットフォーム・気球 ………………………… 121

6.4.2 UAV・ドローン …………………………………………… 122

6.4.3 車両 ………………………………………………………… 123

6.4.4 船舶 ………………………………………………………… 125

第7章 センサ ……………………………………………………………… 129

7.1 センサの体系 …………………………………………………………… 129

7.2 センサの原理 …………………………………………………………… 130

7.2.1 光学センサの原理 ………………………………………… 130

7.2.2 マイクロ波センサの原理 ………………………………… 132

7.3 センサの特性 …………………………………………………………… 139

7.3.1 光学センサの特性 ………………………………………… 139

7.3.2 マイクロ波センサの特性 ………………………………… 142

7.4 センサの代表例 ………………………………………………………… 144

7.4.1 光学センサの代表例 ……………………………………… 144

7.4.2 マイクロ波センサ ………………………………………… 149

第8章 データの取得と処理 ……………………………………………… 155

8.1 ミッションの計画と運用 ……………………………………………… 155

8.1.1 観測要求 …………………………………………………… 155

8.1.2 運用制約 …………………………………………………… 157

8.1.3 運用計画 …………………………………………………… 159

8.2 リモートセンシングデータの受信と処理 …………………………… 160

8.2.1 入射電磁エネルギーからデータへの変換，幾何学的情報の記録 160

8.2.2 データの伝送 ……………………………………………… 161

8.2.3 プロダクトのレベル ……………………………………… 164

8.3 リモートセンシングデータの配布と利用 …………………………… 167

8.3.1 データの形式 ……………………………………………… 167

8.3.2 データの入手方法 ………………………………………… 168

vii

第9章　放射量補正と雲検出　……173

9.1　放射量校正　……173
9.1.1　放射量校正とは　……173
9.1.2　可視～短波長赤外波長帯の放射量校正　……175
9.1.3　熱赤外波長帯の放射量校正　……177
9.2　画質改善処理　……179
9.3　大気補正　……180
9.3.1　大気補正とは　……180
9.3.2　可視～短波長赤外波長帯の大気補正　……182
9.3.3　熱赤外波長帯の大気補正　……184
9.4　雲検出　……187
9.4.1　リモートセンシングにおける雲の影響　……187
9.4.2　雲検出手法　……187

第10章　幾何補正　……193

10.1　幾何補正とは　……193
10.2　幾何補正の原理と座標系　……195
10.2.1　座標参照系　……195
10.2.2　座標系とシステム補正の考え方　……200
10.3　幾何補正の方法　……202
10.3.1　衛星画像の処理レベル　……203
10.3.2　システム補正後のパラメータを用いた再配列　……203
10.3.3　精密補正　……204
10.3.4　オルソ補正　……205
10.3.5　内挿手法　……208
10.4　幾何補正の精度の評価　……209
10.4.1　検証点を利用した方法　……210
10.4.2　シミュレーション画像を利用した方法　……210
10.5　モザイク処理　……212
10.6　SfM/MVSによる3次元復元　……214

第11章　画像強調と特徴抽出（スペクトル情報）　……217

11.1　スペクトル情報の強調　……217
11.1.1　画像濃度値の変換　……218
11.1.2　色空間への変換　……222

11.2 スペクトルデータからの特徴抽出 ……………………………………… 225

   11.2.1 スペクトルデータに含まれる有用情報 ……………… 225

   11.2.2 植生指数 ……………………………………… 230

   11.2.3 植生以外の指数 ……………………………… 232

   11.2.4 ハイパースペクトルデータの利用法 …………… 233

   11.2.5 おわりに ……………………………………… 236

第12章　画像強調と特徴抽出（空間情報・時間情報） ………… 239

12.1 空間情報の画像強調と特徴抽出 …………………………………… 239

   12.1.1 画像強調 ……………………………………… 240

   12.1.2 テクスチャ特徴量の抽出 ……………………… 243

12.2 変化検出 ………………………………………………………… 245

   12.2.1 変化検出とは ………………………………… 245

   12.2.2 変化検出における留意点 ……………………… 245

   12.2.3 変化検出の手法 ……………………………… 246

   12.2.4 変化検出の例 ………………………………… 247

12.3 時系列解析 ……………………………………………………… 249

   12.3.1 時系列解析とは ……………………………… 249

   12.3.2 時系列解析の手法 …………………………… 250

   12.3.3 時系列解析の例 ……………………………… 251

第13章　画像分類 ……………………………………………………… 255

13.1 画像分類の流れ ………………………………………………… 255

13.2 トレーニングデータと画像分類の定義 …………………………… 258

   13.2.1 トレーニング領域とトレーニングデータ ………… 258

   13.2.2 教師付き分類と教師無し分類の定義 …………… 260

13.3 教師無し分類（非階層的クラスタリング） ………………………… 261

   13.3.1 K平均法 ……………………………………… 261

   13.3.2 ISODATA法 …………………………………… 264

13.4 教師付き分類（基本的な手法） …………………………………… 265

   13.4.1 決定木法 ……………………………………… 265

   13.4.2 最短距離法 …………………………………… 266

   13.4.3 最尤法 ………………………………………… 267

   13.4.4 スペクトル角マッパー法 ……………………… 269

   13.4.5 各手法の比較例 ……………………………… 269

13.5 教師付き分類（ニューラルネットワークと深層学習） ………… 272

ix

13.6　画像分類精度の評価方法　　　　　　　　　　　　　275

　　13.6.1　画像分類精度評価の考え方　　　　　　　　275

　　13.6.2　分類精度表（判別効率表）　　　　　　　　275

　　13.6.3　画像分類精度評価指標　　　　　　　　　　276

第14章　SARの基礎　　　　　　　　　　　　283

14.1　SARの基礎　　　　　　　　　　　　　　　　283

　　14.1.1　SARの概要　　　　　　　　　　　　　283

　　14.1.2　実開口レーダとSAR　　　　　　　　　287

　　14.1.3　合成開口技術　　　　　　　　　　　　291

14.2　SARの画像再生　　　　　　　　　　　　　294

　　14.2.1　パルス圧縮（pulse compression）　　　　295

　　14.2.2　合成開口処理　　　　　　　　　　　　296

　　14.2.3　グランドレンジ変換とSAR画像の幾何学的歪　　　　299

14.3　SAR画像の特徴　　　　　　　　　　　　　300

　　14.3.1　マイクロ波散乱とSAR画像強度　　　　300

　　14.3.2　表面散乱と体積散乱　　　　　　　　　304

　　14.3.3　スペックルノイズ　　　　　　　　　　307

第15章　SARの高度解析　　　　　　　　　311

15.1　干渉SARデータ解析　　　　　　　　　　　311

　　15.1.1　干渉SAR観測原理　　　　　　　　　311

　　15.1.2　干渉SARデータ解析手順　　　　　　315

　　15.1.3　解析結果例　　　　　　　　　　　　317

15.2　多偏波SARデータ解析　　　　　　　　　　319

　　15.2.1　多偏波SARデータの観測原理　　　　　319

　　15.2.2　多偏波SARデータの解析手法　　　　　320

略語一覧　　　　　　　　　　　　　　　　　　　330

索引　　　　　　　　　　　　　　　　　　　　　336

第1章　リモートセンシングとは

〈この章で学ぶべきこと〉

　本章では，リモートセンシングとは何か，リモートセンシングの歴史，リモートセンシングのタイプ，リモートセンシングデータの特徴と得られる情報など，リモートセンシングの基礎事項について学ぶ。

学習目標：

① リモートセンシングの概念，歴史を学ぶ。
② リモートセンシングの特長と可能性を理解する。
③ 電磁波の波長帯による呼称を学ぶ。
④ リモートセンシングデータの特徴と処理の流れを理解する。
⑤ リモートセンシングデータから得られる情報の概要を理解する。

キーワード：

反射率（reflectance），放射率（emissivity），センサ（sensor），プラットフォーム（platform），可視・反射赤外リモートセンシング（visible-reflective IR remote sensing），熱赤外リモートセンシング（thermal remote sensing），光学リモートセンシング（optical remote sensing），マイクロ波リモートセンシング（microwave remote sensing），レーダ（radar），検知素子（detector），画素（pixel），ディジタル画像（digital image），情報抽出（information extraction）

1.1　リモートセンシングとは何か

　通常，リモートセンシングは，上空から地球表面あるいは大気を観測し，知りたい情報を得る技術（あるいは科学）の意味で用いられる。

　言葉としてのリモートセンシングは，広義には，対象物に接触することなしに離れた（remote）場所から観測する（sensing）ことを意味する。人間の五感（視，聴，嗅・味・触）に例えると，視覚，聴覚，嗅覚がリモートセンシングに相当し，それぞれが感じているものは，光（電磁波），音波，気体分子である。

　一般的な意味でのリモートセンシングは視覚に相当する。観測するものは光を含む電磁波である。これに対して，広い意味でのリモートセンシングの中には聴覚に相当するものがある。例えば海面から音波を出し，反射音波により海底の深度を観測する音波測深機がこれにあたる。

　一般にリモートセンシングは上空から地球表面を観測するが，広義のリモートセンシングでは地上の観測装置で離れた位置の地上または大気を観測することも含めてよい。また，実用目的におけるほ

1

第1章 リモートセンシングとは

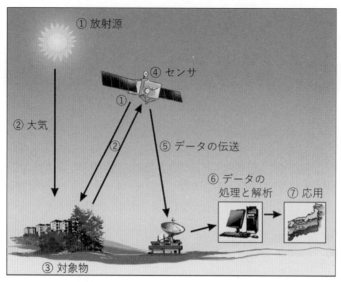

図 1.1 リモートセンシングの概念

とんどの対象は地球であるが，科学目的では月，太陽，惑星などの天体を対象としたリモートセンシングも行われている。

図 1.1 は，リモートセンシングの概念を示したものである。以下に①〜⑦までの説明を記す。

① 放射源：放射源とは，電磁波を出す（放射する）源のことである。自然の放射源の例として，太陽や地球表面がある。一方，人工的な放射源の例としてレーダの送信機などがある

② 大気：電磁波が大気中を通過するとき，大気による吸収や散乱の影響を受ける。また，大気自身も電磁波を放射する

③ 対象物：対象物から上空に向かう電磁波の強さは対象物の特性により決まる。対象物の特性は，太陽が放射源の場合は対象物の反射率によりあらわされる。また，地表面自身が放射源の場合は放射率および温度，レーダの場合は後方散乱断面積（レーダで観測した時の対象物からの反射の大きさ，14.3 節参照）などのパラメータによりあらわされる

④ センサ，プラットフォーム：対象物の方向から進んでくる電磁波を観測する装置をセンサという。日常的に用いるカメラもセンサと同様に電磁波（光）の強さを記録する機能を持っている。こうしたカメラが人間の知覚できる光（可視光）を撮影するのに対し，センサは可視光を含んだより広い範囲の電磁波を観測する。センサを搭載した移動体や固定台をプラットフォームという。人工衛星，航空機は代表的なプラットフォームである

⑤ データの伝送：プラットフォームが人工衛星の場合，センサで観測された電磁波の強さはディジタルデータに変換され，電波で地上の受信局へ送られる

⑥ データの処理と解析：観測されたデータは前処理され，視覚判読あるいはディジタル処理により対象物に関する情報を得る

⑦ 応用：上記のプロセスで得られた対象物に関する情報を様々な分野に利用する。例えば，地球環

境のある側面を理解するための科学的研究，あるいは気象予報，土地利用調査，地図作成，農業，林業，環境保全，資源探査などの社会での実利用に応用する．これらの詳細は第2章〜第4章において紹介する

上記を踏まえて，リモートセンシングを定義すると次のようになる．リモートセンシングとは，主として地球表面や大気中の対象からの電磁波を人工衛星などのプラットフォームに搭載されたセンサで観測し，対象に関する情報を得て，様々な分野に利用する技術（あるいは科学）である．

リモートセンシングにおいて情報を伝達する媒体である電磁波についての詳細な説明は第5章で述べるが，ここでは電磁波の波長による呼称のみ表 1.1, 図 1.2 に紹介する．電磁波の呼称は，特に赤外線領域においては専門分野により異なり，それぞれの呼称が示す波長帯の領域は厳密なものではない．赤外線領域では一般に，近赤外，中間赤外，遠赤外という区分けと短波長赤外，中波長赤外，長波長赤外という区分けがあるが，リモートセンシングの分野ではこれらを混合して用いている．また，太陽光が地表面で反射する成分の赤外線を反射赤外といい，地表面自身が放射する赤外線を放射赤外という．地表面付近においては約 4 μm（大気と地表面の状態によりこの値は約 3〜5 μm 間を変動する）より短い波長帯領域では反射赤外が放射赤外より卓越している．地球表面を対象とするリモートセンシングで主に利用される電磁波は，紫外線の一部（0.3〜0.4 μm），可視光，近赤外，短波長赤外，中間赤外，熱赤外，マイクロ波である．

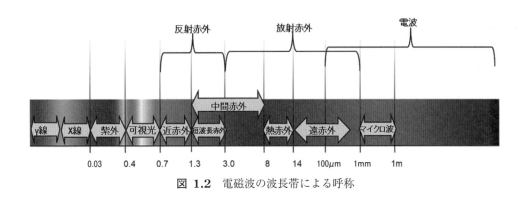

図 1.2　電磁波の波長帯による呼称

コラム 1：広義のリモートセンシング

本書が扱う「リモートセンシング」では電磁波を利用して遠隔の対象物の情報を取得する技術を指すが，電磁波に限らず，弾性波（音波や地震波），重力，磁気，放射線なども遠隔の対象物の情報を得るのに利用でき，これらによる遠隔計測技術はしばしば「広義のリモートセンシング」と呼ばれる．例えば，資源探査などで利用される地震探査は地表において人工的に弾性波を発生させ，これが地下の各地層境界面などで反射して地上に戻ってくる反射波をもとに地下構造を調べる技術であり，広義のリモートセンシングに属する．また，海中においてクジラや魚などの海洋生物が発する鳴き声などの音を遠隔で捉え，生物種の存在や数・分布を調べる海洋生物の音響リモートセンシングも広義のリモートセンシングに当てはまる．

第1章　リモートセンシングとは

表 1.1　電磁波の波長帯による呼称

電磁波の呼称		波長（下段：周波数）
ガンマ線	Gamma rays	＜0.03 nm
X線	X–rays	0.03〜30 nm（＝0.03 μm）
紫外（線）	Ultraviolet（UV）	0.03〜0.4 μm
可視光（線）	Visible	0.4〜0.7 μm
赤外（線）	Infrared（IR）	0.7 μm〜（0.1 または 1）mm
近赤外	Near IR	0.7〜1.3 μm
短波長赤外	Short wave IR	1.3〜3 μm
中間赤外	Middle IR	1.3〜8 μm
熱赤外	Thermal IR	8〜14 μm
遠赤外	Far IR	8 μm〜（0.1 または 1）mm
反射赤外	Reflected IR	0.7〜3 m
放射赤外	Radiative IR or Emissive IR	3 μm〜（0.1 または 1）mm
電波	Radio wave	＞（0.1 または 1）mm 周波数：＜3 THz
マイクロ波	Microwave	（0.1 または 1）mm〜1 m 周波数：300 MHz〜（300 GHz または 3 THz）
サブミリ波	Terahertz（THz）	0.1〜1 mm 周波数：300 GHz〜3 THz
ミリ波	Extremely High Frequency（EHF）	1〜10 mm 周波数：30〜300 GHz
Xバンド	X–band	25〜37 mm 周波数：8〜12 GHz
Cバンド	C–band	37〜75 mm 周波数：4〜8 GHz
Sバンド	S–band	75〜150 mm 周波数：2〜4 GHz
Lバンド	L–band	200〜600 mm 周波数：0.5〜1.5 GHz

1.2　リモートセンシングの歴史

　リモートセンシングの出現は，センサ，プラットフォーム，コンピュータの3つの技術の進歩に基づいている。

　電磁波（光）の強さを記録するセンサの歴史は，紀元前4世紀にアリストテレスが実験したカメラ・オブスキュラ（camera obscura；ラテン語「暗い部屋」）に遡れる。これはピンホールカメラの原理で外の風景を暗い部屋に映すものであったが，映像の記録はできなかった。その後の化学的な技

術の発展により，映像を銀塩で固定するダゲレオタイプ・カメラが1839年フランスにおいて開発された。これがいわゆる写真のはじまりであり，センサのはじまりである。その後，写真技術が発展するとともに，新しいタイプのセンサ，すなわち熱赤外センサ，レーダなども開発され，第二次世界大戦（1939～1945年）で用いられた。戦後は，応答の速い検知素子が開発され，現在のセンサに繋がっている。

　代表的なプラットフォームは人工衛星と航空機である。ライト兄弟により飛行機が発明される1903年以前は，鳩，凧，気球にカメラが搭載された時期があった。1860年前後には気球から地上の写真が撮られた。米国の南北戦争における偵察撮影もその一例である。飛行機が使われるようになった第一次世界大戦（1914～1918年）では空中写真が偵察に使われた。その後，空中写真は地質，森林，農業など様々な分野で利用されるようになった。第二次世界大戦では飛行機は，写真カメラ，熱赤外センサ，レーダを搭載し再び偵察によく使われるようになった。1957年，初めての人工衛星がソ連により打上げられた。その後，多くの地球観測の人工衛星が打上げられ現在に至っている。

　現在のコンピュータは第二次世界大戦後の1950年前後に登場し，現在に至るまで発展し続けている。コンピュータは人工衛星の打上げ，制御に必要なだけでなく，観測したデータを処理・解析するときにも必要である。

　「リモートセンシング」という言葉は，1950年代末に米国の海軍研究所の地理学者により初めて使われた。1972年，米国が地球観測衛星Landsatを打上げた後，その言葉は世界的に広まった。日本では，「遠隔探査」と訳したこともあったが，カタカナ表記が定着している。

　1980年代にはフランス，日本，インドなども地球観測衛星を打上げはじめた。1990年代には合成開口レーダ（SAR：Synthetic Aperture Radar）を搭載した衛星が欧州宇宙機関（ESA），日本によりそれぞれ打上げられた。1990年代末には地表分解能約1mの高分解能商業衛星が打上げられた。2000年代以降，高分解能衛星画像の商業配布がはじまり，現在に至っている[1]。2010年代にはドローンが産業利用において著しく発展し，低高度リモートセンシングの分野での活用が広まった。また，地球全体の観測に対しては，広域の高頻度観測を実現するために複数の小型衛星による協調観測（コンステレーション）も行われるようになった。現在では地球環境の監視および災害，農業，資源探査などの様々な利用のために多くの地球観測衛星が運用されている。

1.3　リモートセンシングのタイプ

　リモートセンシングをある視点で見てタイプに分けて呼ぶことがある。まず，放射源の視点から，太陽，地表面などの自然の放射源に由来する電磁波を観測する場合を受動型リモートセンシングと呼ぶ。一方，レーダのように人工的に発した電磁波を観測する場合を能動型リモートセンシングと呼ぶ。

　電磁波の波長の視点から，可視・反射赤外領域を観測する場合を可視・反射赤外リモートセンシングと呼び，同様に熱赤外リモートセンシング，マイクロ波リモートセンシングと呼ぶ。また，可視・

反射赤外領域から熱赤外領域までの「光」を使うリモートセンシングを光学リモートセンシングと呼び，マイクロ波リモートセンシングと区別する場合も多い。可視・反射赤外領域および熱赤外領域は受動型リモートセンシングが中心であるが能動型もあり，マイクロ波領域は能動型リモートセンシングが中心であるが，受動型もよく利用されている。図 1.3 は波長により分けた 3 つのタイプのリモートセンシングを示したものである。

リモートセンシングの応用分野の視点から，大気リモートセンシング，海洋リモートセンシング，地質リモートセンシング，農業リモートセンシング，森林リモートセンシング，植生リモートセンシングなどの言い方をする場合もある。

プラットフォームの視点から，衛星リモートセンシング，航空機リモートセンシングなどと呼ぶことがある。衛星リモートセンシングはいわゆるリモートセンシングの中心である。衛星リモートセンシングの特長は次の 3 つの性質を持っていることである。

○広い地域をほぼ同時に観測できる（広域同時性）
○決まった周期で反復して観測できる（反復性）
○可視光だけでなく様々な波長帯で観測できる（多波長性）

一方，2010 年代にドローンの低価格化とともにその普及が進むと，ドローンを用いて特定の対象地域を低い高度から観測するドローン・リモートセンシングが環境，農林業，土木など様々な分野で

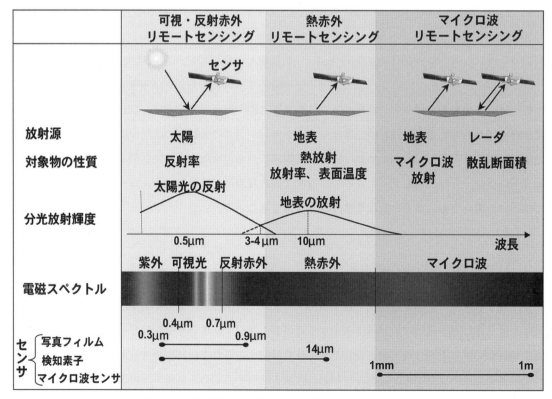

図 1.3 波長帯による 3 タイプのリモートセンシング

利用されるようになった。また，飛行体からでなく地上の三脚，ポール，タワーなどに設置したセンサによる地上設置型のリモートセンシングも農業分野をはじめ，よく利用されている。

一般にリモートセンシングの短所は，電磁波を媒介して対象物の情報を得るため，電磁波に影響を及ぼさない対象物の特性は直接的には観測できないことである。例えば，海面の温度は観測できるが，海中の温度は直接的には観測できない。また，地表面の形態は観測できるが，地中の鉱物は直接的には観測できない。

1.4　リモートセンシングのデータと処理

リモートセンシングのセンサに入射した電磁エネルギーは，その強さに応じた電気信号に変換され，ディジタル値として記録される。こうして記録されたデータは，衛星搭載センサの場合は無線通信を経て（8.2.2 項参照），また航空機やドローン搭載のセンサの場合は無線通信や着陸後の直接回収を経て，最終的にデータ処理を担う地上システムに取り込まれる。

地上システムでは，取り込んだデータに対し，まず画像化など，初期段階（低次レベル）の処理を実行する。しかし，この段階の画像データは，通常，それぞれ記録されている画素（ピクセル）の値が地上のどの位置（経緯度）のものなのか，対応付けされていない。また，記録されている値も必要とする物理量ではなかったり，センサ自身の特性によるズレやノイズなども含んだままの状態である。こうした画像データをそのまま利用する場合もあるが，各画素を地上の地理的な位置に対応付ける幾何補正（第 10 章参照）や，各画素の値を電磁エネルギーの物理量である放射輝度に変換する放射量校正（9.1 節参照）などの処理を行うとともに，必要に応じて画質を改善する処理（9.2 節参照）や各画素の雲判定処理（9.4 節参照）などを行う。こうして，地上システムに取り込まれたデータは各画素が地上の位置に対応付けされ，かつ正しい物理量を持った画像データとなり，データプロダクト（データ成果物）としてユーザへ配布される。また，こうした画像データに対しては，必要に応じてさらに種々の解析処理や統計処理（高次レベル処理）が順次適用され，あらかじめ決められた処理段階ごとにデータプロダクトが生成される（8.2.3 項参照）。各ユーザは，これらのデータプロダクトの中から必要なものを入手し，活用することとなる。

図 **1.4** に一般的な衛星搭載センサにおけるデータの処理の流れを示す。

1.5　リモートセンシングデータから得られる情報

リモートセンシングデータから得られる情報には，空間情報，スペクトル情報（波長情報），時間情報の 3 つの基本要素が含まれていることが特徴である（**図 1.5**）。これらの基本要素から得られる情報は，利用するセンサの種類やプロダクトにより異なるが，得られた情報を最大限に活用してユーザの利用目的に応じた役立つ情報に加工することがデータ処理において重要である。このため，リ

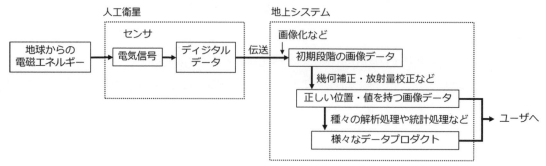

図 1.4 一般的な衛星搭載センサにおけるデータの処理の流れ

モートセンシングデータの利用においては，観測データの特徴，データを取得したセンサの特性および使用するプロダクトの仕様を適切に理解することが必要となる．

空間情報は，対象物の空間的な広がりや分布に関する情報であり，2次元画像が持つ本質的な情報である．リモートセンシング画像の場合には，各画素が地球上のある位置（緯度・経度）に対応しており，その集合体としての画像は地図と対比できる．これにより，地形や建造物等の形状や大きさ，岩石，土壌，森林，作物，水，雪氷などの地表被覆物の2次元的な広がりや分布に関する情報を抽出できる．また，光学センサのステレオ画像やSARの干渉画像（インターフェロメトリ画像）により標高情報を得ることも可能であり，これにより地形を3次元的に表現できる．

スペクトル情報は，対象物のいわば"色"に関する情報，すなわち衛星に搭載された各種のセンサにより観測された電磁波の反射・放射・散乱等の波長方向の強度に関する情報である．電磁波の波長が可視域〜熱赤外域の場合は光学センサが，マイクロ波域の場合はSARやマイクロ波放射計がそれぞれ用いられる．スペクトル情報により，対象物の固有の分光特性に基づく解析が可能となり，土地被覆の分類，植生状況の把握，鉱物資源の分布，海洋・湖沼等の状況などの把握が可能である．また，大気の吸収特性における波長依存性を利用することにより，大気中の水蒸気量や気温等の3次元分布を得たり，観測データを大気補正して分光反射率や分光放射率，温度等の地表パラメータを導出するなど，スペクトル情報と物理的モデルを組みあわせることにより，様々な地球物理量推定が可能となる．

時間情報は，対象物の"変化"に関する情報であり，同一あるいは複数の衛星センサによる複数回の観測により得られる情報である．対象物の変化には，不連続な変化（自然災害，地形変動，国土開発等），年周期（季節的）変化（植生指数，地表面温度等），数年から数十年にわたる長周期の変化（エルニーニョ等），単調な増加または減少傾向（トレンド変化）（CO_2濃度の上昇等）などがあり，それらの情報は各分野の解析において重要な情報を与える．なお，一般的な地球観測衛星は，一定周期にて同一地表面上空に同一時刻（地方時）に戻る太陽同期準回帰軌道を採用している．このため，同一時刻（地方時）に撮影された画像を繰り返し取得することが可能で，太陽光の入射角の違いのデータ補正なども比較的容易であり，長期間にわたる地表面の変化を定量的に評価できる．

観測データの空間情報，スペクトル情報および時間情報を適切に組みあわせることにより，特定の

1.5 リモートセンシングデータから得られる情報

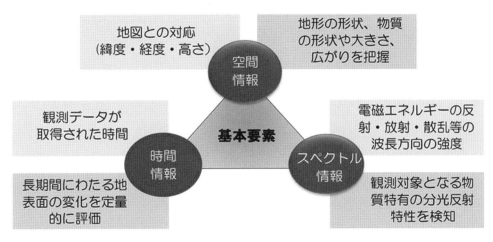

図 1.5 リモートセンシングデータの基本要素

表 1.2 リモートセンシングデータの画像強調，特徴抽出の代表的方法

	画像強調 Image enhancement	特徴抽出 Feature extraction
スペクトル情報	11章　画像濃度値の変換 11章　色空間への変換	11章　バンド間演算 11章　植生指数 11章　その他の指数
空間情報	12章　画像の鮮鋭化処理	12章　エッジ・線情報の抽出 12章　テクスチャ特徴の抽出
時間情報		12章　変化検出 12章　時系列解析

時期における植生分布，土地被覆状況，森林・農作物等の生育状況，岩石・鉱物資源分布などが把握できる。また，植生状況の変動，氷河・雪氷の変動，土地被覆変化など長期間にわたる地表面の変化，災害時の被災地の抽出，復興状況などを把握することが可能となる。こうしたリモートセンシングデータの応用事例については，第2章〜第4章で扱う。

最後にリモートセンシングデータの一般的なデータ処理の流れについて述べる。1.4節で述べた通り，センサによって観測され，記録されたリモートセンシングデータは，その後，様々な処理を経てプロダクトとして配布される（8.2.3項参照）。こうしたプロダクトに対し，利用目的に応じて画像強調あるいは特徴抽出の処理（第11章，第12章）を行う。画像強調とは視覚判読がしやすいように画像を変換する処理であり，特徴抽出とは分類などの後続する処理が行いやすいように画像データを特徴量に変換する処理である。画像強調，特徴抽出には空間情報，スペクトル情報，時間情報を対象とした処理があり，表 1.2 に示したような方法がある。第11章ではスペクトル情報に対する方法を述べ，第12章では空間情報，時間情報を対象とした方法を解説する。画像強調あるいは特徴抽出の後は，応用目的により様々な情報抽出，解析が行われるが，本書では代表的な処理として第13章で画像分類について解説する。

引用・参考文献

1）日本リモートセンシング学会（編）：リモートセンシング事典，丸善出版，2022.

第 2 章　大気への応用

〈この章で学ぶべきこと〉

　本章では，雲や降雨等を含む大気および大気内の現象をリモートセンシングによって観測している事例について学ぶ。様々なリモートセンシング手法によって，「目にみえない」大気がどのように可視化されているか，そして観測結果が大気科学，さらには私たちの日常にどのようにいかされているかを理解する。

学習目標：

①　主要な気象現象等がどのようにリモートセンシングで観測されているか理解する。

②　天気予報等，日常の生活と大気リモートセンシングの関係について学ぶ。

③　黄砂，大気汚染，オゾン，温室効果ガス等を対象としたリモートセンシングについて学ぶ。

キーワード：

雲（cloud），降雨（降水）（precipitation），エアロゾル（aerosol），黄砂（yellow sand，yellow dust），オゾン（ozone），フロン（CFC：Chloro Fluoro Carbon），温室効果ガス（greenhouse gas），二酸化炭素（carbon dioxide），メタン（methane），ライダー（Lidar），レーダ（radar），サウンダ（sounder）

2.1　雲と降雨，エアロゾルの観測

2.1.1　雲の観測

　地球表面の約 7 割を覆っている雲は，大気中に浮かぶ直径数 μm～数十 μm の小さな水滴あるいは氷晶の集合体である。旧来から静止気象衛星の主たる観測ターゲットとなり，天気予報等にも役立てられていることからもわかるように，雲に関する情報は私たちの生活において身近なもののひとつである。また，雲は太陽光を効率的に散乱し，エアロゾルと相互作用をおこし，さらに地球の熱輸送を担うなど，地球環境，地球温暖化，水文，防災などの幅広い学問領域および応用領域において最も観測意義が高いターゲットのひとつとなっている。そのため，近年では様々なリモートセンシング技術を駆使した雲観測が積極的に行われている（**図 2.1**）。

（1）観測機器と観測波長

　雲粒や雲水は可視光～熱赤外，マイクロ波（ミリ波）など幅広い波長帯の電磁波に反応する。そのため，可視・赤外放射計，ライダー，マイクロ波放射計，マイクロ波レーダと多種多様な観測手法が提案されている[1]。近年では，特にレーダを用いた雲の鉛直観測が積極的に行われるようになってきた。**表 2.1** に衛星搭載型の各種センサの観測波長帯，周波数，推定物理量，推定原理を示す。

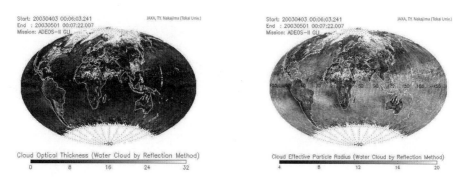

図 2.1 ADEOS-II搭載GLIデータから推定された水雲の光学的厚さ（左図），および雲粒半径（右図）（2003年4月の1ヶ月平均値）（提供：JAXA，中島孝（東海大））

表 2.1 雲の観測における主な観測波長帯，周波数，推定物理量および推定原理

	観測波長帯，周波数	推定物理量	推定原理
受動型	可視近赤外（例：0.64 μm）	雲光学的厚さ	光学的に厚いと散乱光が増加する
	短波長赤外（例：2.1 μm）	雲粒半径	水による吸収が大きく，大粒子で反射率が低下する
	熱赤外（例：10.8 μm）	雲頂温度	厚い雲では11 μm波長帯の射出率が1に近い
	マイクロ波（例：35 GHz）	雲水量	鉛直積算雲水量に感度を持つ
能動型	可視, 近赤外（例：0.5 μm）	雲頂の高さ 相（水/氷の別）	雲頂で強い後方散乱がある 粒子の形で偏光特性が異なる
	ミリ波（例：94 GHz）	雲の鉛直構造	雲粒（直径数 μm～数十 μm 程度）から霧粒（直径数百 μm 程度）に感度を持つ
	マイクロ波（例：13.8 GHz）	雨の鉛直構造	雨滴（直径 0.1 mm～5 mm 程度）に感度を持つ

(2) 物理量の推定

雲観測では，雲粒による電磁波の散乱や吸収を利用して，雲の光学的厚さ，雲粒直径（半径），雲水量，雲頂温度などの物理量を推定する。しかし，他の観測対象のリモートセンシングと同じく，観測される電磁波はそれぞれの波長における主たる観測対象以外の諸量にも感度を持つことが多々ある。例えば，薄い雲の光学的厚さを宇宙から可視光で推定するとき，地表面での反射の影響も同時に受ける。この場合は直近の晴天時の観測データから地表面反射率をあらかじめ求めておく等の工夫がなされる[2]。理学的にはおおよそ10%以下の誤差範囲内での物理量推定が必要になるため，高いセンサ校正精度が要請される。そのため波長位置，S/N比，偏光特性等のセンサの設計，そして物理量推定アルゴリズムの作成においては放射伝達シミュレーションが多く用いられ，物理量とその放射特性の整合が常に保たれるように留意されている[3]。

(3) 推定された物理量の検証

雲は大気中の現象であるため，リモートセンシングで得られた物理量の検証作業は難しい部類に入る。検証は地上検証と航空機検証に大別される。地上検証では，スカイラジオメータ，全天日射計，

図 2.2 沖縄県辺戸岬地上検証拠点（左図），航空機の翼先端に取り付けられた雲測定器（右図）
（提供：中島孝（東海大））

地上ライダー，マイクロ波放射計，地上レーダ等を用いて行われる。地上設置測器はメンテナンス性と観測精度に優れるが，衛星リモートセンシングから得られた推定結果との比較では，観測時刻のずれや空間分解能の違いに留意する必要があるため，多くの場合は複雑な統計的処理を要する[4)5)]。航空機検証は直接雲層内の詳細な観測が可能であるが，やはり衛星による推定値との比較においては，情報の詳細さや精度の違いに注意する必要がある（**図 2.2**）。

2.1.2 降雨の観測

毎日のテレビの天気予報の番組の中でも気象レーダによる雨雲の分布の図が示され，レーダによる降雨の観測は私たちに馴染みの深いものになっている。降雨を観測する降雨レーダ（地上では，気象レーダと呼ばれることが多い）は，空間に浮かぶ雨滴に向かって波長が cm のオーダーのマイクロ波帯の電波をパルス状に発射し，雨滴によって散乱される電波を受信することによって，雨滴の位置，広がり，降雨強度を推定する。降雨レーダは，アンテナビーム幅と送信パルス幅で囲まれる3次元的な降雨散乱体積からの降雨散乱受信電力 P_r を観測する（**図 2.3**）。P_r は，レーダ方程式を用いて，降雨レーダと降雨散乱体積間の降雨減衰の影響を無視すると，レイリー近似のもとで，

$$P_r = \frac{\pi^3 P_t G_0^2 \theta_0^2 c\tau}{2^{10}(\ln 2)\lambda^2} \frac{|K|^2}{r^2} Z \tag{2.1}$$

であらわされる[6)7)]。ここで，λ：送信電波の波長，P_t：送信ピーク電力，G_0：アンテナ利得，θ_0：アンテナビーム幅，$c\tau$：送信パルスの空間長，K：水の複素屈折率の関数，r：降雨レーダと降雨散乱体積までの距離，Z：レーダ反射因子，である。Z は，降雨レーダの送信電波の波長 λ が雨滴の直径 D（粒径，[mm]）よりも十分大きいときにはレイリー近似によって，雨滴粒径分布関数 $N(D)$ [mm^{-1}m^{-3}] を用いて，

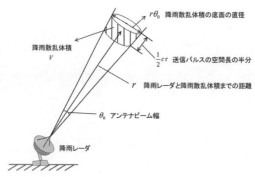

図 2.3 降雨レーダの観測原理

$$Z = \int_0^\infty D^6 N(D) dD \quad [\text{mm}^6/\text{m}^3] \tag{2.2}$$

であらわされる。$N(D)dD$ は，単位体積中における粒径 D と $D+dD$ の間にある雨滴の個数を与える。Z は粒径の 6 乗の $N(D)$ の重み付きの和で与えられる。

降雨レーダは，P_r を測定し，Z を求めるものである。一方，降雨強度 R [mm/h] は，雨滴の落下速度 $V(D)$ を用いて，

$$R = 0.0006\pi \int_0^\infty D^3 V(D) N(D) dD \quad [\text{mm/h}] \tag{2.3}$$

であらわされる。$V(D)$ は多くの実験式が提案されているが，Atlas-Ulbrich による実験式[8]を用いると $V(D) = 3.778 D^{0.67}$ [m/s] とあらわされ，さらに式 (2.3) より R は粒径の 3.67 乗の $N(D)$ の重み付きの和で与えられる。

降雨レーダは，直接 R を求めるものではなく，Z を求めるものである以上，降雨レーダの観測値である Z より R を推定するためには，Z と R との間に，ある関係式を仮定することが必要となる。この関係式は，Z-R 関係と呼ばれており経験的には，

$$Z = BR^\beta \tag{2.4}$$

の関係式が用いられている。多くの研究者によって多くの関係式が提案されてきたが，B，β の値については，B は 70〜700，β は 1〜2 程度の値が用いられている。しとしとと降る層状性降雨に対してよく用いられるのは，Marshall-Palmer による $Z = 200R^{1.6}$ の関係式である[9]。雷雨については，Jones による $Z = 486R^{1.37}$ の関係式がある[10]。厳密には，降雨ごとに雨滴粒径分布関数 $N(D)$ が異なるので，この関係式も異なってくる。このように降雨レーダは，レーダ反射因子を測定して降雨強度を推定するものであるが，その推定は多くの仮定を含んでいることを注意したい。特に降雨レーダと降雨散乱体積間の降雨減衰を無視したこと，レイリー近似を用いたこと，Z-R 関係を用いたことなどが

降雨レーダの観測精度に大きくかかわる。ただし国内の20箇所に設置され日本全国をカバーしている気象庁の現業の気象ドップラーレーダ[11]においては，送信電波の波長が5.6〜5.7 cm（周波数5.3〜5.4 GHz）であるため，上記の仮定のうちZ–R関係以外はほぼ満足している。同レーダは，直径4 mのアンテナを機械的に回転させ広範囲の雨を観測するが，その探知範囲は半径が数100 km程度である。また降雨域と降雨強度の観測に加え，発射した電波の周波数と降水粒子によって散乱されて戻ってきた電波の周波数の差（ドップラー周波数）を測定することによって，降水粒子のレーダサイトに対する移動速度を観測し，結果的に降水粒子を運ぶ風の速度を観測できる。全国の主要空港9箇所に設置されている気象庁の空港気象ドップラーレーダ[11]は，直径7 mのパラボラアンテナを回転させ，通常の降雨強度の精密観測に加え，風の急変する領域を検知して，航空機の安全な運航を支えている。さらに地上のレーダにおいては，降雨強度をより正確に推定するために，用いる電波の偏波（電波の進行方向に直交する面内における電界の振動方向）を直交する水平，垂直の二重偏波にすることにより，降雨強度をより正確に推定する二重偏波レーダも用いられている。気象庁では，2020年から二重偏波気象ドップラーレーダの導入を開始し，2023年5月現在，国内11箇所に設置されている。

　衛星搭載の降雨レーダは，1997年に打上げられた日米共同の熱帯降雨観測衛星（TRMM）に搭載された，日本が開発した世界初の衛星搭載降雨レーダ（PR）によって，初めて実現した[12]。衛星搭載上の制約から，同レーダは，波長2.2 cm（周波数13.8 GHz）のレーダであり，レイリー近似は使えず，ミー散乱と降雨減衰補正を考慮して降雨強度の推定が行われている。TRMM搭載PRは，2015年まで17年間以上にわたって宇宙からの降雨観測を行った。それにより，熱帯・亜熱帯地方の降雨および潜熱分布，台風，梅雨前線などをはじめ様々な気象システムの3次元構造のデータが長期にわたって取得された。また，エルニーニョ・ラニーニャ現象の観測を通して，熱帯降雨が大気大循環におよぼす影響の研究を推進した[13]。TRMMの後継機である全球降水観測計画（GPM）主衛星は，2014年に打上げられ，日本が提供した2周波（13.6 GHz, 35.55 GHz）の降水レーダ（DPR）を搭載している。同じ場所の降水粒子を2周波で同時観測することによって，周波数による降雨減衰量の差を検出し，降雨強度推定の高精度化を目指している。また，高感度化により，13.6 GHz降水レーダでは0.5 mm/h，35.55 GHz降水レーダの高感度モードでは0.2 mm/hまでの最小降雨強度が観測可能であり，弱い雨や雪を観測できる。13.6 GHz降水レーダは強い雨まで観測できるため，これらを組みあわせて，熱帯域の強い雨から緯度65°付近の高緯度地域の雪まで観測できる[12]。

　マイクロ波放射計も多くの衛星に搭載されて降雨の水平分布の観測に利用されている。これは，雨滴自身が放射する非常に微弱なマイクロ波帯の電力から降雨強度を推定するもので，背景の放射輝度温度が低い海上の降雨観測に特に有効である。陸上の降雨観測においては，降雨層の上部の雪・氷のマイクロ波散乱を利用したミリ波領域の放射計も利用されている。複数の衛星に搭載された多周波・二重偏波マイクロ波放射計等から推定された降雨強度を用いて，全世界の降水分布図（GSMaP）が日本で作成されており，多方面で利用されている[14]。

2.1.3 エアロゾルの観測

エアロゾルは，雲粒や雨粒以外の大気浮遊粒状物質で，大気汚染エアロゾル，土壌エアロゾル，海塩エアロゾルなど様々である。大都市の空は晴れた日でも大気汚染エアロゾルによりどんよりと曇った感じになることでもわかるように，エアロゾルは我々の環境，気候，健康に著しい影響を与えている。最近では地球温暖化を相殺する日傘効果をつくりだす物質として気候研究でも注目されている。そのために地上や衛星からのエアロゾル・リモートセンシングが広く行われている。

エアロゾル・リモートセンシングは，透過法と散乱法に大別される（図 2.4）。大気中でエアロゾルが増加すると，その散乱・吸収により太陽直達光が減衰する。透過法ではこの減衰量を観測することによって，エアロゾルの光学的厚さ（第5章コラム4参照）を得る。20世紀初頭に行われたスミソニアン天文台の観測が有名で，これらの初期の観測から次のオングストロームの法則が発見された。すなわち波長 λ でのエアロゾルによる太陽直達光の大気透過率は次式であらわされる。

$$T_a = \exp(-\tau_{a,\lambda}/\cos\theta_0), \quad \tau_{a,\lambda} = \beta\lambda^{-\alpha} \tag{2.5}$$

ここで，$\tau_{a,\lambda}$ は波長別のエアロゾルの光学的厚さ，θ_0 は太陽天頂角である。α と β をオングストロームの指数と係数と呼ぶ。α は光学的厚さの波長依存性をあらわし，小粒子ほど大きくなる。例えば，大気汚染が激しい地域では小粒子が卓越するために α は 1.5 程度になる一方，黄砂現象などでは大粒の土壌粒子が増えて 0 近くになる。従って波長別の透過率観測から，エアロゾルの大きさの情報も得られる。

散乱法では，散乱された太陽放射（天空光）の測定からエアロゾル情報を得る。天空光には大気分子による青色光の散乱とともに，エアロゾルによる散乱が寄与している。特に，前方散乱（光輪，オリオールと呼ばれる太陽周辺の明るい部分）の強度は粒子サイズによって異なるので，天空光分布の観測より様々な大きさの粒子量を推定できる。さらに同じ粒子量でも，ススなどの黒色物質の割合が多いと光吸収が増え，散乱光が減って空が暗くなる。従って黒色物質の量も推定できる。このように太陽直達光と天空光には非常に豊富なエアロゾル情報が含まれており，近年ではサン・スカイフォト

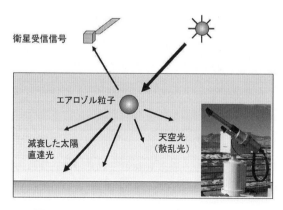

図 2.4 エアロゾル・リモートセンシング

メータやスカイラジオメータと呼ばれる掃天型の全自動放射計が開発され，世界ネットワーク（NASA の AERONET[15]や文部科学省の SKYNET[16]等）が形成されている。

　人工衛星によるエアロゾル・リモートセンシングでは，主に散乱法を利用する。地上からの場合と大きく異なるのは，次式のように衛星の受信信号 R には，大気からの散乱光（パスラジアンスと呼ばれる第1項の R_a）と同時に地表面反射光（第2項）の寄与が存在することである。

$$R = R_a + A_g T'_a \qquad (2.6)$$

ここで，A_g は地表面反射率，T'_a は大気の減衰効果である。この式より，地表面反射を正確に見積もらなければ，エアロゾル情報が適切に得られないことがわかる。海上では，海面反射が小さいことと，理論的に反射率を見積もれるので，エアロゾル情報を比較的容易に得られる。4波長以上を使うとエアロゾルの種類も分類でき，火山爆発に伴って形成された硫酸塩エアロゾルのプルーム（噴煙の柱）などが衛星から観測されている[17]。

　一方，陸域では地表面反射が大きく，かつ複雑に変化するのでその補正が難しい。オングストロームの法則により，一般的には波長が長くなるとエアロゾルの効果は小さくなるので，近赤外波長で地表面反射率を決め，それからエアロゾル情報を含む短波長での地表面反射率を推定するカウフマン法[18]が用いられる。しかし，エアロゾルの増加に伴い，式（2.6）の第1項（エアロゾル散乱）は増加するが，第2項の大気透過率が減少するため，両者が相殺してエアロゾル量に対する信号感度が低い。そのため，カウフマン法は砂漠などの反射率の高い地表面では適用が難しい。そこで最近では青色から近紫外域の波長を利用するディープブルー法[19]などの方法が開発されている。これらの波長では土壌による光吸収のため地表面反射が非常に小さく，エアロゾルの推定は容易である。この方法により亜熱帯の乾燥域から発生する土壌エアロゾルの広がりが観測できるようになった。

　エアロゾル・リモートセンシングは現在も発展を続けており，多方向・偏光観測などの新しい手法も導入されている。さらに，衛星搭載ライダー（CALIPSO）が打上げられて鉛直分布もわかるようになった[20]。

　図 **2.5** に，広く利用されている MODIS センサによるエアロゾル・リモートセンシング[21]の例を示す。東アジアなど人間活動が激しい地域，南アフリカやアマゾンなどのように大規模な森林火災が発生する地域，また砂塵が発生する亜熱帯の乾燥域などから大量のエアロゾルが発生して，数千キロメートルにわたって輸送されている様子がわかる。このように様々なエアロゾルが地球を覆っており，我々の環境に大きな影響を与えているのである。また，図 **2.6** にさらに CALIPSO ライダーによるエアロゾル濃度の鉛直分布を組みあわせたエアロゾルの3次元分布の例を示す。

第 2 章　大気への応用

図 2.5　MODIS によるエアロゾルの全球分布。波長 0.55 ミクロンでの光学的厚さ (2009 年 8 月の月平均)（提供：NASA/MODIS チーム）

図 2.6　南アジア域におけるエアロゾルと雲の 3 次元分布。MODIS センサによるエアロゾル光学的厚さの水平分布と CALIPSO ライダーによるエアロゾルのライダーエコー信号の高度分布を合成した図。ヒマラヤからインド域にかけて発達する人為起源エアロゾル層の分布状態がわかる[22]（提供：NASA）

コラム 1：月とかぐや

　この写真，不思議ではありませんか？青い地球がモノクロ画面の中で浮かび上がっている。でもこの写真は決して月だけを白黒で撮ったものではない。地球上では砂漠や岩石の山肌が様々な色あいをみせているのに，なぜ月の表面には色がないのだろう。月の過酷な寒暖と放射環境は長い間に岩石表面に細かい亀裂をつくり，それが土壌粒子となって岩石表面を覆っていると考えるとこの現象は理解できる。本編で説明したように土壌エアロゾルのオングストローム指数は 0 に近いから，岩石表面は色を失って白っぽくみえる。ほこりを被った家具を思いだしてみよう。我々はこの写真によって月面の土壌粒子の存在を知るのである。

写真 かぐやから撮影された月と地球（提供：JAXA）

2.1.4 ライダーによる大気観測

ライダー（LIDAR: Light Detection And Ranging）は，レーザを光源とする能動的なリモートセンシング装置である。高度計や距離測定装置としても利用されるが，大気中の雲やエアロゾルや黄砂などの微粒子の他，原子・分子密度および気温・風速などの空間分布を観測できる。ライダーは，電波を用いたレーダと類似性を持つことから，レーザレーダ（laser radar）とも呼ばれる。ライダーの特徴は，電波や音波を利用した他の能動的リモートセンシング装置と異なり，レーザ光の持つ高い指向性とパルス出力により空間分解能の向上が期待できる点と，レーザ光の高い周波数により特定の原子・分子・イオンなどの密度分布の観測が可能な点にある。

ライダーの種類は，レーザ光と大気中に浮遊している微粒子や分子などとの相互作用の種類により，**表 2.2** のように分類される。大気中では，レーザ光の波長より極めて小さい酸素分子や窒素分子によるレイリー散乱現象が，またレーザ波長より大きい粒子によるミー散乱現象が発生する。ライダーの受信信号からミー散乱成分を抽出することにより，微粒子の分布を求められる。また，原子や分子は，特定の波長の光を吸収，または共鳴散乱現象をおこす。これらの現象を利用して，差分吸収ライダー（DIAL: Differential Absorption Lidar）や共鳴散乱ライダーが開発されている。また，分子への入射波から特定の波長だけ波長偏移した散乱光を発するラマン散乱現象を利用したラマン散乱ライダーにより多くの微量気体の定量化が可能である。基本的なライダーの原理図を**図 2.7** に示す。送信光学系を経て大気中に打出されたレーザ光は，送信点から離れた位置に存在する原子，分子，エアロゾル，雲粒子などにより散乱され，受光系により集光される。その際，ライダーから散乱点までの距離情報は，レーザ光の送信時から散乱光の受信時までの経過時間から得られる。

ライダーは，レーザが発明されて間もない 1963 年に，イタリアの Fiocco ら[23]によって，いち早く大気観測装置として提案されて以来，今日まで多くの理論的・実験的研究がなされてきた。初期においては，大規模なレーザ装置や信号処理装置を必要としたが，最近では，レーザ技術と情報処理技術

表 2.2 ライダーの分類

ライダーのタイプ	相互作用の種類	主な観測対象
ミー散乱ライダー	ミー散乱	雲, エアロゾル, ダスト
レイリー散乱ライダー	レイリー散乱	風速, 大気密度（気温）
ラマン散乱ライダー	ラマン散乱	気温, H_2O
共鳴散乱ライダー	共鳴散乱	Na, Fe, K, Ca, Ca^+, OH
差分吸収ライダー（DIAL）	ミー散乱＋吸収	O_3, H_2O, CO_2, 気温
ドップラーライダー	ミー散乱, ドップラー効果	風速

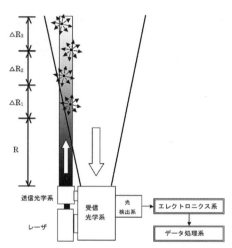

図 2.7 基本的なライダーの原理図

の進歩により，小型で安価なライダーの他，高スペクトル分解能ライダーやドップラーライダーなどのような風や気温分布を観測するための高機能ライダーも実用化されている。このように小型化や高機能化が可能になるにつれて，遠隔地から制御できる地上観測ライダーや航空機・衛星などに搭載されるライダーも開発されてきた。1994年に初めてスペースシャトルに搭載されたエアロゾルライダーである LITE が成功し，1995年には成層圏まで飛行できる航空機に搭載された水蒸気観測用ライダーである LASE により，対流圏における水蒸気の空間分布観測にも成功した。この後，NASA の CALIPSO 衛星に搭載されたライダー CALIOP は 2006 年の打上げ以来，2023 年 9 月まで長期にわたり，対流圏の雲・ダスト・エアロゾルおよび成層圏エアロゾルのグローバルな高度分布データを取得し，他の装置では取得が難しい貴重な情報を提供してきた。2018 年に ESA により打上げられたドップラーライダー ALADIN は，対流圏や成層圏の風の空間分布データを取得可能であり，散乱強度が大きい共鳴散乱を利用すると，地上から中間圏である高度 90 km 付近に成層している希薄な金属原子や金属イオン密度も観測可能である。さらに，そこでの Na 原子スペクトルを観測することにより，この付近の風速や気温の観測も実施されている。

最後にライダーによる観測の実例を示す。図 2.8 は CALIOP による成層圏から対流圏までのエア

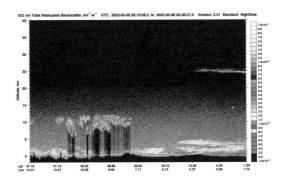

図 2.8 衛星搭載ライダーによる雲やエアロゾルの観測例（縦軸：高度，横軸：緯度・経度）

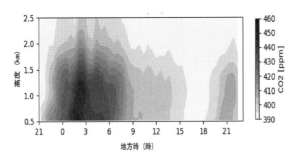

図 2.9 下部対流圏中の CO_2 濃度の観測例（2018 年 4 月，日野市上空）

ロゾル，雲，ダストの観測例である。この図では，2022 年 1 月にトンガ沖で巨大な海底火山が噴火し，成層圏に注入されたエアロゾルや対流圏の雲，下層対流圏にはサハラダスト（Saharan dust）の分布がみてとれる。DIAL により，対流圏・成層圏のオゾンや，対流圏の水蒸気，二酸化炭素（CO_2）などの高度分布の観測にも成功している。下部対流圏中の CO_2 濃度の高度分布の時間的推移がみてとれる観測例を図 2.9 に示す。ライダーは大気科学研究者や気象研究者にとって，貴重な観測データを提供する手段となっている。さらに詳しいライダーの解説は，参考文献[24][25]などを参照されたい。

2.2 成層圏オゾンの観測

本節では成層圏オゾンの観測におけるリモートセンシングの役割を，成層圏オゾン研究の歴史とともに簡単に述べる。地球大気におけるオゾンの重要性は成層圏（およそ高度 10 km から 50 km）と対流圏（およそ高度 10 km 以下）にわけて議論される。成層圏では有害な太陽からの紫外放射を効率よく吸収することで我々の人体や生物を守っている。また，紫外放射の吸収は成層圏大気を加熱する役割を担い，成層圏およびその上の中間圏での大気大循環を駆動する一因となっている。一方，対流圏では高濃度オゾンは光化学オキシダントとして知られ，直接人体等に悪影響をおよぼす。

オゾンの成層圏における最大濃度は 10 ppmv（体積混合比）程度である。これは成層圏大気中の微量気体としてはアルゴン（9340 ppmv），CO_2（389 ppmv；2017 年の下部成層圏），ネオン（18

ppmv）につぐ。一般に気体分子には紫外からミリ波にかけての幅広い電磁波領域において，そのエネルギーに応じた解離，振動，回転がみられる。分光学的手法に基づくオゾンの測定はこのような分子の特徴によって生じる紫外・可視域での吸光や，赤外域での吸光および射出などを利用するものである。1919 年，地上からのリモートセンシングとして Fabry と Buisson は上空のオゾンを測定する分光計を開発し，1920 年の観測ではオゾンの全量（単位断面積の鉛直気柱内に含まれる分子数）が標準状態で 3 mm の厚さになることを発見した。その後，Dobson がこれを改良し可搬型の分光計として観測が進展した。現在も地上からのオゾン全量観測の主役を担っているドブソン分光光度計の原型は 1931 年にその完成をみている。また，1930 年には Chapman によって，オゾン密度の高度分布の中心が成層圏にあることが理論的に示唆された。オゾン全量の測定原理は太陽からの直達光を光源とし，地表に届くまでにどれだけオゾンの吸光により光が減衰したのかを求め，その割合からオゾン全量を算出するというものである。国際的に取り決められた特定の紫外域の波長における測定値からオゾン全量を導出することが標準となり，1957-58 年にはこの測器によるオゾンの連続観測が国際地球観測年（IGY）としてはじまった（現在の茨城県つくば市での観測もこの時に開始）。後述する南極オゾンホールの発見もこの測器による。

　一方，1920 年代終わりには無色・無臭で安定なフロンガス（以下，フロン）の合成が世界ではじめて行われ，それまでの冷媒として利用されていた二酸化硫黄やアンモニアの代替として世界的に常用されることとなった。フロンはその化学的性質から非常に長い寿命を持つ。この性質に着目した Rowland は成層圏中でフロンから遊離される塩素原子がオゾンを触媒的に破壊することを 1974 年に示唆した[26]（1995 年にノーベル化学賞を受賞）。1977 年には国連環境計画（UNEP）が成層圏オゾンに関する調査委員会を設置し，1985 年 3 月には「オゾン層保護のためのウィーン条約」が採択された。この時点で南極オゾンホールの存在については明らかにされていなかったが，直後の 5 月に Farman らがドブソン分光計による IGY 以来の長期にわたる観測から春季南極オゾン全量の減少傾向を示した論文を発表した[27]。その前年の国際会合では日本の忠鉢繁氏が南極昭和基地上空で同様なオゾンの振る舞いを示している。このように高い精度管理のもとに長期観測を行うことの重要性や国際的な日本の貢献が称えられている[28]。この現象は人工衛星からのリモートセンシングによってはじめて包括的に示され，南極オゾンホール（図 2.10 の説明を参照）という言葉が用いられるようになる[29]。ここで活躍したのが 1978 年に米国 Nimbus-7 衛星に搭載された SBUV および TOMS と呼ばれるセンサである。これらのセンサはドブソン分光計と同様に特定の波長の紫外光を測定するが，地球方向を向いているため，太陽放射の大気分子によるレイリー散乱のうち後方散乱成分が測定される。この成分はオゾンの高度分布および吸収断面積（吸光の程度の指標）の波長依存性と相まって，より短波長ほど高度の高い所からの寄与が大きくなる。そのため，ある程度オゾン高度分布の情報が得られる。これを適用したのが SBUV である（測定波長範囲は 250〜340 nm）。一方の TOMS はオゾン全量の観測を目的とし，310 nm よりも長い波長を測定する。この原理に基づくオゾンの観測は 2023 年の現在も GOME-2（B/C），TROPOMI，OMPS などによって行われている。

2.2 成層圏オゾンの観測

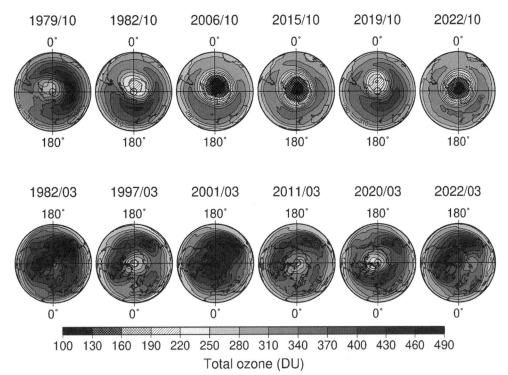

図 2.10 各年10月の南極域（上段）および各年3月の北極域（下段）におけるオゾン全量
単位はドブソンユニット（DU; 300が標準状態で3 mmの厚みになる）で，220以下の領域（上段のハッチ部分）をオゾンホールと呼ぶ．南極域では，毎年の9〜10月に高度10~25 kmの範囲でオゾン破壊が広がり，高度20 km付近ではオゾン濃度がほぼゼロになる場合もある．例えば2006年はこれまでで最大級の破壊規模となったが，近年でもそれに匹敵する大規模なオゾンホールがみられている．北極域では，南極域に比べて平均的に成層圏気温が高いために220 DUを下回ることは稀であるが，1997，2011，2020年では月平均値で220 DUに迫るオゾン破壊がみられた．今後も南極オゾンホールや北極域のオゾン破壊，さらには全球的なオゾン全量の回復傾向をみまもるためにリモートセンシングによるグローバル観測の継続が重要である）

　Farman らの論文出版からほぼ1年後には南極オゾンホールのメカニズムに関する解釈が例えばSolomon らによってなされた[30]．この解釈にも衛星観測が重要な役割を果たした．南極冬季に特有の現象として極成層圏雲（PSCs）が米国の SAM II（Nimbus-7搭載）によって明らかにされており[31]，この雲粒子表面で生じる反応がオゾンホールの鍵となっている．また，1984年からは米国のSAGE IIが2005年までの長きにわたってオゾンなどの観測を行った．このセンサは太陽を光源として衛星から地球の周縁方向を観測するもので，衛星の移動に伴い高度の異なる大気層の可視光の吸収スペクトルを測定し，1 km程度の高い高度分解能を実現した．また，同じ原理に基づくセンサとして，日本のILASおよびILAS-IIの観測も1996–97年および2003年に行われた．TOMSやSAGE IIなどのデータは，オゾンの長期トレンド解析に有効であり，1987年に採択されたフロンの排出規制に関する「モントリオール議定書」とその後の段階的な排出規制強化の結果として，全球的にも成層圏オゾンの減少傾向が弱まっていることが，これらセンサの観測に基づいて2010年までに報告され

ている[32]~[34]。しかしながら未だに確固たるオゾン全量（北緯 90 度から南緯 60 度の範囲）の回復は認められていない[35]。また 2020 年に春季北極域で発生した大きなオゾン破壊（**図 2.10** の下段）に代表されるように，その年の気象条件やその時のオゾン破壊にかかわる大気化学種（エアロゾルを含む）濃度によっても左右される。こうした背景も踏まえ，毎年 9 月の国際オゾン委員会（IO₃C）からの報道発表では今後も成層圏オゾンとその破壊に関連する物質の連続的なモニタリングの重要性が提唱されている[36]。

2.3　温室効果ガスおよびその他の大気中微量成分や気温の観測

2.3.1　衛星による温室効果ガスリモートセンシングの意義

　昨今，人間活動による二酸化炭素やメタンといった温室効果ガスの大気中濃度の増加や，それに伴う地球温暖化が大きな注目を集めている。人間活動によって放出された温室効果ガスはその全てが大気中に残留するわけではなく，例えば二酸化炭素の場合，人為起源の放出量のうち大気中に残留しているのは約半分であり，残りは植物の光合成や海洋によって吸収されている。光合成や海洋による正味の吸収量は季節・場所によっても異なる上，現状では自然起源の変動に対する知見も不十分である。温室効果ガスの濃度を定常的に測定している地上測定局の数は全球で 200 局程度で，その多くが欧米や日本といった先進国に集中している。全球規模での温室効果ガス濃度分布の実態把握には，地上測定局の拡大のみならず，衛星リモートセンシングの活用も有効な手段となる。こうして得られた温室効果ガス濃度分布は，その吸収・排出量推定にも利用される（コラム 2 参照）。

2.3.2　短波長赤外域における温室効果ガスリモートセンシングの原理

　気体分子はそのエネルギー準位の遷移に伴いそれぞれの気体分子固有の波長の光を吸収するという性質を有する。このため放射伝達過程における散乱と熱放射を無視すると，光源と観測点における放射輝度の比（透過率）は，その間の光路中に含まれる吸収分子の数に応じて決まる。従って，放射輝度が既知である光源からの光を観測することで，その光路中に存在する吸収分子の数を求めることが可能である。これが短波長赤外域における温室効果ガスリモートセンシングの基本的な原理である。

　ただし，この原理を実際の大気にそのまま適用するには問題がある。短波長赤外域では熱放射は無視できても気体分子や雲・エアロゾルによる散乱過程を無視することはできない。特にここで対象とする温室効果ガスは，その主要な吸収・排出源が存在する地表面付近で濃度変動が大きいが，エアロゾルも同様に地表面付近に豊富に存在する。エアロゾルによる散乱でも有効光路長が変動するため，温室効果ガスの量の推定に誤差が生じることとなる。さらに散乱がどこでおき，光路長にどれだけの変化を与えるかは雲・エアロゾルや対象とする気体濃度の高度分布のみならず，地表面反射率にも依存する。

　エアロゾルの分布は時間・空間的に変動が大きいため，太陽光を光源とした受動型の観測手法で

は，エアロゾルによる散乱の影響をいかに除去するかが大きな課題となる。酸素は 0.76 μm 帯や 1.27 μm 帯に吸収帯を持ち，その濃度は全球でほぼ一様であるとみなせるため，対象とする温室効果ガスと同時に酸素の量を推定することで，有効光路長を評価し，散乱の影響の補正に用いることがある。

　他にも差分吸収ライダー（DIAL）を用いた能動型の観測がある。DIAL では対象とする気体の 1 本の吸収線に着目し，吸収の強い波長と弱い波長の 2 つの波長の光を出すライダーにより同一対象を観測する。両者の信号の比を取ることで，両者に共通の散乱の影響を取り除き，対象気体の吸収の寄与のみからその濃度を推定できる。

　温室効果ガスの推定に必要不可欠な気体分子の吸収線の位置・強度などの分光パラメータは HITRAN[37]や GEISA[38]といったデータベースにまとめられている。吸収線パラメータの精度向上を目的とした研究は現在も数多く進められており，これらのデータベースも数年ごとに改訂されている。

2.3.3　衛星による温室効果ガスリモートセンシングの例

　衛星による温室効果ガスリモートセンシングは 21 世紀以降急速に進展をみせている研究分野である。温室効果ガス観測を主目的とする世界初の衛星として，日本の人工衛星 GOSAT[39]（Greenhouse Gases Observing SATellite：愛称「いぶき」）が 2009 年 1 月 23 日に打上げられたのを皮切りに，米国の OCO-2（2014 年 7 月打上げ），カナダの GHGSat（2016 年 6 月打上げ，商業衛星），中国の TanSat（2016 年 12 月打上げ），欧州の Sentinel-5 P/TROPOMI（2017 年 10 月打上げ）と各国から衛星・センサが次々と打上げられており，さらに今後の打上げに向けた提案・開発なども進められている。また，衛星による温室効果ガスのカラム平均濃度の検証に広く用いられている，地上設置高分解能フーリエ変換分光計による温室効果ガス観測ネットワークである TCCON（Total Carbon Column Observing Network）のサイト数増加や，可搬型のフーリエ変換分光計を用いた観測ネットワーク COCCON（Collaborative Carbon Column Observing Network）の新規構築など，衛星観測のみならず地上観測も拡大を続けている。

　衛星・センサごとに温室効果ガスのカラム平均濃度を推定するアルゴリズムの開発・改良が継続的に行われている。推定アルゴリズムにもよるが，推定された温室効果ガスのカラム平均濃度にはバイアス（真値からのずれ）が含まれていることが多く，重回帰分析などによる経験的なバイアス補正手法を開発・適用することで推定結果に含まれるバイアスの低減を図るといった工夫もみられる。

　図 **2.11** に GOSAT による晴天域の二酸化炭素とメタンのカラム平均濃度の推定結果を示す。緯度時間断面図からは，いずれの気体も季節変動をしながら年々濃度が増加している様子がみてとれる。月別マップからは，7 月に北半球中高緯度の森林上空で光合成活動に伴う二酸化炭素濃度の減少や，10 月に中国南部で水田から放出されたと思われるメタン濃度の増加などの特徴がみてとれる。

第 2 章　大気への応用

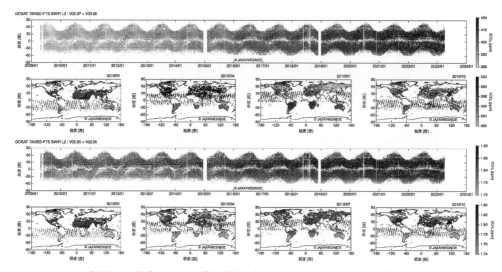

図 2.11　GOSAT の観測から推定された二酸化炭素（上 2 段）とメタン（下 2 段）のカラム平均濃度（バイアス補正済）。各気体の上段は緯度時間断面図，下段は 2010 年 1，4，7，10 月の月別マップを示す（緯度時間断面図と月別マップではスケールが異なる点に注意）

コラム 2：全球炭素吸収・排出量分布の推定

　ある地点の二酸化炭素濃度は，全球からの二酸化炭素の吸収・排出と風による輸送の結果として観測される。地球上のある領域における二酸化炭素の吸収（排出）が全球の二酸化炭素濃度に与える応答は風の場から計算できるため，観測された濃度分布の時間変動を満足するような正味の吸収・排出量分布を推定できる。地上測定局の観測空白域において衛星データが得られれば，より不確実性の低い吸収・排出量分布が得られると期待されており，実際，衛星データにより吸収・排出量分布を推定し，地上測定局のデータのみを用いて推定した吸収・排出量分布との違いや，エルニーニョ・南方振動（ENSO）などのイベントに伴う吸収・排出量の変化を示した研究成果が報告されている[40)41)]。なお，衛星データに時間・空間依存性のあるバイアスがのこっていると吸収・排出量の推定に大きな誤差をもたらすことから，バイアス補正手法の開発が進められている。

2.3.4　熱赤外域リモートセンシングによる大気サウンディング

　二酸化炭素，メタンなどの温室効果ガスや，オゾン，一酸化炭素といった大気中微量成分（主に気体成分），さらに気温の測定には，いわゆる熱赤外と呼ばれる波長領域の赤外線がしばしば用いられる。これは，対象となるほとんどの分子の吸収帯が，地表面を含む地球大気系の温度で放射される赤外線（熱赤外）の波長領域にあるからである。またリモートセンシングの中で，観測対象に向かう視線方向に分布する情報を得ることを一般にサウンディング（その装置をサウンダ）と呼ぶ。この言葉は主に人工衛星から地球を見下ろし，大気成分や気温の鉛直分布を求める下方視観測に用いる場合が多いが，大気を横から透かしてみる周縁観測により，大気成分の水平方向の分布情報も得る場合にも用いられる場合がある。また，ある方向に沿った情報を得るという意味において，気球による大気成

2.3 温室効果ガスおよびその他の大気中微量成分や気温の観測

分や気温の鉛直観測もサウンディングと呼ぶことがある。本節では熱赤外リモートセンシングによる大気サウンディングについて解説する。

太陽を光源とした大気の掩蔽観測では、太陽から来る赤外線が大気で吸収された量から、その吸収をした気体の量を求める。この場合、太陽からの赤外線に比べ、大気自身が発する赤外線が弱いため、大気による赤外線の吸収効果のみを考慮すればよく、解析は比較的簡単である。一方、衛星からの温室効果ガス観測などに用いられる下方視観測の場合、大気を透かしてその先にみえる地表面や海面の温度が、大気自身の温度とさほど変わらないため、大気から発せられる赤外線も考慮する必要がある（詳しくは5.5節を参照）。

このように下方視観測では、気体濃度や気温が視線方向にある分布を持っていても、それらの影響の合計値としての赤外線強度しか観測できないが、気体による赤外線の吸収の強さが波長によって異なることを利用して気体濃度の鉛直分布等を算出できる。吸収が強い場合には、衛星からみて大気の上層で吸収が飽和するため、大気下層の影響を受けない。つまり、大気上層の情報のみが得られる。一方、吸収が弱い場合にはより深く、下層大気までの情報が得られる。このように様々な高度の大気情報を得るためには、できるだけ多くの波長で観測する必要がある。近年では回折格子やフーリエ干渉型の分光装置を用いて、ある波長帯の連続した強度分布（スペクトル）を得ることが主流となっている。ただし、この観測では、画像センサのように水平方向に面的な情報を得ることは難しく、多くても数点程度の地点について数秒かけて測定し、衛星軌道に沿ってポツリポツリと対象地点を移動していくという観測になる。しかし、軌道に沿った点を集めることで、緯度−高度断面などが得られ、さらにそれらを複数軌道分、あわせることで3次元的な大気の情報が得られる（図 2.12）。

一般に等密度の大気を観測する場合、視線方向には指数関数的に透過率が減少し、各深さから得られる情報も単調減少となる。しかし、衛星からの下方視の場合、地球大気の密度が下層に向かってほぼ指数関数的に増加するため、この2つの効果のかけ算の結果、情報の発信源はある深さ（高度）にピークを持つ関数となる。またその深さは気体による吸収強度で決まるため、波長ごとに異なる。こ

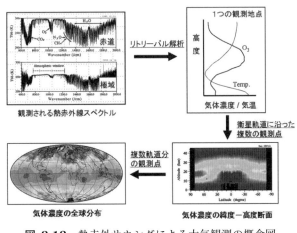

図 2.12 熱赤外サウンダによる大気観測の概念図

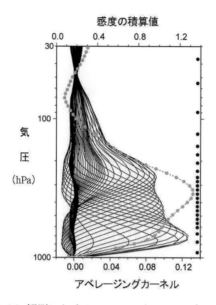

図 2.13 熱赤外サウンダによる CO_2 観測におけるアベレージングカーネル（鉛直分解能関数）の例[42]（黒色の曲線の1本1本が，そのピーク高度における濃度変化がどの程度広がった情報として解析されるか（鉛直分解能）をあらわす。灰色の曲線は各高度における濃度変化に対する感度の積算値をあらわす。右端の黒丸は解析時に想定した大気層の中心高度を示す。この図からは，熱赤外サウンダによる CO_2 観測では対流圏において数km（数100 hPa）程度の鉛直分解能があるものの，地表付近にはほとんど感度がないことがわかる）

れを利用して，衛星から観測されるある波長の赤外線強度に，特定の高度の気体濃度や気温の変化がどのように影響するかを事前に計算しておくことで，観測データから，気体濃度や気温の高度分布が求められる。このような解析を反転解析（リトリーバル解析）という。実際の感度の鉛直分布はある幅を持つが，複数の波長を組み合わせた解析の鉛直方向の空間分解能をあらわすのにアベレージングカーネル（鉛直分解能関数）と呼ばれる関数が用いられる。**図 2.13** は熱赤外サウンダによる二酸化炭素観測についての関数の例である[42]。各曲線（黒色）がそれぞれのピークの高度における気体濃度変化に対して，どの程度広がった情報として解析されるかをあらわしている。また，曲線で囲まれた領域の面積の値（灰色の曲線）が，各高度における気体濃度変化に対する感度の積算値をあらわしている。

一般に熱赤外域でのスペクトル強度は，吸収気体の濃度と気温分布で決まる。しかし，二酸化炭素の濃度変動は気温の変動と比べて相対的に小さいため，その吸収帯におけるスペクトル強度変化からは通常，気温の鉛直分布が求められる。1970年代から開始された気象衛星 NOAA 搭載の HIRS による気温と水蒸気量の観測データは広く気象予報に用いられてきた。欧州の IASI や米国の AIRS, CrIS も，主目的は気象業務への利用であるが，解析方法の工夫により他の微量成分とあわせ，二酸化炭素濃度の解析も可能となってきている。熱赤外サウンダの最大の特徴は，太陽を光源として必要としないため，昼夜を問わず均質なデータが得られることである。

2.4 気象業務におけるリモートセンシングの利用

　この分野で最も身近なものはテレビの天気予報番組で放送される静止気象衛星による雲の可視・赤外画像である。日本の「ひまわり」をはじめ，米国，欧州の5つの静止気象衛星で地球全域（以下，全球）の雲画像がほぼ実時間で得られ，日々の天気予報などの気象情報の作成に利用されている[43]。特に，日本のはるか南海上にある台風の場合，図 2.14・15 に示すように地上観測では不可能な台風の中心位置・中心気圧・強風半径を，ひまわりの雲画像と台風の平均的構造に関する経験式を用いて解析し，数値予報とあわせて今後の台風の進路予報などに役立てている[44]。

　気象庁は全国に展開された地上レーダによる雨や雪からの反射強度をアメダスなどの雨量計の値を用いて補正し，1 km メッシュの 1 時間降水量分布を 10 分ごとに作成している（図 2.16）。また，これまでの雨域の移動の状態がそのまま先も変化しないと仮定して現在の降水量分布から 1 時間先までの 5 分ごとの降水量分布を予測する降水ナウキャスト（雨雲の動き）や，地形による降水の発達・衰弱の効果を取り入れて 6 時間先までの各 1 時間降水量を 10 分ごとに予測する降水短時間予報が作成されている[45]。これらの情報は，防災活動はもちろんのこと，外出する際に傘が必要かどうかの判断にも有効である。

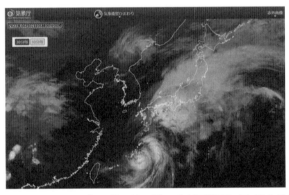

図 2.14　気象衛星ひまわりによる 2023 年 6 月 2 日 6 時の赤外画像[45]（台風 2 号に伴う雲の帯がみえる）

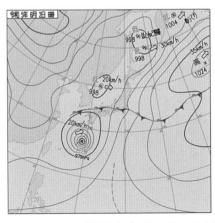

図 2.15　2023 年 6 月 2 日 6 時の地上天気図[45]（台風 2 号の中心気圧は 975 hPa と低い）

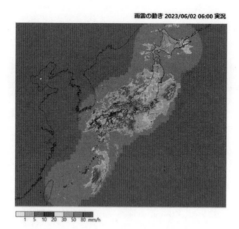

図 2.16　レーダとアメダスの雨量計などを用いて作成された 2023 年 6 月 2 日 6 時の降水量分布[45]

　風に乗って動いている雨粒からのドップラーシフトを測定して風速を求めるドップラーレーダは，直径が数 km の低気圧性の渦（メソサイクロン）の検出や，今後の雨域の移動の予測に有用である。羽田や成田などの空港では，ドップラーレーダやドップラーライダーにより風の急変や晴天乱流などを測定し，航空機離発着の安全性に役立てている。なお，気象庁の気象レーダはドップラーレーダまたは二重偏波ドップラーレーダに高度化されている。気象庁は，地上から上空に発射した電波の大気乱流からの反射（ドップラーシフト）を測定して，平均 5 km の高度までの上空の風向・風速を 24 時間連続観測できるウィンドプロファイラを全国 33 箇所に展開している。ウィンドプロファイラは湿度が高い時ほど風向・風速を観測しやすいことから，湿った空気の流れを捉えるのに都合がよく，数時間先の大雨予測の精度向上に寄与している。

　現在の天気予報は，物理法則を用いて将来の気温，気圧，湿度，風向・風速などの大気の状態を 3 次元格子ごとに数値としてあらわす数値予報を基礎としている。数値予報を行うためには，初期値としての観測データが格子ごとに必要である。例えば，気象庁の全球数値予報モデルでは，水平格子間隔は 20 km で，高さ方向は地上から 0.01 hPa までを 128 層に区切って，11 日先までの予報を行っている。このための初期値として，世界各地における地上，船舶，高層，航空機による気温，気圧，湿度，風向・風速の直接観測データや，静止気象衛星による雲画像の移動から推定された上空の風向・風速，極軌道衛星搭載の赤外・マイクロ波サウンダから算出された気温（図 2.17），水蒸気の鉛直分布，マイクロ波放射計による降水量，マイクロ波散乱計による海上風（図 2.18）などの多くのリモートセンシングデータが利用されている[44]。なお，最近ではハイパースペクトル赤外サウンダなどによって測定された輝度温度そのものを数値予報に取り込んでいる[48]。

　しかし，これらの観測データを用いても全球 3 次元格子の初期値を全て得ることはできないので，6 時間前に予想された数値予報のデータも初期値として用いている。観測データが得られた格子ではその観測データで予報データを修正して初期値を作成している。このような手法を 4 次元データ同化と呼んでいる。

2.4 気象業務におけるリモートセンシングの利用

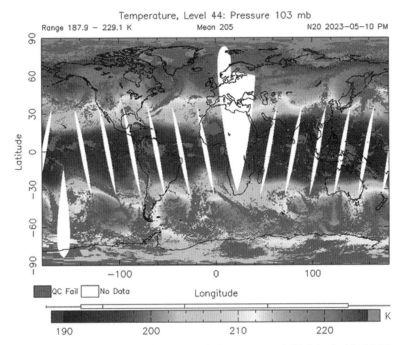

図 2.17 赤外サウンダ IASI のデータから算出された高度 103 hPa の気温分布[46]（赤道領域の気温が中・高緯度に比べて低い）

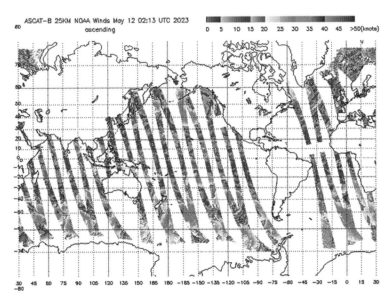

図 2.18 マイクロ波散乱計 ASCAT によって測定された海上風の風速[47]（単位はノット（1 ノット = 0.51 m/s）。南緯 40~60 度付近は 20~30 ノットと高いが，太平洋の中央付近は 10~20 ノット程度である）

全球数値予報モデルは高・低気圧や台風，梅雨前線などの水平規模が100 km以上の現象の予測に，さらに水平格子間隔が5 kmのメソ数値予報モデルは集中豪雨をもたらす組織化された積乱雲などの水平規模が数10 km以上の現象の予測に利用される[45]。気象台では，ひまわりの雲画像や降水ナウキャストなどによる実況監視と数値予測資料とをあわせて，大雨・洪水警報などの気象情報を作成し，県や市町村などの関係機関に伝達し防災活動を支援している。

このように，地上や衛星からのリモートセンシングデータは気象業務に今やなくてはならないものである。なお，衛星に搭載されたセンサの感度は時間とともに変化していくことから，リモートセンシングデータを利用するためには衛星データより精度の高い地上観測データなどを用いた検証が常に必要である。

推奨図書

1. 小川利紘：大気の物理化学−新しい大気環境科学入門，東京堂出版，1991.
2. 竹内延夫（編）：地球大気の分光リモートセンシング，学会出版センター，2001.
3. 内野修：気象情報で読む地球の大気環境，オーム社，2001.
4. 北海道大学大学院環境科学院（編）：オゾン層破壊の科学，北海道大学出版会，2007.
5. 日本分光学会（編）：電波を用いる分光−地球（惑星），大気，宇宙を探る−，講談社，2009.
6. 大気組成変化検出ネットワーク（NDACC）の衛星ワーキンググループがまとめている。
   https：//accsatellites.aeronomie.be/（Accessed 2023.9）−Satellitesからtime chartが取得可能である。なお，NDACCはUNEPなどから支持を受けている国際的な活動である。
7. 江口菜穂ら：成層圏・中間圏の大気化学の諸問題，大気化学研究，第48号，日本大気化学会，2023.
8. C. F. Bohren and E. E. Clothiaux：Fundamentals of Atmospheric Radiation, Wiley-VCH, 2006.
9. C. D. Rodgers：Inverse Methods for Atmospheric Sounding：Theory and Practice, World Sci., 2000.
10. 浅野正二：大気放射学の基礎，朝倉書店，2010.

引用・参考文献

1) 中島　孝，沖　理子：気象と気候変動研究で利用される衛星搭載可視赤外イメージャとマイクロ波センサ，天気，54，pp. 701–704, 2007.
2) Nakajima, T. Y., H. Masunaga and T. Nakajima：Near-global scale retrievals of the cloud optical and microphysical properties from the Midori-II GLI and AMSR data, J. Remote Sens. Soc. Jpn., 29, pp. 29–39, 2009.
3) Nakajima, T. Y. et al.：Optimization of the Advanced Earth Observing Satellite II Global Imager channels by use of radiative transfer calculations, Appl. Optics, 37 (15), pp. 3149–3163, 1998.
4) Nakajima, T. Y. et al.：Comparisons of warm cloud properties obtained from satellite, ground, and aircraft measurements during APEX intensive observation period in 2000 and 2001, J. Meteorol. Soc. Jpn., 83 (6), pp. 1085–1095, 2005.
5) Takamura, T. et al.：Construction of aerosol and cloud validation system based on SKYNET observations and estimation of radiation budget using the ADEOS II/GLI data, J. Remote Sens. Soc. Jpn., 29, pp. 40–53,

2009.

6）小平信彦，立平良三：気象レーダ特集号，第 I 部 気象レーダの基礎，気象研究ノート，112, 1972.

7）Battan, L. J.：Radar Observation of the Atmosphere revised edition, The University of Chicago Press, Chicago, 1973.

8）Atlas, D., C. and W. Ulbrich：Path-and area-integrated rainfall measurement by microwave attenuation in the 1–3 cm band, J. Appl. Meteorol. Climatol., 16, pp. 1322–1331, 1977.

9）Marshall, J. S. and W. M. K. Palmer：The distribution of raindrops with size, J. Meteorol., 5, pp. 165–166, 1948.

10）Jones, D. M. A.：Rainfall drop-size distribution and radar reflectivity, Research Report, No.6, Illinois State Water Survey Meteorologic Laboratory, University of Illinois, 1956.

11）石原正仁，藤吉康志，上田　博，立平良三（編）：気象レーダー 60 年の歩みと将来展望，気象研究ノート，237, 2018.

12）岡本謙一：衛星搭載降雨レーダ，日本リモートセンシング学会誌，19（3），pp. 171–180, 2019.

13）宇宙航空研究開発機構地球観測研究センター（編）：宇宙から見た雨 2, 2008.

14）宇宙航空研究開発機構地球観測研究センター：世界の雨分布速報（GSMaP），https：//sharaku.eorc.jaxa. jp/GSMaP/index_j.htm（Accessed 2023.5）

15）Holben, B. N. et al.：AERONET－A federated instrument network and data archive for aerosol characterization, Remote Sen. Environ., 66, pp. 1–16, 1998.

16）Nakajima, T. et al.：An overview of and issues with sky radiometer technology and SKYNET, Atmospheric Measurement Technique, 13, pp. 4195–4218, 2020. https：//doi.org/10.5194/amt–13–4195–2020

17）Higurashi, A. and T. Nakajima：Detection of aerosol types over the East China Sea near Japan from four-channel satellite data, Geophys. Res. Lett., 29, 1836, 2002. https：//doi.org/10.1029/2002 GL 015357

18）Kaufman, Y. J. and C. Sendra：Algorithm for automatic atmospheric corrections to visible and near-IR satellite imagery, Int. J. Remote Sens., 8, pp. 1357–1381, 1988.

19）Hsu, N. C., S.-C. Tsay, M. D. King and J. R. Herman：Deep blue retrievals of Asian aerosol properties during ACE-Asia, IEEE Trans. Geosci. Remote Sens., 44, pp. 3180–3195, 2006.

20）Winker, D. M. et al.：The global 3-D distribution of tropospheric aerosols as characterized by CALIOP, Atmospheric Chem. Phys., 13, pp. 3345–3361, 2013.

21）Remer, L. A. et al.：The MODIS aerosol algorithm, products, and validation, J. Atmospheric Sci., 62, pp. 948–973, 2005.

22）Rupakheti, M. and T. Nakajima：Satellite view of particulate pollution in the Hindu, Sustainable Mountain Development, 60, pp. 13–15, Autumn 2011, Nepal, 2011.

23）Fiocco, G. and L. D. Smullin：Detection of scattering layers in the upper atmosphere（60–140 km）by optical radar, Nature, 199, pp. 1275–1276, 1963.

24）内野　修ほか：第 3 章 光を用いた能動型測器：ライダー，気象研究ノート，194, pp. 113–168, 1999.

25）レーザセンシング学会誌（ISSN 2436-6239）の各種解説論文：https：//laser-sensing.jp/（Accessed 2024.4.12）

26）Molina, M. J. and F. S. Rowland：Stratospheric sink for chlorofluoromethanes：chlorine atom-catalysed destruction of ozone, Nature, 249, pp. 810–812, 1974.

27） Farman, J. C., B. G. Gardiner and J. D. Shanklin： Large losses of total ozone in Antarctica reveal seasonal ClOx/NOx interaction, Nature, 315, pp. 207–210, 1985.

28） Solomon, S., R. W. Portmann and D. W. J. Thompson： Contrasts between Antarctic and Arctic ozone depletion, Environmental Sciences, Proc. Natl. Acad. Sci., 104, pp. 445–449, 2007.

29） Stolarski, R. S. et al.： Nimbus 7 satellite measurements of the springtime Antarctic ozone decrease, Nature, 322, pp. 808–811, 1986.

30） Solomon, S. et al.： On the depletion of Antarctic ozone, Nature, 321, pp. 755–758, 1986.

31） McCormick, M. P. et al.： High-latitude stratospheric aerosols measured by the SAM II satellite system in 1978 and 1979, Science, 214, pp. 328–331, 1981.

32） Newchurch, M. J. et al.： Evidence for slow down in stratospheric ozone loss： First stage of ozone recovery, J. Geophys. Res., 108 （16）, 4507, 2003. https：//doi.org/10.1029/2003 JD 003471

33） Yang, E.-S. et al.： Attribution of recovery in lower-stratospheric ozone, J. Geophys. Res., 111, D 17309, 2006. https：//doi.org/10.1029/2005 JD 006371

34） Yang, E.-S. et al.： First stage of Antarctic ozone recovery, J. Geophys. Res., 113, D 20308, 2008. https：//doi.org/10.1029/2007 JD 009675

35） World Meteorological Organization （WMO）： Executive Summary. Scientific Assessment of Ozone Depletion： 2022, GAW Report, 278, pp. 56, WMO, Geneva, Switzerland, 2022.

36） International Ozone Commission （IO 3 C）： Ozone Day Press Release, 2023. http：//www.io 3 c.org/sites/io 3 c.org/files/upload/documents/io 3 c_press_release_2023.pdf （Accessed 2024.4.12）

37） Rothman, L. S.： History of the HITRAN database, Nat. Rev. Phys., 3, pp. 302–304, 2021.

38） Jacquinet-Husson, N. et al.： The 2015 edition of the GEISA spectroscopic database, J. Molecular Spectroscopy, 327, pp. 31–72, 2016.

39） GOSAT「いぶき」温室効果ガス観測人工衛星トップページ，https：//www.gosat.nies.go.jp/ （Accessed 2024.4.12）

40） Takagi, H. et al.： Influence of differences in current GOSAT XCO$_2$ retrievals on surface flux estimation, Geophys. Res. Lett., 41, pp. 2598–2605, 2014. https：//doi.org/10.1002/2013 GL 059174

41） Liu, J. et al.： Contrasting carbon cycle responses of the tropical continents to the 2015−2016 El Niño, Science, 358, eaam 5690, 2017. https：//doi.org/10.1126/science.aam 5690

42） Saitoh, N. R. Imasu, Y. Ota and Y. Niwa： CO$_2$ retrieval algorithm for the thermal infrared spectra of the Greenhouse Gases Observing Satellite： Potential of retrieving CO$_2$ vertical profile from high-resolution FTS sensor, J. Geophys. Res., 114, D 17305, 2009. https：//doi.org/10.1029/2008 JD 011500

43） 内野　修：気象・大気環境計測のためのリモートセンシングの現状と将来，計測と制御，43(11)，pp. 837–841, 2004.

44） 気象庁：数値予報と衛星データ －同化の現状と課題－，数値予報課報告，別冊 53 号，p. 220, 2007.

45） 気象庁, https：//www.jma.go.jp/jma/index.html （Accessed 2024.4.12）

46） NOAA NESDIS OSPO, https：//www.ospo.noaa.gov/Products/atmosphere/soundings/nucaps/ （Accessed 2023.7.31）

47) The Advanced Scatterometer（ASCAT）Data Product, https : //manati.star.nesdis.noaa.gov/datasets/AS-CATBData.php（Accessed 2024.4.12）

48) 気象庁:数値予報解説資料集, https : //www.jma.go.jp/jma/kishou/books/nwpkaisetu/nwpkaisetu.html（Accessed 2024.4.12）

第3章　陸域への応用

〈この章で学ぶべきこと〉

　本章では，陸域地表面を対象に，その状態や変化などの現象解析，各種応用分野にかかわる情報抽出を，リモートセンシングで行った事例について学ぶ。陸域では Google Earth などの衛星画像がよく知られているが，リモートセンシングの真の意義は，観測画像から情報を抽出し各応用分野での意思決定等に活用することである。そのことを陸域における多様な応用・解析事例を通して学ぶとともに，陸域データの特徴，問題点／限界，および将来への課題／可能性等を考える。

学習目標：

① 　リモートセンシングが陸域で利用されている分野を学ぶ。

② 　画像利用だけでなく情報抽出とその利活用が大切なことを理解する。

③ 　陸域データの特徴および限界を理解し将来への課題と可能性を考える。

キーワード：

ディジタル標高モデル（DEM：Digital Elevation Model），ヒートアイランド（heat island），ハザードマップ（hazard map），生態系（ecosystem），炭素固定（carbon fixation），蒸発散（evapotranspiration），地表面温度（land surface temperature），土壌水分（soil moisture），リニアメント（lineament），雪氷圏（cryosphere），気候変動（climate change）

3.1　土地利用・土地被覆

　地表面の状態を表す土地利用・土地被覆はリモートセンシングの陸域への応用の代表的なものである。土地利用（land use）とは，人間が土地をどのように利用しているかを示す地表面の社会的な区分である。一方，土地被覆（land cover）は，地表面がどのようなもの（例えば植生，裸地，水，雪氷，建物，道路など）に覆われているかを示す地表面の物理的な区分である。異なる土地利用・土地被覆は異なる反射率を持つことが多いため，衛星データから分類できる。ただ，土地被覆の方が土地利用より衛星データとの関係が強いため分類しやすい。また，ある分類項目，例えば水田は土地利用の項目であるのと同時に，ひとつのタイプの植生をあらわしているため，土地被覆の項目でもある。土地利用・土地被覆は陸域の環境を示す基本的な情報であり，科学研究にも行政にも用いられる。ここでは，地球の陸域全体の土地被覆の例と地域における土地利用変化の例を示す。

（1）グローバル土地被覆

　地球環境研究が広がりつつあった 1990 年代，気候変動，物質エネルギー循環，生物多様性などに

第 3 章　陸域への応用

表 3.1　グローバル土地被覆データの一覧

グローバル土地被覆	作成機関/プロジェクト	成果データの地上分解能	土地被覆クラス数	衛星データ	衛星データの観測年
IGBP DISCover [1]	IGBP-DIS	1 km	17	AVHRR	1992–1993
Global Land Cover 2000 (GLC 2000) [2][3]	EC/JRC を代表とする 30 研究機関	1 km	22	SPOT vegetation	2000
MODIS Land Cover Type (MCD 12 Q 1) version 6 [4][5]	Boston U.（NASA の援助）	500 m	10/11/16/17	MODIS	2001–2020
GLCNMO [6][7]	GSI, Chiba U. and collaborating organizations	1 km/500 m	20	MODIS	2003, 2008, 2013
GlobCover [8]	ESA	300 m	22	ENVISAT MERIS	2005, 2009
FROM-GLC [9][10]	Tsinghua University	30 m	9	Landsat TM/ETM +	およそ 1999–2011 の期間, 2017
GlobeLand 30 [11]	National Geomatics Center, China	30 m	10	Landsat TM/ETM + および HJ-1	2000, 2010, 2020
GLC_FCS 30 [12][13]	Aerospace Information Research Institute（Chinese Academy of Science 内）	30 m	30	Landsat	2015
CGLS-LC 100 Collection-2 [14][15]	Copernicus	100 m	10/11/21 *	PROBA-V	2015–

* クラス数は 3 つのレベルの成果データに対してそれぞれ公称 12/13/23 であるが, これには土地被覆ではない海（sea）と未分類（unknown）の 2 クラスが含まれているため, 他の土地被覆データと比較できるように上表では 2 クラス少なく表記した。なお, 3 レベルの違いは森林クラスの分け方による違いである。

影響を与える土地被覆はそれらの研究に必要な基盤的情報のひとつと考えられていた。地球全体の土地被覆図が必要であったが, 当時は国・地域レベルの地図を集成した統一性のない土地被覆図が用いられているのみであった。そこで NOAA 衛星に搭載されたセンサ AVHRR による, 全球を同じ方法で観測したデータの利用がはじまった。リモートセンシングによるグローバル土地被覆データ作成の登場である。その最初の成果は, 米国地質調査所（USGS）の研究者が中心となり 1992〜1993 年に観測された AVHRR データを用いて作成した, 1 km 単位, 分類項目 17 クラスのグローバル土地被覆データ IGBP-DISCover である（表 3.1 参照, 以下同じ）。その後, ヨーロッパでも European Commission（EC）-Joint Research Centre（JRC）が中心となり世界の 30 研究グループの協力を得て, Global Land Cover 2000（GLC 2000）が作成された。これは SPOT 衛星に搭載されたセンサ VEGETATION が 2000 年に観測したデータを用いたクラス数 22 のグローバル土地被覆データ（1 km 単位）である。また, 米国ボストン大学が NASA の援助を得て, 2001 年以降の MODIS データを用いて毎年の

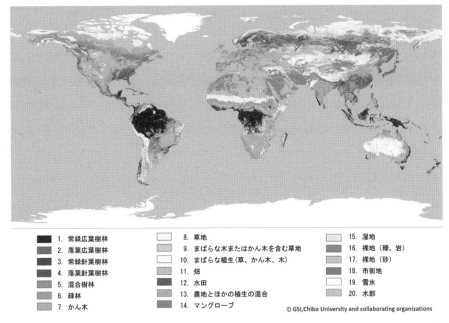

図 3.1 グローバル土地被覆データ GLCNMO（2003 年観測の MODIS データを利用）

土地被覆データ MCD 12 Q 1（500 m 単位）の提供を開始している。同じ頃，日本においても，国土地理院が各国の地図作成機関と協力して実施した地球地図プロジェクトの一部として，千葉大学がグローバル土地被覆データ GLCNMO（1 km/500 m 単位）を作成した（**図 3.1** 参照）。またヨーロッパでは，欧州宇宙機関（ESA）が ENVISAT 衛星に搭載された分解能 300 m のセンサ MERIS の観測データを用いて 300 m 単位のグローバル土地被覆データ GlobCover を作成した。

2010 年代になると中国の Tsinghua University が FROM-GLC プロジェクトとして Landsat データを用いて 30 m 単位のグローバル土地被覆データを作成した。これは 1999～2011 年に観測された膨大な数の Landsat データを処理することにより達成された。さらにその後，中国の National Geomatics Center が 2000 年と 2010 年に観測された Landsat データと 2010 年に観測された中国の HJ-1 データを用いて GlobeLand 30 を作成した。また，中国の Aerospace Information Research Institute は 2015 年の Landsat データを用いて GLC_FCS 30 を作成した。これらの中国のプロジェクトはその後も継続しており，2017 年あるいは 2020 年のデータも作成している。一方，ヨーロッパの Copernicus 計画では 2015 年以降の PROBA-V データを用いて 100 m ごとのグローバル土地被覆データを年単位で作成している。この成果物の特徴は，離散的な土地被覆クラスのみならず 100 m 画素ごとに基本的な土地被覆 10 クラスの被覆率（%）も併せて出力している点である。

今後の動向として，データ量の観点で比較的扱いやすい 300～500 m 単位のデータとより詳しい 10～30 m 単位のデータが並立するだろう。また，分類手法の改良，土地被覆データの利用目的に応じた複数の分類項目体系の使用などが続くだろう。さらに，トレーニングデータおよび検証データの継続的な蓄積の国際協力，変化検出を目的としたグローバル土地被覆データの年単位作成などが進めら

れていくと考えられる。

(2) 地域における土地利用・土地被覆変化

　図 3.2 に示すのは，Landsat データによる東京都における 30 年間の土地利用変化である。1972 年に Landsat 1 号が，1988 年に Landsat 5 号が，そして 2002 年に Landsat 7 号が，それぞれ撮影した画像データから地上の様々な状況を読みとれる。作成した東京都の土地利用・土地被覆分類図からは，30 年間の変化を次のカテゴリの分布と占有率の変化で理解できる。なお，図の円柱グラフでは 1972 年における対象地域の全陸域を 100％ としている。

- 水域：東京湾および荒川等河川域
- 森林：山間部および皇居や明治神宮等の森林
- 草地：河川敷や埋め立て地等の草で覆われた空地およびゴルフ場
- 裸地：伐採地や農地も含む土壌が露出している空地
- 市街地：コンクリート等の建物を多く含む高密度住宅地
- 住宅地：庭木等少量の緑を含む住宅地
- 工場等：コンクリート製建物，コンクリート敷の空地等

　1972 年から 1988 年にかけては，裸地が減少し市街地が増加する傾向が明らかである。また，この時期は東京湾（お台場）の埋め立てが進行した時期にも一致する。都市域（市街地，住宅地，工場等）が 1972 年から 2002 年にかけて着実に拡大したことが読み取れる。

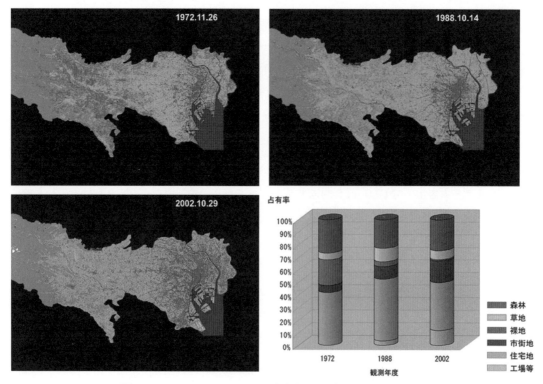

図 3.2　Landsat データによる東京都の 30 年間の土地利用変化

3.2　DEM・地図

コラム 1：グラウンドトゥルース（ground truth）

　対象物を地上で調査（測定）することをいい，そのデータをグラウンドトゥルースデータという。グラウンドトゥルースデータは，リモートセンシングで得られた推定結果の検証に用いたり，地表面を分類する場合の参照情報として用いる。グラウンドトゥルースデータの具体例として，対象物の反射率，植生パラメータ（被覆率，LAI，クロロフィル濃度，含水量など），土壌水分，土壌の種類，地表の粗さ，地表面温度，気象要素，土地被覆タイプなどがある。

3.2　DEM・地図

　地図の多くは空中写真（aerial photograph）を用いた写真測量（photogrammetry）で作成される。異なる場所から同一対象物を撮影した写真により，3次元計測ができることがその原理である。衛星画像についても同様に，同一地点を異なる方向から観測した画像でステレオ計測することにより，ディジタル標高モデル（DEM：Digital Elevation Model）の作成や地図の作成が可能になる。空中写真測量も広義のリモートセンシングであるが，ここでは衛星による DEM・地図作成について解説する。

　米国の Terra 衛星に搭載された日本の ASTER センサは，近赤外バンドで直下視と後方視のステレオ観測ができる。また，ALOS に搭載された PRISM センサは，パンクロバンドで直下視と前方視，後方視により三重のステレオ画像が取得できる。ステレオ画像を用いて地図を作成するためには，それぞれの衛星画像に対応したディジタル写真測量システム*1 が必要である。しかし，DEM を用いてオルソ補正し位置あわせが行われた衛星画像があれば，これを GIS ソフトウェアに取り込んで単画像で地図を作成したり，既存の地図の経年変化部分を修正することも可能である。

　衛星画像の地図作成への利用では，以前は空間分解能が不足して必要な情報を判読できなかったが，高空間分解能画像が利用できるようになり実利用されるようになった。**図 3.3** は国土地理院の1:25000 地形図の修正に利用された例で，空中写真撮影が困難な離島の地形図を ALOS の PRISM 画像で修正したものである[16]。2014 年には，ALOS/PRISM 画像を用いて，国土地理院が北方領土の1:25000 地形図を作成し，1:25000 地形図の日本全域の整備が完了した[17]。

　DEM 整備への利用[18]では，衛星データを用いて全地球規模の DEM が作成されたことが特筆される。このようなプロジェクトには，スペースシャトルに SAR を搭載して 2000 年 2 月の 1 回のミッションで緯度 60 度以下の範囲の DEM をデータ取得した SRTM（Shuttle Radar Topography Mis-

---

＊1　ステレオペアとなるディジタルジタル画像から写真測量により 3 次元計測，地図作成を行うシステム。コンピュータに 3 D 表示機能と 3 D カーソルのコントロール機能を追加してソフトウェアにより写真測量の種々の機能を実行する。

41

第 3 章　陸域への応用

修正前の国土地理院 1：25,000 地形図「硫黄島」（1982 年 3 月 30 日刊行，部分）

修正に用いた ALOS PRISM 画像（2006 年 7 月 16 日撮影）

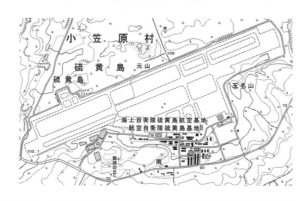

修正後の国土地理院 1：25,000 地形図「硫黄島」（2007 年 9 月 1 日刊行，部分）

図 3.3　ALOS PRISM 画像によって修正された国土地理院の 1：25,000 地形図[16]（原寸より縮小）

sion)[19]~[21]，ASTER による GDEM（Global DEM）[22]，ALOS/PRISM による AW3D[23] などがある。合成開口レーダはマイクロ波を用いるので雲を透過してデータが得られる。このため天候に左右されず，一定の期間内に全対象地域のデータ取得が可能であった。これに対して ASTER の GDEM と ALOS の AW3D は，長期にわたる衛星運用期間中のデータを合成して作成されたものである。

　SRTM では，シャトル本体のアンテナと長さ 60 m のマストの先に取り付けたアンテナによってマイクロ波を送受信し SAR 干渉解析によって DEM を作成した。経緯度差 1 秒（約 30 m）間隔と 3 秒（約 90 m）間隔の DEM がインターネットで提供されている。ただし，レーダの影が生じるような急峻な山岳地帯では部分的にデータが欠落しているが，Version 3 では GDEM 等のデータを用いて欠落箇所を補完している[24]。

図 3.4 ASTER GDEM を陰影段彩表示した画像（モンブラン周辺，カシミール3Dにより作成）。ASTER GDEM は METI/NASA に帰属する。

ASTER の GDEM では緯度 83 度以下の全世界陸域について経緯度 1 秒間隔のグリッドサイズの DEM を整備している。常時雲に覆われている一部の地域は既存の DEM で補完し，データ欠損域を極力小さくしている。このデータもインターネットで無償提供されている[25]。図 3.4 は ASTER GDEM のデータを陰影段彩表示したものである。

AW3D は，PRISM データから作成された，全世界陸域を 5 m 解像度でカバーするディジタル表層モデル（DSM：Digital Surface Model）およびディジタル地形モデル（DTM：Digital Terrain Model）*2 であり，1：25000 地形図の標高精度に相当するデータである。一部都市域については，商用衛星のデータによる最高 0.5 m 解像度のデータも提供されている。なお，標高精度はそのままにこれを約 30 m（1 秒）に低解像度化した DSM データ AW3D30 は JAXA から無償で提供されている[26]。

これら全球規模の DEM は，地形解析や衛星データの地形補正をはじめとして様々な用途に活用されている。

3.3 都市の熱環境

広域にわたる都市の実態を俯瞰的に捉えて，必要とする情報を可視化して提供できるツールが望まれている。このような状況の中で，非接触性，広域性，同時刻性，そして，解析結果が可視化された画像として得られることなどの特徴を持つ「環境のリモートセンシング」が注目されている。ここでは，航空機リモートセンシングによる土地被覆分類結果と都市のヒートアイランド（heat island）現象を議論するために有効な熱画像を紹介する[27]。

---

*2 DSM は建物や樹木を含んだ地球表面の高さデータである。DTM は DEM とほぼ同義で使われる用語である。

ヒートアイランド現象の主要な形成要因は，1）土地被覆の改変，2）膨大な人工廃熱，3）大気汚染である。ヒートアイランド現象における重要なパラメータのひとつは，入射した太陽放射の熱収支の結果として決まる建物や地面などの地表面の表面温度である。そして，都市における表面温度分布は，広域には衛星や航空機からの熱赤外画像で把握できる。

(1) 都市およびその周囲の土地被覆状況

図 3.5 は，我が国の有数の水田地帯である砺波平野における，灌水期，夏期，および冬期の積雪時に観測された航空機リモートセンシングデータ（可視域，近赤外域および中間赤外域のマルチスペクトルデータ）による，土地被覆の教師付自動分類結果である。

飛騨山地に源を発して日本海へと流れる庄川と小矢部川によって形成された扇状地に，広大な水田

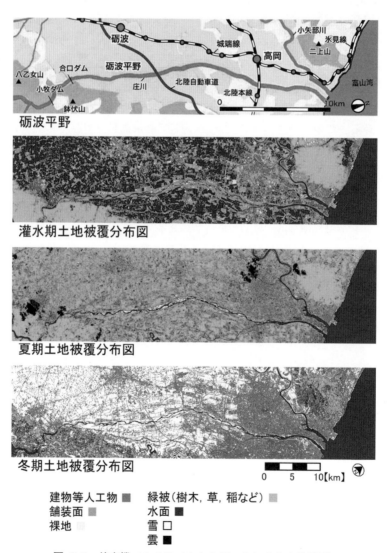

図 3.5 航空機マルチスペクトルデータによる土地被覆
(一面が水面と化す灌水期（5月），稲の緑のじゅうたんとなる夏期，そして雪に覆われた冬期（ただし，富山湾沿岸や市街地には積雪はほとんどない）など，季節により水田の土地被覆は大きく異なる)

が広がっている。富山湾沿岸一帯は，高岡を中心に市街地が分布している（高岡市の人口は約16万人）。平野の中央には城端線が走り，砺波などの小さな街が点在している（砺波市の人口は約5万人）。この一帯は，我が国でも数少ない，水田の中に農家が点在する散村としても知られている。しかし，一面水田の広がる砺波平野の景観も，近年急激に変わりつつある。平野の中央を走る城端線に沿って市街地が発達し，さらに水田の中にも埋め立てによって工場や住宅地が多くみられるようになった。散居の屋敷林も台風のたびに姿を消しつつある。我が国の田園景観を象徴する水田の土地被覆は，季節によって大きく変化する。5月の連休中には湛水された水田では田植えが行われる。この時期は，砺波平野は一面水面と化す。夏には，稲のじゅうたんに覆われ，秋の刈り取り後の土地被覆は裸地となる。そして，冬は一面雪景色となる。

(2) 熱画像による都市の熱環境の把握

図3.6の3時期のマルチテンポラル（multi-temporal）熱画像からは，水田と市街地の土地被覆の違いや水田の季節変化によって，表面温度がどのように異なるかが明確に読み取れる。

夏期の晴天日には，昼夜ともに市街地の表面温度が高く，市街地にヒートアイランド現象が生じていることがわかる。高岡のように大きな街はもちろんのこと，城端線沿線の砺波などの小さな市街地でも，周囲の水田に比べて昼夜共に表面温度が20℃以上も高い。特に，自動車社会を象徴するかのように，街の周辺には水田を埋め立てて大型商業施設が建設され，そこには広大な駐車場が広がる。ヒートアイランド現象が生じる大きな要因のひとつである。高温になった地表面に接している空気は暖められ，その結果，市街地の中の気温が郊外より高くなる。すなわち，気温の等値線を描くと，市街地が地図の等高線で描いた島のようになることから，“熱の島”すなわちヒートアイランドと呼ばれている。リモートセンシングと同時刻に行った地上1.5 mでの気温測定の結果でも，小さな市街地にもかかわらず街の中と水田の中では，昼夜ともに2℃程度の差がみられた。

湛水期には，日中は夏期ほどではないが市街地が水田よりも高温になる。しかし夜は，瓦屋根やトタン屋根は大気放射冷却で冷えるが，熱容量の大きい水面で覆われた水田では日中に吸収された日射熱が蓄熱され，表面温度は降下しにくい。

冬期には，水田は一面雪に覆われているが，市街地や幹線道路にはほとんど雪はない。雪の表面温度は昼夜ともに0℃前後であるが，市街地の表面温度は日中では20℃近くに上昇し，舗装面の表面温度は夜でも数℃を示している。リモートセンシング画像では，建物の壁面がみえていないが，建物の壁面も暖房した室内からの熱貫流による放熱で気温より高いこともあわせて，市街地におけるヒートアイランド現象が冬期に顕在化することが理解できる。

3.4 災害

災害を防ぐためには，災害を引き起こす事象発生の予兆の把握，災害の発生状況の把握が必要不可欠である。しかし，災害発生しそうな場所，発生している場所に人間が近づくことは危険な場合が多

第3章　陸域への応用

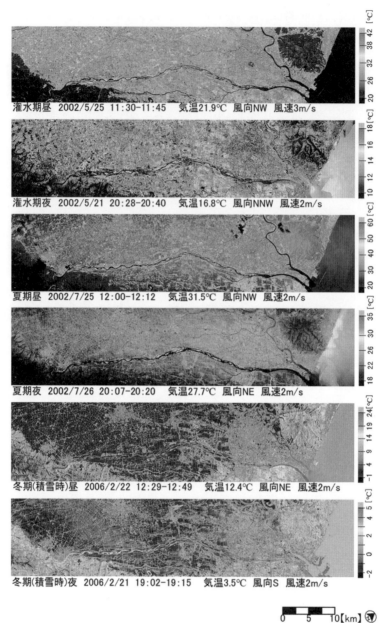

図 3.6　航空機リモートセンシングによる熱画像
(湛水期（5月），夏期および冬期の積雪期における昼と夜の熱画像。高岡はもちろん城端線沿線の小さな町でもヒートアイランド現象が形成されている。ただし，湛水期の夜は水田の方が街より表面温度が高い)

く，安全に調査するためにリモートで調査することが必要となることが少なくない。また，災害発生直後には，救援活動の的確な実施などのために，被害状況を早期に把握する必要がある。さらに，災害は，どこで生じるかわからないため，広域を網羅的に調査することが求められる。これら防災のための調査・情報収集において，遠隔で広域を調査するのに優れているリモートセンシング技術は，重要な役割を果たしている。実際の災害の調査や観測では，ヘリコプターや航空機による調査，衛星画

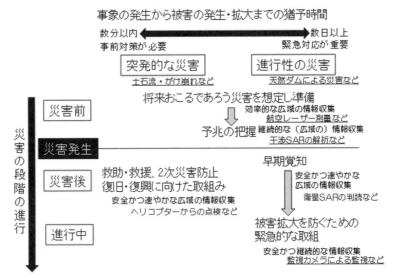

図 3.7 災害のタイプと段階に応じた対応（情報収集とリモートセンシング技術の活用）。下線は例を示す。

像を用いた調査，遠隔地に設置した監視カメラによるモニタリングなど，リモートセンシング技術が大いに活用されている（図 3.7）。

(1) 突発的な災害と進行性の災害

災害の種類は，自然災害に限っても，地震，津波，火山噴火，洪水氾濫，土石流や地すべり，干ばつ，冷害，豪雪，山火事など多岐にわたる。このため，災害を防ぐためには，対象とする災害の特徴に応じた対応・対策が必要である。災害を特徴づける要素は様々なものが考えられるが，中でも災害を引き起こす事象の発生から，被害の発生・拡大までの猶予時間は特に重要な要素のひとつである（**図 3.7**）。地震の揺れによる直接的な災害や斜面崩壊や土石流による土砂災害は，地震や土石流の発生後，短時間で被害が生じる「突発的な災害」に分類できる。このような災害では猶予時間はほぼなく，いったん事象が発生すると，直接的な被害を防ぐことは難しく，災害発生前の対策が重要となる。

一方，災害の中には，事象の発生後，被害が時間をかけて発生・拡大するものもある。このような災害は「進行性の災害」に分類され，典型的な例のひとつとして，天然ダム（河道閉塞）による災害が挙げられる。大規模な斜面崩壊が発生すると，崩壊土砂が河川に流入し，河道を閉塞させることがある（図 3.8）。このような現象は天然ダムと呼ばれ，天然ダムの上流では湛水（たんすい）による浸水被害が生じる[28]。さらに，溜まった水が天然ダムを越流すると，天然ダムが決壊し，下流に土石流や洪水による被害が生じることがある[28]。天然ダムの形成から決壊までの時間差は数時間から数ヶ月以上と様々であるが，突発的な災害とは異なり，いったん事象が発生（ここでは天然ダムの形成）したとしても，緊急的に対応するなどして猶予時間を有効に活用し，被害を防げる可能性がある。

(2) 災害の各段階における対策・対応とリモートセンシング技術の活用

災害は発生前・発生後の2つの段階に大別できる。さらに，進行性の災害においては，事態がさらに進行している「進行中」の段階が考えられる（図 3.7）。

第 3 章　陸域への応用

図 3.8　2011 年紀伊半島大水害により奈良県赤谷地区で発生した天然ダム（左図）と SAR による観測画像[32]（右図）。SAR 画像は TerraSAR-X が 2011/09/05 に撮影（空間分解能：約 3 m，観測域：東西約 30 km×南北約 50 km，入射角：39.21°，昇交軌道，単偏波 HH）。

災害発生前には，将来おこるであろう災害を想定し，施設整備によるハード対策やハザードマップの作成・公表，警戒避難体制の準備などの防災対策を講ずることが基本である。将来の災害を想定するにあたっては，災害の生じるおそれのある場所，被害の程度を把握・想定する。この段階においては，災害発生に関連する情報（例えば，地形，植生，過去の災害発生履歴）を広域で効率的に収集する必要があり，航空機や人工衛星を用いた上空からの調査・計測が有効な手段として一般的に用いられている。さらに近年は，災害が発生するおそれのある場所において継続的に監視し，災害発生の兆候をリモートセンシング技術で捉える取組みが進みつつある。例えば，干渉 SAR の技術を用いて微小な地盤変動を捉え，火山噴火や大規模斜面崩壊の予兆を捉える技術の開発が進められている[29]。

突発的な災害発生後は，早期に被害状況を把握し，救助・救援や 2 次災害の防止，復旧・復興に向けた活動が中心となる。被害状況の早期把握のために，住民等からの被害情報の収集に加えて，ヘリコプターによる目視調査や衛星画像の判読が併用される[30]。特に，被害が広域に及ぶ場合は被害状況を把握するために衛星画像の活用が注目されている。中でも，夜間や雲に覆われている場合であっても情報収集が可能な SAR を用いた情報収集に関する技術開発が進められている[31]。

一方，進行性の災害による被害を軽減するためには，①被害を引き起こす事象の発生の早期覚知と②事態の進行の継続的なモニタリングを実施し，被害の拡大を防ぐ対応（避難の実施など）を速やかに行うことが重要である。①は突発的な災害の後の段階と同じように，リモートセンシング技術を含む各種の技術を組みあわせて実施される。中でも天候や昼夜を問わず情報収集が可能な SAR は重要な役割を果たしている[32]。②においては，安全かつ継続的な監視が必要となる。例えば，天然ダム対策では遠隔地からカメラ等による監視や定期的なヘリコプターからの監視が実施されている。

3.5 農業

国内では，1970年代に北海道において気球や航空機による農地のセンシング試験が行われたのが，農業リモートセンシングのはじまりといわれている。その後1989年には，Landsatデータから作成された帯広地域の土壌腐植含量区分図[33]が北海道開発局より刊行され，各町村，農協へ配布された。これを契機に衛星データの農業利用の場面が急速に広がった。一方，IT，ICT，農業DXの普及は情報伝達に変化をもたらしただけでなく，農業が抱える課題解決ツールとしての効果を発揮し，新たな生産技術や販売手法を生み出している。そして衛星ITを活用した「科学する農業」は，偵察衛星技術の商業利用がきっかけとなり実利用化が実現した。最近ではUAVやAI解析技術を導入したスマート農業による農業の効率化やコスト削減への取組みも推進されており，農業リモートセンシング技術の社会実装は日々進化している。

(1) 解析手順の概略

対象となる解析項目によって手順は若干異なるが，農業分野における衛星データの基本的な解析手順は次のようになる（図3.9）。最初に衛星データを国土地理院発行の数値地形図などにあわせて幾何補正を行い，画素ごとに位置情報を与える。地図投影処理済みの画像を入手することは可能であるが，保証されている補正精度によっては他の画像や数値情報と重ねあわせた際にズレが生じる場合があるので，地図投影済の画像でも数値地図やGISにあわせて幾何補正することが望ましい。また，傾斜地や起伏の激しい対象地についてはDEM等を利用するオルソ補正を行うことを勧める。

次に解析対象範囲を切り出し，その中から目的の対象物を判別して抽出する。例えば，湛水時期の画像と稲が成長して水面が隠れている状態の画像をあわせて解析することで，水田だけを抽出できる。春先の小麦が芽吹いた時期の画像と，出穂後の枯れ上がりがはじまる頃の画像を重ねると，秋まき小麦の圃場を抽出できる。また，農協等で作成した圃場区画図または国や自治体が提供している筆

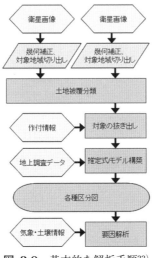

図3.9 基本的な解析手順[33]

ポリゴンを衛星データに重ねあわせて,各作物の圃場を画像から抽出する方法もある。

最後に,対象となる圃場の衛星データの輝度値を調べ,同じ場所の地上分析データとの関係を解析して推定式やモデルを構築する。これに衛星データのディジタル値を代入すると収量などを地図化することができ,各画素に対応する最小単位で作物の生育状況や品質を評価し,その結果を区分図として表現できる。なお,クロスバリデーション*3 等により,求めた推定式の精度検証は必ず行う必要がある。

(2) 解析事例1:土壌腐植区分図の作成

圃場に作物がない裸地で,耕起や乾湿状態が均一であれば腐植含量*4 の多少は地表面の分光反射特性にあらわれるという原理を利用すると,土壌中の腐植含量を推定できる(図 3.10)。土壌区分図作成に必要な腐植含量の推定式には,赤色波長域のディジタル輝度値が用いられている。畑土壌では耕起後,水田土壌の場合は土壌水分状態に差がない湛水後が推定の適期とされる。また,土壌水分が多いときには短波長赤外域における反射強度が低くなり,乾燥時には土壌粒子からの反射強度が高くなる点に着目し,水分条件が異なる2時期の画像を解析すると土壌水分図を作成できる。2時期の反射強度の差が土壌孔隙量の多少を反映するので,土壌中の細かい孔隙中に毛管張力によって保持されている有効水分が測定できる。

(3) 解析事例2:良食味米生産のための品質評価

北海道,東北,中部,九州などの主要稲作地帯では,米粒タンパク含量を推定し地図化する品質評価手法が利用されている。衛星画像から米の品質を診断するには,「白米中のタンパク質含量」,「水稲葉中の窒素含量」,「衛星画像またはUAV画像から求めた植生指数」がキーワードとなる。高タン

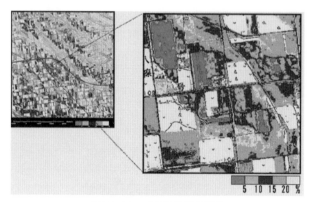

図 3.10 土壌腐植区分図

---

*3 サンプルをn個のセットに分割し,n-1個のセットを用いてモデルを作り,残った1個のセットを用いてモデルの評価を行う。この操作を全セットが評価データとして用いられるように繰り返してモデルの汎用性を調べる方法。

*4 土壌有機物のうち,微生物体と新鮮有機物期待を除く全ての有機物のこと。土壌中で動植物遺体は微生物によって分解され,分解産物から暗色の土壌固有の腐植物質が合成される。

パク米を食した時にはパサパサしていてまずいと感じ，タンパク含量が少なくなるほど粘り気が増して美味しく感じるといわれている。収穫期に葉に含まれる窒素化合物は穂に転流してタンパク質として貯蔵されることから，白米中のタンパク含量は葉の窒素含量と正の相関関係があることが知られている。水稲は収穫期に入り枯れ上がりが進むにつれて葉の緑色が退色してくる。この時期に葉の緑色が薄い水稲は窒素の量が少なくてタンパク質含量が低く，収穫時期になっても葉に濃い緑みの残っている水稲はタンパク質含量が高くなる傾向がある。一方，タンパク含量が低い水稲はその植生指数も低いことから，この関係を使うと衛星やUAVデータから水稲のタンパク含量を推定し，収穫前に水田単位での食味評価マップを作成できる。この食味評価マップは，品質別の集荷，栽培改善指導，土壌改良施策などに活用される他，品質に応じた出荷戦略の立案にも活用されている。

(4) 解析事例3：小麦の適期収穫支援システム

北海道M町では，衛星データ等を用いた小麦の適期収穫支援システムを開発し，適期収穫と収穫機械および乾燥調整施設利用の効率化に成功している。活用方法は次の通りである。小麦が黄化する収穫開始1〜2週間前の植生指数は収穫前の子実水分と高い線形の相関があるので，この回帰式を求めて子実水分を推定する。この時期から収穫までの子実水分の相対的な低下傾向は一定であるので，収穫順位を決定する生育早晩の判断に利用できる。広域の生育早晩を統一した尺度で順位づけして適期に収穫することは，乾燥調製施設に搬入された子実水分の低下と均一化につながり，小麦の乾燥経費の節減や品質向上が実現した。最近ではクラウド上に情報を集約して画像と現場作業状況をリンクさせてリアルタイムに把握できるようなっている。

3.6　自然環境

自然環境は，生物圏とその生育・生息環境の基盤となる地圏，気圏，水圏などとの相互作用で構成される生態系から成り立っている。地球上で人間の足跡が及ばない所はほとんどないといえる現在では，人間の活動が地表面に大きなインパクトを与えている。自然環境のリモートセンシングは，人と自然との接触の場として，広域にわたる地表面の植物，土壌，水域，生態系の様々な特性，変化と状態を把握する上で有効な手段である。1972年にアメリカの地球観測衛星Landsat 1号が打上げられて以来，広域的な土地利用，生態系，植生の分類や環境変化のモニタリングが可能となった。日本においても，環境省が全国の植生図の作成や，乾燥化が進みハンノキ林が増加している釧路湿原の環境モニタリングに利用するなど，リモートセンシング技術の活用が進められている。さらに最近では，空間解像度50 cm以下という空中写真並みの解像度を持つGeoEye-1が2008年に，WorldView-2が2009年に打上がり，高解像衛星の実利用がはじまった。さらに近年，解像度15 cmで複数の衛星の組みあわせた「衛星コンステレーション」による高頻度に観測できる衛星も企画されており，詳細な土地利用や植生の季節変化の解析が可能となってきている。この解像度と観測頻度の向上が，現在，地球環境分野で最も大きな問題となっている，気候変動による生態系の変化のモニタリングに威力を

第 3 章　陸域への応用

　　高茎草原（1988 年 7 月 21 日撮影）　　　チシマザサの草原（2007 年 7 月 19 日撮影）
図 3.11　大雪山五色ヶ原（標高 1700~1800 m）における植生変化（撮影：工藤岳氏）

発揮する。

　一方，気候変動による陸域生態系への影響は，極地や高山帯で顕著にあらわれるといわれている[34]。高地・低温・多雪・強風の高寒冷環境にある北海道中央部の大雪山系もその例外ではない。大雪山の高山帯は，風向・風速と地形の違いから生じる積雪量の違いによって，風衝地と雪田という対照的な 2 つの環境にわかれ，植生が大きく異なる。積雪量および雪解け時期が異なることで，多くの固有種を含む特有な高山植物群集のパッチがモザイク状に形成されてきた[35]。しかし，大雪山ヒサゴ沼周辺では，1998 年から 2018 年までのおよそ 30 年間に，雪解け時期が，10 年あたり 2.8 日のスピードで早まっており[36]，この地域における植生が大きく変化している。**図 3.11** の写真は，1988 年と 2007 年に同じ場所から撮影したものであるが，1988 年に高茎草原であった場所が，約 20 年後にはチシマザサ（以下ササ）の優占するイネ科草原へ変化していた。その主な原因は，雪解けの早期化が土壌の乾燥化を進行させることにより，ササが分布拡大しやすい環境が形成され，乾燥化とササの侵入とによって高山植生が衰退したのではないかと推測されている。しかし，大雪山においてササがどのような場所でどの程度拡大しているのか情報はほとんどなく，また，その引き金となっている要因の特定も未解明である。

　このような植生の分布変化の定量的な把握と要因解析には，リモートセンシング技術による解析とモニタリングが不可欠である。しかし，山岳地域では晴天日が少ないため，従来の地球観測衛星の光学センサではデータの取得そのものが難しい上，10 m 程度の空間解像度では植物の種類ごとの分類が困難である。また，1 年間に数平方メートルしか変化しない植生変化を検出するには数十年間の比較が必要であるため，現在の衛星光学センサのデータの比較のみで植生変化を解析することは難しい。一方，日本では，1970 年代から国土庁（現国土交通省国土計画局）が，国土全域を 1/8000 から 1/15000 の縮尺でカラー撮影している。これらの画像データが無償で公開されており，30 年以上前の情報を空間解像度 1 m 以下の高精度情報として入手できる。大雪山では 1977 年にカラーの空中写真が撮影されており，この空中写真をもとにササの分布を抽出した。また，2008 年に 60 スペクトルバンドを持つハイパースペクトルセンサにより詳細な植生分類を行った。植生の分類では，ハイパースペクトルの特徴を利用した緑の植生指数 $gNDVI$ により，ササ分布域を抽出した。$gNDVI$ は，以下の式によりあらわされる。

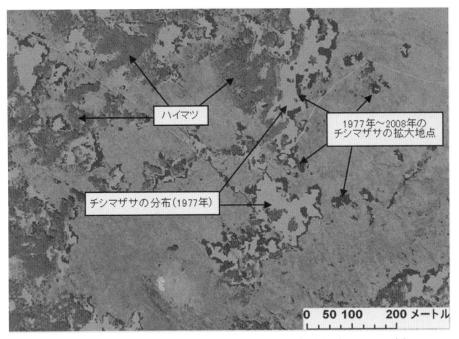

図 3.12 大雪山五色ヶ原におけるチシマザサの分布拡大（1977~2008 年）

$$gNDVI = \frac{G-R}{G+R} \tag{3.1}$$

G は可視光域の緑バンドの反射，R は可視光域の赤バンドの反射である．スペクトルメータによる現地調査の検証の結果，ササは $gNDVI$ の値が最も高い所に分布していた．次に，これらの2時期の画像をオルソ補正し，画像を重ねあわせササの分布拡大域を抽出した．また，ディジタル表層モデル（DSM）を抽出し，ササと地形との関係もあわせて解析した．その結果，この範囲（97.9 ha）のササは 1977 年に 8.3 ha であったものが，2008 年には 13 ha となり，面積比で約 57％ 増加していた（図 **3.12**）．また，ササは斜面方位が南西～西向き，傾斜度が 5～15 度の日当りが良い場所を中心に分布を拡大していた．この地域は，土壌水分計による現地調査およびマイクロ波センサ（PALSAR）による観測の結果，土壌の乾燥化が進んでいる地域と一致していた．このように，自然環境分野のリモートセンシングは，先端的なセンサによる観測と，過去のアナログ空中写真を活用した時系列解析や GIS による空間環境解析を組みあわせることで，地球環境問題の現状評価と対策を行うためのより強力なツールとなっている．

3.7 森林・林業

森林は世界の陸域の約 3 割を占めており，炭素固定機能や生物多様性の維持機能，さらに土砂流失防止機能やレクリエーション機能など多様な機能を有している．とりわけ地球規模での気候変動が問

題となる中，森林の炭素固定機能が地球温暖化の緩和に果たす役割に期待が集まっている。

　樹木は成長するときに，温室効果ガスのひとつである二酸化炭素を吸収して，炭素をその体内に固定する。一方，アブラヤシやトウモロコシのプランテーション造成のために森林が伐り開かれると，それまで蓄えてきた炭素の大部分を二酸化炭素として大気中に放出することになる。発展途上国における森林減少からの二酸化炭素の排出は，人為起源の温室効果ガス排出の約2割を占めるといわれており，森林減少に歯止めをかけるための国際的な取組みが強く求められている。

　森林の成長を促進することにより二酸化炭素の吸収量を増加させ，森林減少を抑制することにより二酸化炭素の排出量を軽減させるには，森林の状態とその変化を正確に把握し，適正な森林管理を実施することが求められる。しかしながら，地上での調査から広域での森林の状態とその変化を把握するのは困難である。人工衛星や航空機に搭載されたセンサによるリモートセンシングは，広域での森林の状態を把握するのに適した技術であり，とりわけこれまでの森林情報が十分に得られない発展途上国において，森林減少を把握するために有効な手段であると考えられている。

　リモートセンシングにより森林減少を把握するためには，時系列のデータを収集し，これらのデータから森林の変化を抽出することが必要である（図 3.13）。Landsat 衛星や SPOT 衛星は観測データの蓄積が豊富であることから，広く利用されている。ただし，熱帯地域での観測では，雲により地上が観測できないといった問題や，季節の違いにより森林が異なってみえるといった問題がある。我が国が打上げた陸域観測技術衛星 ALOS「だいち」には，雲を透過するマイクロ波を用いて地上を観測する PALSAR センサが搭載されており，雲の多い熱帯地域での活用が期待されている。

　リモートセンシングは，現在の調査からでは得られない過去の情報が得られるという利点がある。その一方で，森林の二酸化炭素の吸収，排出を算定する上で不可欠な森林バイオマスの推定には，地上調査が不可欠である。このため，森林炭素蓄積およびその変化を明らかにするには，リモートセンシングと地上調査を組みあわせた森林モニタリングシステムの構築が必要となる。

　我が国では，森林計画制度のもとで森林が管理されている。森林に関する情報は森林簿と森林計画

図 3.13　Landsat 衛星による森林減少の把握（左図：1989 年，右図：2001 年）
（提供：メリーランド大学，配布：農林水産計算センター）

図 3.14 ディジタル空中写真のオブジェクト指向型分類による林相区分

図に記載されている。また，国や各自治体，森林組合などでこれらの情報の GIS 化も急速に進んでいる。しかしながら，森林簿のデータ更新の際に必ずしも森林の現況確認を行っておらず，実態と合わない情報が見受けられる。現在，人工林の植栽から伐採までの期間の長期化や広葉樹林への転換を図るといった多様な森林施業が求められる中で，実態に合った正確な森林情報が不可欠である。近年の衛星センサの高分解能化や空中写真のディジタル撮影により，ひとつの樹冠を複数のピクセルで捉えることが可能となり，樹冠の形状や樹冠がつくりだす陰影によるテクスチャ（第 12 章 12.1.2 項参照）といった情報が，樹種ごとの反射スペクトル特性に加えてディジタル情報として利用可能になってきている。また，ランドスケープレベルでの構造の類似性に着目したオブジェクト指向型分類が普及してきたことにより，これらの情報と分類手法を活用して樹種や林齢の異なる森林を区分する林相区分を容易に行うことが可能となってきた（**図 3.14**）。

また，航空機レーザスキャナを用いた森林計測による情報取得にも関心が高まっている。これは，航空機から照射されるレーザ光が森林の林冠で反射し，その一部は林冠を透過して地表面で反射して計測器に戻ってくるまでの時間を計測して，林冠および地表面の構造を復元する技術である。復元された林冠および地表面の情報から，樹高計測や，林分材積の推定が可能となる他，レーザ光が林冠を透過する割合から間伐の状態を推定できるなど，森林施業への応用が期待される。

3.8 水収支・熱収支

(1) 水収支と熱収支

水収支・熱収支とは地表面や流域，あるいは地球を対象とした水と熱の出入りのバランスである。地表面における最も単純な水収支式および熱収支式は下記の様にあらわされる。

$P = R + E + I$ （水収支）

$R_n = H + lE + G$ （熱収支） (3.2)

ここで，P は降水量［mm］，R は流出量［mm］，E は蒸発散量［mm］，I は浸透量［mm］，また，R_n は正味放射量［W］，H は顕熱［W］，lE は潜熱［W］，G は地中熱流量［W］である。これらの配分の割合が地域の水利用，気候，水災害などにかかわる水文環境を決めている。

例えば，地表面が都市化されて I が減少すれば，R が増加し，都市型洪水の原因となる。また，都市域で lE が減少すれば，H と G が増加し，空気と地面を暖めるため，ヒートアイランドが発生する。よって，水収支・熱収支の推定は地域の環境を理解するための基礎的項目である。

(2) 水収支要素の求め方

降水量 P は地上設置あるいは TRMM 衛星搭載の降雨レーダにより観測は可能であるが，対象とする空間・時間スケールによって必要とされる値の精度は異なることに注意すべきである。その他の水収支要素は直接計測することは困難であり，他の推定式や推定モデルと組みあわせて求めることになる。ただし，水収支要素とリモートセンシングで得られるパラメータとの間の経験的な関係に基づき，蒸発散量 E や浸透量 I を求められる場合がある。

例えば，図 **3.15** は草地の実験圃場において実測された蒸発散量と Landsat TM による植生指標（NDVI）の関係である[37]。成長期と成熟期で関係は異なるが，両者の間の相関は高い。同様な関係は大陸スケールでも認められ，植生帯により両者の関係が異なることに注意すれば簡便な蒸発散量推定法として使える[38]。

(3) 熱収支要素の求め方

熱収支の各要素もリモートセンシングでの直接計測は困難であり，多くの推定式，モデルを組み合わせて求める。しかし，リモートセンシングで得られる地表面温度（観測輝度温度）分布からは，熱収支の結果としての環境にかかわる情報を読み取れる。

図 **3.16**（左）は Landsat TM が 1984 年 8 月 14 日の午後 9 時頃に観測した関東平野の地表面温度

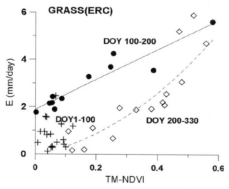

図 **3.15** Landsat TM で求めた植生指標（NDVI）（横軸）と地上で実測された実蒸発散量（縦軸）との関係（DOY（Day Of Year＝Julian Day）は 1 月 1 日からの年間通しの日付）

3.8 水収支・熱収支

図 3.16 Landsat TM が 1984 年 8 月 14 日に撮影した関東平野の地表面温度分布（左図）と 1984 年 7 月 31 日の NDVI 分布（右図）（いずれも明るいほど値が高い）

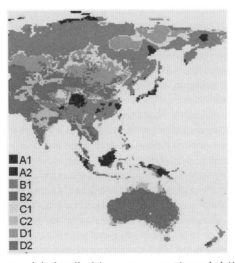

図 3.17 水収支に基づくモンスーンアジアの水文地域[39]

（A：年間を通じて水余剰がある地域，B：水余剰はあるが，水不足の月もある地域，C：水不足地域であるが水余剰の生じる月もある地域，D：年間を通じて水不足の生じる地域）

分布である。都心を中心に高温域が分布し，平野内部にも都市に相当する高温域が分布していることが分かる。これは都市的な地表面被覆による熱収支の結果であり，ヒートアイランドとして我々の生活に大きな影響を及ぼしていることを表している。地表面温度分布は**図 3.16（右）**に示した NDVI 分布とよく対応している。都市域の高温部は低 NDVI 領域とよく対応しており，熱環境と植生環境が密接な関係を持つことがわかる。

(4) 水収支・熱収支の応用

　地域の水収支や熱収支が明らかになると，環境にかかわる様々な情報が得られる。**図 3.17** はモンスーンアジアの水収支に基づく地域区分への応用例である[39]。モンスーンアジアの特徴を乾燥と

湿潤が隣接していることと捉えると，地域の水資源や災害現象をよく理解できる。例えば，東南アジアは一般に湿潤で一年中米作ができると思われているが，雨季と乾季が存在し，もともと米作は雨季の一期作であった。ダムや灌漑設備の建設が乾期作を可能にし，食糧の増産に寄与したが，タイやビルマの地域 C, D では乾季に水不足問題が生じることがある。また，中国で建設中の北緯 32 度から北緯 40 度に達する南水北調（南の水を北に調達）は，地域 A である長江流域から華北の地域 C, D に水を運ぶプロジェクトであることが分かる。地域における適切な水資源管理は水収支を知ることからはじまる。

3.9 砂漠化

　全世界で砂漠化が毎年 6 万平方キロメートルのスピードで進行している。その主な原因は土地の過剰開発と不適切な利用，気候変動などである。リモートセンシングを用いた砂漠化のモニタリング例として，砂漠化した土地の識別と分類，植生の抽出と土壌水分の推定などが挙げられる。

(1) 砂漠化した土地の識別と分類

　物質の反射・放射の分光特性の違いから，地表面を簡単に植生，裸地，土壌と水域に分類可能である。植生は光合成のため，太陽光の赤色光（光合成有効放射）を良く吸収し，緑色光と近赤外光をよく反射する。葉の中の水分によって，植生は中間赤外域に吸収帯（1.5 μm と 1.9 μm 近く）がある。また，有機物と水分が含まれている土壌は荒れた土壌より反射の割合（アルベド，もしくは反射率）が低いため，衛星画像上では暗くみえる。裸地は植生，さらに土壌が失われたため，反射の割合が増加し，波長が長くなるほど反射率が高くなる傾向を示す。一方，ほとんどの水域は可視域の光しか反射しない。こうした特性を利用し，例えば Landsat 画像に画像変換の Tasseled Cap（変換）手法（第 11 章コラム 2 参照）を適用して，Brightness（明るさ指数で裸地と土壌の分布を示す），Greenness（緑指数で植生分布を示す），Wetness（水指数で水分含有量を示す）の各指数（index）を計算できる。

　図 3.18 (a) では，砂漠化した土地が高い値を示している。また，(b) では，草丈が高く被度が高い川沿いのオアシスや柵の中の草地が高い値を示し，画像上で白色になっている。図の丸印中に灰

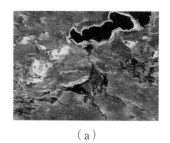
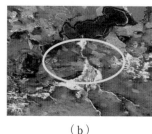
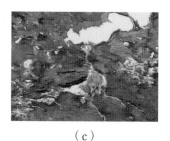

（a）　　　　　　　　　　　　（b）　　　　　　　　　　　　（c）

図 3.18　内モンゴル Khurtsagan Nur 湖における Landsat ETM＋Tasseled Cap Index（(a) Brightness index；(b) Greenness index；(c) Wetness index）[40]。丸囲中の灰色の四辺形は柵により過放牧の被害を免れた牧草地を示している。

色の四辺形がみられるが，それは柵の周辺の草原が過放牧により砂漠となり，越冬用柵の中は家畜が入れないので草が残って高い値を示しているためである．一方，(c)では湖・河川や窪地が高い値を示し，画像では白色になっている．

(2) 植生の抽出と土壌水分の推定

ほとんどの乾燥地の植物は，地下の部分のバイオマス量が地上よりも大きいという特徴がある．ゴビ砂漠の半乾燥地域では，植物は砂漠の上に点々とモザイク状，マウンド状に分布している．植物は水分が多い所に分布しているので土壌水分の空間分布の指標にもなる．砂漠地域のリモートセンシングでは，植生の反射は背景土壌の反射の影響を強く受ける．そのため，通常の植生指数（NDVI）では値が平均化されて植生が抽出しにくいので，背景土壌の影響を配慮した様々な植生指数が提案されてきた．例えば，背景土壌の反射を配慮した植生指数（SAVI）（第11章コラム4参照）はその一例である[40]．また，マルチスペクトルの光学センサを用いて，土壌水分指数（NDWI）（第11章11.2.3項参照）を求め，乾燥地域の表面湿度を診断することが可能である．図3.19では現地調査地点（異なる土地被覆）におけるASTER画像の反射率曲線を示した[41]．図3.19から分かるように，オアシスの植生はいずれもASTERのバンド3（近赤外）で反射率のピークを示しているのに対して，砂丘，砂漠の植生はいずれもバンド4（中間赤外）で反射率のピーク値を示した．また，土壌の水分が高いほど全波長で反射率が下がる傾向を示している．この特性を利用してオアシスと砂漠の植生の分類，土壌水分が異なる植生の分類が可能である．

図3.20では，ASTERの近赤外と中間赤外データから計算した，タリム河オアシスとその周辺の砂漠地区の開放水面指数AEWI（ASTER Enhanced Open Water Index）の空間分布を示した[42]．AEWIから，タリム河沿岸域の地表面湿度の違いを読み取れる．この結果から，タリム河オアシスとその周辺地域では，植生は土壌水分が高い所にしか分布しないことが分かった．

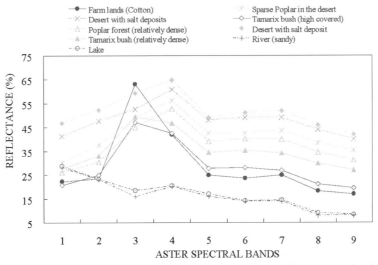

図3.19 乾燥地の植物の分光特性（新疆タクラマカン砂漠・タリム河）[41]

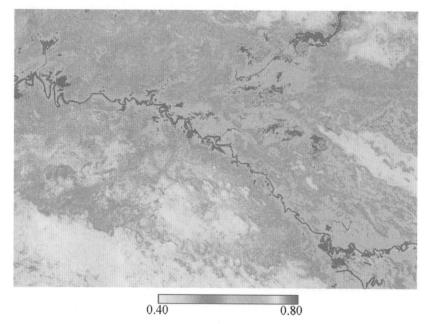

図 3.20 ASTER データから計算した開放水面指数（AEWI）（数字は AEWI の値）[42]

コラム 2：ASTER を用いた開放水面指数

ASTER を用いた開放水面指数 AEWI（ASTER Enhanced Open Water Index）は下記の式で計算する[42]。

$$AEWI = K + \frac{\rho_{810} - \rho_{1650}}{\rho_{810} + \rho_{1650}} = 0.25 + \frac{NIR - SWIR}{NIR + SWIR}$$

ここで，K は補正パラメータで，裸地では 0.25 を取る。ρ は特定波長の反射率である。AEWI を用いて砂漠地域の土壌水分の空間分布を推定できる。

3.10 資源探査

本項目において資源とは，石油・天然ガス等のエネルギー資源および非鉄金属資源を指す。ほとんどの場合，資源は地殻中（地下）に存在するため，これをリモートセンシングで直接検出することは難しく，地表面にあらわれた鉱床（資源となる鉱物等が集まる部分）形成にかかわりのある岩石・鉱物や地質構造が調査対象となる。

石油・天然ガスの探査では，堆積盆が鉱床を形成するのに適しているかどうか（根源岩・貯留岩・帽岩などの地層や褶曲構造の有無など）を評価するために，マルチスペクトルセンサによる岩相識別や合成開口レーダ等の画像によるリニアメント抽出を行う。海洋での探査では，海底から滲出した石油が海水面にオイルスリックとしてあらわれたところを合成開口レーダ等の画像を用いて検出する。

非鉄金属資源の場合は，鉱床の形成には地下のマグマ活動が関係することが多く，周囲に熱水変質

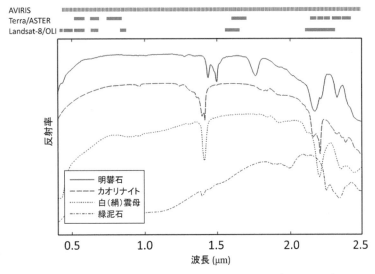

図 3.21 変質鉱物の可視〜短波長赤外反射スペクトルと各センサの観測バンド

作用を受けた岩石からなる変質帯を伴う．変質帯に含まれる鉱物（変質鉱物）としては，明礬石，カオリナイト，絹雲母，緑泥石などがあり，いずれの鉱物も短波長赤外域（2.1〜2.5 μm）で水酸基（−OH）の振動による特徴的な吸収を示す（図 3.21）．ASTER は短波長赤外域に5つの観測バンドを持ち，これらの変質鉱物を識別できる．具体的には，対象鉱物のスペクトル特徴に応じたバンドを選定し，バンド比や吸収帯の深さ（RBD：Relative Absorption Band-Depth）[43]を求めることで，対象とする鉱物の相対的な濃度分布を得る．また，同定対象である鉱物の反射スペクトルを参照データとし，スペクトルを比較することで鉱物マッピングを行う．

近年，HISUI[44] や PRISMA[45]，EnMAP[46] といった短波長赤外域に観測バンドを持つ衛星搭載型ハイパースペクトルセンサが打上げられ，変質鉱物マッピングに利用できるようになってきた．ハイパースペクトルセンサは観測バンドが連続的に配置されており（図 3.21），変質鉱物の吸収特徴をマルチスペクトルセンサよりも詳細に捉えられる．反射率データに変換した後のハイパースペクトルデータの解析は，地表に分布する各物質を代表する端成分スペクトル（エンドメンバ）の抽出，次に対象鉱物の分布や量比のマッピングの順に進められる．

図 3.22 は，米国ネバダ州 Cuprite 地域の ASTER およびハイパースペクトルセンサ AVIRIS のデータに対して Pixel Purity Index（PPI）[48] によるエンドメンバ抽出と Matched Filtering（MF）[48] によるスペクトルアンミキシングを行った結果である．Cuprite 地域は変質鉱物や粘土鉱物が多く分布する変質地帯であり，リモートセンシングによる鉱物マッピングのテストサイトとしてよく利用される．両者とも，Highway 95 の西側の丘陵の北部および Highway 95 の東側の丘陵に分布する明礬石（縦縞）やカオリナイト（横縞）を捉えている．AVIRIS データの解析では，マルチスペクトルセンサでは波長分解能の限界から他の鉱物と区別できないディッカイトやアンモニウム長石といった鉱物も識別できている．ディッカイトはカオリナイトと同じグループに属し，カオリナイトより高温で生成

第 3 章　陸域への応用

図 3.22　ASTER および AVIRIS による鉱物マッピング結果（Rowan et al.（2003）[47]の Fig. 7 に加筆）

されることがわかっている．これらの分布は，変質帯の中心位置推定の手掛かりとなる．

　変質帯の存在は鉱床の可能性を示唆するものであるが，実際にそこに鉱床があるかどうかの判定には現地にて鉱化作用の有無を確認する必要がある．例えば世界の銅の大半を産出する斑岩銅鉱床は，鉱床上部（地表近く）で風化作用により二次富化帯を形成することがあり，孔雀石や珪孔雀石，アタカマ石といった銅鉱物が露頭で観察される．これら二次生成鉱物は青〜緑色を呈する特徴があり（図 3.23），リモートセンシングで検出できれば銅鉱床の存在を直接的に確認できる．これらの銅鉱物を検出するには 0.4〜0.6 μm の範囲を観測できる高空間分解能なセンサが望ましい．図 3.24 に，WorldView-2（空間分解能約 2 m）を用いたペルー共和国アレキパ州 Chalhuane 地域における銅鉱物抽出結果を示す．銅鉱物指標としてバンド 2 と 4 の平均に対するバンド 3 の比（＝B3×2/(B2+B4)）を用いている．高い銅含有量比を示すピクセル群と，現地調査で銅含有量が高い試料が採取された地点（黒色の丸点）の分布がよく一致していることが分かる．

3.10 資源探査

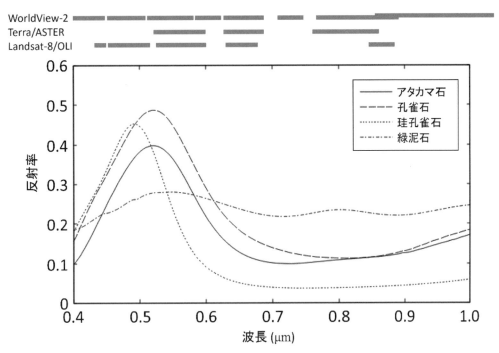

図 3.23 銅鉱物の可視〜近赤外反射スペクトルと各センサの観測バンド

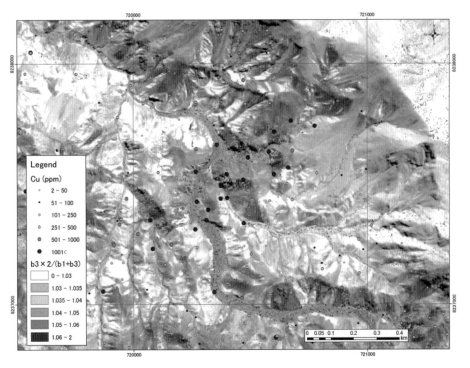

図 3.24 WorldView-2 による銅鉱物抽出結果（丸山，他（2019）[49]の Fig. 12 より）

63

3.11 氷河・氷河湖

温暖化に伴う氷河の縮小は，海水準上昇の約3〜4割を担う原因とされており[50]，その変動の実態を把握することは重要である。また，ヒマラヤやアンデス地域では，縮小に伴って氷河末端に出現した氷河湖の決壊洪水が大きな問題になっている。多くの氷河・氷河湖は，人々の生活圏から遠い山岳域にあるため，これらの変動を把握する上でリモートセンシングは極めて有効な手法である。

氷河の分布をリモートセンシングによって把握する研究は，国際的コミュニティが主導することで行われており，世界の氷河のインベントリ（台帳）が2014年に初めてまとめられ[51]，2023年10月時点で第6版まで改訂がなされている[52]。氷河台帳には，合計約21万5千の氷河それぞれについて，中心座標の緯度経度，末端と上端の標高，面積，面積の標高分布といった情報に加え，GIS上で処理できる輪郭のポリゴンデータが提供されており，変動の将来予測の見積もりなどの多くの研究に利用されている[53]。

氷河質量の変動については，氷河表面の高さの変化を2時期のディジタル標高データ（DEM）＊5の差分によって求める手法が広く利用されている。2000年に作成されたSRTMを基準とする研究が多く，CoronaやHexagonなどの軍事偵察衛星から作成されたDEMと，近年の高解像度DEMとの比較により，21世紀以降の氷河縮小傾向の加速が確認されている[54][55]。これらの研究で問題になるのが誤差の大きさとその評価方法である。一般に氷河変動量は，氷河外の変化していないと考えられる地表面の標高差分を利用して見積もられているが，標準偏差にして±10 mを越えることも多い。差分の期間が長いために氷河変動（年あたりの標高変化）に対してそれほど大きな誤差とはならないが，今後，高頻度で得られるようになったデータを解析する場合には問題となる可能性がある。一方，ASTERデータのように均質なDEMが多数利用できることを利用して，グリッド毎に近似曲線と誤差を算出する手法が提案され[56]，その後，全世界の氷河変動量が求められている（**図3.25**）[57]。ASTERのDEM生成で使用されるバンド3は，雪氷面でのコントラストが小さく氷河上流域での誤差が大きいことや，しばしばマッチング点が得られずにステレオ視によるDEMを作成できないことが難点であるが，このような課題もSPOTやPléiadesといった，ダイナミックレンジの大きいセンサによって克服されつつある[58]。

広域の氷河質量変動を検出する方法として，重力観測衛星GRACEを利用した研究が，規模の大きい極域の氷床を対象として行われている。アジアの高山域については，チベット高原上の氷河の増減が全く逆の結果を示した研究が相次いで出版され，議論を呼んだ[59][60]。重力変化には氷河だけでなく，チベット高原に広く分布する湖水やインド平原で取水される地下水の変化も含まれており，これらの要因をどのように見積もるか次第で残差としての氷河変動の結果が大きく変わることが原因と考えられている。

———————————————

＊5　氷河には植生が無いため，DSMとDEMは同じであるとされる。

3.11 氷河・氷河湖

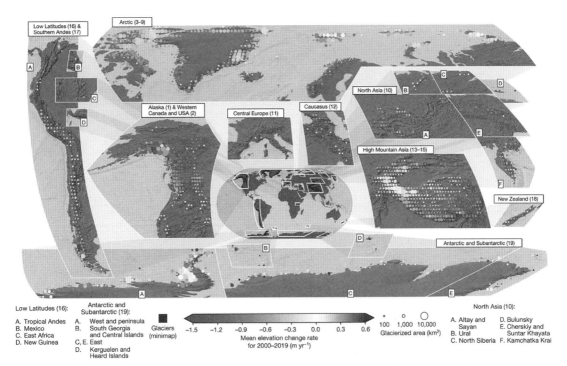

図 3.25 ASTER データの解析に基づく 2000 年から 2019 年にかけての世界各地の氷河変動[57]（丸の大きさは各グリッドにおける氷河面積を，色は氷河標高の変化速度をあらわす）

　氷河は「連続して流れている氷体」と定義され，その流動は氷体の厚さ，斜面傾斜，底面における水の存在に影響を受ける。リモートセンシングによる氷河流動の観測は，2 時期の画像間のピクセルマッチングと呼ばれる手法で解析されることが多い[61]。この手法について，画像の入手から解析までを自動化し，Landsat シリーズの画像を用いてアジアの高山域の氷河流動を求める研究により，21 世紀に入ってから多くの地域で氷河の流動速度が鈍化しており，質量損失によって氷河の氷厚が薄くなりつつあることが主要因であることが示された[62]。氷河流動については，干渉 SAR を利用した手法も利用されており，氷河流動の季節変化や，サージと呼ばれる突然の速度上昇イベントなどを検出する研究が行われている[63]。

　一方，氷河湖の抽出は，近赤外線の吸収を利用した正規化水指数（NDWI）（第 11 章コラム 4 参照）などにより自動化され，広域でのインベントリと多時期のそれを利用した氷河湖拡大傾向の研究が行われている[64]。全球を対象とした解析によれば，氷河湖の全体積は，1990 年から 2018 年にかけて 1.5 倍に増加したと見積もられている（**図 3.26**）[65]。

　氷河湖の存在は接する氷河の変動に大きく影響する。カービングと呼ばれる氷河末端の崩壊や氷河氷厚の薄化により，湖水が氷河底部に浸透しやすくなり，氷河流動の加速とさらなる氷河氷厚の薄化を招くという，正のフィードバックが知られており，氷河の標高変化に大きな差異をもたらしている[66]。こういったメカニズムも，衛星データの解析を通じて，広域スケールで氷河と氷河湖の変動を明らかにしたことによって認識されるようになってきた[67][68]。

65

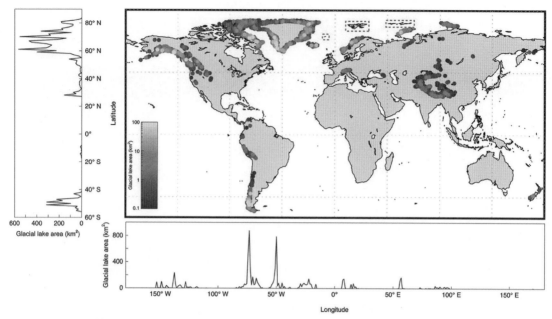

図 3.26 主に Landsat データを用いて得られた世界各地の氷河湖分布[65]

氷河湖決壊洪水に関しては，温暖化に伴って決壊洪水が増えているのではないかと考えられていたが，河川の洪水痕を自動検出するアルゴリズムにより，これまでに知られていなかった洪水イベントを検出する研究が行われ，少なくともヒマラヤにおいては有意な増加傾向が存在しないことが明らかとなっている[69)70]。

とはいえ，氷河湖の決壊洪水がヒマラヤやアンデス地域における自然災害であることは事実であり，そのモニタリングと危険度評価は重要な課題である。このため，「リスクの高い氷河湖」を選出する研究が行われているが，その基準の客観性が担保されている研究は多くない。一例として，氷河湖を堰き止めているモレーンダムと湖岸とがなす角度を指標として，決壊時の潜在的洪水量を推定した研究が，ヒマラヤの 2300 の氷河湖を対象に行われている[71]。

また，近年，氷河湖決壊洪水だけでなく，氷河そのものが崩壊し，下流に大きな被害をもたらす雪氷災害が生じている[72)73]。災害の起点やその規模の推定の初期解析として，衛星データが盛んに利用されている。

引用・参考文献

1) Loveland, T. R. et al.: Development of a global land cover characteristics database and IGBP DISCover from 1 km AVHRR data, Int. J. Remote Sens., 21, 6–7, pp. 1303–1330, 2000. https://doi.org/10.1080/014311600210191

2) Bartholomé E. and A. S. Belward: GLC 2000: A new approach to global land cover mapping from earth observation data, Int. J. Remote Sens., 26 (9), pp. 1959–1977, 2005. https://doi.org/10.1080/

01431160412331291297

3） Gregorio, A. D.：Food and Agriculture Organization of the United Nations；United Nations Environment Programme："Land Cover Classification System：Classification Concepts and User Manual：LCCS, Software, 2 nd ed.", Food and Agriculture Organization of the United Nations, Rome, Italy, 190 p., 2005.

4） Sulla-Menashe, D., J. M. Gray, S. P. Abercrombie and M. A. Friedl：Hierarchical mapping of annual global land cover 2001 to present：The MODIS Collection 6 Land Cover product, Remote Sens. Environ., 222, pp. 183–194, 2019. https：//doi.org/10.1016/j.rse.2018.12.013

5） Sulla-Menashe, D. and M. A. Friedl：User Guide to Collection 6 MODIS Land Cover（MCD 12 Q 1 and MCD 12 C 1）Product, http：//girps.net/wp-content/uploads/2019/03/MCD 12_User_Guide_V 6.pdf（Accessed 2023.8.8）

6） 国土地理院：Land Cover（GLCNMO）–Global version, https：//globalmaps.github.io/glcnmo.html（Accessed 2023.8.8）

7） 国土地理院：地球地図全球版, https：//www.gsi.go.jp/kankyochiri/gm_global.htm（Accessed 2023.8.8）

8） ESA：GlobCover, http：//due.esrin.esa.int/page_globcover.php（Accessed 2023.8.8）

9） Gong, P. et al.：Finer resolution observation and monitoring of global land cover：first mapping results with Landsat TM and ETM＋ data, Int. J. Remote Sens., 34（7）, pp. 2607–2654, 2013. https：//doi.org/10.1080/01431161.2012.748992

10） Star Cloud Data Service Platform, Peng Cheng Laboratory, http：//data.starcloud.pcl.ac.cn/（Accessed 2023.8.8）

11） Chen, J. et al.：Global land cover mapping at 30 m resolution：A POK-based operational approach, ISPRS J. Photogramm., 103, pp. 7–27, 2015. https：//doi.org/10.1016/j.isprsjprs.2014.09.002

12） Zhang, X. et al：GLC_FCS 30：Global land-cover product with fine classification system at 30 m using time-series Landsat imagery, Earth Syst. Sci. Data, 13, pp. 2753–2776, 2021. https：//doi.org/10.5194/essd-13-2753-2021

13） GLC_FCS 3, https：//doi.org/10.5281/zenodo.3986872

14） Buchhorn, M. et al.：Copernicus Global Land Cover Layers-Collection 2, Remote Sens., 12（6）, 1044, 2020. https：//doi.org/10.3390/rs 12061044

15） VITO European Commission Joint Research Centre（JRC）：Copernicus Global Land Service https：//land.copernicus.eu/global/products/lc（Accessed 2023.8.8）

16） 国土地理院：報道発表資料, https：//warp.da.ndl.go.jp/info：ndljp/pid/283591/www.gsi.go.jp/WNEW/PRESS-RELEASE/2007/0828.htm（Accessed 2024.4.12）

17） 根本正美, 下山泰志, 関崎賢一, 石山信郎, 小室勝也, 木村幹夫, 中野正広, 塚崎靖久：国土全域における 2 万 5 千分 1 地形図の整備・刊行とその経緯, 国土地理院時報, 126, pp. 97–113, 2014.

18） 高久淳一：衛星による地形データ作成の動向, 日本リモートセンシング学会誌, 43（2）, pp. 97–106, 2023.

19） JPL Science：SRTM, https：//science.jpl.nasa.gov/projects/srtm/（Accessed 2024.4.12）

20） 宇宙航空研究開発機構：SRTM とは, https：//iss.jaxa.jp/shuttle/flight/sts 99/mis_srtm.html（Accessed 2024.4.12）

21） DAN 杉本：「カシミール 3 D」スペースシャトル地形データ. https：//www.kashmir 3 d.com/srtm/（Accessed 2024.4.12）

22）立川哲史：ASTER GDEM の概要，日本リモートセンシング学会誌，29（5），pp. 675–677，2009.

23）筒井　健，市川真弓，高久淳一：AW 3 D 全世界デジタル 3 D 地図提供サービスの展開－「見る 3 D 地図」から「使える 3 D 地図」へ－，日本リモートセンシング学会誌，36（5），pp. 515–522, 2016.

24）NASA：NASA Shuttle Radar Topography Mission（SRTM）Version 3.0 Global 1 arc second Data Released over Asia and Australia, 2015，https：//www.earthdata.nasa.gov/news/nasa-shuttle-radar-topography-mission-srtm-version-3-0-global-1-arc-second-data-released-over-asia-and-australia（Accessed 2024.4.12）

25）宇宙システム開発利用推進機構：ASTER 全球 3 次元地形データ，https：//www.jspacesystems.or.jp/ersdac/GDEM/J/2.html（Accessed 2024.4.12）

26）宇宙航空研究開発機構：ALOS 全球数値地表モデル（AW 3 D 30），https：//www.eorc.jaxa.jp/ALOS/jp/dataset/aw 3 d 30/aw 3 d 30_j.htm（Accessed 2024.4.12）

27）梅干野晁：リモートセンシング・熱画像でみた砺波平野，WA の海 環日本海，25 話，pp. 34–37, 2004.

28）水山高久（監修）：日本の天然ダムと対応策，古今書院，東京，2011.

29）水野正樹，平田育士，王　純祥：衛星干渉 SAR と航空レーザ測量と GNSS 測量を用いた深層崩壊の危険箇所抽出の試み，土木技術資料，64（1），pp. 24–29, 2022.

30）林真一郎，他：被害が広域に及ぶ大規模な土砂災害に対する調査技術の活用事例に基づく定量的分析，日本地すべり学会誌，54（2），pp. 18–25，2017.

31）山下久美子，他：二時期 SAR 強度画像を用いた土砂移動箇所判読精度の検証－平成 29 年 7 月九州北部豪雨の事例－，砂防学会誌，71（6），pp. 21–27, 2019.

32）林真一郎，他：紀伊半島台風 12 号災害を事例とした人工衛星高分解能 SAR 画像の判読による河道閉塞箇所探索手法の確立，砂防学会誌，66（3），pp. 32–39, 2013.

33）北農会（編）：北海道農業のためのリモートセンシング実利用マニュアル改訂版，北海道開発局，2008.

34）Chapin III., F. S. et al.：Arctic and boreal ecosystems of western North America as components of the climate system, Global Change Biology, 6, S 1, pp. 1–13, 2000.

35）工藤　岳：大雪山のお花畑が語ること　高山植物と雪渓の生態学, 北大図書刊行会, 2000.

36）Kudo, G.：Dynamics of flowering phenology of alpine plant communities in response to temperature and snowmelt time：Analysis of a nine-year phenological record collected by citizen volunteers, Environ. Exp. Bot., 170, 103843, 2019. https：//doi.org/10.1016/j.envexpbot.2019.103843

37）Kondoh, A. and A. Higuchi：Relationship between satellite-derived spectral brightness and evapotranspiration from a grassland, Hydrol. Processes, 15, pp. 1761–1770, 2001.

38）Kondoh, A.：Relationship between the Global Vegetation Index and the Evapotranspirations derived from Climatological Estimation Methods, J. of JSPRS, 34（2），pp. 6–14, 1995.

39）Kondoh, A., A. B. Harto, R. Eleonora and T. Kojiri：Hydrological regions in monsoon Asia, Hydrol. Processes, 18, pp. 3147–3158, 2004.

40）Huete, A. R.：A soil-adjusted vegetation index（SAVI），Remote Sens. Environ., 25, pp. 295–309, 1988.

41）Aosier, B., K. Tsuchiya, M. Kaneko, N. Ohtaishi and M. Halik：Land cover of oases and forest in Xinjiang, China retrieved from ASTER Data, Adv. Space Res., 39, pp. 39–45, 2007.

42）Aosier, B., M. Kaneko, S. Shimada and K. Tsuchiya：Estimating Soil Moisture in the Arid and Semi-Arid

Region using Terra/ASTER Data, Participatory Strategy for Soil and Water Conservation, ERECON Press, pp. 197–202, 2004.

43) Crowley, J. K., D. W. Brickey and L. C. Rowan : Airborne imaging spectrometer data of the Ruby Mountains, Montana : mineral discrimination using relative absorption band-depth images, Remote Sens. Environ., 29, pp. 121–134, 1989.

44) 立川哲史，他：HISUI の概要と将来展望，日本リモートセンシング学会誌，32（5），pp. 280–286, 2012.

45) Cogliati, S. et al. : The PRISMA imaging spectroscopy mission : overview and first performance analysis, Remote Sens. Environ., 262, 112499, 2021.

46) Guanter, L. et al. : The EnMAP Spaceborne Imaging Spectroscopy Mission for Earth Observation, Remote Sens., 7（7），pp. 8830–8857, 2015. https : //doi.org/10.3390/rs 70708830

47) Rowan, L. C., S. J. Hook, M. J. Abrams and J. C. Mars : Mapping hydrothermally altered rocks at Cuprite, Nevada, using the Advanced Spaceborne Thermal Emission and Reflection Radiometer（ASTER），a new satellite-imaging system, Econ. Geol., 98, pp. 1019–1027, 2003.

48) Boardman, J. W., F. A. Kruse and R. O. Green : Mapping target signatures via partial unmixing of AVIRIS data, Summary of the Fifth Annual JPL Airborne Geoscience Workshop, JPL, Pub. 95-1, 1, pp. 23–26, Jet Propulsion Laboratory, 1995.

49) 丸山　亮，児玉信介，川畑陽平：高波長分解能データによる酸化銅および酸化鉄（赤鉄鉱）の検出法と探査への応用，資源地質，69（1），pp. 1–12, 2019.

50) Arias, P. A. et al. : Technical Summary, In Climate Change 2021 : The Physical Science Basis, Contribution of Working Group I to the Sixth Assessment Report of the Intergovernmental Panel on Climate Change, Cambridge University Press, Cambridge, United Kingdom and New York, NY, USA, pp. 33–144, 2023. https : //doi.org/10.1017/9781009157896.002

51) Pfeffer, W. T. et al. : The Randolph Glacier Inventory : a globally complete inventory of glaciers, J. Glaciol., 60, pp. 537–552, 2014. https : //doi.org/10.3189/2014 JoG 13 J 176

52) RGI Consortium : Randolph Glacier Inventory—A dataset of global glacier outlines : Version 6.0, Global Land Ice Measurements from Space, Boulder Colorado, USA, 2017. https : //doi.org/10.7265/N 5-RGI-60

53) Edwards, T. L. et al. : Projected land ice contributions to twenty-first-century sea level rise, Nature, 593, pp. 74–82, 2021. https : //doi.org/10.1038/s 41586-021-03302-y

54) Zhou, Y. et al. : Glacier mass balance in the Qinghai–Tibet Plateau and its surroundings from the mid-1970 s to 2000 based on Hexagon KH-9 and SRTM DEMs. Remote Sens. Environ., 210, pp. 96–112, 2018. https : //doi.org/10.1016/j.rse.2018.03.020

55) Maurer, J. M. et al. : Acceleration of ice loss across the Himalayas over the past 40 years, Sci. Adv., 5. https : //doi.org/10.1126/sciadv.aav 7266

56) Nuimura, T., K. Fujita, S. Yamaguchi and R. R. Sharma : Elevation changes of glaciers revealed by multitemporal digital elevation models calibrated by GPS survey in the Khumbu region, Nepal Himalaya, 1992–2008, J. Glaciol., 58, 210, pp. 648–656, 2012. https : //doi.org/10.3189/2012 JoG 11 J 061

57) Hugonnet, R. et al. : Accelerated global glacier mass loss in the early twenty-first century, Nature, 592, pp. 726–731, 2021. https : //doi.org/10.1038/s 41586-021-03436-z

58) Berthier, E. et al. : Glacier topography and elevation changes derived from Pléiades sub-meter stereo images, The Cryosphere, 8, pp. 2275–2291, 2014. https : //doi.org/10.5194/tc-8-2275-2014

59) Matsuo K. and K. Heki : Time-variable ice loss in Asian high mountains from satellite gravimetry. Earth Planet. Sci. Lett., 290, pp. 30–36, 2010. https : //doi.org/10.1016/j.epsl.2009.11.053

60) Jacob, T. et al. : Recent contributions of glaciers and ice caps to sea level rise, Nature, 482, pp. 514–518, 2012. https : //doi.org/10.1038/nature 10847

61) Heid, T. and A. Kääb : Evaluation of existing image matching methods for deriving glacier surface displacements globally from optical satellite imagery, Remote Sens. Environ., 118, pp. 339–355, 2012. https : // doi.org/10.1016/j.rse.2011.11.024

62) Dehecq, A. et al. : Twenty-first century glacier slowdown driven by mass loss in High Mountain Asia, Nature Geosci., 12, pp. 22–27, 2019. https : //doi.org/10.1038/s 41561-018-0271-9

63) Yasuda T. and M. Furuya : Short-term glacier velocity changes at West Kunlun Shan, Northwest Tibet, detected by Synthetic Aperture Radar data, Remote Sens. Environ., 128, pp. 87–106, 2013. https : //doi.org /10.1016/j.rse.2012.09.021

64) Nie, Y. et al. : A regional-scale assessment of Himalayan glacial lake changes using satellite observations from 1990 to 2015, Remote Sens. Environ., 189, pp. 1–13, 2017. https : //doi.org/10.1016/j.rse.2016.11.008

65) Shugar, D. H. et al. : Rapid worldwide growth of glacial lakes since 1990, Nat. Clim. Chang, 10, pp. 939–945, 2020. https : //doi.org/10.1038/s 41558-020-0855-4

66) Sato, Y. et al. : Land- to lake-terminating transition triggers dynamic thinning of a Bhutanese glacier, The Cryosphere, 16 (6), pp. 2643–2654, 2022. https : //doi.org/10.5194/tc-16-2643-2022

67) King, O. et al. : Contrasting geometric and dynamic evolution of lake and land-terminating glaciers in the central Himalaya Contrasting geometric and dynamic evolution of lake and land-terminating glaciers in the central Himalaya, Glob. Planet. Change, 167, pp. 46 – 60, 2018. https : / / doi. org / 10.1016 / j. gloplacha.2018.05.006

68) Pronk, J. B., T. Bolch, O. King, B. Wouters and D. I. Benn : Contrasting surface velocities between lake- and land-terminating glaciers in the Himalayan region, The Cryosphere, 15, pp. 5577–5599, 2021. https : // doi.org/10.5194/tc-15-5577-2021

69) Veh, G. et al. : Detecting Himalayan glacial lake outburst floods from Landsat time series, Remote Sens. Environ., 207, pp. 84–97, 2018. https : //doi.org/10.1016/j.rse.2017.12.025

70) Veh, G. et al. : Unchanged frequency of moraine-dammed glacial lake outburst floods in the Himalaya, Nat. Clim. Chang., 9, pp. 379–383, 2019. https : //doi.org/10.1038/s 41558-019-0437-5

71) Fujita, K. et al. : Potential flood volume of Himalayan glacial lakes, Nat. Hazards Earth Syst. Sci., 13 (7), pp. 1827–1839, 2013. https : //doi.org/10.5194/nhess-13-1827-2013

72) Kääb, A. et al. : Massive collapse of two glaciers in western Tibet in 2016 after surge-like instability, Nature Geosci., 11, pp. 114–120, 2018. https : //doi.org/10.1038/s 41561-017-0039-7

73) Shugar, D. H. et al. : A massive rock and ice avalanche caused the 2021 disaster at Chamoli, Indian Himalaya, Science, 373, pp. 300–306, 2021. https : //doi.org/10.1126/science.abh 4455

第4章　水域への応用

〈この章で学ぶべきこと〉

　海域，湖沼など水域を対象に，その表面および内部の物理，化学，生物学的特性を知ることを目的としたリモートセンシングの理論と事例を学ぶ。広域かつその特性の時間変動の激しい水域は，現地観測の実施にも制約があるため，リモートセンシングが非常に有効な手段である。またその利用範囲も漁業のような身近なものから全球スケールの地球温暖化問題まで非常に幅広い。このようなリモートセンシングの利点を最大限にいかした応用事例を通して，その有用性と将来性を学ぶ。

学習目標：

① 水域のリモートセンシング（特に水質と水温）の基本理論と利用例を理解する。

② サンゴ礁，藻場，水生植物等のリモートセンシングの特徴や限界等を理解する。

③ マイクロ波を用いた海面のリモートセンシングに関する応用事例を学ぶ。

④ 水域のような広域かつ時間変動の激しい対象に対するリモートセンシングの有効性を学ぶ。

キーワード：

クロロフィル（chlorophyll），懸濁物質（suspended particle），有色溶存有機物（colored dissolved organic matter），海面温度（sea surface temperature），海面粗度（sea surface roughness），海上風（sea surface wind），海面高度（sea surface height），外洋（open water），沿岸域（coastal water），サンゴ礁（coral reef），漁業（fishery），気候変動（climate change）

4.1　水質・海色

4.1.1　水質と分光特性

　様々な衛星搭載の海色センサにより，海水中に含まれるクロロフィル−a濃度（植物プランクトンに含まれる葉緑素），懸濁物（土砂などの無機質の浮遊粒子），有色溶存有機物（CDOM：陸あるいは海洋の有機物が溶け出したもの）の濃度などの地球物理量の推定が試みられてきた。これらの海色センサには，NimbusS-7衛星搭載CZCS（1978〜1982年），ADEOS衛星搭載OCTS（1996〜1997年），Orbview-2衛星搭載SeaWiFS（1997〜2010年），Terra衛星およびAqua衛星搭載のMODIS（Terra：1999年〜，Aqua：2002年〜），ADEOS−II衛星搭載GLI（2002〜2003年），S-NPP衛星およびJPSS衛星シリーズ搭載のVIIRS（S-NPP：2011年〜，JPSS 1衛星：2017年〜，JPSS 2：2022年〜），GCOM-C衛星搭載SGLI（2017年〜）などがある。

　衛星高度からのリモートセンシングでは，陸域などの植生，裸地，人工構造物の上向き輝度値に対

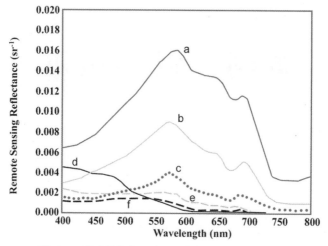

図 4.1 代表的海水のリモートセンシング反射率[2]

して，海面からの上向き輝度値は一桁ほど低く，センサ観測の上向き輝度値を地球物理量推定のために直接利用することが困難である．衛星搭載の海色センサへ届く上向き光には，海面からの上向き光に大気の透過率が乗算され，また，大気中の空気分子とエアロゾル（砂塵あるいは煤煙のような微粒子）によるパスラジアンス光が加わる．海面直上からの上向き光を推定するためには，パスラジアンスを減算し，透過率を除算する大気補正が必要であり，多くの大気補正手法が提案されてきた．さらに，大気補正を施し推定される海面直上の上向き光の波長分布から，海水中のクロロフィル-a 濃度などを推定するための生物光学アルゴリズムが提案されてきた．

　海面直上の上向き光は，海水中のクロロフィル-a，懸濁物，有色溶存有機物の構成により，みかけの色が決定される．図 4.1 は，沿岸域から外洋にかけての特徴的な海水の波長を関数とするリモートセンシング反射率の分光分布図である．リモートセンシング反射率（Rrs）は，下向き分光照度（Ed）に対する上向き分光輝度（Lu）により定義され，単位は sr^{-1} により与えられる．海域はクロロフィル-a，懸濁物など含有物によりケースⅠと呼ばれる外洋域の海水，ケースⅡと呼ばれる沿岸域の海水に分類される．

　図 4.1 のような Rrs の分光分布から，海水中の構成要素を推定するための生物光学アルゴリズムが提案されてきた．次式は O'Reilly らにより提案され，一般的に利用されているクロロフィル-a 濃度を推定するための生物光学アルゴリズムである[1]．

$$Chl\text{-}a = 10**\ (0.366 - 3.067\,R + 1.930\,R^2 + 0.649\,R^3 - 1.532\,R^4) \tag{4.1}$$

ここで，$Chl\text{-}a$ の単位は $mg\ m^{-3}$ である．**はべき乗を示す．R は Rrs の波長間の比であり，最大値を与える比の値を適用する．

$$R = Rrs(443)/Rrs(555)$$

$$R = Rrs(490)/Rrs(555) \qquad (4.2)$$

$$R = Rrs(510)/Rrs(555)$$

ケースⅠの外洋におけるクロロフィル－a濃度の推定には非常に有効である。しかし，ケースⅡの沿岸域においては，十分な精度が確保されておらず，今後の研究課題である。

4.1.2　沿岸域・湖沼

「沿岸域」や「湖沼」（以下，「沿岸・湖沼」と略す）では，近年人間活動に伴う栄養物質の増加等で，赤潮，アオコ，濁水に代表されるような水質環境の悪化が各地で問題となっている。沿岸・湖沼のリモートセンシングは，このような陸域に接した水域の水質環境を広域にモニタリングする手法として期待されている。

ところで赤潮，アオコ，濁水発生時以外に身近な地域の沿岸・湖沼の水の色が青や緑，場合によっては赤くみえた経験はないだろうか。実は沿岸・湖沼のリモートセンシングでは，この色の違いにより，水中の物質の種類や濃度等を推定している。このような方法は，前述の海洋の水質推定法が基本となっている。ただし，沿岸・湖沼のリモートセンシングが外洋の推定法と大きく異なる点は，複雑な地形に囲まれた水域を解析するために「高解像度の画像」が必要であることと，河川からの土砂や有機懸濁物質などの流出が多く，複雑な水中物質成分となるために「高い波長分解能の画像」が必要であることである。そのため，一般に外洋と比べ沿岸・湖沼のリモートセンシングは難しいといわれ，MODISセンサ等のように水質を計ることができる沿岸・湖沼専用のセンサは現時点では存在しない。そこでLandsatシリーズのような本来，陸域を観測するために設計されたセンサを使った沿岸・湖沼の水質推定が多く行われている。現状の沿岸・湖沼においてリモートセンシングが適用可能な水質項目としては，クロロフィル濃度，懸濁物濃度，濁度等が知られている。**図 4.2** に２種類の解像度の衛星センサから推定された琵琶湖と伊勢湾，手賀沼の水質（クロロフィルまたは濁度）分布図を示す[3]。前者の解析には500 m解像度の衛星Aqua搭載のMODISデータ，後者の解析には10 m解像度の衛星ALOS搭載のAVNIR-2データが使われた。このようにして衛星データから作成された水質分布図は，沿岸・湖沼内の水質環境保全対策等に役立てられようとしている。現在では，Sentinelシリーズのような沿岸・湖沼の水質推定を可能とする「高解像度」かつ「高波長分解能」の衛星センサが次々と打上げられており，この分野の衛星画像はより身近な存在となりつつある。

4.1.3　外洋

沿岸域の海水と比較し，外洋の海水は大きな流れの支配を受け，独自の特性を示す。黒潮，メキシコ湾流に代表される太平洋あるいは大西洋の西側を流れる西岸境界流は，北太平洋あるいは北大西洋を時計回りに流れ，低緯度海域から高緯度海域へ熱を輸送する重要な役目を持つ。低緯度海域におい

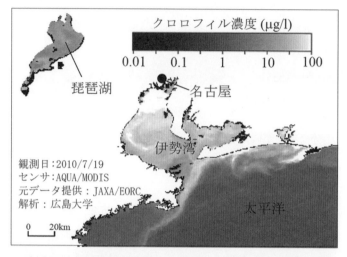

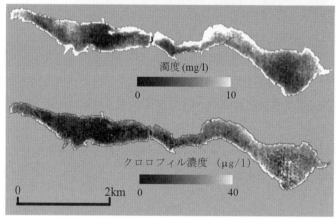

図 4.2　衛星画像から推定された琵琶湖と伊勢湾（上図），手賀沼（下図）の水質分布図

て，太陽照射の結果，熱エネルギーを蓄えると同時に，海水中の水分が水蒸気として失われ，高塩分濃度の海水となる。また，ナノ/ピコ・プランクトンと呼ばれる微小の植物プランクトンにより，植物プランクトンの生産に必要な主な栄養塩である硝酸塩，リン酸塩，ケイ酸塩が消費され，貧栄養塩状態の海水となり，北上を開始する。西岸境界流は，貧栄養塩のために植物プランクトンの生産が少なく，動物プランクトンも少なく，結果として，透明度の高い海水となる。透明度の高いことから，カツオ，マグロなどの大型回遊魚の回遊路となり，春から夏にかけて中高緯度海域への移動経路となる。

　一方，太平洋の西岸域を南下する親潮，大西洋の西岸域を南下するジブラルタル海流などの寒流は，高緯度域の氷山，流氷，あるいは河川水，雨による真水の付加により，黒潮などと比較し，低塩分濃度の海水となる。また，高緯度海域において冷却されているため低温の海水となる。また，荒天に伴う鉛直混合による深層から表層への栄養塩の供給，栄養塩に富む河川水の流入により，栄養塩濃度の高い海水となる。栄養塩濃度が高いため，植物プランクトンの生産が加速され，植物プランクトンを餌とする動物プランクトンへと食物連鎖が進み，低い海水温度を好むサンマ，タラ，ニシンなどの小型魚の生存海域を提供する。このような中高緯度の生産性の高い海域は，夏季には低緯度海域か

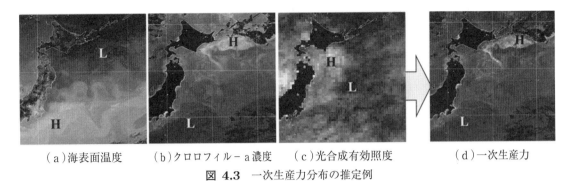

(a)海表面温度　(b)クロロフィル-a濃度　(c)光合成有効照度　(d)一次生産力

図 4.3　一次生産力分布の推定例

らのカツオ，マグロの大型回遊魚が侵入し，大型魚種の活動可能温度制限があるものの，大型回遊魚のための餌場を提供する。

このような食物連鎖の基礎となる植物プランクトンは，大きさ，種が異なるもののほとんどの海域において生存し，栄養塩，光環境に応じた深度分布を示す。この植物プランクトンの単位時間当たりの生産量は，一次生産力として注目され，無機炭素から有機炭素としての炭素固定能力推定のためのモデル化の研究が進められている[4]。

図 4.3 は，波長依存性を除いた深度・時間解析型一次生産力モデル[5]により求められた一次生産力の例を示す。2002年6月第1週の海表面温度分布，クロロフィル-a濃度分布，光合成有効照度分布を基礎データとし，一次生産力分布を求めた。北海道南東沿岸において，一次生産力の高いことが判読可能である。

4.1.4　油汚染

2010年4月20日，メキシコ湾ルイジアナ州ニューオリンズ南東沖合，1500m水深に立つ原油掘削リグが崩壊し，人類史上最大の原油流出事故となった。約490万バーレル（約78万キロリットル）もの原油が流出し，沿岸の生態系へ甚大な被害を及ぼし，油まみれのペリカン，ウミガメなどの映像がテレビに流れた。また，掘削点の水深が深いことから，原油の流出を止めるには3カ月近くの時間を要した。

油汚染の観測に求められる要件は，①雲の存在にかかわりなく全天候において観測可能であること，②小規模な油流出事故の頻度が高いことから，高分解能の観測が可能であること，また，③観測頻度を高め，詳細な変化を観測したいことから，回帰日数の短い観測が求められる。これらの全ての要件を満たす衛星観測センサは少ないが，マイクロ波を利用する合成開口レーダがそのひとつである。

油汚染は，様々な形態の油膜が海面上に広がり，海面の表面張力を低下させる。このため，風浪は低下し，周辺部より若干静穏な海域が存在する。合成開口レーダにより，油膜が存在し静穏な海域があるとき，後方散乱断面積が周辺海域より小さく観測され，暗い画素として表示される。油汚染の規模により，また，合成開口レーダの画素の大きさにより，観測される後方散乱断面積が変化し，定量的な観測は困難であるが，油汚染の概要を観測可能である[6)7]。

第4章　水域への応用

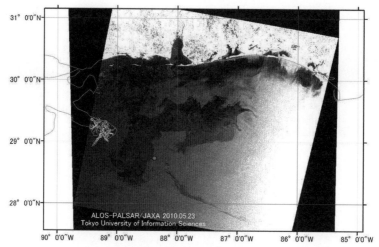

図 4.4　メキシコ湾における PALSAR による油汚染観測例（2010 年 5 月 23 日）

　図 4.4 は，2010 年 5 月 23 日，陸域観測技術衛星（ALOS）搭載のフェーズドアレイ方式 L バンド合成開口レーダ（PALSAR）の広域観測モードにより観測されたメキシコ湾の原油流出海域の画像である。この画像は，広域観測モードで，水平偏波出力，水平偏波観測の HH モードで運用され，刈幅が 350 km の画像である。中央の丸いマーカーが原油流出点であり，流出点の西方向の海域と北東方向の海域に原油に伴う油汚染海域が広がっている様子が判読できる。この段階で，沿岸域の生態系への影響も及んでおり，沿岸域に広がる後方散乱断面積の小さく暗い部分へも油汚染が広がっていると考えられる。このような解析においては，油汚染の分布を決定する要素のひとつとして，海上風の分布も解析する。2010 年 5 月 23 日には，事故海域において，5 m/s 前後の東南東の風が継続しており，油汚染が広がった。

4.2　海面温度

　海面温度は，大気や海洋の研究や業務を行う上で，最も重要な物理量のひとつである。海水と大気の広大な接触面（海面）の温度情報は，海洋や大気の運動を予測する際に必要な条件となるばかりでなく，その変動そのものが大気海洋相互作用の指標である。海洋観測がはじまってから衛星による観測が行われるまで，観測のためのプラットフォームの主力は船舶であり，直接測定による海面温度（現場観測と呼ぶ）が主流であった。改良型高解像度放射計（AVHRR）を登載した NOAA 衛星の運用が 1978 年から開始され，世界中の海面温度画像が提供されるようになり，海洋観測に新たな展開をもたらした。その後，MODIS（1999〜）や VIIRS（2011〜），日本国産の SGLI（2018〜）等のセンサが開発され，長期にわたる衛星海面温度のデータセットが構築されている。この節では，まず衛星海面温度推定の原理と実際を述べ[8)9)]，次に沿岸・外洋域における海面温度の応用例を紹介する。衛星海面温度推定手法は，統計的手法以外にも，数値的に放射伝達方程式を解く物理的手法も開発されてい

るが[10]，ここでは省略する。また，湖沼や大河川の水温も同様の原理で観測可能であるが，ここでは扱わない。

4.2.1 海面からの熱放射

　海面温度は大気と海水の境目における海水側の温度である。海面が生じる理由は，ともに流体である大気・海水の物性による。海水は密度が高いため重く，重力の影響下では大気の下にあって成層する。海水が大気に対して持つ大きな表面張力は，大気海洋間の界面を明瞭にする。水は比熱が大きく，動きにくいので，比熱が小さく動きやすい大気と補完しつつ，地球の動的熱環境形成を支配している。

　全ての物体はその温度に応じて電磁波を放射している。物体から放射されるエネルギーは，物体の温度と放射率（0〜1の値をとる）によって決まる。電磁波を効率よく放射する物体は，また入射してきた電磁波をよく吸収する（キルヒホッフの法則）。仮に全ての波長の電磁波を完全に吸収する物体を考えると，それは与えられた温度で最も効率よくエネルギーを放射する物体となる。そのような仮想的な物体を黒体という。黒体からの熱放射による放射輝度は，波長と黒体の温度の関数としてプランクの放射則で与えられる（第5章5.2節参照）。ある物体と同温度の黒体が放射するエネルギーに対するその物体の放射エネルギーの比を放射率という。放射率は物体に固有の性質で，通常1より小さい。黒体の放射率は1である。

　全球の海面温度は，結氷温度の約-2℃ から約35℃ までの間にあるので，海面から放射される電磁波は，熱赤外域（9〜11 μm）の波長帯にエネルギーのピークを持つ。この波長帯では，海面の放射率はほとんど1に近く（0.98〜0.99），ほぼ黒体と見なすことができる。従って，熱赤外域における海面からの放射エネルギーを検出することにより，高い精度で海面温度を求められる。熱赤外（波長10 μm）の電磁波に対し，静止状態にある海面の反射率は0.01〜0.02，電磁波が侵入できる深さの目安である表皮厚さ（skin depth）は3 μmである。この電磁波は表面近傍の極薄い層内で完全に吸収されてしまう。海洋からの熱放射もこの薄い層からおこる。この層の温度を表皮温度と呼ぶ。

4.2.2 海面温度推定のための大気補正

　一般に，衛星搭載熱赤外放射計による海面輝度温度[*1] は，現場観測値より小さくなる。赤外域電磁波の大気中水蒸気などによる吸収や，エアロゾルによる散乱がその主たる原因である。3.7 μm，8.5 μm，11 μmを中心とした波長帯は大気をよく透過する。AVHRRセンサでは，3.7 μm帯に第3チャンネル（以下，このチャンネルの観測輝度温度をT3と呼ぶ）と11 μm帯に2チャンネル（同様に，T4，T5）を設定している。3.7 μm帯の観測は他の2つの窓領域に比べて海面の温度変化に対する感

＊1　輝度温度：物体の熱放射と同じ放射輝度を持つ黒体の温度。物体の放射率は1より小さいため，輝度温度は実際の物体の温度より低い。

度もよく，大気の透過特性もいいので海面温度の観測には最も適している。しかし，太陽光成分が雲などによって反射されてセンサに混入してくるので，日中の観測には向かない。

海面温度の観測に最もよく利用されるのは，11 µm を中心とした窓領域の波長である。この波長帯は，3.7 µm の波長帯に比べて，より大気中の水蒸気の影響を受けやすい。地球物理量（この節では海面温度）を正しく推定するために伝搬する電磁波に対する大気の影響を取り除くことを大気補正という。

AVHRR センサの赤外域の2波長を利用して大気補正を行い，海面温度を推定する方法が開発された。大気中の水蒸気の吸収特性が波長によって異なることを利用して，赤外域電磁波の大気中減衰効果を補正する。T3と，T4あるいはT5のいずれかを使って2波長で海面温度を求める手法をデュアル・ウィンドウ法という。11 µm 帯のT4とT5を用いる方法をスプリット・ウィンドウ法という[11]。

AVHRR センサの複数の赤外チャンネルのデータを利用した海面温度推定アルゴリズムのうちで最も一般的なものは，マルチ・チャンネル海面温度（MCSST：Multi-Channel Sea Surface Temperature）法と呼ばれる。MCSST アルゴリズムの原型は，次式であらわされる。

$$SST = Ti + \gamma \ (Ti - Tj) \tag{4.3}$$

この式の第2項が，大気中の水蒸気の効果を補正する。ここで，Ti，Tj は輝度温度（すなわち，T3，T4，T5）を表し，γ は定数である。その後，これを修正した多くの式が提唱されてきた[9]。

一般的に，現場観測海面温度を真値とし，AVHRR 計測値と組みあわせたマッチアップ[*2]を作成し，統計的な手法を用いて推定式の係数を決定する。従って，この推定手法では，AVHRR から推定された海面温度は，現場観測による水温（バルク水温と呼ぶ）と等価である。現場観測データを真値として，衛星推定物理量の精度評価を行うことをバリデーション（検証）と呼ぶ。評価の目安である残差の標準偏差とは，統計的に有為な数だけ集められた衛星推定値と実測値の間の残差の2乗平均の平方根（RMS 誤差）である。衛星海面温度を用いて広域を長期にわたってモニターし，研究を進めていくためには，バリデーションが不可欠である。衛星搭載赤外センサによる海面温度推定精度は，AVHRR 計測値からの推定では 0.7 度程度であった。その後，赤外センサ技術の向上やアルゴリズムの改良により，推定精度は 0.4 度程度[10]まで向上している。

4.2.3 沿岸域と外洋域への応用

1980 年代初頭，AVHRR センサがもたらした海面温度画像は，これまでわからなかった黒潮・親潮

＊2　マッチアップ：現場観測と同期して得られた同地点の衛星観測値を，その現場観測値と組みあわせ，他に必要な同地点の環境情報を加えたものをマッチアップという。これを多数用意することにより，観測パラメータ推定アルゴリズムの開発や検証を行う。

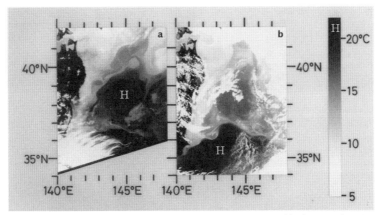

図 4.5 三陸沖で発生した直後の暖水塊を捉えた AVHRR 熱赤外画像（(a) 1982 年 6 月 10 日，(b) 1982 年 6 月 15 日[12]）

フロントや暖水塊の動的な構造を写しだし，この複雑な海域の海洋物理学・水産学研究に大きく貢献した。1981 年に発生した三陸沖暖水塊を捉えた研究例を図 4.5 に示す[12]。

ADEOS-I 衛星に搭載された OCTS[13] は，我が国初の本格的な全球海面温度観測を実施した。OCTS 海面温度が捉えた 1997 年エルニーニョの発生過程を図 4.6 に示す[14]。1996 年 11 月には，西太平洋暖水プール域に高海面温度が分布するラニーニャ状態であったが，1997 年に入ると暖水域が東進し，エルニーニョが発生した。

AVHRR や MODIS など，極軌道衛星に搭載された赤外放射計は 1 km か，それ以上の空間分解能を有する。従って，沿岸海域の海面温度変動に関しても十分な感度を有する。仙台湾内の MODIS 海面温度画像を図 4.7 に示す。湾北部，石巻周辺の沿岸で高水温域が認められるが，これは北上川などの河川水分布と対応し，沿岸域特有の昇温現象によるものと考えられる。

4.3 サンゴ礁・藻場・水生生物

4.3.1 海底のリモートセンシングの基本と水深推定

サンゴ礁や藻場の調査に活用されるリモートセンシング技術は，光学センサを用いた受動的なリモートセンシングと，音響やレーザを用いた能動的なリモートセンシングの大きく 2 つにわけられる。本節では，衛星や航空機を用いた光学リモートセンシングを中心に，サンゴ礁・藻場・水生生物への応用例を紹介する。

リモートセンシング技術は，海底の地形（水深）とともに，そこに分布するサンゴ・海藻・海草など底質のマッピングやモニタリングに活用されている[16]。海底を対象とするリモートセンシングの最大の特色は，いうまでもなく海水があることである。衛星や航空機センサが受け取る光には様々な情報が含まれているため（図 4.8），そこから底質からの情報を適切に抽出しなくてはならない。

海底を対象とするリモートセンシングには大きな制約がある。第一に，海水によって光が減衰する

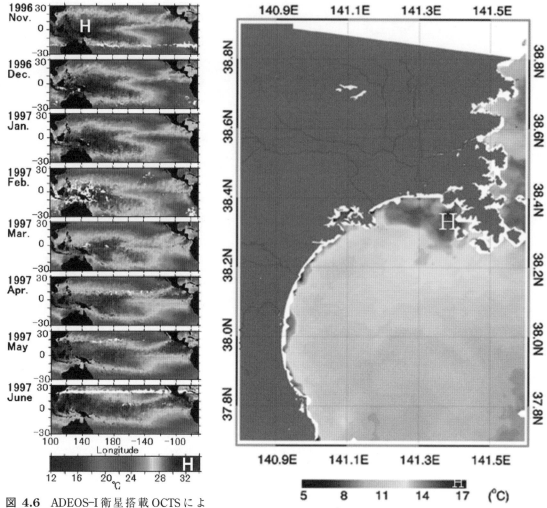

図 4.6 ADEOS–I 衛星搭載 OCTS による太平洋赤道域の 1996 年 11 月から 1997 年 6 月までの月平均海面温度画像[14]

図 4.7 Terra 衛星搭載 MODIS による 2003 年 5 月 2 日の仙台湾の海面温度画像[15]

ため，深い所や濁った所の底質は識別できない。一般的には，海水が澄んでいてもおよそ 30 m で底がみえなくなってしまう。そのため，水深の推定や底質の判別は，底質のみえる（「光学的に浅い」と表現する）水域に限られる。第二に，水中での光の減衰率は波長によって異なり，長波長の光ほど減衰が激しいため，水上からでは近赤外より長い波長の情報は使えず，可視域の光の情報しか使うことができない。この点は近赤外域の光の情報が大きく活用されている陸域の植生のリモートセンシングと決定的に異なる。

　光が水中で減衰する性質を用いることにより，水深を推定できる。衛星や航空機リモートセンシング画像から，青や緑など光の波長帯によって水中での減衰率が異なることを利用して水深を求める方法が立案されている。水深推定においては様々な条件が考慮され，底質と水質が一定で水深のみが変化する場合，水質は一定で底質も水深も変化する場合，底質・水深・水質ともに変化する場合に関し

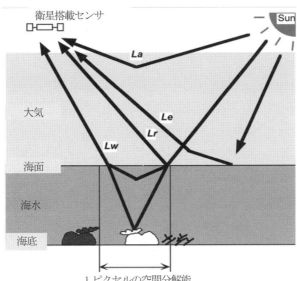

図 4.8 衛星センサが観測する光の情報（La：大気散乱光，Le：迷光，Lr：鏡面反射光，Lw：海面上向き光）

て水深を得るための基本的な理論と方法がにまとめられている[17]。こうした基本的な理論に基づいて，最近も改良された推定手法が提案されている[18]。その他に，写真測量技術を用いて空中写真から海底の地形を計測する方法がある。写真測量技術は陸上地形を計測するのにしばしば用いられるが，水深を計測するためには，海面での光の屈折率を考慮して水深を補正する必要がある[19]。

4.3.2 サンゴ礁・藻場

サンゴ，海藻，海草は沿岸域の生態系の主要な構成要素であり，マッピングが盛んに行われている[20]。サンゴには褐虫藻と呼ばれる藻類が共生しているため，サンゴは海草・海藻と似た反射スペクトルを示す（図 4.9）。これは波長分解能が数 10 nm のマルチスペクトルセンサでは両者の区別が困難であることを意味する。従来型の衛星は波長分解能の低いマルチスペクトルセンサを搭載しているため，底質の分布を正確に把握するには不充分である。また，サンゴ礁は空間的に複雑な構造を持っており，空間分解能の悪いセンサでは，サンゴの分布パターンがわからないことに加え，1画素内にサンゴとサンゴ以外の底質が含まれる場合に混ざってしまい（図 4.8, 図 4.10），誤分類の原因となる。マルチスペクトルセンサを用いた分類精度は4分類クラスで70〜80%程度が限界であり[20]，精度向上には手作業による修正が必要である。

サンゴ礁では，主に高水温により褐虫藻が放出され，サンゴの骨格の色が目立つようになる「白化現象」，藻場では，海藻が減少してしまう「磯焼け」が問題となっている。こうした現象は底質の反射率の増大をもたらすため，マルチスペクトルセンサでも検出可能であるが，高い空間解像度が必要とされる[21]。

そのため，サンゴ礁や藻場においては，第一に空間解像度の高いセンサが必要とされる。さらに，

第4章 水域への応用

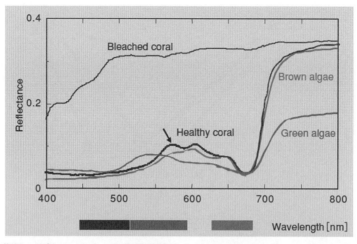

図 4.9 サンゴと藻類の反射スペクトルと衛星搭載のマルチスペクトルセンサ（Landsat ETM＋）の観測バンド（サンゴに特徴的なピークを矢印で示す。マルチスペクトルセンサでは，情報が平均化されて特徴が失われてしまう。白化したサンゴは高い反射を示すため，生きたサンゴや藻類から区別できる）

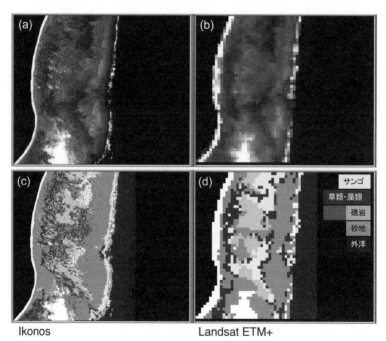

図 4.10 沖縄県石垣島白保サンゴ礁の IKONOS 画像（(a)，空間解像度 4 m）と Landsat ETM＋画像（(b)，空間解像度 30 m）とそれらの分類結果（cd）
（空間解像度が悪くなると，構造がわからなくなり，サンゴと他の底質の情報が混ざってしまう）

サンゴ，海藻，海草を正確に識別するために，波長分解能が高いセンサが必要である。残念ながら，現在は高い空間解像度と波長分解能両方を満たす衛星センサは存在しない。現状の衛星センサごとのコスト（データの価格）とベネフィット（分類精度）の関係を明らかにして，予算と必要な精度を考えて適切なセンサを選定する必要があり，そのための指針が示されている[20]。

82

4.3.3 水生生物

　水生生物の分布へのリモートセンシングの活用例としては，航空機によるジュゴン調査があげられるが，目視で識別できる大型の生物に限られる。一方，水生生物は，微細藻類のブルーム，大型藻類の流れ藻，サンゴや魚の産卵スリックなど，大量に発生し海面に集積して浮遊する場合がある。こうした現象は時間的な変動が激しいため，その分布の把握には高頻度観測可能な衛星に搭載されたセンサが必要である。これまでは高頻度観測が可能な衛星センサは空間解像度が数百メートルであり，大規模な集積しか観測できなかったが，最近では衛星コンステレーションによって高空間分解能で高頻度観測が可能となり，サンゴの産卵スリック（卵・幼生の帯状集合体）など小規模な集積が観測可能となっている[22]。また，水生生物の分布や多様性は，サンゴや海草・海藻など，水生生物の生息域をマッピングすることによって間接的に推定でき，魚の分布や多様性とサンゴなどの底質分布との関連が議論されている[23]。

4.4　マイクロ波による外洋の観測

4.4.1　海氷

　2012 年夏季に北極の海氷域面積がそれまでの観測史上最小になったことがマスコミ等で大きく報じられた。**図 4.11** は，2012 年 9 月 15 日の海氷域分布と 1980 年代の平均的な海氷域分布を示したものである。カナダ西部およびシベリアの北側で海氷域が大きく減少していることが明らかである。このような，海氷分布の観測には主にマイクロ波放射計が使われている。マイクロ波放射計は，昼夜を問わず，また，雲の有無など天候の影響を受けない観測が可能であり，極域での観測に適している。ただし，空間分解能は 10 km 程度であるため，海氷分布の細かい構造などを捉えることができない。多周波・多偏波の放射輝度温度の観測から，海氷密接度（単位面積の海面あたりに海氷が占める割合）を求めることにより，広範囲での海氷域分布の時系列的な把握が行われている。**図 4.12** は，オホーツク海の海氷密接度の観測例である。より高い空間分解能での海氷観測には，可視・赤外放射計（ただし雲等の影響を受ける）や SAR が用いられている。マイクロ波放射計による海氷観測の詳細がまとめられている[24]。

4.4.2　海上風と波浪

　海面でのマイクロ波の後方散乱が風速風向に依存することを利用したマイクロ波散乱計によって海上の風速・風向が計測可能である。マイクロ波散乱計には，Ku バンドや C バンドの比較的高い周波数のマイクロ波帯が利用される。現在利用されているマイクロ波散乱計は，空間分解能 10～25 km で，風速の観測精度は 1 m s^{-1} 程度，風向の観測精度は 20° 程度である。**図 4.13** はマイクロ波散乱計によって観測された台風周辺の風速・風向分布の一例である。台風を取り巻く反時計回りの強風と中心の「台風の目」に相当する弱風域が捉えられている。マイクロ波散乱計による海上風観測の詳細

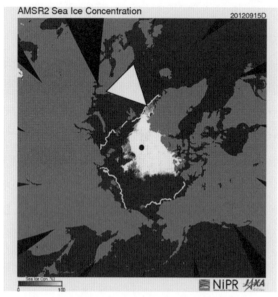

図 4.11 2012年9月15日の北極海の海氷分布（白）と1980年代の平均的な海氷分布（白の等値線（矢印））（国立極地研究所・準リアルタイム極域環境監視モニター（VISHOP：VIsualization Service of Horizontal scale Observations at Polar region））

図 4.12 2010年2月24日のオホーツク海の海氷密接度（JAXA地球観測研究センター）[25]

がまとめられている[26]。

SARの画像から海上の波浪の波長・波向を求めることが可能である[27]。図 4.14 は，合成開口レーダによって豊後水道で観測された波浪の画像である。画面の上下方向へ伝播する波浪や沿岸の地形の影響を受けて回折する波浪の様子が捉えられている。このような画像から2次元波数スペクトルを計算すれば，波長や波向の情報を定量的に求めたり，風波とうねりを分離できる。また，マイクロ波高度計を用いれば，外洋域の波浪の波高を計測することが可能である[28]。

4.4.3　海面高度と表層海流

海洋表面における海流の流速は，地衡流の関係を仮定すれば，海面高度の勾配に比例することが知られている。海流は，北半球では，海面高度の等高線に沿って，高い方を右手に見て流れ，勾配が大きいほど流れは速い。マイクロ波高度計は，衛星から直下点に向けて発射したマイクロ波パルスが，海面で反射されて戻るまでの時間から，衛星と海面との距離を測定するセンサである。別の方法によって衛星の軌道高度を決定すれば，海面高度を求められる。図 4.15 は，マイクロ波高度計で観測された北太平洋の海面高度分布の一例である。亜熱帯循環・亜寒帯循環などの大きな構造と多数の渦が捉えられている。図 4.16 は，マイクロ波高度計の海面高度観測をもとに作成された日本周辺の海流分布の一例である[29]。日本南岸を流れる黒潮や房総沖から離岸した黒潮続流，その南北に存

4.4 マイクロ波による外洋の観測

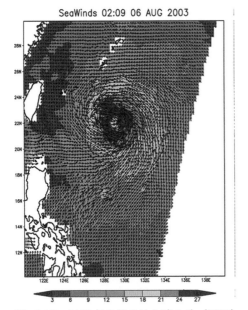

図 4.13 2003 年 8 月 6 日 2 時 9 分（UTC）に ADEOS-II 衛星搭載 SeaWinds マイクロ波散乱計によって観測された台湾東方の台風 0310 号周辺の海上風場

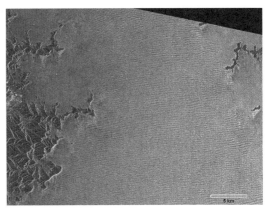

図 4.14 波浪のパターンを捉えた合成開口レーダ画像の例
（東北大学大気海洋変動観測研究センター（現・弘前大学）島田照久博士提供）

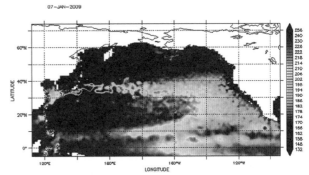

図 4.15 2009 年 1 月 7 日の北太平洋の海面高度場
（AVISO（Archiving, Validation and Interpretation of Satellite Oceanography data）の Live Access Server（LAS）[30]を用いて作成）

在する多数の渦などが捉えられている。マイクロ波高度計による海面高度および海流の観測がまとめられている[28]。

4.4.4 海面塩分

低周波（L バンド，1 GHz 前後）のマイクロ波の放射輝度は，海面の塩分に依存することが知られており，この特性を利用して海面塩分の観測が行われるようになった。欧州宇宙機関(ESA)は，SMOS（Soil Moisture and Ocean Salinity, 図 4.17 (a)）を 2009 年 11 月に打上げ，米国航空宇宙局（NASA）は，2011 年 6 月に Aquarius（図 4.17 (b)），2015 年 1 月に SMAP（Soil Moisture Active-Passive）衛星を打上げた。図 4.18 に，SMAP によって観測された 2021 年 7 月の海面塩分の月平均値を示す。L バンドマイクロ波放射計を用いた観測によって，海洋学的に必要な海面塩分の観測精度

第 4 章　水域への応用

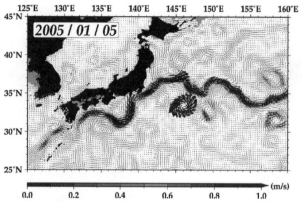

図 4.16　マイクロ波高度計データをもとに作成した 2005 年 1 月 5 日の表面流速場（水産総合研究センター中央水産研究所・安倍大介博士提供）

（a）ESA の SMOS[31]　　　　　　　　　　　（b）NASA の Aquarius[32]

図 4.17　海面塩分センサ搭載ミッション（上図：ESA の SMOS[31]，下図：NASA の Aquarius[32]）

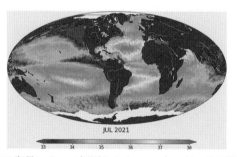

図 4.18　SMAP 衛星によって観測された 2021 年 7 月の海面塩分の月平均値

を達成するためには，輝度温度の高精度の校正，および輝度温度に対する水温・海上風・銀河反射・ファラデー回転などの塩分以外の影響の正確な補正が必要である。マイクロ波による海面塩分観測の詳細については詳細がまとめられている[32)33]。

本節で概説したマイクロ波による外洋域の観測の内容の詳細がまとめられている[34]。

4.5　水産業における利用

　水産業は海面漁業・養殖業と内水面漁業・養殖業に区分される。我が国の生産量は 2022 年度で海面漁業が 295.1 万トン，海面養殖業が 91.2 万トン，内水面漁業が 2.3 万トン，内水面養殖業が 3.2 万トンと海面漁業・増殖業が圧倒的に生産量は大きい。水産業全体の生産の 98% 以上を海面漁業・増殖業が占める。ここでは，その重要な水産業の中で，海面漁業と海面養殖業への衛星リモートセンシングデータの利用について例を用いて概説する。

4.5.1　海面漁業への応用

　資源量推定，水産資源管理，漁業活動支援などに衛星リモートセンシングは応用されてきた。魚の分布・回遊と環境との関係をリアルタイムに把握し，いつ，どこで，どのくらいの魚を漁獲すれば資源管理ができるか，さらにはどこにいる魚を漁獲すれば漁船の燃費が節約できるかを決め，最も経済的に漁業活動ができるようにサポートする統合的な漁業活動支援システムの開発が不可欠である[35]。ここで，支援システムといっても，短期時系列データを用いた短期の漁場予測から，長期時系列データを用いた中期・長期的観点からの産卵場分布予測まで，時空間スケールが異なる。例としてビンナガマグロの漁場予測とスルメイカの産卵場分布予測をあげる。

(1)　漁場予測

　海面温度，海面高度，海色（3 要素）の衛星リモートセンシングデータと漁獲データとを用いて，色々な魚種の漁場推定モデルが開発されている。対象魚種の好適な海洋環境を一般化加法モデルや一般化線形モデルを用いて関係を導き，衛星データを入力データとして潜在的な漁場形成海域を予測する。ビンナガマグロの漁場推定の例を示す[36]。**図 4.19** に示すように，蓄積された衛星データ（海面高度偏差，クロロフィル a 濃度，海面温度）と漁獲データ（緯度，経度，漁獲量など）から，統計的に漁場として好適な海洋環境条件を算出する[37]。さらに，一般化加法モデルから，地理情報システムを利用し，一般化線形モデルに推定式を変更することにより，実際の衛星リモートセンシングデータから潜在漁場推定マップ（**図 4.20**）を作成できる。

　今後この 3 要素とともに海面塩分が測定されるとさらに漁場予測の絞込み精度があがることが期待されている。VMS（Vessel Monitoring System）による位置情報と衛星情報を組みあわせて，漁業活動支援や資源管理に活用することが今後の課題である[35]。

(2)　産卵場分布予測

　スルメイカの産卵場は東シナ海から日本海にかけての大陸棚域に形成される。海面温度との関係が既に知られており，次の 3 つの条件（室内孵化実験から得られた孵化最適温度帯 15℃〜23℃，スルメイカは産卵前に産卵準備行動として必ず海底（大陸棚上）に居座る，卵塊が中層 50 m ぐらいを浮遊してこの深度の水温が指標になる）を前提に再生産可能海域（産卵しても生残できる海域）を定義できる[38]〜[40]。**図 4.21** に示したように，次データを準備する（各 URL は 2024 年 4 月現在のもの）。

第4章 水域への応用

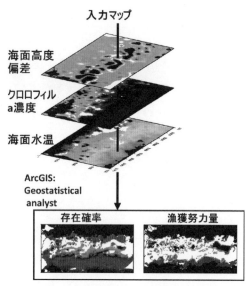

図 4.19 潜在漁場予測アルゴリズム
（衛星データと漁獲データから漁獲モデルを作成する）

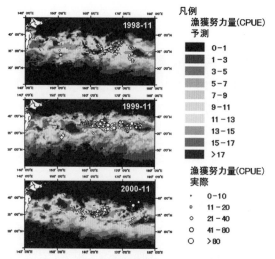

図 4.20 月平均潜在漁場予測マップと実際の漁場（白丸）（漁獲努力量（catch per unit effort）：1日当たり，船当たりの漁獲尾数））

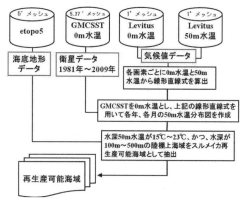

図 4.21 データ処理と再生産可能海域の抽出方法フロー図

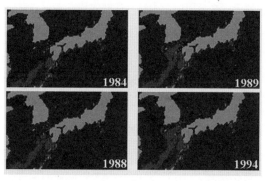

図 4.22 スルメイカの2月の再生産可能領域（海域のグレー部分）

・etopo 5 海底地形デジタルデータ（https://www.ncei.noaa.gov/products/etopo-global-relief-model）
・AVHRR pathfinder SST v 5（https://www.ncei.noaa.gov/products/avhrr-pathfinder-sst）
・Levitus World Ocean Database 2009（https://www.ncei.noaa.gov/products/world-ocean-database）

etopo 5 は5分メッシュの海底地形データで，これから水深100 m～500 mの海域を選択し，Levitusデータの水温の0 mと50 mとの線形関係をAVHRR海面温度データへ当てはめて，最終的に50 mの水温値を推定する。

その水温の15℃～23℃を選択し，全てを満たす海域を再生産可能海域とする。図 4.22 に2月の各年の再生産可能海域を示す。1989年と1994年は，1984年や1988年と比べて対馬海峡付近の陸棚

域で再生産可能海域が拡がっていることがわかる。この1980年代から1990年代にかけてスルメイカ資源が増加した事実と一致している。このように過去の時系列衛星データや水深データ，鉛直水温の気候値を用いて資源量推定や資源管理ができることを示している。

4.5.2 海面増養殖業への応用

増養殖業では対象生物のライフサイクルへ適合した海洋環境の高次利用研究を推進し，海洋GIS技術を応用して対象生物の最適育成海域選択モデルを構築する必要がある。例えば，ホタテガイの環境要素として，物理・生物学的な要素（海面温度，クロロフィルa濃度，懸濁物質濃度，水深），社会基盤的な要素（市街地からの距離，漁港岸壁からの距離，加工施設からの距離）を考慮して最適育成海域選択モデルを作成している（図 4.23）[41)42)]。

水深以外の物理・生物学的な要素はMODISやAVHRRなどの1km空間解像度の衛星リモートセンシングを用い[43)]，社会基盤的な要素を解析するためには，ALOS衛星のAVNIR-2データなどの高解像度衛星データを用いる（図 4.24）。これらの要素を階層化してGISを用いて空間モデルを作成

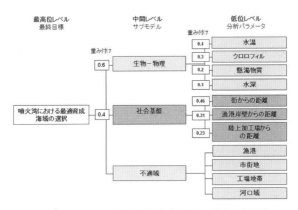

図 4.23 ホタテガイ増養殖最適育成海域の選択（階層モデル）

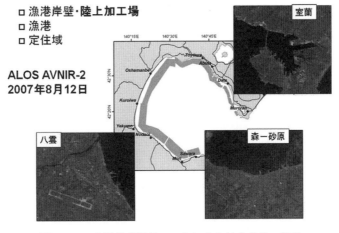

図 4.24 高解像度衛星データによる社会基盤の解析

第4章 水域への応用

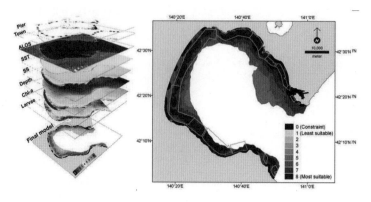

図 4.25 ホタテガイ最適育成海域モデル（8段階）

し，最適育成海域を8ランクに区分している（図 4.25）。クラス8が育成に最も条件がよく，数字が小さくなるにつれて条件が悪くなる。この図でグレー枠は実際のホタテガイ育成許可海域（行政的な許可海域）で，クラス8がおおよそ60%，クラス7がおよそ25%，両方あわせると85%を占めている。しかし，残りの15%は必ずしも最適な育成海域でない所で養殖を行っていることを示している。

引用・参考文献

1) O'Reilly, J. E. et al.: Ocean Color Chlorophyll Algorithms for SeaWiFS, J. Geophys. Res., 103, C 11, pp. 24937–24953, 1998.

2) Sathyendranath, S.（Ed.）, IOCCG: Remote Sensing of Ocean Colour in Coastal, and Other Optically-Complex, Waters, IOCCG Report Number 3, 140 p., 2000.

3) 作野裕司，神野有生，鯉渕幸生：リモートセンシングによる浅水域のSS・クロロフィル同時推定，土木学会論文集B 2（海岸工学），57，2010.

4) Saba, V. S. et al.: Challenges of modeling depth-integrated marine primary productivity over multiple decades: A case study at BATS and HOT, Global Biogeochem. Cycles, 2010. https://doi.org/10.1029/2009 GB 003655

5) Asanuma, I.: Chapter 4 Depth and Time Resolved Primary Productivity Model Examined for Optical Properties of Water, Elsevier Oceanogr. Series, 73, pp. 89–106, 2006.

6) Gade, M., W. Alpers, H. Huhnerfuss, H. Masuka and T. Kobayashi: Imaging of biogenic and anthropogenic ocean surface films by the multifrequency / multipolarization SIR-C / X-SAR, J. Geophys. Res., 103, C 9, pp. 18851–18866, 1998.

7) Y. Li and J. Li: Oil spill detection from SAR intensity imagery using a marked point process, Remote Sens. Environ., 114（7），pp. 1590–1601, 2010.

8) 川村 宏：衛星リモートセンシングによる大気海洋相互作用の観測，大気・海洋の相互作用（鳥羽良明（編）），東京大学出版会，pp. 261–329, 1996.

9) 川村 宏，境田太樹，細田皇太郎：GLIによる海面水温推定とADEOS-II融合海面水温，29（1），pp. 96–101, 2009.

10) Kurihara, Y., H. Murakami, K. Ogata and M. Kachi : A quasi-physical sea surface temperature method for the split-window data from the Second-generation Global Imager (SGLI) onboard the Global Change Observation Mission-Climate （GCOM-C） satellite, Remote Sens. Environ., 257, 112347, 2021. https : //doi.org/10.1016/j.rse.2021.112347

11) 浅野正二，大気放射学の基礎，朝倉書店，東京，2010.

12) Kawamura, H., K. Mizuno and Y. Toba : Formation process of a warm-core ring in the Kuroshio-Oyashio frontal zone—December 1981–October 1982, Deep Sea Res., 33, pp. 1617–1640, 1986.

13) Kawamura, H. and the OCTS Team : OCTS mission overview, J. Oceanogr., 54, pp. 383–399, 1998.

14) Murakami, H., J. Ishizaka and H. Kawamura : ADEOS Observations of Chlorophyll-a Concentration, Sea Surface Temperature and Wind Stress Change in the Equatorial Pacific during the 1997 El Niño Onset, J. Geophys. Res., 105, C 8, pp. 19551–19559, 2000.

15) Matsuoka, Y., H. Kawamura, F. Sakaida and K. Hosoda : Retrieval of high-resolution sea surface temperature data for Sendai Bay, Japan, using the Advanced Spaceborne Thermal Emission and Reflection Radiometer （ASTER）, Remote Sens. Environ., 115 （1）, pp. 205–213, 2011.

16) 環境省，日本サンゴ礁学会：日本のサンゴ礁，環境省，東京，2004.

17) Philpot, W. D. : Bathymetric mapping with passive multispectral imagery, Appl. Optics, 28, pp. 1569–1578, 1989.

18) 神野有生, 鯉渕幸生, 竹内　渉, 磯部雅彦：光学理論のセミパラメトリック表現に基づく浅水域の汎用水深分布予測法, 日本リモートセンシング学会誌, 29, pp. 459–470, 2008.

19) Murase, T. et al. : A photogrammetric correction procedure for light refraction effects at a two-medium boundary, Photogramm. Eng. Remote Sens., 74, pp. 1129–1136, 2008.

20) Edwards, A. J. : Remote sensing handbook for tropical coastal management, UNESCO Publishing, Paris, 2000.

21) Yamano, H. and M. Tamura : Detection limits of coral reef bleaching by satellite remote sensing : simulation and data analysis, Remote Sens. Environ., 90, pp. 86–103, 2004.

22) Yamano, H., A. Sakuma and S. Harii : Coral-spawn slicks : Reflectance spectra and detection using optical satellite data. Remote Sens. Environ., 251, 112058, 2020.

23) Mellin, C., S. Andréfouët, M. Kulbicki, M. Dalleau and L. Vigliola : Remote sensing and fish-habitat relationships in coral reef ecosystems : review and pathways for systematic multi-scale hierarchical research, Marine Pollution Bulletin, 58, pp. 11–19, 2009.

24) Comiso, J. C., D. J. Cavalieri and T. Markus : Sea ice concentration, ice temperature, and snow depth using AMSR-E data, IEEE Trans. Geosci. Remote Sens., 41 （2）, pp. 243–252, 2003.

25) JAXA 地球観測研究センター：TRMM, DRS, ADEOS-II, https : //sharaku.eorc.jaxa.jp/ （Accessed 2024.4.12）

26) Liu, W. T. : Progress in scatterometer application, J. Oceanogr., 58 （1）, pp. 121–136, 2002.

27) Hasselmann, K. and S. Hasselmann : On the nonlinear mapping of an ocean wave spectrum into a synthetic aperture radar, image spectrum and its inversion, J. Geophys. Res., 96, C 6, pp. 10713–10729, 1991.

28) Fu, L. L. and A. Cazenave : Satellite Altimetry and Earth Sciences, Academic Press, San Diego, p. 463,

2001.

29) Ambe, D., T. Endoh, T. Hibiya and S. Imawaki : Transition to the large meander path of the Kuroshio as observed by satellite altimetry, La Mer, 47, pp. 19–27, 2009.

30) AVISO LAS, https : //las.aviso.altimetry.fr/las/ (Accessed 2024.4.12)

31) ESA startet SMOS-Mission, https : //www.n-tv.de/wissen/ESA-startet-SMOS-Mission-article 572308.html (Accessed 2024.4.12)

32) Lagerloef, G. et al. : The Aquarius/SAC-D Mission : Designed to meet the salinity remote-sensing challenge, Oceanogr., 21 (1), pp. 68–81, 2008.

33) Berger, M. et al. : Measuring ocean salinity with ESA's SMOS mission, ESA Bull., 111, pp. 113–121, 2002.

34) Ulaby, F. T., R. K. Moore and A. K. Fung : Microwave Remote Sensing, Active and Passive, Volume I, II, and III, Artech House Pub., Boston, 1981.

35) Saitoh, S.-I. et al. : Chapter 5 Remote Sensing Application to Fish Harvesting, in "Remote Sensing in Fisheries and Aquaculture", IOCCG Report No. 8, pp. 57–76, 2009.

36) Zainuddin, M., H. Kiyofuji, K. Saitoh and S. Saitoh : Using multi-sensor satellite remote sensing and catch data to detect ocean hot spots for albacore (Thunnus alalunga) in the northwestern North Pacific, Deep-sea Research, Part II, 53, pp. 419–431, 2006.

37) Zainuddin, M., K. Saitoh and S.-I. Saitoh : Albacore (Thunnus alalunga) fishing ground in relation to oceanographic conditions in the western North Pacific Ocean using remotely sensed satellite data, Fisheries Oceanogr., 17 (2), pp. 61–73, 2008. https : //doi.org/10.1111/j.1365-2419.2008.00461.x

38) 齊藤誠一 : リモートセンシングの漁業と資源管理への利用，水産学シリーズ―漁業と資源の情報学（竹内正一・青木一郎（編)），恒星社厚生閣，pp. 38–48，1999.

39) Kiyofuji, H., S. Saitoh and Y. Sakurai : A visualization of the variability of spawning ground distribution of Japanese common squi (Todarades pacificus) using Marine-GIS and satellite data sets, Proc. International Symposium on Real-Time Imaging and Dynamic Analysis, ISPRS, Commission V, pp. 882–887, 1998.

40) Sakurai, Y., H. Kiyofuji, S. Saitoh, T. Goto and Y. Hiyama : Changes in inferred spawning sites of Todarodes pacificus (Cephalopoda : Ommastrephide) due to changing environmental conditions, ICES J. Marine Sci., 57, pp. 24–30, 2000.

41) Radiarta, I. N., S.-I. Saitoh and A. Miyazono : GIS-based multicriteria evaluation models for identifying suitability sites for Japanese scallop (Mizuhopecten yessoensis) aquaculture in Funka Bay, southwestern Hokkaido, Japan, Aquac., 284, pp. 127–135, 2008.

42) Radiarta, I. N. and S.-I. Saitoh : Biophysical models for Japanese scallop, Mizuhopecten yessoensis, aquaculture site selection in Funka Bay, Hokkaido, Japan using remotely sensed data and geographic information system, Aquac. Int., 17, pp. 403–419, 2009. https : //doi.org/10.1007/s 10499-008-9212-8

43) Radiarta, I. N. and S.-I. Saitoh : Satellite-derived measurements of spatial and temporal chlorophyll-a variability in Funka Bay, southwestern Hokkaido, Japan, Estuarine, Coast. Shelf Sci., 79, pp. 400–408, 2008.

第5章　放射と反射

〈この章で学ぶべきこと〉

　リモートセンシングでは，地表面や大気から放射または反射・散乱した電磁波のエネルギーを観測装置（センサ）によって捉え，電気信号として記録する。本章では，リモートセンシングで使用する電磁波の特徴について学習し，放射および反射・散乱，吸収の各過程の基礎的知識，電磁波と代表的な物質との相互作用について理解する。

学習目標：

①　電磁波に関する概念として，電界，磁界，伝搬方向，波長，放射輝度などについて学習する。

②　黒体の定義，および物体の温度と放射される電磁波の波長の関係について理解する。

③　電磁波と物質の相互作用として，リモートセンシングに密接に関係する反射，吸収，透過の過程について学習する。

④　分光反射率の定義，反射面の特徴および代表的な物質からの反射特性について学習する。

⑤　太陽光の大気による散乱および吸収と，地表面と大気からの熱赤外放射について学習する。

キーワード：

放射照度（irradiance），偏光（polarization），（分光）放射輝度（(spectral) radiance），熱放射（thermal radiation），黒体放射（blackbody radiation），放射平衡（radiative equilibrium），（分光）反射率（(spectral) reflectance），拡散反射＝ランバート反射（diffuse reflection＝Lambertian reflection），鏡面反射（specular reflection），二方向性反射率分布関数（BRDF : Bidirectional Reflectance Distribution Function），吸収（absorption），レイリー散乱（Rayleigh scattering），ミー散乱（Mie scattering），（分光）放射率（(spectral) emissivity）

5.1　電磁波の特徴

　電磁波（electromagnetic wave）は真空中や物質中を伝わる波であり，真空中における速さ（光速）は $c=2.99792458\times10^8$ m/s（約 3.0×10^8 m/s）である。リモートセンシングでは可視光やマイクロ波など，様々な波長の電磁波を使用するが，真空中の光速は波長によらず一定である。物質中で電磁波が伝わる速さ v は，物質の屈折率を n とすると $v=c/n$ で与えられる。空気の屈折率 n は波長により変化するが，空気中の分子による吸収がない領域では1に近い[1]ので，速さ v は c に近いことになる。

＊1　空気の屈折率は，波長 550 nm で 1.0002778，波長 1 μm で 1.0002742 である（15℃，1気圧）。

第5章　放射と反射

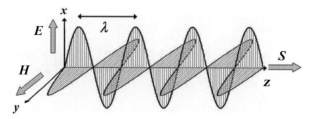

図 5.1 z軸方向に進行する電磁波
(Eは電界ベクトル，Hは磁界ベクトル，Sはポインティングベクトル，λは波長)

　電磁波は横波であり，図 5.1に示すように電界（電場）の波と磁界（磁場）の波が互いを誘起する形で伝搬する．大きさが光強度に等しく，向きが光の進む向きと一致するベクトルSをポインティングベクトル（Poynting vector）という*2．電界ベクトルEと磁界ベクトルHはつねにSに垂直であり，EからHの方向に右ねじを回すとSの方向に進む．SI単位系ではSの単位はWm^{-2}であり，これは放射照度（irradiance）の単位である*3．太陽光やレーザ光などのように，伝搬にともなう広がりが無視できてほぼ平行に電磁波が伝わるとき，その強度は放射照度を用いてあらわされる．大気のすぐ外側（大気上端）における太陽光の放射照度はおよそ1370 Wm^{-2}であり，この値を太陽定数（solar constant）と呼ぶ*4．

　図 5.1のz軸方向に進行する電磁波の場合，電界ベクトルEの振動方向はつねにx軸に平行である．このような電磁波をx方向の直線偏光（電波やマイクロ波の場合には直線偏波）と呼ぶ．偏光（polarization）には，このような直線偏光（linear polarization）の他に，偏光方向が電磁波の伝搬とともに回転する円偏光や楕円偏光がある．太陽光では偏光方向は一定しておらず，ランダム偏光と呼ばれることもある．

　リモートセンシングで使われる波長領域としては，大別して可視光（波長がおよそ0.4 μmの紫から0.7 μmの赤まで）や近赤外（0.7〜1.3 μm）・短波長赤外（1.3〜3 μm），さらに波長の長い熱赤外（8〜14 μm）やマイクロ波（1 mmから1 m）の領域が代表的なものである．第1章で述べたように，波長区分や名称は分野によっても異なるので注意が必要である．こうした波長領域が用いられるのは，原理的には，太陽や地球を含む物体の温度と，物体が周囲の空間に放出する電磁波，すなわち熱放射（thermal radiation）の間に一定の関係があるためである．次に，この熱放射について概観する．

---

*2　J.H. Poyntingはイギリスの物理学者で，電磁波によるエネルギー伝搬を初めて数学的に記述した．なお，衛星リモートセンシングでは衛星からの観測角度を制御することをポインティング（pointing）というが，混同しないように注意．

*3　放射照度は，平面が色々な方向から照らされているとき，面の単位面積が受ける光のパワー（単位時間あたりのエネルギー）をあらわすのにも用いられる．後述するように，関連する単位として光線の広がりを考慮した量である放射輝度（radiance，単位は$Wm^{-2}sr^{-1}$）がある．

*4　光強度の波長依存性を考えるときには，後述のように分光放射照度（$Wm^{-2}nm^{-1}$または$Wm^{-2}μm^{-1}$）を用いる．大気上端での太陽光の分光放射照度を波長で積分すると，太陽定数が得られる．

5.2 熱放射とプランクの放射則

　製鉄や電気炉などでは，温度が上昇すると物体の発する色が赤から橙，黄色，白色と次第に変化する。これは，温度が上昇すると，より波長の短い光が含まれることを意味している。波長 λ によって光強度が変化する様子を総称してスペクトル（spectrum）という。1900 年，ドイツの物理学者プランク（M. Planck）は，絶対温度が T（単位はケルビン，記号 K，0℃ は 273.15 K に相当する）の黒体（blackbody）が放出する熱放射のスペクトル $L=L(\lambda, T)$ について，次の式を提案した。

$$L = \frac{2hc^2}{\lambda^5 [\exp(hc/\lambda k_B T)-1]} \tag{5.1}$$

ここで，黒体とは外から当たった光を完全に吸収する仮想的な物体である[*5]。これをプランクの放射則（Planck's law of radiation）といい，これに従う放射をプランク放射または黒体放射という。式（5.1）で，$h=6.626\times10^{-34}$ J・s はプランク定数，c は真空中の光速，$k_B=1.381\times10^{-23}$ J K^{-1} はボルツマン定数，λ は電磁波の波長（単位は m）である。熱放射の強度 L は分光放射輝度（spectral radiance）と呼ばれ，その単位としては W m^{-2} sr^{-1}nm^{-1}，Wm^{-2} sr^{-1} μm^{-1} などが用いられる[*6]。ここで，記号 sr は立体角（ステラジアン）をあらわす[*7]。

　数値例として，物体の温度を $T=5800$ K とすると，波長 $\lambda=550$ nm では $L=2.63\times10^4$ Wm^{-2}sr^{-1}nm^{-1} となり，$d\lambda=1$ nm の波長幅における放射輝度値は $Ld\lambda=2.63\times10^4$ Wm^{-2}sr^{-1} となる。このような計算を様々な温度において行い，波長に対してプロットすると，**図 5.2** のようになる。この図では縦軸は対数目盛であり，熱放射の輝度は温度によって大きく変化することがわかる。様々な実験の結果，式（5.1）および図 5.2 の結果は物体が発する熱放射のスペクトルを多くの場合によく表現することが知られている。

　物体の温度が一定に保たれているとき，物体に入射する放射エネルギーと物質から放出される放射エネルギーはつりあっており，これを放射平衡（radiative equilibrium）という。他の物質と比べ，黒体は放射を最もよく吸収するので，同時に，最もよく放出する性質を持つ。これをキルヒホッフの

[*5]　黒体表面の吸収率は 100% となる。絶対温度 T の壁で囲まれた空洞を考え，その表面に小さな孔を開ければ，この孔は空洞の外側から見たときに黒体とみなせる。この意味で，黒体放射を空洞放射と呼ぶこともある。普通の物体の吸収率は 100% よりは小さく，それを補正するために後述する放射率 ε が用いられる。

[*6]　式（5.1）から L の単位は Js^{-1} m^{-3}＝W m^{-3} となる。しかし，より正確には熱放射は黒体から周囲の空間に広がりながら放射される電磁波であり，それをあらわすために，「単位立体角あたり」という意味での sr^{-1} を単位に明記する。単位 W m^{-2} sr^{-1} を持つ光強度に相当する量を放射輝度（radiance）という。波長が λ から $\lambda+d\lambda$ までの黒体放射の放射輝度は $L(\lambda, T)d\lambda$ と書かれ，これを波長で積分すると全放射輝度の値が得られる。

[*7]　半径 r の球面を考え，その表面積を dA とすると，球の中心から dA をみこむ立体角は $d\Omega=dA/r^2$ とあらわされる。このことから，全空間の立体角は 4π sr（約 12.6 sr）である。立体角 sr は平面角 rad と同様に無次元量であるが，散乱光の角度広がりやセンサの受光角を考えるときに必要となる。

第5章　放射と反射

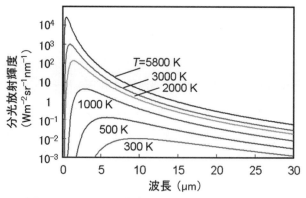

図 5.2　プランクの放射則に従う熱放射スペクトル

放射法則（Kirchhoff's law of radiation）という。図 5.2 における $T=5800\,\mathrm{K}$ の曲線は，大気の外側（大気上端）で観測される太陽光のスペクトルの形状とよく一致している。すなわち，太陽の表面は温度 5800 K の黒体であるとみなせる。一方，地球の表面温度の平均値は約 288 K であり，地球から宇宙空間に向かって放出される熱放射のスペクトルは図 5.2 の温度 300 K の曲線に近い。

太陽光のスペクトルでは，そのピークはおよそ $\lambda_\mathrm{m}=500\,\mathrm{nm}$（$=0.5\,\mathrm{\mu m}$）であり，地球の熱放射では $\lambda_\mathrm{m}=10\,\mathrm{\mu m}$ である。このように，熱放射のピーク波長は温度が高いほど短波長になる。式（5.1）を波長で微分すると，熱放射を行う物体の温度 T とピーク波長 λ_m の間には，

$$\lambda_\mathrm{m} T = 2898\,\mathrm{\mu m \cdot K} \tag{5.2}$$

の関係が成り立つことが示される。これをウィーンの変位則（Wien's displacement law）という。この法則を用いると，熱放射スペクトルから物体の温度を容易に推定できる。また，式（5.1）を全波長にわたって積分すると，温度 T の黒体から単位面積あたりに放出される熱放射の全エネルギー E（単位は $\mathrm{Wm^{-2}}$）を計算でき，その結果は，

$$E = \sigma T^4 \tag{5.3}$$

となる。これをステファンの法則（Stefan's law）といい，定数 $\sigma = 5.6704 \times 10^{-8}\,\mathrm{Wm^{-2}K^{-4}}$ をステファン・ボルツマン定数（Stefan-Boltzmann constant）という。

コラム 1：地球の放射収支と平均地表気温

地表面と大気をあわせた地球システムにおける放射の出入り，すなわち放射収支（radiation budget）の理論では，太陽放射を短波放射と呼び，地球放射を長波放射と呼ぶ。地球の半径を R，放射平衡が成り立つ温度を T とし，地球から宇宙空間に向かって出ていく長波放射（熱放射）I_E が式（5.3）に従うとすれば，その総パワーは $4\pi R^2 I_E = 4\pi\sigma R^2 T^4$ である。一方，地球は太陽定数 S_0 に相当するパワー $\pi R^2 S_0$ を短

波放射として受けているが，そのうち約30%は雲を含む大気や陸地によってただちに反射されて宇宙空間に戻る。この反射率 $A=0.30$ を地球のアルベド（albedo）という。以上より，放射平衡が成り立つ条件として

$$\pi R^2 S_0(1-A) = 4\pi\sigma R^2 T^4$$

が得られる。$S_0 = 1370 \, \mathrm{Wm^{-2}}$ であることから，$I_E = \frac{1}{4}S_0(1-A) = 240 \, \mathrm{Wm^{-2}}$，$T = 255 \, \mathrm{K}$（-18℃）と計算される。この T の値は観測に基づく平均地表気温 288 K（約15℃）に比べて大幅に低い値になっているが，これは以下に述べる大気による温室効果（greenhouse effect）を考慮していないためである。

いま，簡略化した図のようなモデルで大気をひとつの層として扱い，ここに日射量 I_E が入射しているとする。この大気層による太陽放射の吸収率を α（ここでは $\alpha = 0.1 \sim 0.3$），地球放射の吸収率を1.0と仮定し，大気層の温度を T_a とあらわす。また，地表面は考えている電磁波の波長領域で黒体であると仮定し，地表面の温度を T_g とあらわす。地表面は太陽放射から $(1-\alpha)I_E$，大気層から σT_a^4 のパワーを受けとり，σT_g^4 だけのパワーを放射するので，平衡条件は $(1-\alpha)I_E + \sigma T_a^4 = \sigma T_g^4$ となる。大気層についても同様に考えて，$\alpha I_E + \sigma T_g^4 = 2\sigma T_a^4$ となる。この2つの式を連立し，上記の I_E の値を用いると，大気層の温度は α の値によらず $T_a = 255 \, \mathrm{K}$ となる。また，地表面温度は $\sigma T_g^4 = (2-\alpha)I_E$ であることから，$\alpha = 0.1$ なら $T_g = 299 \, \mathrm{K}$，$\alpha = 0.3$ なら $T_g = 291 \, \mathrm{K}$ となる。このように，地表の上に大気層を考慮することによって地表面温度が前述の放射平衡温度（255 K）より顕著に高くなることが理解できる。実際の大気では複数の層間での平衡と，水の蒸発と凝結による上空へのエネルギー輸送（潜熱輸送という）が作用し，地表面温度はこの簡略化されたモデルの値よりは少し低い値になっている。

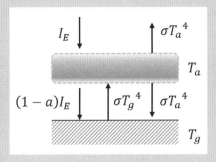

5.3　物質表面における電磁波の反射

　光がひとつの媒質（例えば空気）から別の媒質（例えば水）に入るとき，その境界面では反射と屈折がおこる。入射光線と反射光線がつくる平面を反射面（plane of reflection）と呼ぶ。媒質の境界面が平面であるとき，その法線と入射光線，反射光線のなす角をそれぞれ入射角，反射角という。鏡面反射（specular reflection）では入射角と反射角は等しい。物質表面で鏡面反射がおこる場合に，光の反射率（reflectance），すなわち入射光と反射光の強度（エネルギー）の比は入射角によって変化する（コラム2参照）。垂直入射（$\theta = 0$）の場合には，空気に対する物質の屈折率を n として反射率 R は

$$R = \left(\frac{n-1}{n+1}\right)^2 \tag{5.4}$$

となる。数値例として，可視光に対する水の屈折率は $n = 1.33$ であり，垂直入射で $R = 0.020$ である[8]。これは入射光のエネルギーのうち 2% が反射され，98% が水中に透過することを意味しており，可視域のリモートセンシングでは波のない静かな水面は暗いターゲットであることがわかる。

　実際にみられる様々な物質表面からの散乱過程は大変複雑な現象である。式（5.4）では屈折率 n は実数として扱ったが，入射光の波長で媒質の吸収が無視できない場合には n を複素数とし，媒質内での光強度の減衰を考慮する必要が生じる[9]。また，境界面が平面でなく凹凸がある場合には，それに応じて局所的な入射角を考えねばならない。さらに，媒質が均一でなく例えば土壌のように小さな粒子から構成されている場合には，個々の粒子表面での反射（散乱）の他，それが繰り返される多重散乱の考慮も必要となる（土壌からの散乱は，その含水率によっても大きく変化する）。海水中に入射した太陽光も，その一部は懸濁物などによって散乱され，上向き光として戻ってくる（第4章参照）。土壌や海水などのように，いったん媒質の内部に入った光が散乱されて物体の外部に戻る散乱を体積散乱（volume scattering）といい，ガラス・金属など人工的な面や静かな水面からの表面散乱（surface scattering）と区別している。

　本節の最初に述べた鏡面反射は，光（電磁波）の波長に対して媒質の表面が十分に滑らかな場合におこる現象である。波長 λ の光が入射角 θ_0 で入射するとき，表面が実用上十分に滑らかである条件としては，次のレイリー基準（Rayleigh criterion）が用いられることが多い。

$$\Delta h < \frac{\lambda}{8\cos\theta_0} \tag{5.5}$$

ここで，Δh は表面の高さ方向の分布の標準偏差である[10]。この式からわかるように，波長が長い場合や入射角が大きく $\cos\theta_0$ が小さい場合には許容される表面粗さが大きくなる。例えば，波長 0.5 μm の可視光が垂直に近い条件で入射するとき，式（5.5）から $\Delta h < 60\,\mathrm{nm}$ でないと滑らかな表面とみなされないが，波長 4 cm のマイクロ波では $\Delta h < 5\,\mathrm{mm}$ であればよい。入射角が大きい場合には，

＊8　屈折率が 1.50 のガラス板では，表と裏の面からの反射がそれぞれ 4% となり，透過率は 92% となる。屈折率が大きな物質は反射率が大きく，例えば $n = 2.42$ であるダイヤモンドでは，式（5.4）から計算される反射率は 17% という大きな値になる。

＊9　オイラーの関係式 $e^{i\theta} = \cos\theta + i\sin\theta$ を用いて電磁波を $u = e^{i(kx - \omega t)}$ のようにあらわす。角周波数 ω と波数 k の間には，媒質の屈折率 n を用いて $\omega = vk = ck/n$ の関係がある（v は媒質中の光速）。n を複素数として $n = n_r + in_i$ のようにあらわすと $u = e^{(i\omega/c)(n_r x - ct)} \cdot e^{-(\omega n_i/c)x}$ が得られ，$|u|^2 = e^{-2(\omega n_i/c)x}$ となる。この式は，媒質中での伝搬にともなって波の強度（エネルギー）が一定の割合で減衰することをあらわしている。

＊10　この式は，基準面からの散乱光と，その面から高さが Δh だけずれた点からの散乱光との間の光路長の差が $\Delta s = 2\Delta h\cos\theta_0$ であり，この差が $\lambda/4$ よりも小さいと仮定することによって導かれる。

例えば路面や雪面からの夕日の反射などで日常的にも経験するように反射率が増大する。

媒質の表面が十分に粗い場合におこる反射（散乱）を拡散反射（diffuse reflection）またはランバート反射（Lambertian reflection），ランバート散乱（Lambertian scattering）などと呼ぶ。図 **5.3** に，鏡面反射，拡散反射，およびその中間的な場合として，鏡面に近い反射（quasi-specular reflection）での反射後の光強度の空間分布を模式的に示した。拡散反射においては，反射角を θ_1 とすると，反射光の輝度分布は $\cos \theta_1$ に比例する。拡散反射のうち，反射後の全方向でのエネルギーが入射光のエネルギーと等しい場合を完全拡散反射と呼び，そのような面を完全拡散面と呼ぶ。硫酸バリウム粉末を平面に均一に塗布したものは青から波長 1.1 μm の広いスペクトル領域で完全拡散面に近い性質を示すので，物質の反射率を測定する際の基準（標準白板）として用いられる。対象物質の反射率の測定では，同じ照明条件下で対象物質からの反射光と標準白板からの反射光を測定し，その比率を求めることが一般的である。この標準白板を基準とした比率のことを反射係数（reflectance factor）といい，測定した反射係数を単に反射率と呼ぶことが多い。

図 5.3 やコラム 2 から推察できるように，反射率は一般に入射角 θ_0 と反射角 θ_1 によって変化する。平面に θ_0 方向から入射する放射照度を I_0（単位 Wm^{-2}），θ_1 方向に反射（散乱）されて出て行く放射輝度を L（単位 Wm^{-2}sr^{-1}）とするとき，両者の比 $R = L/I_0$（sr^{-1}）を二方向性反射率分布関数（BRDF : Bidirectional Reflectance Distribution Function）という。一般に BRDF の値は入射角 θ_0 と反射角 θ_1，および入射方向と反射方向の方位によって変化する。完全拡散面では $R = 1/\pi$ である。

可視域の衛星画像においては，地表面の分解能（1 画素の大きさ）は普通，数 m から 1 km 程度である。従って，ひとつの画素中にも複数種類の地表面被覆が含まれることが多く，画素の反射率はそれを構成する地表面被覆の平均的な値になる。また，画像中に積雲など孤立した雲が存在する場合には，雲で隠される地表面部分は観測できない。雲で覆われていない部分であっても太陽天頂角が大きければ，真上から見た雲の位置と少し離れた位置に雲の影が生じる。衛星の地表面分解能が比較的粗い場合，小規模な積雲や，その影が明確に分離できないので，画素反射率を求める際の不確かさの要因になる。同様に，高層の建物が多く存在する都市域での反射率の解析においても，建物の影の存在がみかけの画素反射率に影響することに注意する必要がある。

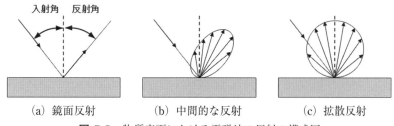

図 5.3 物質表面における電磁波の反射の模式図

第 5 章　放射と反射

コラム 2：反射率の角度依存性

　水面に光が入射するとき，反射率が入射角によって変化する様子を図に示す。ここで，p 偏光とは入射光の電界ベクトル E が反射面内に存在する場合であり，s 偏光とは E が反射面に垂直な場合である。p は平行（parallel）を，また，s は垂直（senkrecht）をあらわしている（なお，マイクロ波リモートセンシングでは，地表面に垂直な偏波を V 偏波，水平な偏波を H 偏波と呼ぶことが多い）。垂直入射（$\theta = 0$）の場合には p 偏光と s 偏光の区別は存在しない。図からわかるように，s 偏光の反射率は入射角が大きくなるにつれて増大するが，p 偏光の場合にはある角度 θ_B で反射率が 0 になり，その後は増大する。この角度 θ_B をブリュースタ角（Brewster angle）[11]という。このブリュースタ角で鏡面反射がおこると，反射後の光は s 偏光の成分，つまり境界面に平行な成分だけを持つ直線偏光になる。

　図の曲線は電磁波の伝搬を記述するマクスウェル方程式（Maxwell equations）に境界面での条件を与えることによって導かれ，一般にフレネル反射係数（Fresnel reflection coefficient）と呼ばれている。可視光では空気の屈折率はほぼ 1 に等しいので，空気から別の媒質に入射するときの反射率はその物質の屈折率 n によって記述できる。p 偏光と s 偏光の反射率は，次のように与えられる：

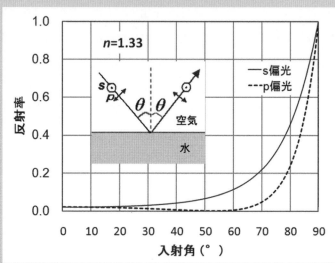

$$R_p = \left(\frac{n\cos\theta - \cos\varphi}{n\cos\theta + \cos\varphi}\right)^2 \text{ （p 偏光）}, \quad R_s = \left(\frac{\cos\theta - n\cos\varphi}{\cos\theta + n\cos\varphi}\right)^2 \text{ （s 偏光）}$$

ただし，φ は屈折角であり，屈折の法則（Snell の法則）によって $\frac{\sin\theta}{\sin\varphi} = n$ の関係がある。特に垂直入射の場合には p 偏光と s 偏光の区別はなくなり，反射率は本文の式 (5.4) のようになる。

5.4　分光反射率と分光放射率

　媒質表面における反射率は，入射する光（電磁波）の波長によっても変化する。反射率を波長の関数としてあらわすとき，これを分光反射率（spectral reflectance）という。**図 5.4** は，様々な物質が可視と近赤外スペクトル域で示す分光反射率を波長に対してプロットした結果である。オーク（カシ）やトウヒ（常緑針葉樹，図の Spruce）などの植物葉は，可視域では波長 0.55 µm 付近（緑）の反射を示し，その反射率は 10～20％ 程度である。一方，波長 0.7～1.3 µm の近赤外での反射率は 50

---

[11]　ブリュースタ角は $\tan\theta_B = n$ を満たすので，媒質が水の場合は $\theta_B = 53.0°$ と求められる。

5.4 分光反射率と分光放射率

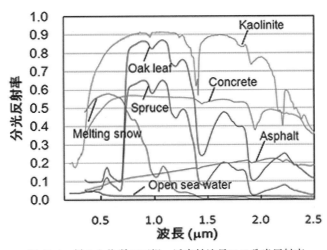

図 5.4 様々な物質の可視・近赤外波長での分光反射率
(米国地質調査所の Spectral Library Ver. 6 を使用:https://doi.org/10.3133/ds 231)

〜90% と非常に大きくなっている。これは,近赤外の波長は植物の光合成には有効に使われない波長であることを示している。実際,葉緑素(chlorophyll)の主要な吸収ピークは 0.45 μm(青)と 0.68 μm(赤)の付近のスペクトル領域に存在する。近赤外域における高い反射率は,表面散乱ではなく,水分を含む細胞壁間での多重反射(体積散乱)に由来する。また,近赤外の特定の波長での反射率の減少は,その波長域に存在する液体の水の吸収バンドの影響を示している。海面の反射率は,可視から近赤外の全域において低い値を示す。ただし,現実の海面での反射率は波の存在によって複雑である[*12]。雪面は一般に,可視域を中心に高い反射率を示す。特に,新雪は汚れた雪より反射率が高い。人工物では,コンクリートの反射率は可視から近赤外の全域において高い値を示しており,このことがリモートセンシングデータで都市域での反射率が高いことにつながっている。これに対して,道路舗装などに用いられるアスファルト面の反射率は可視域では低く,近赤外に向かって緩やかに増加する。カオリナイト(Kaolinite)は陶磁器やセメントに用いられる粘土質の鉱物であり,全域で反射率が高くなっている。

可視光に比べて波長が長い熱赤外やマイクロ波の波長域では,リモートセンシングセンサはターゲットから放出されるプランク放射を検出する。この場合,普通の物体は黒体(反射率 0,吸収率 1)ではないため,その絶対温度が T であったとしても,熱放射のスペクトルは絶対温度 T のプランク放射からのずれを生じる。観測を行っている波長 λ において,同じ放射輝度値 L を与える黒体の温度を輝度温度(brightness temperature)といい,T_b と書く。キルヒホッフの放射法則によって黒体は最もよく放射を行うので黒体の輝度温度 T_b は真温度 T に等しく,黒体でない物体については $T_b < T$ である。一般に,式 $\varepsilon(\lambda)L(\lambda,T)=L(\lambda,T_b)$ によって決まる係数 $\varepsilon=\varepsilon(\lambda)$ を放射率(emissivity)

[*12] 太陽光の鏡面反射に近い反射はサングリント(sun glint)あるいはサングリッター(sun glitter)と呼ばれており,衛星センサの感度を決めるときにはサングリントで検出器が飽和しないように配慮する必要がある。

または分光放射率（spectral emissivity）と呼ぶ。この定義から，黒体では $\varepsilon=1$ である。黒体放射の式（5.1）において波長が十分に長ければ，

$$L(\lambda,T)=\frac{2hc^2}{\lambda^5[\exp(hc/\lambda k_\mathrm{B}T)-1]}\cong\frac{2hc^2}{\lambda^5(hc/\lambda k_\mathrm{B}T)}=\frac{2ck_\mathrm{B}T}{\lambda^4} \tag{5.6}$$

となる。放射率の定義から $\varepsilon\dfrac{2ck_\mathrm{B}T}{\lambda^4}=\dfrac{2ck_\mathrm{B}T_\mathrm{b}}{\lambda^4}$ と書けば，結局，

$$T_\mathrm{b}(\lambda)=\varepsilon(\lambda)T \tag{5.7}$$

となる。マイクロ波の波長域では，式（5.7）がよく成り立つ[13]。衛星観測では輝度温度 T_b が計測されるので，真温度 T を求めるには放射率 ε をあわせて推定する必要がある。熱赤外波長域における ε の典型的な値は水 0.99，乾いた葉 0.96，湿った土 0.95，コンクリート 0.92，氷河の氷 0.85 などである。これらは波長により多少変化する他，表面の粗さ，観測方向によっても変化する[14]。

5.5 大気の散乱・吸収・放射

　紫外・可視・近赤外領域での太陽光の放射照度スペクトルを**図 5.5** に示す。大気上端の太陽光放射照度（一番上の曲線）は，温度 5800 K の黒体放射スペクトルと概ねよく一致している。紫外域を中心としてみられる細かいスペクトル構造はフラウンホーファー線（Franuhofer lines）と呼ばれ，太陽自体に由来する吸収線（鉄 Fe やカルシウム Ca のスペクトル）の他，輝線も含まれている。地球の大気は，気体成分としては窒素（N_2, 78%）と酸素（O_2, 21%）が主要な成分であり，アルゴン（Ar, 0.93%），二酸化炭素（CO_2, 0.04%）などがこれに次いでいる。この組成は，地上から高度 80 km の上空まで，ほぼ一定であることが知られている。水蒸気は時間的・空間的な変動が大きいが，地上付近では典型的には 0.1～3% 程度が存在している。これらの気体の存在は，散乱（scattering）および吸収（absorption）の両方の過程を通じて地上で観測される太陽光の放射照度に影響する。

　散乱とは光が対象に当たってその方向が変化する過程である。これに対し，対象に当たった光が消

---

[13]　マイクロ波では，$\dfrac{hc}{\lambda k_\mathrm{B}T}=\dfrac{h\nu}{k_\mathrm{B}T}\ll1$ なので，$L=\dfrac{2ck_\mathrm{B}T}{\lambda^4}$ の近似がよく成立する。熱赤外域では，例えば波長 10 μm，温度 300 K で $\dfrac{hc}{\lambda k_\mathrm{B}T}\sim4.8$ なのでこの近似が使えず，定義式 $\varepsilon L(\lambda,T)=L(\lambda,T_\mathrm{b})$ に戻る必要がある。なお，マイクロ波での植生（樹冠）の放射率は 0.92～0.98 程度，海面の放射率は鉛直方向で 0.35～0.5 程度（周波数とともに増大）である。

[14]　キルヒホッフの放射法則により，一般に熱平衡状態にある物質の放射率 ε はその吸収率 α に等しい。透過がない場合にはエネルギー保存則から吸収率 α と反射率 R の和は 1 になるので，結局 $\varepsilon=1-R$ となり，ε の波長依存性・角度依存性は R の波長依存性・角度依存性から決まると考えてよい。

減する過程を吸収といい，散乱と吸収をあわせて消散（extinction）と呼ぶ。消散されずに進んだ光のエネルギーと元の光のエネルギーの比を透過率（transmittance）という。大気中には上記の気体分子以外に雲やエアロゾル（aerosol，コラム 4 参照）などの液体および固体粒子が存在しており，これらによる消散過程もまた，大気中を通って地表に到達する太陽光のエネルギーに大きく影響する。一般に，入射した光のエネルギーは，散乱・吸収されずに透過した光のエネルギー，散乱されて別の進行方向に進んだ光のエネルギー，および吸収された光のエネルギーの和に等しい。大気中の分子・エアロゾル・雲で吸収された光のエネルギーは最終的には熱となり，周囲の大気を温める。その効果は，上昇した水蒸気が凝結して雲粒となり，凝結熱を出す効果とあいまって大気からの熱放射（コラム 1 参照）の原因となる。衛星搭載の熱赤外やマイクロ波波長域の受動センサは，地表面および大気の様々な高度から放出される熱放射（長波放射）を観測し，地表面温度，気温分布，分子濃度などの計測に用いられている。

　図 5.5 の 2 番目の曲線は，エアロゾルの消散と分子の吸収が全く存在しないと仮定したときに，地表面で観測される放射照度スペクトルをあらわしている。大気上端と地表面における放射照度の差は，太陽光が大気を通過するときの大気分子による散乱，すなわちレイリー散乱（Rayleigh scattering）によって生じる（レイリー散乱の定量的な記述については，コラム 3 を参照）。レイリー散乱の特徴は，散乱光の強度が波長の 4 乗に反比例することである。従って，例えば波長 0.40 μm（400 nm）の紫色の光の散乱は，波長 0.70 μm（700 nm）の赤に比べて 9.4 倍も大きい。よく知られているように，快晴時の空の青さはレイリー散乱された光が地上で空を見上げている人間の目に届くためである。空気分子の大きさは数 nm 以下であり，可視光の波長である 400〜700 nm と比較して十分に小さい。このような場合にレイリー散乱が生じる。

　大気分子は，レイリー散乱に加えて，特定の波長では特定の分子による吸収が存在するため，放射照度スペクトルに大きな影響を与えている。光（光子[*15]）の吸収によって分子の様々なエネルギー状態の変化（遷移）が生じる。大気を構成する小さな分子では，回転遷移はマイクロ波領域に，振動

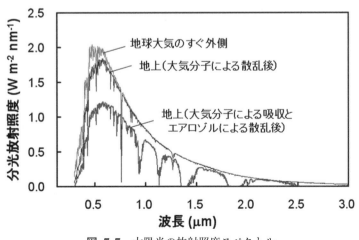

図 5.5　太陽光の放射照度スペクトル

回転遷移は赤外領域に，そして電子遷移は紫外領域に生じる．図 5.5 においても，波長 0.76 μm 付近には酸素分子 O_2 の鋭い吸収帯（吸収バンド）があり，また，0.9 μm より長波長側には水蒸気の規則的な振動回転吸収帯がみられる*16．その他，波長 1.6 μm と 2.0 μm には二酸化炭素 CO_2 による吸収帯が存在している．可視から近赤外にかけての波長領域は分子の吸収が少なく，大気の透過率が高い．波長 0.3 μm より短波長の紫外域では，主としてオゾン O_3 の吸収により大気の透過率が低下する*17．

図 5.6 に，可視波長から波長 25 μm の赤外波長領域までの大気の鉛直透過率を示す．可視光領域と，波長 8～13 μm の赤外領域は分子の吸収が少なく，大気の透過率が比較的高い．これらの領域はそれぞれ，可視および赤外の大気の窓（atmospheric window）または窓領域と呼ばれている．衛星センサの波長選択にあたっては，通常，大気の透過率の高い波長領域が選ばれる．

図 5.7 (a) に，熱赤外波長域の衛星観測輝度値スペクトル（シミュレーション値）を示す．横軸は波数（単位 cm^{-1}）で，1 cm あたりに入る波の数（波長の逆数）をあらわす*18．大気分子の吸収のない波数域では，長波放射の輝度値は高温の地表面（図では砂漠を想定した 320 K の砂面）からの黒体放射に対応している．CO_2 や O_3 の強い吸収のある波数領域では，上層大気からの上向き熱放

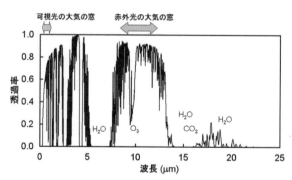

図 5.6 可視光と赤外光の大気鉛直透過率（可視光に近い領域では，水蒸気と一部 CO_2 の吸収帯が存在する．可視域と波長 10 μm 付近の赤外域には吸収が比較的少なく，大気の窓と呼ばれている）

---

*15 分子や原子による光（電磁波）の吸収では，光は波ではなく粒子（光子，photon）としてふるまう．光子のエネルギーは，光の周波数を ν，波長を λ とすると $h\nu = ch/\lambda$ で与えられる（h はプランク定数）．一方，分子のエネルギーも連続ではなく　とびとびの（離散的な）値を取り，これをエネルギー準位という．分子が光子を吸収すると，分子はエネルギーが低い準位から高い準位に遷移する．

*16 常温では分子は様々な回転準位にわかれて分布しているため，ひとつの振動吸収遷移（振動の基底状態から励起状態への遷移）は多くの回転遷移から成り立つバンド（帯）を形成する．高い波長分解能で観測すると，バンドを構成する 1 本ずつの回転遷移をわけて観測できる．

*17 オゾンは地表に近い対流圏（高度約 10 km まで）にも大気汚染気体として存在するが，成層圏では高度 20 km より上付近に多く存在している．対流圏では高度とともに気温が低下するが，その上方で高度とともに気温が上昇する成層圏が形成されるのは，オゾン分子が紫外域の太陽放射を吸収する光化学反応（$O_3 + h\nu \rightarrow O + O_2$）に起因している．

射が観測され，そのため，対応する黒体放射の温度は低い値（例えば240 K）になっている[*19]。**図 5.7 (b)** に周波数 300 GHz（波長 1 mm）までのマイクロ波領域における大気の鉛直透過率を示す。マイクロ波では，周波数が 50 GHz よりも小さな領域で透過率が比較的高くなっている。なお，図 5.7 (a)・(b) のいずれの場合も，水蒸気量が多い場合にはその吸収が大きくなって透過率や分光放射輝度値は低下する。

　エアロゾルは，大気中に浮遊する液体または固体の粒子であり，その大きさは数 10 nm から 10 μm 程度まで広い範囲に分布している。雲粒もまた液体（水滴）や固体（氷）で構成されているが，その大きさは 10～100 μm 程度であって，通常のエアロゾルに比べて粒子の直径（粒径）が大きい。一般に，散乱される電磁波の波長と比べて粒径が同じ程度か，粒径が波長よりも大きなときにおこる散乱をミー散乱（Mie scattering）と呼ぶ。日常的に経験するように，雲は白くみえ，また，大気汚染でエアロゾルが多く存在する大気は白っぽくみえる。これは，ミー散乱の波長依存性があまり大きくなく，どの波長の光も同じ程度の散乱を受けることを示している。エアロゾルが存在するとき，図 5.5 の一番下に示した曲線のように，地上に届く太陽光の強度は全体として減少する（エアロゾルによる太陽光強度の変化については，コラム 4 を参照）。

　可視域の衛星観測の場合，太陽光は多くの場合地上に斜めに入射するので，大気分子のレイリー散乱や吸収の光学的厚さ，エアロゾルの散乱や吸収による光学的厚さはともに，エアマス（コラム 3 を参照）の効果によって大きくなる。この光が地表面を構成する物質の分光反射率（図 5.4）に従って

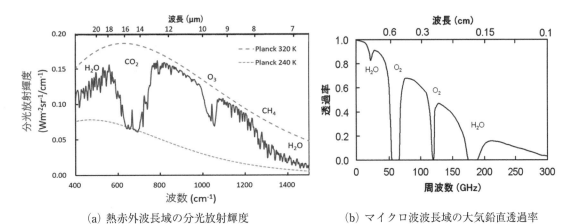

(a) 熱赤外波長域の分光放射輝度　　　　　　(b) マイクロ波波長域の大気鉛直透過率
図 5.7 熱赤外波長域の衛星観測輝度値とマイクロ波大気鉛直透過率のシミュレーション

[*18] 熱赤外領域では，波数（$1/\lambda$）（分光学的波数）がよく使われる。これは，cmを単位として表した波長 λ の逆数である（波動の理論式で使われる波数（$k=2\pi/\lambda$）とは係数 2π の違いがあるので注意）。マイクロ波領域では周波数 ν がよく使われる。波数と周波数は比例しており，波数 1 cm^{-1} のマイクロ波の周波数は 30 GHz である。なお，図 5.7 の二つの図では比較のため，上側の横軸に波長の値を目盛ってある。

[*19] 図 5.7 (a) にみられる波長 15 μm 付近の二酸化炭素の吸収バンドは地球から宇宙に向けての放射（長波放射）に大きく影響し，二酸化炭素の濃度上昇が地表面平均気温の上昇につながる。

反射され，さらにもう一度大気中を上向きに透過して衛星のセンサで検出される。地表面状態に関する「信号」はこのような過程で得られるが，実際の衛星画像では，それに加えて大気中での分子・エアロゾルの散乱光や，大気での散乱と地表面での散乱が複合した多重散乱光が「雑音」（光路輝度）として加わってくる。大気が清浄であってレイリー散乱のみが存在するとき，これらの効果の評価は比較的容易に行える。しかし，現実の大気ではエアロゾルが存在し，しかもその量と光学的性質は時間と場所によって大きく変化する。衛星データを大気情報について補正して，正しい地表面反射率情報を取り出す操作を大気補正（atmospheric correction）という（第9章参照）。レイリー散乱やミー散乱の効果は特に可視域で顕著であるが，それ以外の波長域であっても大気中での光伝搬（放射伝達，radiation transfer）は，散乱や吸収に加えて大気からの熱放射の影響を受け，複雑である。大気中の放射伝達を扱って大気補正を行う目的で，MODTRAN など各種の放射伝達計算コードが開発されている。

コラム3：大気分子のレイリー散乱

　レイリー散乱を含め，地表で観測される太陽放射の定量的な記述は，リモートセンシングではもちろん，太陽電池や建築，植生に関する研究分野でも大切である。大気上端と地表面における分光放射照度をそれぞれ $E_0(\lambda)$，$E_1(\lambda)$ と表し，太陽天頂角が θ であるとすると，

$$E_1(\lambda) = E_0(\lambda)\exp[-N_C\sigma_R(\lambda)/\cos\theta]$$

と書ける。この式の右辺で，N_C は地表に単位面積を考えたとき，その上で鉛直方向に延びた気柱の内部に存在する大気分子の数（コラム量という）である。$\sigma_R(\lambda)$ はレイリー散乱の断面積と呼ばれる量（単位 m^2）で，平均的な大気分子1分子あたりに散乱がおこる程度をあらわしている。因子（$1/\cos\theta$）をエアマス（air mass）と呼ぶ。図5.5の曲線はエアマスが1，すなわち太陽が真上にある場合をあらわしている。また，光の減衰を記述する量 $N_C\sigma_R(\lambda)/\cos\theta$ を光学的厚さ（optical thickness）と呼び，記号 τ であらわす。（なお，エアマスの因子を除いた $N_C\sigma_R(\lambda)$ を光学的厚さと呼ぶこともある。これは太陽天頂角の影響を受けない量として鉛直方向を考えた光学的厚さの定義である）。光学的厚さが1であれば，放射照度の値は元の値の37%になる。海面高度では $N_C = 2.2\times10^{29}$ m^{-2} であり，また，レイリー散乱の断面積は波長を μm 単位であらわすときに

$$\sigma_R(\lambda) = (4.3\times10^{-31})(0.55/\lambda)^4$$

と書けることから，$N_C\sigma_R(\lambda) = (0.093)(0.55/\lambda)^4$ となる。従って，太陽が真上にあるとき（$\theta = 0$），波長 0.55 μm でのレイリー散乱による光学的厚さは 0.093 となり，$\exp(-0.093) = 0.91$ より大気の透過率はおよそ91%と計算される。このとき，残り9%の光が青空をつくる散乱光となり，その約半分が宇宙へ，残りが地表面に向かう。地表の観測者が雲や建物の影に入って青空を見たときに観測する光は，この散乱光である。

コラム 4：エアロゾルのミー散乱

　エアロゾルの存在量をあらわすのに便利な指標として，地上視程（ground visibility）がある。これは，水平方向に伝わる光の照度が元の光の 2% の大きさになる距離として定義されるので，光学的厚さ τ を用いると $\exp(-\tau) = 0.020$ から $\tau = 3.9$ となる距離である。エアロゾルがほとんど存在せず，レイリー散乱のみが問題となる場合の視程は 300 km をこえる。通常量のエアロゾルが大気中に存在する場合，視程は数 100 m から数 10 km まで広い範囲で変化する。このような大気状態の変化は，高い建物の上から遠方をみる場合に日常的に経験される。本文の図 5.5 下の曲線は，視程が 20 km で，エアロゾル散乱において波長依存性がない場合に対応している。この曲線の場合，鉛直方向の光学的厚さ τ は 0.39，透過率は $\exp(-\tau) = 0.68$ になっている。ミー散乱の光学的厚さは視程に反比例するので，例えば視程が 10 km になると光学的厚さは 0.78 となり，透過率は 0.46 となる。エアロゾルには，土壌や海塩粒子のような自然起源のものの他，燃焼過程などに由来する気体（二酸化窒素 NO_2 や二酸化イオウ SO_2 など）が大気中での反応を経て液滴となっている人為起源の粒子，その他，生物由来の粒子など様々な組成の粒子が存在する。エアロゾルや雲の粒子は太陽光を反射するため，一般には CO_2 やメタン CH_4 などの温暖化気体の効果を減らす働きがある。しかし，人為起源のすす粒子は吸収性が強く，温暖化に正の影響を及ぼすことが知られている。図 5.5 下のエアロゾルの曲線の計算では波長依存性はないものと仮定しているが，人為起源の微小粒子が多い場合にはレイリー散乱ほどではないが，短い波長の光がより多く散乱されるようになる。

5.6　放射と反射の要点

　本章の要点をまとめると，以下の通りとなる。

(1) 電磁波は横波であり，真空中での速度は $c \approx 3.0 \times 10^8$ m/s である。

(2) 偏光には直線偏光，円偏光，ランダム偏光などがある。

(3) 面が受ける光量をあらわす物理量として，放射照度（W m^{-2}）や放射輝度（W m^{-2} sr^{-1}）が用いられる。

(4) 熱放射は黒体放射とも呼ばれ，プランクの放射式で記述される。

(5) 熱放射のピーク波長から物体の温度が推定できる。

(6) ピーク波長は太陽放射で約 0.55 μm，地球放射で約 10 μm である。

(7) 面が滑らかである基準としてレイリー基準が用いられる。

(8) 滑らかな面からの反射は鏡面反射に近く，粗い面からの反射は拡散（ランバート）反射に近い。

(9) 分光反射率を用いることによって物質を区別できる。

(10) 植物の反射率は可視域で低く，波長 0.7 μm より長波長で高くなる。

(11) 大気の透過率は，分子とエアロゾルの散乱・吸収によって変化する。

(12) 分子の散乱であるレイリー散乱は，短波長で影響が大きい。

(13) 分子の吸収は，特に近赤外と赤外領域で大きくなる。可視域と波長 10 μm 付近の大気の窓領域では透過率が高い。

（14）大気中で吸収されたエネルギーは最終的には熱となり，長波放射として地上や衛星から観測される。

（15）エアロゾルと雲は時間的・空間的に変動が激しいため，衛星データの大気補正には大気情報が必要となる。

推奨図書・文献

1. 竹内延夫（編）：地球大気の分光リモートセンシング，学会出版センター，2001.
2. Jacob, D. J.（著），近藤　豊（訳）：大気化学入門，東京大学出版会，2002.
3. 佐藤文隆：岩波講座 物理の世界—光と風景の物理，岩波書店，2002.
4. Rees, W. G.（著），久世宏明・飯倉善和・竹内章司・吉森　久（訳）：リモートセンシングの基礎 第2版，森北出版，2005.
5. 大内和夫：リモートセンシングのための合成開口レーダの基礎 第2版，東京電機大学出版局，2009.
6. 浅野正二：大気放射学の基礎，朝倉書店，2010.
7. 小倉義光：一般気象学 第2版補訂版，東京大学出版会，2016.
8. 久世宏明：エアロゾルと大気分子の光散乱計測，レーザセンシング学会誌，1（1），pp. 4–13，2020.
9. 日本リモートセンシング学会（編）：リモートセンシング事典，丸善出版，2022.

第6章　プラットフォーム

〈この章で学ぶべきこと〉
　リモートセンシングの多岐にわたるプラットフォームの種類と特性，人工衛星の軌道，観測を支える機構，について学ぶ。

学習目標：
① プラットフォームの種類と特性について学ぶ。
② 人工衛星の軌道について学ぶ。
③ 航空機やUAV，車両などの多様なプラットフォームについて学ぶ。

キーワード：
人工衛星システム（satellite system），超小型衛星（microsatellite），静止軌道（geostationary orbit），太陽同期準回帰軌道（sun-synchronous sub-recurrent orbit），軌道6要素（six orbital elements），航空機（aircraft），姿勢（attitude），成層圏プラットフォーム（stratosphere platform），UAV（unmanned aerial vehicle），ドローン（drone），車両（vehicle），船舶（ship/boat/vessel）

6.1　プラットフォームの概要

　リモートセンシングでは，様々なプラットフォーム（platform）が活用される。ここで，プラットフォームとは，観測機器（センサ）を載せ，移動あるいは静止してデータを収集する物体を指す。リモートセンシングで使用されるプラットフォームは，センサの重量を支え，特定の高度に到達して滞空し，そこから収集されたデータを操作者に送信する必要がある。

　リモートセンシングでは，これまでに様々な物体をプラットフォームとして利用してきた。例えば，1858年に「空中写真の新たな方法」として特許を出願したフランスの芸術家ナダールは，パリ郊外でゴダール兄弟の気球に乗り込み，高度約80 mから斜め写真を撮影した。1903年には，ドイツのノイブロンナー博士が小型で軽量なカメラを鳩に取り付け，まさに鳥瞰的な視点から地上を撮影する実験を行った。1800年後半から1900年初頭にライト兄弟によって開発が進められた航空機は，第一次世界大戦中には偵察に利用された。そして，第二次世界大戦後からは，米ソ冷戦の影響を受けながら人工衛星の開発が進み，1957年にソ連が初めて人工衛星（スプートニク1号）の打上げに成功した。気象および地球観測を目的とした人工衛星は，1960年に気象衛星TIROS-1，1972年には後にLandsat-1と改称されるERTS-1が米国によって打上げられ，現在に至る人工衛星を用いたリモート

第 6 章　プラットフォーム

表 6.1　プラットフォームの種類

プラットフォーム	高度	目的	備考
静止衛星	36000 km	定点地球観測	気象衛星（GMS 等）
地球観測衛星 （主に極軌道衛星）	200〜1000 km	定期地球観測	ALOS，Landsat，Planet Dove
国際宇宙ステーション(ISS)	400 km	定期地球観測	
成層圏プラットフォーム	15000〜30000 m	広域常時観測	成層圏飛行船，ソーラープレーン
高々度ジェット機	10000〜12500 m	広域調査，空撮	
低中高度飛行機	500〜6000 m	調査，空撮	
飛行船	500〜3000 m	調査，空撮	
ヘリコプター	100〜1000 m	調査，空撮	
無人機（UAV）	50〜500 m	調査，空撮	ドローン，ラジコン機等
車両（地上測定車）	0〜30 m	近接観測，調査	
船舶	<0 m	水面，水面下調査	

センシングの幕が開けた。さらに，2010 年代には安価で自律飛行可能な無人機(UAV：unmanned aerial vehicle)，いわゆるドローンが普及し，UAV リモートセンシングの実利用が大きく進展した。このようにリモートセンシングにおけるプラットフォームは，周辺技術の開発・発展とともに増加および高度化している。

　プラットフォームとしての人工衛星は，広域を継続的に監視する能力を備えている。一方，航空機は観測範囲が制限されるが，地域的な現象を緊急に観測する場合に適している。また広義でのプラットフォームには，地上で分光測定を行う際に使用する車両や架台，船舶なども含まれる。表 6.1 および図 6.1 では，リモートセンシングで使用される代表的なプラットフォームの種類とそれに関連する高度を示す。このように，プラットフォームは多様であり，それぞれが長所と短所をあわせ持っている。そのため，実際の観測やリモートセンシングデータの活用時には，観測対象や要件にあわせて，プラットフォームと，第 7 章で詳細に扱うセンサを適切に組みあわせることが重要である。

6.2　人工衛星

6.2.1　人工衛星システム

　地球を観測し，観測データを地上に伝送する機能を持つ人工衛星を地球観測衛星と呼ぶ。リモートセンシングにおける人工衛星の活用は，開発および運用に多額の費用を要するものの，宇宙からの視点を活用することで，地表面を瞬時にそして広範囲にわたって観測できる特徴を有する。このことから，地上からはアクセスが容易でない場所も含めて，同一センサで空間的変化を把握することが可能である。1972 年の Landsat-1 号に始まる地球観測衛星の歴史において，長期間にわたって定期的に

110

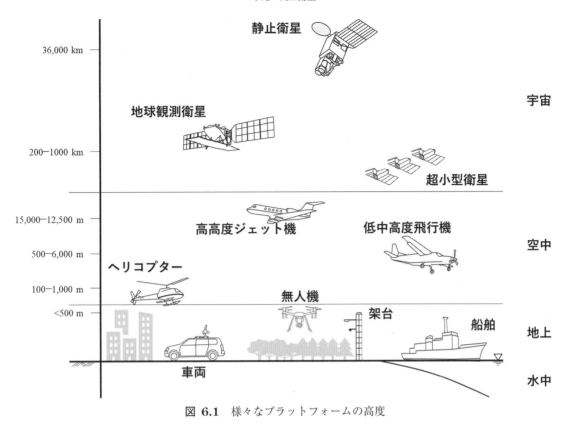

図 6.1 様々なプラットフォームの高度

観測されたデータのアーカイブが存在することから，観測データの時間的変化を把握することも可能であり，環境・防災に関連した諸問題のモニタリングにおいて有用である。

(1) 人工衛星システムの構成

人工衛星システムは，図 6.2 の日本の陸域観測技術衛星 ALOS「だいち」[1)2)]を例に示すように，ミッション部（モジュール）とバス部（モジュール）に大別される。

ミッション部は，衛星の目的に固有のミッション機器やその支援機器を搭載する部分である。その構成要素（コンポーネント）には，地球観測衛星の場合，センサ，センサ出力信号の A/D 変換や符号化処理などのオンボード処理装置，データ記録装置，観測データの送信信号を作成する装置などが含まれている。

一方，バス部は人工衛星に共通的な機器を搭載する部分である。バス部には，構体系，熱制御系，電源系，通信系などのサブシステムが含まれる。バス部では，打上げおよび宇宙空間での熱，振動，荷重に耐え，衛星全体を安定した状態で搭載機器が作動できるように維持し（ハウスキーピング），ミッション達成に必要な資源の供給，データ転送，軌道・姿勢制御などの支援を行う。

(2) 超小型衛星の動向

人工衛星の打上げ質量による分類[3)〜5)]を表 6.2 に示す。大型衛星は多目的で高性能ミッション機器を搭載する衛星である。例えば，質量約 4000 kg の ALOS は，PRISM，AVNIR-2，PALSAR といっ

第6章 プラットフォーム

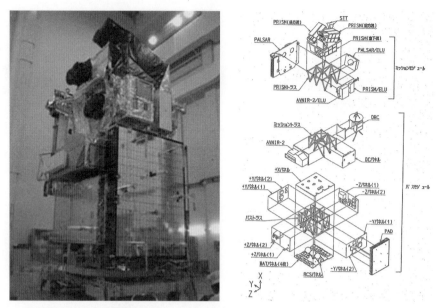

図 6.2 陸域観測技術衛星 ALOS「だいち」の全体写真と衛星組み立て・分解図（提供：JAXA）

表 6.2 衛星の打上げ質量を基準とした分類

衛星の分類		質量（kg）
大型		>1000
中型		500〜1000
小型		100〜500
超小型		1〜100
	Micro	10〜100
	Cube	約1〜20
	Nano	1〜10
	Pico	0.1〜1
	femto	0.001〜0.1

た3つのセンサを搭載しており，これに該当する．大型衛星の設計と開発には通常5〜10年の期間を要する．

　その一方で，リモートセンシングのプラットフォームとして超小型衛星を利用することの主な利点は，低コストで短期間に開発・打上げが可能であり，早期に成果が得られることである．それに伴いミッション機会の増加による，ユーザ層の多様化が期待できる．2010年代後半以降，米国の Planet 社が運用する Dove 衛星（約5 kg, 3 U CubeSat（**表 6.3**））を代表とする多数の超小型衛星によって構成される衛星コンステレーションが，注目すべき発展を遂げている．現在，Dove 衛星は常時130機以上の同期運用を実現し，空間分解能3.7 m でほぼ毎日，全球の陸域を観測している．

6.2 人工衛星

表 6.3 Cube 衛星の体積を基準とした分類

仕様	最大サイズ（cm）
1 U	10 × 10 × 10
2 U	10 × 10 × 20
3 U	10 × 10 × 30
4 U	10 × 10 × 40
5 U	10 × 10 ×50
6 U	10 × 10 ×60
W 6 U	10 × 20 × 30

6.2.2 軌道

人工衛星の軌道は様々な観点に基づいて分類される。ここで軌道とは，中心天体を周回する物体が通過する道のことである。地球観測においては，地球が中心天体となり，人工衛星がそれを周回する物体に相当する。軌道は，軌道長半径・離心率・軌道傾斜角・昇交点赤経・近地点引数・近地点通過時刻という軌道6要素によって厳密に定義される。

地球観測衛星の代表的な軌道には，「静止軌道」と「太陽同期準回帰軌道」が挙げられる。これら

表 6.4 様々な観点に基づく衛星軌道の分類

分類の観点	衛星軌道	備考
高度 h	低軌道	$h \leqq 2000$ km
	中軌道	2000 km$< h \leqq 35786$ km
	高軌道	35786 km$< h$
軌道離心率 e	円軌道	$e = 0$
	楕円軌道	$0 < e < 1$
	放物線軌道	$e = 1$
	双曲線軌道	$1 < e$
軌道傾斜角 i	赤道軌道	$i \fallingdotseq 0°$ $i \fallingdotseq 180°$
	傾斜軌道	$0° < i < 90°$ $90° < i < 180°$
	極軌道	$i \fallingdotseq 90°$
太陽との関係性	太陽同期軌道	
	太陽非同期軌道	
地球との関係性	回帰軌道	
	準回帰軌道	

113

の軌道は，表 6.4 に示される様々な観点を組みあわせることで実現される．各観点については後の (1) 〜 (5) で詳述し，特に特定の条件下で組み合わせた特別な軌道である「静止軌道」と「太陽同期準回帰軌道」については (6) で説明する．さらに，近年急速に発展している衛星コンステレーションによる高時空間分解能観測については (7) で取り上げる．

(1) 高度 h：低軌道・中軌道

リモートセンシングで用いられる衛星の高度 h は，通常，低高度から中高度に分類される．中高度に属する典型的な衛星は静止気象衛星であり，高度 35726 km を飛行している（図 6.3）．現在の技術水準において，この高度からの地表面の観測は，500 m 程度の空間分解能が限界とされるものの，図 6.3 に示すように地球のおよそ 2 分の 1 の領域を一括して観測可能である．ただし，実際には，観測範囲の端部分では観測角が大きくなるため，赤道上に位置する衛星直下点を中心とした 3 分の 1 程度が主たる観測領域となる．

静止気象衛星を除くほとんどの衛星は，高度 400–800 km 程度を周回している（図 6.3）．このような比較的低い高度からの観測では，より詳細な地表の情報を取得できる．その一方で観測視野は狭くなり，観測範囲が制限される．このようにリモートセンシングにおいては，空間分解能と観測幅（範囲）を両立させることは一般的に困難であり，両者はトレードオフの関係にある．

(2) 軌道離心率 e：円軌道・楕円軌道

地球をはじめとする太陽系の惑星は，太陽をひとつの焦点とした楕円軌道を描いて公転している．一方，地球観測衛星は，地球を中心とした円軌道に投入されることが多い．これは，衛星から地球を観測する場合，観測対象となる地表面との距離が一定であることが望ましいためである．

軌道の形状がどれだけ円形に近いかは，軌道離心率 e によってあらわされる．円軌道の場合，軌道離心率は $e=0$，楕円軌道の場合，軌道離心率は $0<e<1$ となる（表 6.4）．円軌道は，さらに，衛星高度 h，周期 T，軌道傾斜角 i によって特徴づけられる．周期 T とは，人工衛星が軌道を 1 周するのに要する時間で，半径 r_0（km）の円軌道の周期 T（sec）は円運動の方程式より式 (6.1) であらわされる．

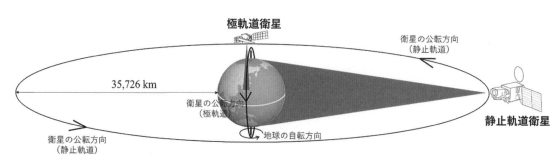

図 6.3 静止軌道衛星と極軌道衛星の軌道

$$F = mg = m\frac{V^2}{r_0} = G\frac{M_E m}{r_0{}^2} \rightarrow V = \sqrt{\frac{GM_E}{r_0}}$$

$$T = \frac{2\pi r_0}{V} = 2\pi\sqrt{\frac{r_0{}^3}{\mu}}$$

(6.1)

ここで V は人工衛星の速度（km/s），μ は地球の重力定数で，万有引力の定数 $G = 6.673 \times 10^{-20}$ km³/（kg·s²）と地球の質量 $M_E = 5.974 \times 10^{24}$ kg の積（$\mu = GM_E$）である。また，円軌道半径 r_0（km）＝衛星高度 h ＋地球半径 r（＝約 6378 km）である。すなわち，周期 T と高度 h は，片方が決まれば他方が決まる関係にある。例えば，高度 700 km を周回する ALOS の周期 T は約 99 分であり，これを速度に換算すると秒速 7.5 km/sec となる。なお，楕円軌道の場合の周期 T は，円軌道半径 r_0（km）を楕円長半径 a と置き換え，$T = 2\pi a/V = 2\pi\sqrt{a^3/\mu}$ として計算できる。

（3）軌道傾斜角 i：赤道軌道・極軌道・傾斜軌道

軌道傾斜角 i とは，地球赤道面に対する人工衛星の軌道面の傾き角のことをいい，$0° \leq i \leq 180°$ の範囲の値を持つ。軌道傾斜角 $i = 0°$ の場合，人工衛星の軌道面と赤道面は一致し，人工衛星は赤道上空を周回することになる。このような軌道を赤道軌道という。軌道傾斜角 i がほぼ 90°（±10°）の場合，その人工衛星は南北両極のほぼ上空を通過し，その軌道面は赤道面とほぼ直交する。このような軌道を極軌道という。軌道傾斜角 $i < 90°$ の場合，公転する人工衛星の移動方向と地球の自転方向は同じとなる。このような軌道を順行軌道という。軌道傾斜角 $i > 90°$ の場合，公転する人工衛星の移動方向と地球の自転方向は逆となる。このような軌道を逆行軌道という。軌道傾斜角 i の人工衛星は，北緯 i 度と南緯 i 度の間を飛行する。そのため，傾斜軌道 $i = 35°$ の熱帯降雨観測衛星（TRMM）は，北緯・南緯約 35° の間の熱帯・亜熱帯地域のみを直下視できる。

（4）太陽との関係性：太陽同期軌道・太陽非同期軌道

太陽同期軌道とは，衛星の軌道面の向きと平均太陽[*1] の方向の幾何学的関係が 1 年を通して一定になる軌道を指す。これは，衛星の軌道面の 1 日あたりの回転角が，地球の公転の 1 日あたりの回転角 0.9856°（＝360°/365.2422 日；昇交点赤経の 1 日当たりの変化量 $\Delta\Omega$）に等しい軌道である。太陽同期軌道は衛星直下点の太陽高度が一定であり，太陽を光源としてその反射光を捉える光学センサには重要な特徴である。さらに，この軌道は地球上の任意の地点を常に同じ時刻に観測しているため，観測地点の季節変化や時系列変化を観察することが可能である。

地球観測衛星は北から南方向（descending）もしくは南から北方向（ascending）に進行する。太陽同期軌道において，衛星が南から北方向に進行する時に観測されるデータは，一般に観測対象地域が夜であることから太陽光の反射がないため，可視光データの取得には不向きである。従って，光学

＊1 平均太陽：地球からみた実際の太陽（視太陽）の動きは，1 年を通して均一ではなく，変化する。これは地球が太陽の周りを回る公転軌道が楕円であることと，地球の回転軸が公転軌道面に対して傾いていることによる。これに対して 1 年を通して一定の速さで移動する仮想的な太陽を平均太陽といい，太陽同期軌道は平均太陽に対して同期するように軌道を選定する。

衛星においては，観測対象地域が日中であり，太陽光の反射がある北から南方向に進行する時に観測されたデータが，多くの場合に利用される。

太陽同期軌道上の衛星が南行（北行）し，赤道を通過する時刻を，地方平均太陽等であらわしたものを降交点（昇交点）通過時刻という。この時刻は観測目的に応じて設定される。光学センサによる地表面の観測は，一般に午前の軌道であるが（例えば，ALOSの降交点通過地方太陽時は 10：30），これは大気中の水蒸気の影響を抑制するためである。一方，GOSAT-2「いぶき2号」による温室効果ガス観測では，正午に近い午後の軌道をとる（降交点通過地方太陽時＝13：00）。これは，その時間帯で温室効果ガス濃度が比較的均一に混合するためである。さらには，サングリント（太陽光の海面での反射）を利用した大気の吸収観測を可能にするためでもある。

降水のように日変化する現象を捉える全球降水観測ミッション（GPM）や，潮汐周期が太陽などによって作用する海面高度計ミッションでは，同一地点を様々な時間帯で観測することを企図して，太陽非同期軌道が採用されている。

(5) 地球との関係性：回帰軌道・準回帰軌道

回帰軌道とは，地球が1回自転する間に人工衛星が地球を周回し，同じ場所を同じ時刻に通過する軌道のことである。一方，準回帰軌道とは，地球がM回自転する間に人工衛星が地球を周回し，同じ位置を同じ時刻に通過する軌道のことである。

人工衛星の1日あたりの周回数は，回帰軌道の場合は整数Nであるのに対して，準回帰軌道の場合はN±L/Mのように整数±分数で表現される。すなわち，1日経過したときの軌道が第1周目の軌道からずれるが，M日後の第M×(N±L/M)＝M×N±L周目の軌道が第1周目と同じ軌道となる。このM×N±Lを回帰周回数という。準回帰軌道の場合，赤道の周囲を回帰周回数で分割した幅より少し広めに観測幅を設計することにより，M日で全球を観測可能となる。例えば，Landsat-9 は

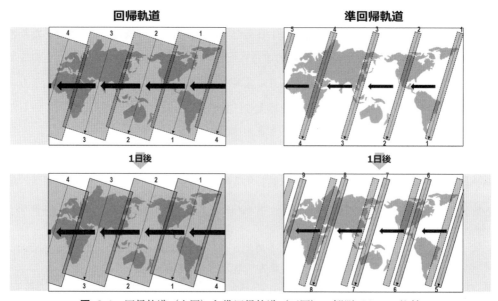

図 6.4　回帰軌道（上図）と準回帰軌道（下図）の観測パターン比較

高度 705 km，軌道周期約 99 分の準回帰軌道であり，回帰日数（M＝）16 日，周回数/1 日＝
14−9/16（N＝14，L＝9），回帰周回数＝215（＝16×(14−9/16)）である。

図 6.4 に回帰軌道と準回帰軌道の観測パターンをそれぞれ示す。回帰軌道では，地球が 1 回自転
する間に衛星が地球を N 周回し，第（N＋1）周目が第 1 周目と同じ軌道になる（図中では N＝4）。
一方，準回帰軌道では，地球が 1 回自転したときの第(N＋1)周目は，第 1 周目と異なる軌道になる。

(6) 代表的な軌道：静止軌道および太陽同期準回帰軌道

気象衛星 Himawari-9「ひまわり 9 号」に代表される静止気象衛星は，静止軌道と呼ばれる軌道で
地球を周回している（表 6.5）。静止軌道とは，地球上の任意の地点から衛星をみたとき，常に一点
に静止しているようにみえるのが由来であり，衛星の公転周期が地球の自転周期と一致し（西から東
で周期が 23 時間 56 分 4 秒），その軌道が赤道上にある円軌道をいう。なお，これを満足する軌道は
赤道上空 35786 km にのみ存在し（$i＝0°$，$e＝0$，$h＝35786$ km），Himawari-9 は東経 140.7 度の上空
に滞空している。気象など比較的変化の早い雲・水蒸気の観測には，地上から常に静止してみえる静
止軌道上から分単位で高頻度観測することが要求される。これによって観測領域の大気の状態を常時
観測できる。

太陽同期準回帰軌道は極軌道の一種であり，さらに太陽同期軌道および準回帰軌道の特徴をあわせ
持った軌道である。この軌道は，静止軌道とは異なり，同一地点を常時観測することはできないもの
の，太陽とセンサの幾何学的関係を等しく，高緯度地域を含めた全球を同一センサで一定周期かつ同
一時刻に観測することが可能である。さらに，高度の制約も無く，低高度で飛行し観測データの空間
分解能を向上させることも可能である。これらの利点から，太陽同期準回帰軌道は，地球観測におい
て最もよく採用される軌道である。1972 年から全球の定期観測を継続している Landsat シリーズに
おいても，この軌道が採用されている（表 6.5）。

表 6.5 リモートセンシングに用いられる代表的な軌道

衛星名称	Himawari-9	Landsat-9
軌道	静止軌道	太陽同期準回帰軌道
高度 h	35786 km	705 km
軌道離心率 e	円軌道（$e ≒ 0$）	円軌道（$e ≒ 0$）
軌道傾斜角 i	赤道軌道（$i＝0°$）	極軌道（$i＝98.7°$）
太陽との関係性	太陽非同期軌道	太陽同期軌道
地球との関係性	回帰軌道	準回帰軌道（16 日）
打上げ日	2016 年 11 月 2 日	2021 年 9 月 27 日

（7）高時空間分解能化を実現する方法

　太陽同期準回帰軌道では，高度と観測幅によって同一地点を観測できる頻度，つまりは時間分解能が変化する。先述した空間分解能と観測幅のトレードオフの関係は，空間分解能と時間分解能のトレードオフの関係と言い換えることもできる。衛星リモートセンシングにおける，この歯痒い問題を解決するために，同一センサを搭載した複数の人工衛星を同期運用する衛星コンステレーションが利用されている。この方法により，低高度観測による高空間分解能化，同期運用による高時間分解能化によって，高時空間分解能での観測を実現している。また，衛星コンステレーションとは別に，一時的にセンサの観測角度を変化させ，通常の回帰日数よりも短い間隔で同一地点を観測する方法もあり，これは被災地の緊急観測時などに活用される。

6.3　航空機

6.3.1　航空機の種類と特性

　航空機をプラットフォームとして使用する場合は，一般に地上解像度を高める目的で選択される。搭載されるセンサの瞬時視野角（IFOV：Instantaneous Field Of View）が同じならば，より低空の方が地上解像度を向上できるからである。従って，高詳細な画像や高密度の地表面情報を得るために航空機を使用するのは妥当な選択である。しかし，地上解像度以外の要因から航空機を使用する場合もある。それは以下のように人工衛星とは異なる航空機固有の特徴があるからである。

- ・　災害等の緊急性を要する場合に，迅速なデータ収集が可能である
- ・　上空に雲があっても雲の下からデータ収集が可能である（画質やデータ精度の低下はある）
- ・　目的に応じて搭載センサを簡単に交換，あるいは組みあわせの変更が可能である

　これは航空機によるデータ収集が，衛星の場合よりもデータ取得率が高く，機動性と搭載装置の柔軟性に富んでいることに他ならない。また，レーザによる地形計測のように，衛星高度ではデータ収集が難しい場合にも航空機が適用される。これらの理由から，特に緊急災害対応や公共事業等の実利用場面では航空機が多く利用されている。

　航空機は大きくわけると，飛行機（固定翼）とヘリコプター（回転翼）からなる。どちらの航空機を使用するかは，データ収集における目的，用途，予算等に応じて決められる。表 **6.6** に航空機の特性比較を示す。一般に，測量調査あるいはリモートセンシング調査においてデータ収集に使用する飛行機はプロペラ機（単発機・双発機）が主流である。現在，測量調査で飛行機に搭載する主なセンサには，デジタルカメラとレーザスキャナ装置があり，場合によっては同時搭載も行われている。またリモートセンシング調査では，マルチスペクトルセンサ（MSS：Multi-Spectral Sensor），ハイパースペクトルセンサ（hyper-spectral sensor），熱赤外センサ（thermal infrared sensor）等の装置が搭載される。ただし，航空機 SAR のように高速かつ高高度でデータ収集が要求される特殊な機材では，ジェット機が使用されることがある。

6.3 航空機

　表 6.6 に示すように，飛行機はヘリコプターに比べて航続時間・航続距離が長く，飛行速度が速い
ため，遠隔地あるいは計測面積の大きい場所に適している。また，直線的に飛行するため，対象範囲
が面的に広がっている場合に効率性を発揮する。ヘリコプターはこの逆で，飛行機に比べて航続時
間・航続距離が短く飛行速度も遅いため，対象面積の小さいスポット的な計測に適している。また，
飛行速度や飛行高度の調節が容易なため，低速および低高度データ収集が可能であり，飛行機よりも
解像度の高い（高密度）計測に適している。近年，航空レーザ計測による測量調査では，高密度デー
タ収集のためにヘリコプターを活用する場面が多くなっている。

　航空測量によるデータ収集の中で最も代表的なものは，航空写真と航空レーザによるセンシングで
ある。航空写真測量では，航空機に搭載したデジタルカメラにより写真を撮影し，写真から対象物の
位置，形状，地表変化等を抽出するもので，ステレオ写真解析によって地物の高さを計測することに
より最終的に地形図を作成できる。航空レーザ測量では，航空写真測量と同じように地形図作成が主
目的であるが，写真を用いずに直接地表面にレーザ光（近赤外レーザを利用）を照射し，その反射光も
含めた往復時間を測定することにより地表面までの距離に換算し，照射点の 3 次元データを取得する。

　一方，航空リモートセンシングによるデータ収集では，主に地表面の分光データ収集により地表面
の土地被覆状況や土地利用状況を把握する目的としたものが多く，分光画像データとして観測し，地
表面の物理的な特性を抽出する。MSS による観測では，一般的に可視，近赤外，中間赤外，熱赤外

表 **6.6**　航空機プラットフォームの特性比較

特性	飛行機（固定翼）	ヘリコプター（回転翼）
飛行速度 （データ収集速度）	単発機：160〜300 km/h	0〜160 km/h （0 km／h はホバリング時）
	双発機：360〜410 km/h	
	ジェット機：700〜800 km/h	
飛行高度 （データ収集高度）	単発・双発機：500〜6000 m	通常 1000 m 以下
	ジェット機：10000〜12500 m	
データ収集エリア	遠隔地で大面積のデータ収集に適してい る	特定地域の狭いスポットエリア，線状エ リアのデータ収集に適している
地上解像度（密度）	衛星に比べて高解像度（高密度）	飛行機よりもさらに高解像度（高密度）
飛行特性	直進性に優れており，安定した姿勢での データ収集	機動性に優れており，飛行速度・高度の 制御が容易
航続時間・航続距離	長い（3.5〜6 時間） ・遠隔地でも目的地に到達した直後から データ収集が可能	短い（2〜3 時間） ・遠隔地では空輸に時間がかかり，現地 ヘリポートが必要な場合がある
リモートセンシング データ収集のための 主な搭載機材	基本的に機内に搭載 ・デジタルカメラ ・レーザスキャナ ・MSS，SAR，熱赤外センサ ・ハイパースペクトルセンサ	基本的に機外に搭載 ・デジタルカメラ ・レーザスキャナ ・斜め撮影用カメラ ・ビデオカメラ

119

の波長域をカバーし，数バンドから10数バンドのスペクトルバンドに分割して観測する。ただし，熱赤外センサは地表面温度（水域では水温）観測のみという特殊性から単一バンド装置も存在する。ハイパースペクトルセンサは，一般に可視域から近赤外域までをカバーし，100〜300バンド程度[2]に分割して観測する。航空機SARでは，マイクロ波域のP，L，S，C，Xバンドが対象で，通常は1〜2バンドで使用されている。

6.3.2　航空機の運航計画

　航空機を使用してデータ収集する場合，衛星の場合とは異なり，データ収集するプロジェクトごとに運航計画（航空写真測量や航空リモートセンシングでは撮影計画，航空レーザ計測では計測計画という場合がある）を策定することが要求される。運航計画で必要とされる主な検討項目は，以下の通りである。

- ・プロジェクト対象エリアの場所，大きさ，形状，地形特性等
- ・プロジェクト仕様で要求される地上解像度（密度）と位置精度および高さ精度，あるいはスペクトルのバンドや特性等
- ・プロジェクト仕様で要求される成果品の種類と内容

これらの要求を満たすべき運航システムや計測システムに関する必要項目は，撮影緒元（計測緒元）と呼ばれている。

6.3.3　航空機の位置姿勢測定

　航空写真測量や航空レーザ測量において，地物の位置と高さを正確に計測するためには，航空機自身の位置と姿勢を高精度に求める必要がある。しかし，航空機は高速で移動する上，風などによる機体の動揺により飛行姿勢も時々刻々と変化する。そこで，航空機の位置と姿勢をリアルタイムで記録するために，航空機には全球測位衛星システム/慣性計測装置（GNSS/IMU）[3]装置が標準搭載されている。

　航空機の位置（x，y，z）は，GNSSにより一定の間隔（1秒）で位置情報のデータが提供されるが，単発機の通常の巡航速度約250 km/hで移動すると，単独測位では約70 m間隔と非常に粗いものとなる。また受信時の測位衛星からの電波状況などにより，位置精度が大きく低下する場合がある。そこで，IMUで取得された高頻度（50〜200 Hz）の慣性データ（3軸方向の姿勢と加速度）を合成することで，位置決定の精度や頻度を向上させている。IMUの3軸ジャイロから姿勢角の変化を，IMUの加速度計から3軸方向の移動距離を算出する。なお，IMUには時間の経過や位置の移動

＊2　現在国内の民間会社で実運用されているハイパースペクトセンサは288バンドである。

＊3　IMUはジャイロ加速度計を使用した慣性計測装置のこと。水平および垂直の3軸ジャイロからの傾きと，3個の加速度計出力から回転および平行運動成分を検出する。これとGNSSを組みあわせた装置をGNSS/IMUという。

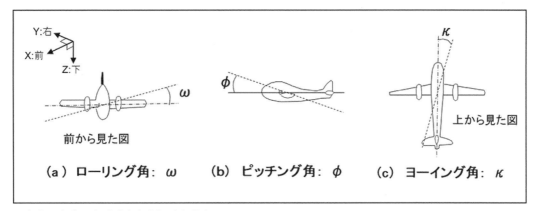

角度の定義：右手系直交座標系を考える
X軸： 機首方向，親指の方向
Z軸： 鉛直下方向。中指の方向
Y軸： X軸，Z軸に直交する方向。人差し指の方向
ω： X軸方向に右ねじが進む回転角が正
φ： Y軸方向に右ねじが進む回転角が正
κ： Z軸方向に右ねじが進む回転角が正

図 6.5 航空機の姿勢変化（ローリング角，ピッチング角，ヨーイング角）

とともに誤差が蓄積する性質（ドリフト誤差という）があるため，定期的に GNSS を用いて補正する。

なお，GNSS データ精度の確保のために，GNSS による位置精度を表す指標となる PDOP[*4]，および同時に受信可能な GNSS 衛星数によって撮影可能な時間帯を設定することになっている。通常 PDOP が 3 以下，かつ GNSS 衛星数が 5 個以上になると，解析に支障のない GNSS データが取得できる。

航空機に特有の姿勢変化[6]は，図 6.5 で示すように 3 軸方向の姿勢角（ϕ, ω, κ）の角速度変化が IMU から提供される。

・ 機体の横揺れに伴う姿勢変化（ローリング：rolling）
・ 機体の縦揺れに伴う姿勢変化（ピッチング：pitching）
・ 横風（偏流）による姿勢変化（ヨーイング：yawing）[*5]

6.4 その他のプラットフォーム

6.4.1 成層圏プラットフォーム・気球

米国では 1960 年代に軍を中心に長時間飛行や高高度飛行の研究がはじまり，1970 年代には翼面上

[*4] GNSS 衛星の配置状態による精度低下への影響度合いを示す数値を DOP といい，そのうち位置精度低下率を示す指標を PDOP という。数値が大きいほど精度が低下する。
[*5] 航空レーザ計測の場合はヘディング（heading）という。

第 6 章　プラットフォーム

図 6.6　NASA　ヘリオス（翼幅 75 m）　　図 6.7　定点滞空試験（全長 68 m）

に張られた太陽電池と電動モータを使った航空機の研究が進んだ．同研究は NASA の環境観測を目的とした航空機およびセンサ技術の研究プロジェクト（ERAST）に引き継がれ，2001 年には翼上面に 6 万枚以上の太陽電池セルを装着した NASA ヘリオス[7]（図 6.6）による高度記録（29.5 km）が樹立された．同じ頃，地球環境への関心の高まりやインターネットなど通信技術・需要の高まりなどから，プラットフォームとなる航空機を高度 20 km 程度の成層圏内に滞空させて，気象観測や通信に使おうという検討が各国で積極的に進められた．この場合周回衛星と比べると常時観測ができる，低高度なため高分解能の観測画像が得られる，送受信の必要パワーが小さい，通信遅れが少ないなどの利点があると考えられる．

　我が国では，飛行船が飛行機と比べ定点滞空に適しており，またセンサや通信機器の搭載重量が大きくとれることもあり，成層圏プラットフォーム飛行船の研究開発が 1998 年から 2006 年にかけて国家プロジェクトとして実施された．その中で，成層圏まで飛行船を到達させるための飛行船の構造技術や熱・浮力関連技術の実証のための「成層圏滞空試験」と，定点に飛行船を滞空させるための飛行制御技術の実証のための「定点滞空試験」[8]（図 6.7）が実施され，前者では高度 16.4 km に飛行船を打上げることに成功し，後者では高度 4 km での定点自動滞空に成功した．成層圏という極限環境（低温，低空気密度，紫外線，強風など）で成層圏プラットフォームを運用するためには，材料の軽量高強度化，太陽電池や燃料電池の軽量高効率化，安全確実な離着陸運用法の確立など，さらなる技術開発が重要である．成層圏プラットフォーム飛行船の検討は韓国などでも実施された他，現在でも米国などでベンチャー企業による機体開発や打上げ実験が進められている．

　より構造の簡単な気球については，成層圏という宇宙に近い環境を利用しての科学観測（X 線観測など）や宇宙用機器の事前検証，軍事分野（通信関連など）で利用されている．

6.4.2　UAV・ドローン

　無人航空機または無人機（UAV：unmanned aerial vehicle）は，3 D（Dull, Dirty, Dangerous）ミッションに向いているといわれる．「Dull」とは長時間監視のような人間には向かない単調な仕事である．「Dirty」とは放射能観測のような人間にとって有害な仕事，「Dangerous」とは危険な仕事

6.4 その他のプラットフォーム

図 6.8 ドローン（提供：ACSL）

図 6.9 産業用無人ヘリコプター
（提供：ヤマハ発動機）

である。空を飛ぶということを利用して，偵察無人機など軍事用無人機が実用化されている他，民生分野ではホビー，科学観測，農業分野で無人機が使われている[9]。

1990年以降，モータや電池の小型高性能化が進み，センサなどの微小電子機械システム（MEMS：Micro Electro Mechanical System）や通信技術が大きく発達したため，数百g程度の固定翼型の無人機，ジェットエンジンを搭載し衛星中継を使って太平洋を横断できるような大型無人機までが開発され，多発ヘリコプター型の無人機（一般にドローンと呼ばれる）の利用拡大が著しい（図6.8）。我が国では小型無人ヘリコプターが種まき，農薬散布など農業分野で実用化されている。この他，植生観測，火山観測，物資輸送などにも利用されている（図6.9）。

無人機はその種類により搭載可能重量，飛行速度，風の影響，姿勢の安定性などが違うため，その使い分けが重要である。

監視用無人機での画像解析では，撮影地点の同定（搭載センサ情報による機体位置・姿勢による撮影画像中心の決定），連続撮影画像のモザイク処理，姿勢安定化ジンバルや画像処理を用いた機体運動の影響の除去，ステレオ画像処理などが重要であり，現在の小型ドローンでも実用に耐えうる高品質画像が得られるようになっている。搭載センサのひとつとして，小型無人機用の1kg以下の小型合成開口レーダSARなども開発されている。

利用拡大に伴い，無人機が航空機として航空法で扱われるようになっている。それによれば100g以上の機体での登録の義務化や機体認証，技能証明や運用法などが決められており，現在は高度150m以下，第3者のいない準無人地帯での運用が中心だが，国土交通省を中心に航空法の改訂検討が進められており，必要な要件を満たすなら市街地上空での目視外飛行（レベル4飛行）も可能になっている[10]。

6.4.3 車両

衛星や航空機等によるリモートセンシング手法では技術的に困難が生じたり，非効率になったりする場合がある。技術的に困難とは，橋梁下や高架道路下の地表面および構造物，あるいはトンネル内の道路や鉄道施設のように，対象物そのものが上空からみえない場所にリモートセンシング技術を適用しようとする場合を指す。非効率とは，例えば都市部におけるビル・建物（壁面含む）や，その間

123

にある道路および構造物，また道路周辺の法面や設置物（電柱・標識・看板等）のように，撮影位置や方向によってデータ解析に大きく支障を生じる場合（取得データに影や歪みを生じたり，取得範囲が制限されたりする）に対してのことである．このような場合には，上空からではなく地上からの近距離データを効率よくかつ精度よく収集し，同時に高詳細あるいは高密度データ収集を行う目的で，一般的に車両プラットフォームによるリモートセンシング手法を用いる．これらのデータ収集システムは，「車両を移動させながら周辺データを収集し，ディジタル処理により地理空間情報を効率的に取得するシステム」[11]と定義され，モービルマッピングシステム（MMS: Mobile Mapping System）と呼ばれる．

図 6.10・11 に自動車をプラットフォームとした場合の一般的な MMS の外観を示す．MMS 技術は，地上を車両で移動しながら対象物を計測し，近接的に非接触でデータ取得する意味合いから，移動体計測技術あるいは近接リモートセンシング技術といわれている．

MMS は，カメラ，ビデオ，レーザ装置等を車上に搭載し，車両から沿道施設の位置，形状，外観等や道路性状等の情報を取得する．標準的な MMS では，車両が道路を移動することから車両自身の

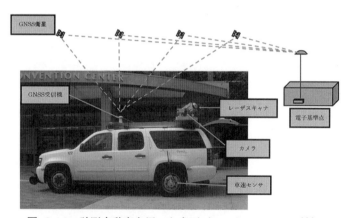

図 6.10 計測自動車を用いた車両プラットフォームの外観

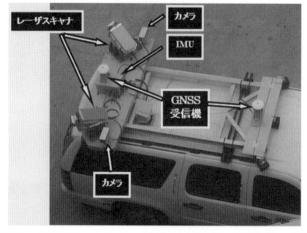

図 6.11 車両プラットフォームを上からみた例（搭載装置の配置）

位置を検出するための GNSS，および車両の進む方向を検出するための IMU，すなわち GNSS/IMU を搭載している。MMS データ解析の成果は，主に道路状況（幅員，勾配，表面状況），道路周辺構造物や景観等の現況把握や維持管理のための行政管理データに利用され，さらに 3 次元都市モデリングの基礎データとしても有用である。また最も一般的に普及している利用方法としては，カーナビゲーション用のディジタル道路地図データがよく知られている。

　車両プラットフォームによる特殊な利用例として，最近注目されているのがスマート農業である。これは農業分野における人手不足解消，生産性向上，食料供給確保等のために，生産現場にロボットや人工知能（AI）等の先端技術を取り入れるものである。その一例として，農作業車両（トラクター，コンバイン，田植え機等）に GNSS 受信機を取り付けることにより，圃場での自動走行や作業の無人化を可能にしている。さらに作物の生育状況や収穫量等の測定センサを車両に搭載することで，遠隔地からでも作物の品質管理が監視可能なシステムとなっている。

6.4.4　船舶

　プラットフォームとして船舶を利用する場合には，一般に河川，湖沼，ダム，海洋を対象として，深浅測量（水深測定）による水底地形調査（海図・地形図作成等）や水底面の地表状況および表層地質構造，さらには深部地下構造等を対象としている。**表 6.7** に船舶による水中および水面下の計測例を示す。船舶は，外洋での物理探査のため数千トン級以上の大型船（**図 6.12**）から，河川・湖沼・ダム等の水域および浅海域の調査のための数トンの小型船（漁船），1 トン以下のゴムボート（**図 6.13**）等，多種多様である。一般に船舶を利用する場合は，水中での計測になるため，衛星や航空機のように電磁波を利用できないので，主に音波で観測する技術が適用されている（音波探査や音響探査という）。基本的には船舶に搭載された音源センサから音波を出し反射音波を観測するものである。この場合でも計測精度を向上させるために，船舶自身の位置を計測する目的で GNSS 衛星が利用されている（**図 6.14**）。

表 6.7　船舶による水中および水面下の計測例

計測機材	計測データの主な用途
シングルビーム音響測深機	海底（湖底，川底）面の性状・地形調査（測深）等
マルチビーム音響測深機	海底（湖底，川底）面の性状・地形調査（測深）等
サイドスキャンソナー	海底（湖底，川底）面の設置物調査，表層低質調査，漁礁調査等
水中音響カメラ	水中構造物調査等
小型音響探査機 （音源：ブーマー，スパーカー等）	浅海での表層地質構造調査等
大型音響探査機 （音源：エアガン，ウォーターガン等）	外洋での石油・天然ガス探査，鉱物資源探査等
超音波ドップラー流速（ADCP）	水中の流向・流速測定

第6章　プラットフォーム

図 6.12　大型船による海洋資源探査

図 6.13　小型ボートによる深浅測量

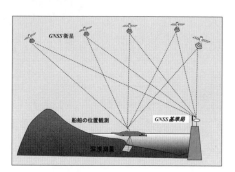

図 6.14　深浅測量における船舶と GNSS 衛星の関係概念図

　船舶によるリモートセンシングは，通常の宇宙あるいは上空からの電磁波によるリモートセンシングではなく，音波を利用した手法を駆使することから，広義のリモートセンシングと位置付けられる。特に外洋での大規模な物理探査では，音波の他に重力，地磁気，地電流等を利用した観測が行われている。

　なお最近では，ダム湖，湖沼，河川等の比較的狭い水面エリアでの音波探査において，調査効率性やコスト低減の観点から，自律航行型の無人ボート（USV，ASV），水中ロボット（ROV）等を利用したプラットフォームが多く開発されている。

引用・参考文献

1) Igarashi, T., R. Furuta and M. Ono : Disaster Information Extraction from ALOS Images, Trans. JSASS Space Tech. Jpn., 7, pp. Tn_1–Tn_6, 2004.

2) 岩田隆敬：高精度観測衛星における指向・姿勢・軌道の決定と制御：「だいち」と未来への展望，計測と制御，47（12），pp. 1007–1016, 2008.

3) Kramer, H. J. and A. P. Cracknell : An overview of small satellites in remote sensing, Int. J. Remote Sens., 29（15–16），pp. 4285–4337, 2008.

4) Xue, Y., Y. Li, J. Guang, X. Zhang and J. Guo : Small satellite remote sensing and applications—history,

current and future, Int. J. Remote Sens., 29（15–16）, pp. 4339–4372, 2008.

5）Kopacz, J. R., R. Herschitz and J. Roney : Small satellites an overview and assessment, Acta Astronautica, 170, pp. 93–105, 2020.

6）日本リモートセンシング研究会（編）: 図解リモートセンシング, 図5.3.1, 日本測量協会, p. 99, 1992.

7）NASA Armstrong Flight Research Center : Helios, https : //www.dfrc.nasa.gov/Gallery/Photo/Helios/index.html（Accessed 2024.4.12）

8）中舘正顕, 田保則夫, 鈴木幹雄, 丹下義夫 : 定点滞空試験の概要, 日本航空宇宙学会誌, 54（631）, pp. 235–241, 2006.

9）近藤夏樹, 他 : 特集「無人機の新技術・活用の動向」, 日本航空宇宙学会誌, 54（625–628）, 2006.

10）国土交通省 : 無人航空機総合窓口サイト, https : //www.mlit.go.jp/koku/info/（Accessed 2024.4.12）

11）長谷川昌弘, 今村遼平, 吉川　眞, 熊谷樹一郎（編）: ジオインフォマティックス入門, 理工図書, pp. 141–143, 2002.

第7章 センサ

〈この章で学ぶべきこと〉

　本章では，リモートセンシングの入り口となる，データを取得するセンサの体系や機構，その実例について学ぶ。主なセンサには，光を用いる光学センサと電波を用いるマイクロ波センサ（レーダなど）があり，それぞれの観測の仕組みや機械の構造，取得されるデータの特性等について整理して示す。また，特殊な構造のセンサや，近年利用が広がっているレーザスキャナ，ハイパースペクトルセンサ等もとりあげて解説し，センサの多様さ，幅広さを理解する。

学習目標：

① 受動・能動，走査・非走査，画像・非画像等，センサの体系を学ぶ。

② データ収集原理全体と，センサ種類，センサ構造，走査機構，分光機構，ディジタル化機構等，各部分の原理を学ぶ。

③ スペクトル特性，ラジオメトリック特性，ジオメトリック特性等のセンサにかかわる特性について学ぶ。

④ 現在利用されている代表的センサの性能と構造，どのようなデータが取得できるか等を学び，その多様さを理解する。

キーワード：

受動・能動 (passive/active)，走査 (scan)，ラジオメトリック (radiometric)，ダイナミックレンジ (dynamic range)，ジオメトリック (geometric)，視野角 (FOV: Field Of View)，瞬時視野角 (IFOV: Instantaneous Field Of View)，マルチスペクトルセンサ (multispectral sensor)，マイクロ波放射計 (microwave radiometer)，イメージャ (imager)，サウンダ (sounder)，合成開口レーダ (SAR: Synthetic Aperture Radar)，マイクロ波散乱計 (microwave scatterometer)，マイクロ波高度計 (microwave altimeter)，降雨レーダ (precipitation radar)，後方散乱断面積 (backscattering cross section)，散乱係数 (scattering coefficient)

7.1　センサの体系

　地球観測センサは光から電波まで広い波長域の電磁波を検出することで，様々なデータを取得する。観測する電磁波の種類から，波長が短い光を用いるために高空間分解能化がしやすい光学センサと，波長の長い電波を用いるために雲の影響を受けにくいマイクロ波センサに大別される。一般に，これらのセンサの空間分解能は望遠鏡口径と観測波長の比で決まるが，マイクロ波センサのひとつである合成開口レーダ（SAR：synthetic aperture radar）のように，受信信号を合成することにより小さなアンテナ口径で高い分解能を得るものもある。また，マイクロ波センサの場合は，開口面の大き

129

第7章　センサ

表 7.1 センサの分類

光学	受動	画像型	光学画像センサ
		非画像型	スペクトロメータ
	能動		ライダー
マイクロ波	受動	画像型	マイクロ波放射計（イメージャ）
		非画像型	マイクロ波放射計（サウンダ）
	能動		合成開口レーダ マイクロ波高度計，マイクロ波散乱計，降雨レーダ

さの他に，使用する電波の周波数帯域幅も空間分解能を決定する要素のひとつになる。

　それぞれのセンサは，観測領域から放射もしくは反射・散乱される電磁波を観測する受動型と，電磁波をセンサから観測領域に放射してその反射を観測する能動型に分けられる。前者は電磁波を射出しないために使用電力が少なく，小型化しやすい点が有利であり，代表的な例として，光学画像センサやマイクロ波放射計が挙げられる（赤外線やマイクロ波の受動センサは放射計（radiometer）と呼ばれる）。後者は，自らが放射した電磁波の反射・散乱を計測するために，高い精度の往復時間計測や，送信信号と受信信号を波として測定するドップラー計測を行える利点がある。代表的なセンサとしてレーザレーダ（laser radar，またはライダー（light detection and ranging））やマイクロ波散乱計，マイクロ波高度計，合成開口レーダなどが挙げられる。

　これらのセンサによって得られるデータが画像であるものを画像型センサまたはイメージャ（imager）と呼ぶ。一方，非画像型のセンサには細かい波長間隔でデータを取得するスペクトロメータ（spectrometer）などがある。ただし，非画像型のセンサでも鏡やアレイ検出器を用いて，数点の観測点を測定するものもある。

　第6章で述べたように観測衛星の軌道は地上から見て動いてみえる一般の軌道と静止して見える静止軌道に分けられるが，ここでは主に，衛星高度が低く，能動センサが可能となる一般の軌道について考える。画像を取得するためには，2次元のデータ取得が必要であるが，1次元については衛星が地表面に対して移動することで得られるため，もう1次元の軌道直交方向についての走査が必要となる。一方，静止衛星では2次元の走査が必要となる。以上の，センサの分類を**表 7.1**にまとめる。

7.2　センサの原理

7.2.1　光学センサの原理

　図 7.1に光学センサのデータ収集のための観測概念図を示す。地球からの電磁波は走査光学系および集光光学系（望遠鏡）を通過後，分光素子を通過して，検出器に到達する。検出器において電磁

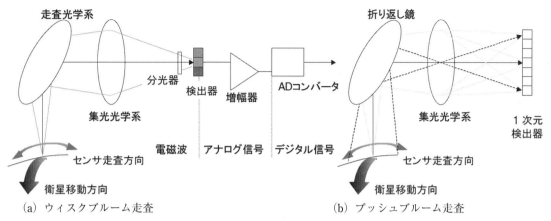

(a) ウィスクブルーム走査　　(b) プッシュブルーム走査
図 7.1　観測概念図

波強度の関数となる電気信号に変換（光電変換）されて発生したアナログ電気信号は，増幅器において信号強度を大きくしたのち，ADコンバータ（analog digital converter）によりディジタル信号に変換され，地上に転送される。

走査光学系は機械式走査（鏡の回転・振動）を利用して軌道直交方向のデータを得るものであり，ウィスクブルーム走査（whiskbroom scan：対物面走査）を実現する。駆動機構が必要であり，地球の1点を観測する時間が少ないという欠点があるが，非常に広い観測幅を走査するのに適している。一方，軌道直交方向の走査は1次元の検出器列による電子式走査によっても実現され，プッシュブルーム走査（pushbroom scan：像面走査）と呼ばれている。駆動機構が不要で軽量であるが，集光光学系の画角が広く，ライン検出器が入手できることが求められる。ウィスクブルーム走査のセンサでも，性能を満たすためにいくつかの検出器を並べて，電子式走査をしていることもある。

検出器の形態は2次元（エリア），1次元（ライン）および点（スポット）であり，走査機構との組みあわせにより選択される。可視近赤外領域での検出器はシリコン素子が用いられる。検出器で発生したアナログ信号を検出器内の回路で転送した後で共通の増幅器で増幅する電荷結合素子（CCD：Charge Coupled Device）と，各検出器の信号をそれぞれ増幅する相補性金属酸化膜半導体（CMOS：Complementary Metal Oxide Semiconductor）が用いられる。CCDはノイズが少なく，素子間の感度のばらつきが少ないという利点があり，CMOSは消費電力が少ないという利点がある。赤外領域ではシリコン素子は感度がないため，InGaAs，HgCdTe，InSbなどの半導体が用いられているが，素子の集積度や一様性の観点では，シリコン素子には及ばない。また，冷却が必要なことも多い。増幅されたアナログ信号はADコンバータという電子回路素子を用いて，2進数のディジタル信号に変換される。

図7.2に示すように分光機構には様々な方式がある。マルチスペクトルセンサ（multispectral sensor）では，光の干渉を利用して特定の波長領域を透過させる帯域通過フィルタを用いる。より多くの波長での画像を連続的に取得するハイパースペクトルセンサ（hyperspectral sensor）では，プリズムや回折格子を用いて異なる波長の光を分散させ，2次元検出器でデータを取得する。回折格子は

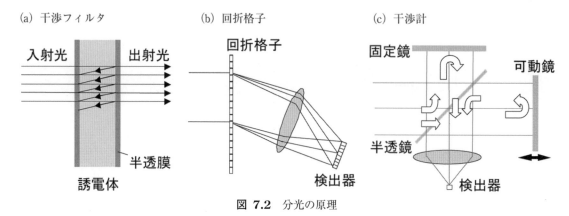

図 7.2　分光の原理

周期的な溝を形成した光学素子であり，回折現象を利用して特定の方向に特定の波長の光を射出する．さらに細かい波長分解能が必要な場合には，2つに分けた光の光路差を変えながら干渉させて波長を求める干渉計が用いられる．光の波長に応じた間隔で3角関数形状の干渉縞が発生するため，各波長の光強度を得るためにはそれを取り出すフーリエ（Fourier）変換を行う．どの方式も，なるべく分光部に対して平行な光が垂直に入射するように光学設計が行われる．ここで，回折格子分光計の波長方向の走査は電子式で，干渉計の波長方向の走査は機械式であることを確認してほしい．

　能動的な光学センサとしては，レーザレーダ（または LIDAR：Light Detection And Ranging）が挙げられる．これは地上に向けてパルスレーザを照射し，反射・散乱光が戻ってくる時間を測定することで，対象物までの距離を求めるものであり，その精度は光パルス計測の時間分解能で決まる．航空機やドローン用のセンサは主に測量を目的とした観測を行い，レーザ光を放射状に走査することで詳細な地形データを得ることができる．正確な3次元情報を得るために GPS センサや IMU を使い，都市域や森林の3次元モデリングなどに用いられている．樹冠と地表面からの反射・散乱をそれぞれ得ることで，樹木の高さを計測できる．近年は，戻り光の波形を全て記録することで，樹木の枝構造を推定可能なセンサも登場している．一方，衛星搭載センサは測線上の戻り光測定に留まっている．

7.2.2　マイクロ波センサの原理

(1) マイクロ波センサの概要

　前述のように，マイクロ波のセンサも，能動型センサおよび受動型センサに大別される．能動型は，センサ自ら電波を出して，その電波が対象物に当たり反射してきた電波を受信することにより，対象物の位置や性質を知ろうとするものである．一方，受動型は，対象物自らが放射する電波を受信してその性質を調べるものである．一般に，これらに使用される電波は数 100 MHz から数十 GHz の周波数（波長 1 m〜1 mm）を持ち，マイクロ波と称される．

　マイクロ波を用いた受動型センサの代表例は，マイクロ波放射計であり，電波を受信するアンテナと受信機で構成される．マイクロ波を用いた能動型センサは，電波を送信する送信機と受信機に，アンテナで構成される．この形態はいわゆるレーダ（radar）と呼ばれる装置である．能動型センサの

種類としては，マイクロ波散乱計，マイクロ波高度計，合成開口レーダ（SAR），降雨および雲レーダがある。このうち合成開口レーダについては，第14章および第15章で詳説するので，本章では，主にこれ以外のセンサについて取り上げる。

マイクロ波放射計は，地表面および大気の熱放射のうちマイクロ波の波長帯を計測する。計測の原理は，光学による放射観測と同様に放射輝度（放射輝度から輝度温度が得られる）を計測するものであるが，光学と違い計測する波長帯の幅は狭い。しかし，マイクロ波は水蒸気や雲などによる減衰が小さいため，地上から大気までの状態の観測が可能である。複数の波長と偏波を組みあわせることにより，対象となる地表や大気の性質を調べる目的で開発されてきた。

マイクロ波散乱計は，海面のマイクロ波散乱特性を利用して海面の風を計測する目的で開発されたセンサであり，多くの地球観測衛星に搭載されてきた。

マイクロ波高度計は，地球表面に向けてパルスを照射し，そのパルスの受信波形から，高精度に地球表面の高さとその変動を数 cm 程度の精度で計測するセンサである。地表面の高度を詳細に計測するセンサには，他にレーザ高度計があるが，レーザ高度計が観測地の雲により制限を受けるのに対し，マイクロ波高度計は常時観測が可能である。

地上に設置されている気象レーダも，降雨強度の計測を目的としたリモートセンサのひとつであり，長い歴史がある。ここでは，衛星から地上を観測する降雨および雲レーダについて取り上げる。これは降雨や雲の3次元構造を観測することを目的として1990年代より開発が開始されたもので，TRMM（Tropical Rain-fall Measuring Mission）により衛星からの降雨レーダの有効性が実証された。引き続き降雨および雲計測のミッションが進行中である。

マイクロ波センサの計測原理は，多くの読者には馴染みがないと思われるので，以降，各センサの計測原理について詳述する。

(2) マイクロ波放射計

あらゆる物体は，その物体の温度に応じて電磁波を放射する。放射される電磁波は，温度に応じてそのスペクトルのピークや広がりは異なるが，マイクロ波の周波数成分を含んでいる。図 **7.3** は，マイクロ波放射計による地球観測の模式図である。観測点（センサの位置）では，地表面および伝搬経路にある大気からの放射電磁波が積み重なって観測される。その一方で伝搬経路中の大気の吸収により電磁波は減衰も受ける。これらを定量的にあらわすと，式（7.1）のようになる。ここで，T_b および T_{b0} はそれぞれ，観測点および地表（背景）での温度に相当する量（輝度温度）である。$\alpha(s)$ は吸収係数と呼び大気によって電磁波が減衰する量をあらわす。$\tau(s)$ は光学的厚さ（第5章コラム3参照）と呼ばれる経路上の不透明度を示す量である。ここでは，図のように経路を s であらわし，$s=0$ を観測点，$s=s_0$ を地表面とする。

$$T_b = T_{b0}e^{-\tau(s_0)} + \int_0^{s_0} T(s)e^{-\tau(s)}\alpha(s)ds \tag{7.1}$$

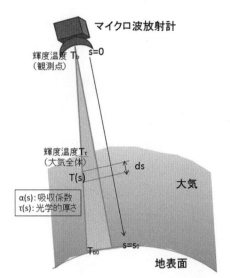

図 7.3 マイクロ波放射計による地球観測の模式図

　大気のリモートセンシングにおいては，観測点において得られる輝度温度から，途中の状態を推定することが課題であり，この式（7.1）を解くことになる．ここで，簡単化のため，伝搬経路中の温度を一定として，経路中の不透明性が大きい（光学的厚さが大きいと呼ぶ）場合には，計測される輝度温度は経路中の大気の温度に等しい．

　減衰が小さい場合には，

$$T_b = T_{b0} + T_\tau \tag{7.2}$$

と簡単化される．ここで T_τ は，経路上の光学的厚さや吸収に関する要素を示し，これが無視できる場合には，T_b は，海面や地面などの輝度温度を計測することになる．この場合，海面や地面の放射率が既知であれば，それらの物理温度がわかる．逆に T_{b0} が既知であるならば，T_τ を推定でき，大気の不透明性を与える降雨や雲などの成分量がわかる．

　一般には，地面や海面，大気温度，大気中の粒子成分量などは未知であり，空間的に分布している．このため，測定周波数や偏波といった測定量を増やし，適切なモデルを与えることにより目的とする物理量を求める．つまりマイクロ波放射計の計測対象は，地表面であったりその間の大気であったりするが，どちらを対象とするかで，周波数や偏波などの選択が変わってくる．地表観測を目的とした放射計をイメージャ（imager）と呼ぶ．大気観測を目的とした放射計の代表的なセンサをサウンダ（sounder）と呼び，これは観測する方向にセンサからの距離に応じた1次元的な観測を行う．センサの位置あるいは観測方向を変えることにより3次元的に観測できる．

(3) レーダ

(a) レーダ概要

　マイクロ波散乱計，マイクロ波高度計，降雨レーダ，合成開口レーダといった能動型のセンサは，

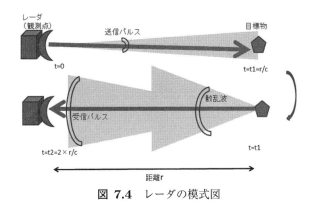

図 7.4 レーダの模式図

どれもレーダの原理を利用している。そこで，まずレーダの概要について述べる。

一般にレーダは距離を計測できる機能を有する。この距離計測の目的のために，いくつかの方式が採用されている。このうち，最も一般的なパルスレーダは，**図 7.4** のようにアンテナからパルス状の電波を送信し，そのパルス波が目標により散乱され戻ってくる時間から距離を計測する。

この時間を t とすると，レーダと目標物までの距離 r は，

$$r = \frac{ct}{2} \tag{7.3}$$

と求められる。c は光の速度である。

レーダで受信される信号の強度は，送信電力，アンテナ利得，レーダから目標までの距離，目標の散乱断面積によって決まる。これらのパラメータの関係を示したものがレーダ方程式と呼ばれる。いま，送信と受信を同じアンテナで行う通常のレーダ（モノスタティックレーダ）で，1個の小さな点（点ターゲット）の散乱体を観測する場合のレーダ方程式は，式（7.4）であらわされる。

$$P_r = \frac{P_t G^2 \lambda^2}{(4\pi)^3 r^4} \sigma \tag{7.4}$$

ここで，P_r は受信電力，P_t は送信電力，λ はマイクロ波の波長，G はアンテナ利得，r はレーダと目標との距離である。また，次に述べるように σ はレーダ断面積（RCS：Radar Cross Section）または散乱断面積（scattering cross section）と呼ばれ，面積の次元を持つ物体固有の量であり，電波の波長と偏波にも依存する。σ は式（7.4）を用いて受信信号 P_r から既知のパラメータを差し引いて求められる。

リモートセンシングの目的は，対象物の位置情報とそこでの固有の情報である，上記の r と σ を求めることである。ここでは，単純化して1次元の情報として記述しているが，実際には地表面上の3次元的な位置とその情報の持つ広がり（分解能）が重要となる。その目標によってアンテナのビームの形や向きやパルスの長さ，変調方法などの工夫がなされる。

ここで対象物（対象地）の固有の情報とした σ について，もうすこし解説する。一般にレーダからの電波が対象物に照射されると，電波はあらゆる方向に再放射される。これを散乱（scattering）と呼ぶ。このうち散乱の方向がレーダに戻る成分を後方散乱（backscattering）と呼び，通常のレーダが観測できるのは，この成分である。後方散乱の大きさは，対象物の大きさや電気的性質に関係する。非常に単純な金属球などを想定すると，後方散乱は対象物がレーダに向いた断面積に比例する。そこで，面積の次元であるこの性質を散乱断面積と呼び，これが式（7.4）の σ である。特に，後方散乱に対する断面積を示す場合は後方散乱断面積という。

マイクロ波散乱計，マイクロ波高度計，合成開口レーダ，降雨レーダ等のリモートセンシングに利用されるレーダでは，目標となる散乱体は単一の点ではなく，空間的に広がったものである。そこで，目標物の後方散乱断面積 σ はひとつの点対象物ではなく，レーダのパルス幅とビーム幅に囲まれる領域（体積）V に含まれる n 個の点対象物の散乱断面積 σ_i が合成されたものと理解できる。

つまり，

$$\sigma = \sum_i^n \sigma_i \tag{7.5}$$

降雨や雲レーダの場合には，この散乱体積 V 内の気象粒子による離散的な散乱の総和と考えられる。このような散乱形態を体積散乱と呼ぶ。これに対し，合成開口レーダやマイクロ波散乱計，マイクロ波高度計といった海面や地表面を対象とするレーダは，散乱領域を地表面に限定できるが，散乱体は離散的ではなく連続的である。こうした散乱を表面散乱と呼ぶ。

表面散乱の場合には，地表面の法線方向に対して θ_i の方向から電波が入射してきたとき，これを入射角と定義する。いま，地表面内の微小面積 ΔA に，電波が照射されたとき，その後方散乱断面積は，式（7.6）のように ΔA に含まれる散乱断面積の総和となる。そこで，この微小面積で規格化した値を地表面の特徴を持つ値とし，

$$\sigma^0 = \left\langle \frac{\sigma}{\Delta A} \right\rangle \tag{7.6}$$

とおいて，これを規格化散乱断面積（normalized scattering cross section）または簡単に散乱係数（scattering coefficient）と呼ぶ。＜ ＞は平均の意味であり，散乱係数は無次元の値となる。マイクロ波散乱計，マイクロ波高度計，および合成開口レーダのような主に地表面を対象とする場合には，地表面の散乱の状況を定量的にあらわすために，一般に散乱係数を用いる。

（b）マイクロ波散乱計

海面には非常に幅広いスペクトルの波が存在する。海面に電波を照射するとき，電波の波長に近い長さの波長を持つ海面波の成分が散乱してレーダに信号が受信される。その強さは海上に吹いている風によって左右され，風向きとその強さに関係する。この性質を用いてマイクロ波散乱計により海上

の風ベクトルを計測できる．その関係を模式的に示したものが図 7.5 である．入射角約 20 度を境界として大きい入射角においては，風が強まるにつれて散乱係数が大きくなる．また，風向きと散乱係数の関係は模式的に図 7.6 のようになる．これらの関係は経験的にモデル化されており，複数の入射角での散乱係数の値から風速を推定できる

　マイクロ波散乱計は，20 度以上の入射角で海面に向けて電波を送信することにより，散乱強度（散乱係数）を測定する．さらに，電波と風の向きをパラメータとして取り込むために，複数の方位角のデータを取得する．この方法には，SEASAT 衛星から多くのマイクロ波散乱計に採用されている複数の固定ビーム（fan beam：ファンビーム）を用いた方法や Sea Winds に採用されたコニカルスキャン（conical scan）による方法がある（7.4.2 項 (2) 参照）．

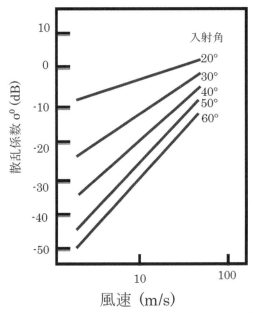

図 7.5　海面の散乱係数と海上の風の風速との関係の模式図

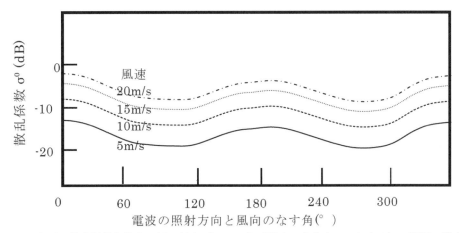

図 7.6　海面の散乱係数と海上の風の風向（レーダと正対する方向を 0°とする）の関係の模式図

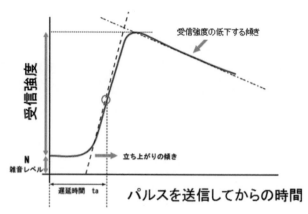

図 7.7 マイクロ波高度計の受信波形の模式図

(c) マイクロ波高度計

　マイクロ波高度計は，地球表面の直下に向けて，非常に狭いパルス幅の電波を送信し，反射してきた電波を受信する。(a) で述べたように，一般にレーダからの距離は，パルスの遅延時間によって決まるが，距離に応じてアンテナビームが広がることによって照射される領域に広がりがあるため，受信される信号のピーク位置だけでは高度計から海面までの距離の精度を高くできない。そこで，パルス幅を短くすることにより同時に受信される情報の領域を小さくし，受信される信号の波形を分析して，高精度な距離計測を可能としている。

　散乱計の箇所でも述べたように，海面では散乱の入射角特性がモデル化されており，受信波形もモデル化が可能となっている。受信波形の模式例を図 7.7 に示す。図において受信信号の立ち上がり部分は，主にパルスの長さおよびアンテナビームの中心部と海水面の変化にコントロールされる。一方，その後の信号が弱くなっていく部分は，アンテナビーム中心から外れた部分と海面の波の状況にコントロールされる。従って，受信波形を再現する最適なパラメータを推定することにより，海面の波高や海面までの距離の平均的な値を高精度に計測できる。例えば，平均海面は，受信波形の立ち上がりのほぼ中央位置（図 7.7 の丸印）となる。つまり，この中央位置を正確に求めることにより，平均海水面と衛星との距離を数 cm の精度で求めることが可能になる。

　実際のマイクロ波高度計においては，衛星の軌道要素や地球楕円体のジオメトリ（幾何学）も考慮し，より詳細にパラメータを求めるアルゴリズムが開発されている。アルゴリズムは，マイクロ波高度計のシステムパラメータを考慮して開発される。

(d) 降雨レーダ・雲レーダ

　(a) で示した式（7.5）において，σ_i を雨や雲などの降水粒子と考えれば，レーダ信号は雨や雲の様子を計測できることになる。地上における気象レーダは，私たちが日常で最も馴染みのあるレーダのひとつである。降雨の場合には，レーダの散乱断面積のかわりにレーダ反射因子（radar reflectivity factor）Z が通常よく用いられる。Z は，雨滴粒子が単位体積内にどれくらい含まれているかを示す指標となり，雨滴の直径 D とその分布 $N(D)$ により決まる。直径 1 mm の雨滴が 1 個存在する場合

にはZ=1となる。この時，レーダ方程式（7.4）は，次式のようにあらわせる。

$$P_r = \frac{C|K^2|L^2}{r^2}Z \qquad\qquad (7.7)$$

ここでCはレーダの性能（送信電力やパルス幅など）により決まる量，rはレーダからの距離，Lは降雨自身による電波の減衰の量，そしてKは水の複素屈折率から与えられる。降雨域までの途中の減衰を考慮する必要がなければ，Zは受信強度から直接求められることになる。一方で実用に必要とされる降雨強度Rは，観測量Zとの関係が知られている。このRとZの関係をZ–R関係と呼び，雨の降り方により一般には様々な関係になるが，簡便な経験式として例えばMarshall-Palmerの関係式（7.8）などがある。ここでZ，Rの単位はそれぞれ，mm^6/m^3，mm/hである。

$$Z = 200R^{1.6} \qquad\qquad (7.8)$$

地上に設置された気象レーダの場合には，Zの空間分布を求めるために，水平分布にはアンテナを回転させて計測する。高さ方向には，アンテナの仰角を変化させることによりある程度の分布を知る。これらの回転（スキャン）を一通り終わるには，一定の時間がかかり，それが気象レーダの時間分解能（数分）となる。

また，高さ方向の分布の計測には限界がある。1997年に打上げられたTRMM衛星は，降雨レーダを人工衛星に搭載し，上下方向の雨の分布を精密に計測することにより，熱帯域で降雨の3次元的な観測を可能とした。

雲を計測する原理は，降雨とほぼ同じであるが，降雨が数ミリメートルの粒径であるのに対し，雲の粒径は数ミクロンから数十ミクロン程度である。地上の降雨レーダには，5 GHz（Cバンド）から9 GHz（Xバンド）のマイクロ波が通常用いられ（衛星からのレーダであるTRMMは14 GHz），波長が3 cmから6 cmの電波である。この波長で雲粒子を観測しても，雲粒の散乱断面積が小さすぎて十分な感度がえられない。従って，雲レーダとしては，より波長の短い35 GHzや95 GHzといったミリ波帯の電波が使用される。

7.3 センサの特性

7.3.1 光学センサの特性

観測センサの能力は，ラジオメトリック（radiometric：放射量）性能，ジオメトリック（geometric：幾何学）性能およびスペクトル（spectral：分光）性能であらわされ，それぞれ輝度情報，幾何情報および波長情報の品質の指標となる。

ラジオメトリック性能は，センサに入射した電磁波の輝度をどのくらい正確に表現できるかを示すものである（**図 7.8 (a)**）。信号雑音比（signal-to-noise ratio：S/N比）は，検出器で発生する信号

第7章　センサ

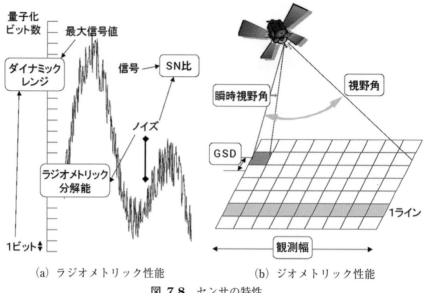

(a) ラジオメトリック性能　　　(b) ジオメトリック性能
図 **7.8**　センサの特性

と信号雑音の比をとったものであり，大きいほど真の値に近い測定結果がえられている。雑音は，信号強度に依存しない暗時雑音や読み出し雑音，信号強度の2分の1乗に比例するショット雑音（shot noise）などがあり，信号強度の関数となる。ショット雑音の性質から，飽和しない範囲でできるだけ多くの信号強度を得た方が良質のデータになる。ラジオメトリック分解能（雑音等価放射輝度，雑音等価反射率など）はS/N比と関係しており，雑音（ノイズ）と同じレベルの信号値を指す。アナログ信号をディジタル信号に変換（量子化）する際に，雑音強度の信号に多くのビット数を使いすぎない配慮がなされる。ダイナミックレンジ（dynamic range）は識別可能な信号の最小値と最大値の比率を示しており，最小値として最小ビットに相当する信号量，最大値として入射する可能性のある最大信号量を取る。このとき，検出器の出力が飽和しないように注意する必要がある。また，量子化する際にビット数の大きなディジタル信号にすることで，アナログ信号に対して忠実な測定になるため，量子化はダイナミックレンジと密接な関係がある。これはAD変換器の量子化ビット数によって決まるものであるが，変換速度，S/N比およびデータの伝送速度なども考慮して決定される。

　ジオメトリック性能はセンサがどの範囲までどれだけの位置精度で観測できるかの指標である（図 **7.8**（b））。視野角（FOV：Field Of View）はセンサが観測可能な角度（範囲）であり，地表面へ投影された観測幅を観測幅（swath width）と呼ぶ。個々の検出素子がデータを取得している瞬間にみることができる視野を瞬時視野角（IFOV：Instantaneous Field Of View）と呼び，一画素が地表面に投影された大きさに相当する。一方，画素間の間隔を地上サンプリング間隔（GSD：Ground Campling Distance）と呼ぶが，走査方向についてはデータのサンプリング周期によって決まる。一般に，走査方向のGSDは軌道進行方向の瞬時視野角と同じに設定される。実際の瞬時視野角は光学系の歪みや衛星の移動などの要因により大きくなり，実効瞬時視野と呼ばれている。これらの要因を考慮するた

めに，3角関数形状の入力画像がセンサを通過したときに，振幅がどれだけ伝達されるかを示す量を示す変調伝達関数（MTF：Modulation Transfer Function）が使われている．同様の目的で点光源を観測したときに得られる像の形状を示す点像分布関数（PSF：Point Spread Function）も用いられる．装置として識別可能な地表上の物体の大きさ（空間分解能）は，センサの理想性能であるIFOVやGSDがMTFで伝達されて劣化したものとして得られる．センサの観測位置精度は，衛星の位置・姿勢決定精度によって決まる．近年は位置をGPS（Global Positioning System）によって，姿勢をスターセンサ（star sensorまたは星姿勢計（star tracker））と高精度ジャイロ（gyro）によって推定するために，10 m以下の決定値が得られるようになっている．

スペクトル性能はセンサがどれだけ波長分布を正確に求められるかの指標である．まず，観測波長域は光学センサにおいては，可視から近赤外（380～1300 nm），短波長赤外（1300～3000 nm），中間赤外（1300～5000 nm），熱赤外（8～14 μm）が用いられる．3～5 μm程度の波長で，太陽光の反射が支配的な領域から，観測対象の熱放射が支配的な領域になる．これらの波長域からいくつの波長領域を選択して観測するかによって，センサの得る情報が決まるため，バンド数（band number）またはチャンネル数は波長分布を得る際の性能指標となる．波長分解能は一般的にバンドの感度がピークの半分になる波長幅を指し，半値幅としてあらわす．バンド数の多い分光センサでは，各バンドのサンプリング間隔だけでなく，半値幅の大きさが細かいスペクトル特徴を得るために重要である．この他に，電磁波の偏光を用いることで対象の状態が推定でき，光学センサでは大気計測のために用いられている．

図 **7.9**にいくつかの光学センサの観測波長域を示す．代表的なセンサについては次節で説明する．

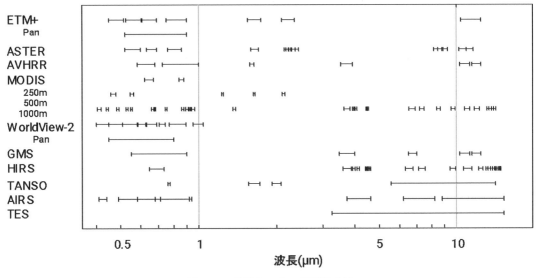

図 **7.9**　光学センサの観測波長域

7.3.2 マイクロ波センサの特性

マイクロ波センサの性能を規定する要素も，主としてラジオメトリック特性とジオメトリック特性，スペクトル特性の3点であり，光学センサの概念に補足して，それぞれS/N比，空間分解能，周波数帯について記述する．

(1) S/N比

マイクロ波センサは，受動型および能動型のいずれもアンテナから受信機を経て目的の信号をえる．ここで目的の信号 (signal) S が受信機自身の持つ雑音 (noise) N に比べて十分大きくなければ，計測される値が正しく評価できない．そこで，S/N比が性能を評価する重要な指標となる．受動型の場合には，S は，式 (7.2) の T_b とアンテナの性能（利得）で決まり，能動型の場合には，式 (7.4) のレーダ方程式の P_r となる．これに対し N は能動型も受動型も受信機の持つ熱が主な原因（熱雑音）である．能動型の場合には，送信電力を大きくするなど S を大きくすることによりS/N比の改善が可能であるが，受動型の場合には，受信機の雑音が性能の大部分を決めることになる．受信機雑音は，周波数帯域を広げることによっても増加する．そのため，受動型センサは帯域を絞ったほうが有利である．

(2) 空間分解能

能動的センサの場合，図 **7.10** に模式的に示すように，一般にレーダから対象への方向（視線方向，レンジ方向ともいう）の空間分解能は，パルスが短ければ短いほど高くなる．ただし，パルスを短くすれば，1個のパルスに担わせられる電波のエネルギーが小さくなるためS/N比は悪化する．また，必要な電波の周波数帯域はパルスの長さと逆比例するため，高い空間分解能には，広い周波数帯域が必要となる．この場合，アンテナや電子機器の性能が広帯域に適応できる必要がある他に，S

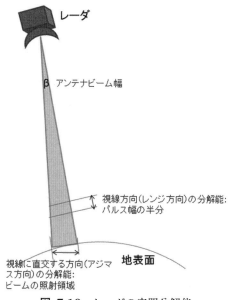

図 **7.10** レーダの空間分解能

/N 比のところでも述べたように受信機雑音の増加にも対応する必要がある。この S/N 比の改善には，パルス圧縮という信号処理の手法があり，マイクロ波高度計や合成開口レーダに利用されている。

一方，視線方向と直交する面（アジマス方向）における空間分解能は，レーダのアンテナのビームの広がり方によって決まる。受動型センサの分解能は，アンテナの設計に依存するといってもよい。一般に大きな口径のアンテナからは狭いビームが射出でき空間分解能は高くなるが，人工衛星や航空機といった飛翔体に搭載する際には大きさの制約とのトレードオフが生じる。

アジマス方向の分解能を高める特殊な方法である合成開口レーダの場合には，小さな口径で観測した信号を集めてデータ処理で仮想的な大口径のアンテナを実現することにより高い分解能を得る。また，マイクロ波高度計の場合には，圧縮によりパルス幅を非常に狭くすることにより，ビーム照射領域よりも小さな領域からの情報を得る仕組みを利用している。

(3) 周波数帯

マイクロ波は，図 **7.11** のように周波数（波長）により大気中の分子（水蒸気，酸素分子など）の吸収を受ける量が異なる。衛星から地上を観測する場合に，吸収量の少ない周波数帯域を選ぶ必要があり，このような周波数帯域をまとめて「大気の窓」と呼ぶことがある。また，マイクロ波は，リモートセンシング以外にも通信や電波天文学等の目的で利用されている。これらの用途との干渉を避ける必要があり，いくつかの特定の周波数帯（band：バンド）がリモートセンシングで利用可能とされている。

マイクロ波リモートセンシングによく利用される周波数帯として，長い波長から L バンド (1.2 GHz を中心とした周波数帯，波長約 25 cm)，C バンド（同 5.3 GHz，約 5 cm)，X バンド（同 9.5 GHz,

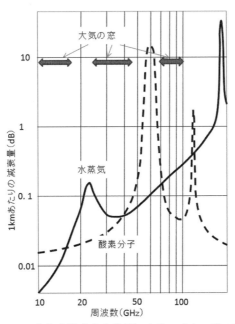

図 7.11 大気を構成する分子によるマイクロ波の吸収

約 3 cm），Ku バンド（同 14〜16 GHz，約 2 cm）などがある。

マイクロ波放射計の使用波長が離散的なのは，前記の理由である。また，波長により相互作用する対象物が異なるので，リモートセンシングにおいては，目的とする対象により最適な波長を選ぶ必要がある。

7.4 センサの代表例

7.4.1 光学センサの代表例

（1）マルチスペクトルセンサ

光学領域において，物質は材質や状態に応じて様々な波長分布を示すため，その把握に適したマルチスペクトルセンサは最も代表的な地球観測センサである。**表 7.2** に代表的なセンサの性能を示す。

Landsat は 1972 年に 1 号機（ERTS：Earth Resources Technology Satellite）が打上げられて以降，継続的に打上げられている米国の地球観測衛星である。Landsat 7 に搭載されている ETM＋（Enhanced Thematic Mapper Plus）は可視から熱赤外域を観測するウィスクブルーム型センサであり，180 km の観測幅を有する。30 mGSD のマルチスペクトルの他に，15 m GSD のパンクロ観測が可能である。後継となる Landsat-8，9 はプッシュブルーム型センサであり，可視短波長赤外を観測する OLI（Operational Land Imager）と熱赤外を観測する TIRS（Thermal Infrared Sensor）からなる。**図 7.12** に示すように，広域の観測を可能とするために，軸外しの望遠鏡が用いられている。継続的なデータ利用を可能とするため，衛星の高度 705 km や回帰日数 16 日は Landsat-7 と同じである。Landsat-7 に比べて，巻雲検出のための Cirrus，Aerosol や沿岸観測のための短波長の青バンドが OLI に追加されている。また，TIRS は 2 バンドを観測する。

Sentinel-2 は欧州の Copernicus 計画で開発された光学衛星であり，2 機体制で運用される。観測装

表 7.2 マルチスペクトル・高分解能パンクロセンサの性能

種別	センサ	衛星	GSD	観測幅	バンド数	波長域	量子化
マルチスペクトル	ETM＋	Landsat 7	30 m	185 km	7＋Pan	可視近赤外〜熱赤外	8
	OLI	Landsat-8	30 m	185 km	8＋Pan	可視近赤外〜短波長赤外	12
	Sentinel-2	→	10 m	290 km	13	可視近赤外〜短波長赤外	12
	Dove-R	→	3.7 m	24 km	4	可視近赤外	12
広域マルチスペクトル	AVHRR	NOAA	1.1 km	2700 km	6	可視近赤外〜熱赤外	10
	MODIS	Terra	250/500/1000 m	2330 km	36	可視近赤外〜熱赤外	12
	VIIRS	JPSS	375/750 m	3060 km	22	可視近赤外〜熱赤外	12
高分解能パンクロ	PRISM	ALOS	2.5 m	70 km	Pan	可視近赤外	8
	Quickbird	→	0.61 m	16.5 km	Pan＋4	可視近赤外	11
	Ikonos	→	0.8 m	11.3 km	Pan＋4	可視近赤外	11
	WorldView-2	→	0.46 m	16.4 km	Pan＋8	可視近赤外	11
	WorldView-3	→	0.31/1.24/3.7 m	13.1 km	Pan＋16	可視近赤外〜短波長赤外	11, 14

144

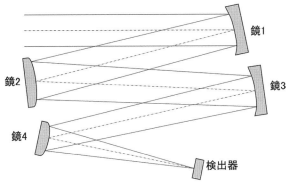

図 **7.12** Landsat-8 OLI センサ[1)]

図 **7.13** Dove-R の焦点面（プッシュフレーム走査）

置は Landsat-8/OLI とほぼ同じ構成であり，290 km の観測幅を有するため，5 日に 1 回の観測が可能である．バンドによって 10/20/60 m の GSD であり，レッドエッジ（red edge）と呼ばれる 700～790 nm に 3 つの観測波長を有する．

　Planet 社はサイズが 3 U（30 cm×10 cm×10 cm の直方体）の光学観測衛星 Dove を，国際宇宙ステーション軌道や極軌道に 100 機以上投入し，少なくとも毎日 1 回の観測を目指している．5 kg 程度の軽量廉価な衛星を用いて，特定の場所の観測要求を行わずに，撮像できる場所のデータを収集するのが，運用のポイントである．Dove のバンド数は 4 であるが，これを 8 に増やした SuperDove にリプレースされつつある．小型の衛星であるため，姿勢安定度の問題を回避するためにプッシュフレーム（pushframe）という走査方式を行う．図 **7.13** に Dove-R の焦点面を示す．2 次元素子の上にフィルタを配置し，各バンドの小画像を取得するために，姿勢擾乱の影響を受けにくい．各バンドが観測している位置が異なるため，地上での色ずれ補正処理が行われる．

　より空間分解能が低いが観測頻度の高い極軌道気象センサとして，AVHRR（Advanced Very High Resolution Radiometer）/NOAA がある．それを発展させたものが，MODIS（MODerate resolution Imaging Spectroradiometer）であり，NASA の Terra および Aqua 衛星に搭載されている．観測幅が 2330 km あり，可視から熱赤外の 36 バンドで地球を観測する（図 **7.14**）．走査鏡が回転することで，地表面を観測する走査毎に，黒体・校正ランプおよび深宇宙を観測して校正を行っている．地球の丸みのために，走査両端では GSD が大きく広がる．バンドによって GSD が異なり，直下観測で 250500

145

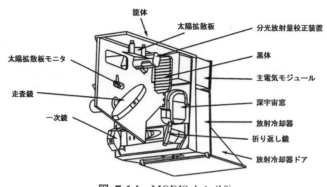

図 7.14　MODIS センサ3)

または 1000 m であるが，これは，陸域での空間分解能の高い植生観測と海洋での輝度の低い狭波長帯域観測を両立するためである．大気，海洋，陸域に対して，様々な高次データプロダクトが提供されている．後継となる JPSS (Joint Polar Satellite System) に搭載される VIIRS (Visible/Infrared Imager Radiometer Suite) は望遠鏡が回転することで走査を行い，可視から熱赤外の 22 バンドで観測を行う．観測バンドによって，GSD は 375 または 750 m である．

(2) 高分解能パンクロセンサ

　高分解能パンクロセンサ（panchromatic sensor）は米国政府による規制緩和によって，偵察衛星の技術を民生用に転用したものであり，米国政府が許可した 30 cm 程度の空間分解能を有している．空間分解能を高めるために，望遠鏡の口径を大きくして，回折現象による画質劣化を回避し，入射光量を増やしている．そのため，衛星の形状は望遠鏡の周囲に制御機器を配置したものとなっている．WorldView-3 ではパンクロで GSD 0.31 m，可視マルチスペクトルで GSD 1.24 m，8 バンド並びに短波長赤外マルチスペクトルで GSD 3.7 m，8 バンドの観測能力がある．表 7.2 に以上のセンサの性能表を示す．

(3) ハイパースペクトルセンサ

　ハイパースペクトルセンサは，フィルタ，プリズム，回折格子や干渉計で分光画像を取得するものであり，マルチスペクトルセンサに比べて高い識別能力を有している．NASA の航空機センサ AVIRIS (Airborne Visible Infrared Imaging Spectrometer) は 1987 年から先駆けて運用されており，224 バンドで 0.4～2.5 μm の波長範囲を観測する．検出器として，可視域はシリコン，近赤外域は InGaAs，短波長赤外域は InSb が用いられており，分光には回折格子，軌道直交方向の走査にはウィスクブルーム方式が用いられる．

　分光することで各バンドの入射光量が減ってしまうため，衛星センサでは高空間分解能化は容易ではない．Hyperion は NASA の衛星 EO-1 に搭載されているセンサであり，回折格子を用いて 0.4～2.5 μm の分光画像を取得する．GSD は 30 m であるが，短波長赤外域の S/N 比が低いなどの問題点が指摘されている．ハイパースペクトルセンサは物質識別能力が高いため，各国で衛星用のセンサ開発が進められている．表 7.3 にハイパースペクトルセンサの性能を示す．

7.4 センサの代表例

表 **7.3** ハイパースペクトルセンサの性能

種別	センサ	GSD	観測幅	バンド数	波長域	波長分解能
航空機	AVIRIS	20 m	11 km（高度 20 km）	224	0.38〜2.5 μm	10 nm
	HyMAP	2.5 mrad	FOV 60 度	126	0.45〜2.48 μm	15〜20 nm
	CASI	0.5 mrad	FOV 40 度	288	0.4〜1.05 μm	2.4 nm
	AISA	1.5 m	0.43 km（高度 1 km）	498	0.4〜2.45 μm	3 nm/12 nm
衛星	Hyperion	30 m	7.5 km	220	0.4〜2.5 μm	10 nm
	CHRIS	18/36 m	14 km	62/18	0.41〜1.05 μm	1.25〜11 nm
	EnMAP	30 m	30 km	228	0.42〜2.45 μm	6.5/10 nm
	PRISMA	30 m	30 km	239	0.4〜2.5 μm	10 nm
	HISUI	30 m	30 km	185	0.4〜2.5 μm	10/12.5 nm
	EMIT	60 m	75 km	300	0.38〜2.51 μm	7.4 nm

（4）熱赤外センサ

航空機の熱赤外センサは対象物への距離が近いため，衛星に比べより多くの熱放射を受けられる。このため，衛星搭載センサと比べて感度の低いセンサを用いることができる。光エネルギーを受けた検出素子の温度上昇を測定するボロメータ（bolometer）は，集積化がしやすく比較的安価なセンサである。TABI（Thermal Airborne Broadband Imager）は 8〜12 μm の観測波長を 320×240 素子の 2 次元ボロメータを用いて，地表面温度を測定する。センサの応答速度は速くないが，航空機の移動速度が衛星よりも遅いため，メートルオーダの空間分解能を実現している。

（5）デジタルカメラ

航空機搭載の測量用デジタルカメラは，衛星観測センサに比べ高空間分解能での撮像が可能となる。ADS 40（Airborne Digital Sensor 40）は素子数を増やすことが容易なライン走査方式であり，前方視，後方視，直下視の 3 ラインにより 3 次元地形測定が可能である。衛星に比べて，航空機の姿勢は不安定であるために，GPS（Global Positioning System）センサと IMU（Inertial Measurement Unit：慣性計測装置）を搭載して，姿勢の時間変動に伴う画像の歪みを補正している。

近年，民生用に画素数の多い 2 次元素子が作成され，DMC（Digital Mapping Camera）や UCD（UltraCamD）などが開発された。これらのセンサは，1 枚の画像を撮像する時間中の航空機の姿勢が安定していれば，幾何学的精度の高い画像が得られる。地上解像度 5 cm 程度の高精細なディジタル航空写真データが提供されている。

（6）レーザレーダ

NASA の衛星 ICESat（Ice, Cloud and land Elevation Satellite）に搭載されている GLAS（Geoscience Laser Altimeter System）は，氷河や極域の氷の高さ変動を観測するものであるが，観測対象までの距離が長いために望遠鏡の口径は 1 m になる（**図 7.15**）。YAG レーザが発生する波長 1064 nm とその 2 倍の周波数である 532 nm の光が地表面に照射され，地上でのスポット直径は 70 m，スポット間隔は 175 m となる。得られる標高精度は 14 cm と報告されている。後継機の ICESat-2 は，レーザを

147

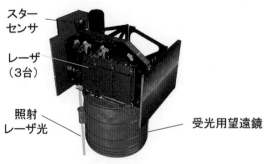

図 7.15　GLAS センサ[4]

6本のビームに分割し，各ビームは地表面でスポット直径 10 m，スポット間隔 0.7 m と，性能の向上がなされている。

CALIPSO（Cloud-aerosol Lidar and Infrared Pathfinder Satellite Observations）衛星は大気中のエアロゾルや雲粒子からの散乱光を計測する CALIOP（Cloud-Aerosol Lidar with Orthogonal Polarization）を搭載しており，高分解能な鉛直方向分布データを与える。Aeolus/ALADIN（Atmospheric Laser Doppler Instrument）は，大気分子や微粒子からのドップラー効果を測定することで，風速を測定するものであり，望遠鏡の直径は 1.5 m に達する。

(7)　スペクトロメータ

スペクトロメータは大気中成分の吸収スペクトルを詳細に調べることで，大気高度ごとの気温や成分量を求める分光計である。高い性能が求められる分光器には，回折格子や干渉計が用いられる。ひとつの波長帯への入射量が少ないため空間分解能が低くなるが，グローバルな観測を行うことが目的となる。地上において対象物の反射率を計測する装置もスペクトロメータといい，グラウンドトゥルースの計測に用いられるが，ここでは衛星搭載のスペクトロメータを説明する。

環境省と宇宙航空研究開発機構（JAXA）の共同プロジェクトである GOSAT（Greenhouse gases Observing Satellite）に搭載されている TANSO（Thermal And Near infrared Sensor for carbon Observation）の FTS（Fourier Transform Spectrometer）は，干渉計を用いたセンサである（図 7.16）。干渉計では，2つに分けた光路差が大きく変えられるほど，波長分解能が高くなる。GOSAT では光路差が 5 cm になるため，波長分解能は 0.2 cm^{-1} になる。バンド 1 から 3 は可視・中間赤外域にあり地表面により反射された太陽光を観測し，バンド 4 は熱赤外域にあり地球大気や地表面から放射される光のスペクトルを観測する。大気中に存在する水蒸気，二酸化炭素とメタンが特定の波長の光を吸収することを利用して，鉛直方向分布が求められる。観測視野は 10.5 km である。雲が存在すると処理に問題が発生するため，雲センサも搭載されている。継続的に，干渉計方式の GOSAT-2/TANSO-2，回折格子方式の GOSAT-GW/TANSO-3 が開発されている。

他に，NASA の Aqua に搭載された AIRS（Atmospheric Infrared Sounder）は回折格子方式，NASA の Aura に搭載された TES（Tropospheric Emission Spectrometer）は干渉計方式である。

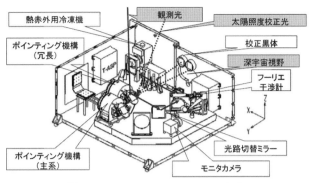

図 7.16 GOSAT TANSO センサ[5]

7.4.2 マイクロ波センサ

(1) マイクロ波放射計

　マイクロ波放射計は，1972年のNimbus-5衛星に搭載されたESMR（イメージャ），NEMS（サウンダ）を始めとして，これまで多くの衛星に搭載されてきた。

　イメージャ型のマイクロ波放射計としては，SMMR(SEASAT衛星，Nimbus-7衛星)，SSM/I(DMSP衛星)，AMSR（ADEOS-II衛星），AMSR-E（Aqua衛星）と進化してきた。2012年に運用が開始されたGCOM-W（しずく）衛星に搭載されているAMSR2は，AMSR-Eよりもより高い周波数であるミリ波（89 GHz）の計測も可能であり，本来イメージャの目的とする地表面だけでなくその上空の大気をも目的としている。さらに2024年打上げ予定のGOSAT-GWに搭載されるAMSR3[6]には166 GHzおよび183 GHzの周波数帯が追加されている。この89 GHz，166 GHz，183 GHzの3つの周波数帯は，2014年から運用されている降雨観測衛星GPMに搭載のGMIにも採用されており水蒸気量の推定に活用されている。これらのイメージャ型のマイクロ波放射計は，初期のESMRを除き，どれも機械的にアンテナを走査する方式であり，水平と垂直の2偏波を同時計測している。

　サウンダ型のマイクロ波放射計は，NOAA衛星に搭載されてきたMSUやAMSUが挙げられる。サウンダ型は大気の計測が目的であり，米国のJPSS衛星シリーズおよび欧州のMetOp衛星シリーズなどが現業の気象観測用として運用されている。サウンダ型は89 GHzから183 GHzと高い周波数を使用するが，ビームを衛星直下に向けたまま走査をしないため，高い水平分解能が得られないことや偏波の利用ができないという欠点がある。イメージャ型の高い周波数帯の追加により，GPM衛星のGMIやGCOM-W衛星のAMSR2などで大気観測目的も実証されてきたことから，サウンダ型とイメージャ型の区別がなくなりつつある。**表 7.4**にAMSR3（イメージャ）とAMSU-B(サウンダ)を比較する。使用する周波数に着目するとイメージャがサウンダを包含してきていることが分かる。

　また，特殊な例としては，国際宇宙ステーションに2009年に搭載されて，オゾン層計測をめざしたミリ波帯の放射計であるSMILESが挙げられる。これは，衛星から地球大気の辺縁を観測することからリムサウンダ（limb sounder）とも呼ばれる。

第 7 章　センサ

表 **7.4**　AMSR 3（イメージャ）と AMSU-B（サウンダ）の比較

	AMSR 3										AMSU-B		
周波数（GHz）	6.925	7.3	10.25	10.65	18.7	23.8	36.42	89.0	165.5	183.3	89	150	183
バンド幅（MHz）	350	350	500	100	200	400	840	3000	4000	4000	1000	1000	500〜2000
感度（K）	0.34	0.34	0.34	0.7	0.7	0.6	0.6	1.2	1.5	1.5	0.4	0.8	0.6〜1.0
観測幅（km）	1450										1650		
空間分解能（km）	10							5			16		

（2）マイクロ波散乱計

マイクロ波散乱計は 1970 年代初頭から米国により衛星に搭載され，1990 年代までにその計測手法や解析技術の基礎が確立している。**表 7.5** に代表的な散乱計である NSCAT と SeaWinds の概要を示す。7.2.2 項（3）（b）で述べたように，これらの散乱計は散乱特性の入射角依存と方位角依存のデータを取得するために，異なった手法を用いている。NSCAT では向きの決まった 6 つのアンテナを使用する。これらのアンテナの放射特性は，**図 7.17** のように，衛星直下を中心に円を描く向きには狭く（フットプリントのこの方向の軸が短い），衛星直下から外側に離れる向きには比較的広い（フットプリントのこの方向に軸が長い）特性を持たせている。こうしたフットプリントが楕円になるようなアンテナの特性は，アンテナから電波が放射されるさまが団扇状であることからファンビームと呼ばれる。海面上の一点は，これらのアンテナからのデータの組合わせから，複数の入射角と方位の組合わせが得られる。ESA によって 2007 年より複数衛星で運用されている MetOp 衛星の AS-CAT もこのアンテナ方式であるが，NSCAT と異なって周波数は C バンド（5.255 GHz）を使用している。これはもともと C バンドを使用して実験実証を行ってきた ERS-1/2 を継承したためである。

これに対し，SeaWinds では入射角方向にも方位方向にも狭い放射特性を持つアンテナを使用する。フットプリントは，**図 7.18** のように小さな円になる。こちらは電波の放射が鉛筆のように例えられてペンシルビームと呼ばれる。SeaWinds は入射角の異なる 2 本のペンシルビームを円錐状に回転させる（コニカルスキャン）ことにより海面上の一点に方位依存性の違う 2 つの入射角のデータが得られる。

（3）マイクロ波高度計

マイクロ波高度計は 1978 年の米国 SEASAT 衛星に搭載され，1980 年代までにその計測手法や解析技術の基礎が確立している。1990 年代に入り，TOPEX/Poseidon（NRA/Poseidon-1），ERS-1/2（AMI），Jason-1（Poseidon-2）の各衛星に搭載され，精度の改善とともに継続して計測されてきている。**表 7.6** に代表的なマイクロ波高度計である Poseidon-3 の概要を示す。マイクロ波高度計は，アンテナを衛星から直下の地表面に向ける。放射特性は散乱計の Sea Winds で述べたようなペンシルビームを用いる。ビーム幅は表に示される通り 1° から 3° 程度であり，このままでは十分な精度を得られないが，送信するマイクロ波のパルスをパルス圧縮という手法で非常に短いパルスとすること

表 7.5 マイクロ波散乱計（NSCAT および SeaWinds）の概要

マイクロ波散乱計	NSCAT	SeaWinds
アンテナビーム	固定ビーム	コニカルスキャン（18 rpm）
	6 ファンビーム	2 ペンシルビーム 40°／46°
偏波	H/V	H（内側）V（外側）
送信周波数	Ku（13.9 GHz）	Ku（13.4 GHz）
送信電力	120 W	120 W
パルス幅	5 ms	1.5 ms
パルス繰返し	62 Hz	185 Hz
観測幅	600 km×2	1800 km
観測間隔	25 km	22 km
分解能	25 km（散乱係数）	25 km（散乱係数）
	50 km（風計測）	25 km（風計測）
風速計測レンジ（精度）	3〜20 m/s（2 m/s）	3〜20 m/s（2 m/s）
	20〜30 m/s（10%）	20〜30 m/s（10%）
風向計測精度	20°	20°
衛星搭載例（同様方式を含む）	SeaSat-A（1978） ERS-1/AMI（C-band）（1991） ADEOS（1996） ASCAT/MetOp（C-band）（2007〜）	QuickSCAT（1999） ADEOS-II（2002）

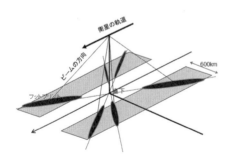

図 7.17 NSCAT のアンテナビームとフットプリント

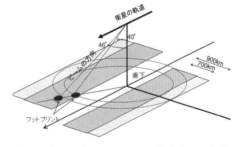

図 7.18 SeaWinds のアンテナビームとフットプリント

で，実効的なフットプリントを小さくしている．パルス圧縮は S/N 比を改善する効果もあり，送信電力を小さくできる．Poseidon-2 は C バンドと Ku バンドの 2 つの周波数を同時に使用しているが，これは電離層による遅延を補正するためである．また，電力が小さいことから固体素子を用いたシステムとなっている．2016 年から運用されている Jason-3 では Jason-2 で採用された Poseidon-2 の低雑音型である Poseidon-3 が搭載されている．

マイクロ波高度計は原理的に衛星の直下にパルスを照射するが，その半径は数 km にも及ぶため，沿岸近くでは陸の影響を受けることになる．また，クロストラック方向（衛星の進行方向に対して横

第 7 章　センサ

表 7.6　Poseidon-3 マイクロ波高度計の概要

アンテナ	形状・大きさ	パラボラ 1.2 m 直径
	ビーム幅	1.28° (Ku), 3.4° (C)
送信周波数	Ku (13.6 GHz) および C (5.3 GHz)	
送信電力 (ピーク)	35 W	
パルス幅	105 ms	
パルス繰返し	2060 Hz (Ku を 3 回, C を 1 回)	
観測幅	600 km×2	
観測間隔	25 km	
高度計測精度	2.5 cm	
衛星搭載例 (同様方式を含む)	Jason-1 (2001) Jason-2 (2008) Jason-3 (2016)	

の方向) は衛星のパスの間隔である 200〜300 km が空間分解能になる。そのため, 空間分解能の向上が課題となっていた。衛星の進行方向の高分解能化には, ドップラー効果を利用した「SAR モード」が Sectinel-3 のマイクロ波高度計で 2016 年から通常運用されている。また, 衛星クロストラック方向には, 2 つのアンテナを衛星の左右に約 10 m 並べて設置し, 2 つのアンテナの受信信号の干渉から高度を計測する手法によるミッション SWOT (Surface Water and Ocean Topography) が米, 仏, 英, カナダによる共同で開発され 2022 年に運用が開始された。

(4) 降雨レーダ・雲レーダ

　降雨レーダとしては, 一般の気象レーダが最も代表的であるが, 多くの文献に紹介されているので, ここでは人工衛星搭載のレーダである TRMM 衛星の PR とその発展である GPM 衛星の 2 周波降水レーダ (DPR) を取り上げる。TRMM 衛星は 1997 年に打上げられた熱帯地域の降雨観測を目的とした衛星で, マイクロ波放射計の他, 我が国が開発した世界で初めての降雨レーダ (PR) を搭載した[8]。GPM 衛星は, TRMM の成功を受けて, 中緯度域以上まで降雨観測を拡張したもので, 2014年に打上げられた。GPM 衛星に搭載される DPR は TRMM 衛星の PR と同じ 14 GHz のレーダの他に 35 GHz のレーダの 2 周波のレーダで構成されている。PR が 0.7 mm/h の降雨を検出可能限界としたのに対し, DPR は 0.2 mm/h とより高感度になっている。TRMM/PR および GPM/DPR の主要な諸元を表 7.7 に比較して示す。GPM 衛星には (1) でも述べたように 35 GHz から 183 GHz の 4 周波のマイクロ波放射計 (イメージャ) も搭載され, レーダの観測域 (走査幅) を補完している。

　GPM 衛星のデータは衛星全球降雨マップ GSMaP) として JAXA により提供され, 水災害監視や水資源管理で国外でも活用されている他, 国内では気象庁の数値予報システムにも利用されている。

　GPM 衛星以降の降雨観測衛星レーダの具体的な計画については, 様々な検討がなされている。そのひとつは多数の低コストで小型な衛星によるもので, GPM の弱点ともいえる同地点の高い頻度で

7.4　センサの代表例

表 7.7　TRMM/PR および GPM/DPR の主要な諸元

衛星		TRMM	GPM	
降雨レーダ		PR	DPR	
			KuPR	KaPR
方式		アクティブ・フェーズドアレイ方式		
アンテナ	方式	導波管スロットアレイ		
	大きさ	2.1 m×2.1 m	2.6 m×2.4 m	1.3 m×1.5 m
周波数		13.6 GHz（Ku）	13.6 GHz（Ku）	35.5 GHz（Ka）
ピーク送信電力		500 W	1000 W	140 W
観測幅		250 km	245 km	125 km
水平分解能		4.3 km	5 km	5 km
レンジ（鉛直）分解能		250 m	250 m	250 m/500 m
観測高度範囲		地表から 15 km	地表から 19 km	
観測降雨強度（限界）		0.7 mm/h	0.5 mm/h	0.2 mm/h

表 7.8　EarthCARE と Cloudsat の雲レーダの性能比較

	EarthCARE/CPR	CloudSat/CPR
中心周波数	94.05 GHz	94 GHz
パルス幅	3.3 μsec	3.3 μsec
パルス繰り返し周波数	6100〜7500 Hz	4300 Hz
観測ウィンドウ	-0.5〜20 km	0〜20 km
分解能	水平 500 m，鉛直 500 m	水平 1.4 km×1.7 km，鉛直 500 m
最低検出レーダ反射因子	-35 dBZ	-26 dBZ
ドップラー速度計測方式	パルスペア方式	−
ドップラー痩躯度計測制度	-19 dBZ 以上の雲に対し 1.3 m/s	—

の観測を目指すものであり，米国 JPL が技術実証実験を始めている。その他にも米国や日本において GPM の技術を継承発展させた計画が議論されている。

　雲レーダを搭載した衛星は，2006 年に米国により打上げられた CloudSat 衛星[9]が世界で初めてである。CloudSat 衛星の雲レーダ（CPR）は，94 GHz のレーダで検出感度に相当するレーダ反射因子 Z は-26 dB である。これは，TRMM/PR の約 10 万倍にもなる。観測高度範囲は，地表から 20 km で 500 m の鉛直分解能を実現している。さらに，日本と欧州の共同のミッションである EarthCARE 衛星[10]は，この 10 倍の感度を持ち，ドップラー偏移から雲の鉛直運動を計測可能な雲プロファイリングレーダ（CPR）が搭載される。EarthCARE 衛星は 2024 年に打上げられた。表 7.8 に EarthCARE 衛星と CloudSat 衛星の性能比較を示す。

153

推奨図書・文献

1. Schowengerdt, R. A.: Remote Sensing: Models and Methods for Image Processing (Third Edition), Academic Press, 560 p., 2006.

2. Sandau, R. (Ed.): Digital Airborne Camera: Introduction and Technology, Springer, 2010.

3. 岡本健一（編）, 川田剛之, 熊谷　博, 五十嵐保, 浦塚清峰: 宇宙工学シリーズ 9―宇宙からのリモートセンシング, コロナ社, 2009.

4. Earth Observation Missions – eoPortal, https://www.eoportal.org/（Accessed 2024.4.12）

5. 可知美佐子: 第 27 回 マイクロ波放射計の観測データとその利用, 日本リモートセンシング学会誌, 38 (5), 466–469, 2018.

6. 日本リモートセンシング学会（編）: リモートセンシング事典, 丸善出版, 2022.

7. NASA: EarthData, https://www.earthdata.nasa.gov/（Accessed 2024.4.12）

8. ESA: Copernicus Open Access Hub, https://scihub.copernicus.eu/（Accessed 2024.4.12）

引用・参考文献

1) Landsat-8 Sensor Characterization and Calibration, https://www.mdpi.com/journal/remotesensing/special_issues/landsat8（Accessed 2024.4.12）

2) Pritchett, C. et al.: The Spectral Response of Planet Doves: Pre-launch Method and Results, https://digitalcommons.usu.edu/cgi/viewcontent.cgi?article=1399&context=calcon（Accessed 2024.4.12）

3) NASA: MODIS Web, components, https://modis.gsfc.nasa.gov/about/components.php（Accessed 2024.4.12）

4) NASA: ICESat, http://icesat.gsfc.nasa.gov/icesat/glas.php（Accessed 2024.4.12）

5) 宇宙航空研究開発機構, 国立環境研究所, 環境省: 温室効果ガス観測技術衛星（GOSAT）搭載 GOSAT センサ（TANSO）研究公募 添付資料 A: GOSAT 衛星及び搭載センサ TANSO の概要, 図 A.2-2, p. A-4, 2012. https://www.gosat.nies.go.jp/newpdf/11 RApdf_jp/4_GOSAT_3 RA_A_jp.pdf（Accessed 2024.4.12）

6) WMO OSCAR, Details for Instrument AMSR 3, https://space.oscar.wmo.int/instruments/view/amsr 3 （Accessed 2024.4.12）

7) 岡本謙一: 衛星搭載降雨レーダ, 日本リモートセンシング学会誌, 39 (3), pp. 171–180, 2019.

8) CloudSat – Instrument: Home, https://cloudsat.atmos.colostate.edu/instrument（Accessed 2024.4.12）

9) 菊池麻紀, 他: 雲エアロゾル放射ミッション「EarthCARE」―雲・エアロゾルとその放射影響の統合的観測―, 日本リモートセンシング学会誌, 39 (3), pp. 181–196, 2019.

第8章　データの取得と処理

〈この章で学ぶべきこと〉

　リモートセンシングの各プロジェクトでは，それぞれの主要目的に応じて観測要求を取りまとめ，様々な制約条件を考慮した上で，センサ仕様や運用方法が策定される。本章では，まず，これらの概要を理解する。次に，センサに入射した電磁波がどのようにデータに変換され，記録・伝送・処理され，どのような形式でユーザのもとに届けられるのかについて，その概略を学ぶ。

学習目標：

①　リモートセンシングにおけるミッションの計画と運用の概要を学ぶ。

②　リモートセンシングデータの記録・伝送，データ変換の流れを学ぶ。

③　リモートセンシングデータの入手および利用法について概要を学ぶ。

キーワード：

観測要求（observation request），運用計画（observation plan），運用制約（observation constraint），データ受信（data reception），データ記録（data record），データ伝送（data transfer），地上処理（ground data processing），プロダクトレベル（product level），データ配布（data distribution）

8.1　ミッションの計画と運用

8.1.1　観測要求

　リモートセンシングデータの観測要求には，センサの設計や運用方針にかかわるような包括的なもの（観測要求仕様）と，センサの運用計画の作成のための個々の具体的なデータ取得に対応したもの（観測リクエスト）の2つがあるが，まず前者について述べる。

　ユーザがリモートセンシングを観測手段として用いる時には，その観測によって何かを知りたいという目的が存在する。例えば，日本列島周辺の雲の動きを監視したいとか，全世界の植物の分布と季節変化を調べたいとか，アクセスが難しい地域の地形や地質を知りたいなどである。こうした観測目的は，さらに具体的な観測要求仕様として示すことが必要である。例えば，雲の動きを観測する場合には，雲の動きを捉えるのに十分な観測頻度が必要であり，数分から数十分程度までの比較的短い時間間隔での頻繁な観測が必要であるが，空間分解能はそれほど高くする必要はなく，数百mからkmオーダーで十分である場合が多い。植物の季節変化の場合は，雲の動きよりも時間的な変化が遅いため，観測頻度は週1回程度あれば目的が果たせる。空間分解能は，解析対象範囲がグローバルならば数十kmオーダーでもよいが，狭い観測対象範囲を詳細に調べたければ，それに応じた高い空間分解

155

第8章　データの取得と処理

表 8.1　観測刈幅と観測周期の例

衛星センサ	観測刈幅	観測周期
Terra/ASTER	60 km	48 日（平均）
Landsat/TM, ETM +	180 km	16 日
Terra, Aqua/MODIS	2330 km	6〜12 時間
静止気象衛星 （ひまわりシリーズ等）	全球（一方向）	10 分〜1 時間

能が必要となる。一方，地形や地質の場合は，時間変化がさらに遅いため，良好なデータが 1 回だけ取得できれば十分な場合が多いが，空間分解能は数 m から数十 m 以下という高い性能が要求される。このように観測目的に応じて，観測頻度や空間分解能といった基本的な観測要求仕様が決まる。

　さらに観測頻度は，観測刈幅と回帰周期に依存している。一般的には観測刈幅が広ければ回帰周期が短くなり，観測頻度は高くなる。逆に観測刈幅が狭ければ，回帰周期は長くなり，平均的な観測頻度は低くなる。**表 8.1** に観測刈幅と観測周期の一例を示す。刈幅は，次節で述べるように空間分解能とトレードオフの関係にあるため，高い空間分解能を保ったまま，刈幅を広くするには限度がある。なお刈幅が狭くても，ポインティング機能[*1]や衛星の軌道変更により，特定の対象地域を狙って観測頻度を高くすることは可能である。また，複数の衛星の同様な観測性能を持つセンサを使用できれば，それらを組みあわせることにより，観測頻度を高められる。最近では多数の衛星からなる衛星コンステレーションを構成することにより，観測機会を増やす試みが進行している。

　また，観測目的や観測対象に応じて，観測を行う波長域などのセンサ仕様が決まる。観測センサを新たに開発する場合には，まず観測目的を明確にし，それを満たせるように空間分解能や観測刈幅，観測波長域などの具体的な観測性能要求を決め，機器開発側に提示する。さらに，観測頻度等は，センサを搭載する衛星の軌道（飛行高度や回帰周期など）にも依存するため，それらもユーザ要求として開発側に示す必要がある。

　センサの仕様や観測性能が決まり，実際にセンサを運用してデータを取得する段階になると，センサの運用計画を作成するが，そのためには個々の具体的な観測リクエストが必要である。観測リクエストでは，対象地域，観測時期，観測頻度，観測モードなどの観測パラメータを明確にして，それらを運用計画作成のもととなる観測リクエストデータベースに登録する。センサの運用開始後もユーザからの観測リクエストを随時受け付け，データベースを更新してゆく場合もある。また，個別のユーザからの観測リクエストだけでなく，そのセンサの運用チームが様々なユーザを代表して，観測リクエストを準備する場合もある。例えば，Terra 衛星搭載の ASTER の場合，ASTER サイエンスチームが，全陸域について雲のない良好なデータを最低 1 回は取得するとの運用計画をたて，全球的なデー

[*1]　ポインティング：センサの向きを傾ける動作や機能を指す。例えば，ASTER のポインティングでは，衛星の進行方向（アロングトラック方向）に対して垂直の向き（クロストラック方向）にセンサの向きを傾ける。

8.1 ミッションの計画と運用

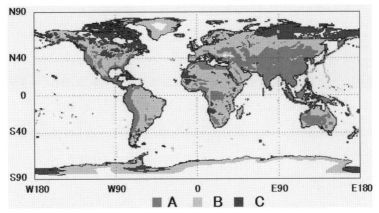

図 8.1 ASTERの観測リクエストの一例：全球マッピングの対象地域
（A：第1優先地域，B：第2優先地域，C：第3優先地域）

タ取得を実施している[1)2)]。図 8.1 に ASTER による全球マッピングの対象地域とその優先度の一例を示す。全球マッピングは，対象地域や優先度などのパラメータを少しずつ修正しながら，ASTERの運用期間内に何回か繰り返し実施されている。

8.1.2 運用制約

衛星リモートセンシングによる観測には，様々な運用制約がある。まず多くの場合，伝送上の限界に伴うデータ量の制約があり，それがセンサの設計や運用に大きな制約を与える。取得できるデータ量に上限があると，観測刈幅と空間分解能はトレードオフの関係となる。空間分解能を高くすると単位面積当たりのデータ量が増えるため，データ量の上限内に収めるためには，観測刈幅を狭くするか，空間分解能を低くするか，あるいはセンサの時間的な運用率（運用デューティと呼ぶ）を下げるかの選択となる。観測刈幅は回帰周期に結びつくため，観測頻度に影響する。雲の動きのように時間的な変化が大きい現象に対しては，空間分解能は低くして観測刈幅を広くし，時間的な観測頻度を高くする。一方，地形や地質のように時間変化の小さい対象については，観測頻度を高くする必要はないため，観測刈幅は狭くして空間分解能をできるだけ高くし，さらに運用デューティも下げることが多い。

さらにデータ量に関しては，観測バンド数も，前述の観測刈幅，空間分解能，運用デューティなどとトレードオフの関係にある。例えば地形や人工構造物の形状（都市の道路網など）をできるだけ高い空間分解能で観測したい場合には，スペクトル的な観測バンドを太陽光の反射強度が高く，大気の窓でもある可視域から近赤外域にひとつだけ（パンクロマチックバンドまたはパンクロバンドと呼ぶ）設け，必要な刈幅を確保した上で，データ量の制約の中でできるだけ空間分解能を高くする。このタイプのセンサの代表は，ALOS/PRISM である。この対極にあるのが，いわゆるハイパースペクトルセンサで，連続的なスペクトル特徴によって地表物質の識別・同定を行うため，波長方向に観測

バンドが切れ目なく並んでおり，バンド数は数十から300程度にまで及ぶ。これを極限まで進め，刈幅が1画素分しかないものをプロファイラと呼ぶ。しかし，プロファイラでは面的なデータが得られず，空間パターンによる地理的な位置の特定が難しいため，ある程度の画素数の刈幅を確保して2次元画像を取得することが多く，そうしたセンサはイメージングスペクトロメータと呼ばれることもある。このタイプの代表は，航空機搭載のAVIRISやHyMAP，衛星搭載のHyperionやHISUIである。これらの中間にあるのがマルチスペクトルセンサで，観測バンドは観測対象のスペクトル的な特徴に基づいて特定の波長位置に選ばれており，バンド数は3から20程度，空間分解能は衛星搭載の場合で数mから数十m程度である。マルチスペクトルセンサは，トレードオフとなっている観測性能をできるだけバランスよく満たそうとしたセンサであり，結果的にこれまで最も幅広いユーザが利用してきている。このタイプのセンサの代表は，Landsat/ETM＋，OLI，SPOT/HRV，Terra/ASTER，Sentinel-2/MSIなどである。

　単位時間当たりのデータ取得量を，データレートと呼ぶ。データ量の制約は，実際にはデータレートの制約として課される場合が多い。一般に衛星で観測したデータは，地上のデータ受信・処理施設に電波等の通信手段によってダウンリンクされる（8.2節参照）。これには，観測中にデータを直ちに伝送する場合と，いったん衛星に搭載されたデータ記録装置に格納してから，受信局の上空を飛行する際に受信アンテナに向けて伝送したり，データ中継衛星（TDRS）経由で受信局に伝送する場合がある。直接伝送の場合には，データを伝送できる能力が制約となる。データ記録装置を使用する場合には，それに加えてデータ記録装置に収納できるデータ総量も制約となる。取得可能なデータ総量を軌道周回時間で割り，単位時間当たりの平均データレートとして制約が示されることもある。

　ASTER（空間分解能15～90 m，刈幅60 km）の場合，運用制約は最大データレートが89.2 Mbps，2周回平均データレートの上限が8.3 Mbpsである。最大データレートに比べて平均データレートが低く，運用デューティの上限は8％である。このため，常時観測は行わず，データ取得の対象地域を運用デューティの制限内で選んで観測を行っている（**図 8.2**）。Terra衛星には，MODIS（空間分解能250 m～1 km，刈幅2330 km）というセンサも搭載されているが，MODISは空間分解能がASTERよりも低く，データレートが小さいため，運用デューティは100％であり，常時観測が可能である。

　刈幅が狭いセンサの場合，ポインティングや衛星の軌道の変更によって特定の地域の観測頻度を高め，実質的な回帰日数を減らす方法がある。しかし，これにも制約がある。センサのポインティングには機械的な動作が必要であり，設計時には性能保証する動作回数が決められているため，無制限にポインティングを行うことはできない。また，衛星の姿勢や軌道を変えてポインティングする場合も同様で，衛星のリアクションホイール[*2]や姿勢制御用スラスタ[*3]などを使用するため，こちらも運

[*2]　リアクションホイール：円盤を回転させて人工衛星の角運動量を変化させ，衛星本体を回転させることによって姿勢制御を行う装置。動力源として太陽電池等で生成した電力を使用し，ロケット燃料は消費しない。

8.1 ミッションの計画と運用

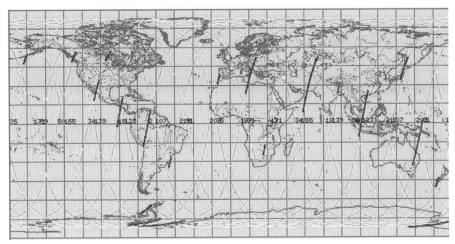

図 8.2 ASTER の運用計画の一例（2001年11月11日）
（北北東から南南西に向かう実線が，Terra 衛星の軌道に沿って ASTER がデータ取得を行った場所を示す。主にデータ量の制約から，ASTER の運用デューティの上限は8％であり，軌道上の一部のみで観測を行っている）

用には制約がある。この他にも，センサや衛星には，次第に消耗あるいは劣化してゆく部品が存在しており，それらも考慮して運用計画を作成する。通常はミッション期間と部品等の寿命のデータに基づき，標準的な消費率を計算しておき，それを大きくこえないように運用計画をたてる。その他にもセンサの使用電力や，他のセンサとの同時運用の可否などといった運用上の制約が存在することもある。これらの様々な運用制約を十分に踏まえた上で，次に述べる運用計画を作成する。

8.1.3 運用計画

運用計画には，基本的な運用ルールから，具体的な日々のデータ取得スケジュールまでが含まれ，これまで述べた観測リクエストと運用制約に基づいて作成される。前述したMODISのように観測刈幅が広くてポインティング機能はなく，運用デューティが100％である場合には，運用計画は比較的単純である。こうしたセンサでは，数カ月分に及ぶような長期間の運用計画をあらかじめ作成し，それに基づいてデータ取得を行うことも可能である。一方，ASTERのように運用デューティが低く，ユーザからの観測リクエストに基づいて観測対象を選び，ポインティング機能も使いつつデータ取得を行う場合には，観測リクエストの収集から運用計画の立案まで複雑な手順が必要となる。前述したようにユーザからの観測リクエストを随時受け入れている場合には，それによって観測リクエストデータベースも更新されるため，運用計画は頻繁に作成する必要がある。また，自然災害のような事前予測が不可能な現象に対して，臨機応変な観測の実施を求められる場合には，運用計画はできるだ

＊3　姿勢制御用スラスタ：人工衛星の姿勢制御を行うための小型のロケットエンジン。衛星の推進用エンジンに比べれば小推力であるが，ミッション期間中に繰り返し何度も用いられる。

159

け観測実施の直前に作成するほうがよい。さらに観測対象の候補地域の雲予測データを使用すれば，雲量の少ないデータの取得確率が向上する。ASTER の場合には，様々な運用制約，対象日の衛星の軌道，観測リクエストデータベース中で対象候補となる観測リクエストの観測パラメータや観測優先度，米国海洋大気庁（NOAA）から取得した雲予測データなどを入力として，あらかじめ決められたアルゴリズムに従って毎日自動的に運用計画を作成している。運用計画は，日本から Terra 衛星を運用する NASA に送ってチェックを受けた後，NASA から衛星に毎日伝送する。雲予測を使うことにより，雲量の少ないデータの割合が，10〜15% 程度向上している[3]。図 8.2 に ASTER による運用計画の一例（2001 年 11 月 11 日）を示す。観測対象地域はほとんど陸域であること，この日は北北東から南南西に向かう軌道の昼間観測のみであること，北半球の高緯度域は冬であるため観測対象となっていないことなどがわかる。

　衛星コンステレーションの場合には，各衛星が観測要求を満たせるまでの時間を比較し，時間の短いものから順に観測を実施する。さらに次々に観測を繰り返すことにより，雲のないデータ取得の機会を増やして観測頻度を上げることにより，観測対象の時間変化の様子を捉えることが可能となる。

8.2　リモートセンシングデータの受信と処理

8.2.1　入射電磁エネルギーからデータへの変換，幾何学的情報の記録

　リモートセンシングで観測しているデータは，受動型，能動型を問わずセンサやアンテナで受信した電磁波のエネルギー，すなわち放射輝度である。これら受信した放射輝度はセンサの検出器あるいはアンテナによってアナログ電気信号に変換された後，A/D 変換器によってディジタル値に量子化されて記録される。SAR の場合は，受信信号の振幅（強度）と位相について，複素平面における実数部（I チャネル）と虚数部（Q チャネル）に分けた複素信号として記録される。A/D 変換器によるディジタル値は，その量子化ビット数に応じて表現できる情報量が変化する。すなわち，ビット数が大きいほど記録する輝度の最大最小範囲（ダイナミックレンジ）を広く設定できる他，ディジタル値の 1 カウントに相当する輝度を小さく設定して量子化誤差を低減することも可能となる。一方で，ビット数が増えればデータ量も増大するため，衛星の場合は地上へのダウンリンクに向けた伝送レートや搭載レコーダ容量等の制約とのトレードオフを十分に考慮した上で，センサの仕様や目的に従って最適なビット数が選定される。なお，センサによっては，A/D 変換前のアナログ信号に対する増幅器のゲインを変更することで，観測対象に沿ってダイナミックレンジの設定を変更できるものもある。

　実際のビット数については，比較的高分解能な光学センサでは 2000 年代に打上げられた ALOS の PRISM/AVNIR-2，SPOT-5 の HRG/HRS などのセンサまでは 8 ビットが主流であったが，以降に打上げられたセンサでは WorldView シリーズの 11 ビットや Sentinel-2 の 12 ビットなど 11〜12 ビットといった設定が標準的となっている[4]。同じ光学センサでも海色や海面および地表面の温度，大気の状態などを比較的低分解能で広域にわたり計測するようなセンサでは，1970 年代から運用されてい

る AVHRR の 10 ビットといったように古くから比較的大きなビット数が設定されており，以降では MODIS や GCOM–C の SGLI などが採用する 12 ビットが主流となっている[5)6)]。SAR については光学センサに比べてビット数は比較的少なく，例えば ALOS の PALSAR では 5 ビットであったが，後発の TerraSAR-X では 8 ビット，Sentinel-1 では 10 ビットなど年々大きくなってきている傾向にある[4)]。

　総合的なデータ量については，ビット数以外にも観測画像の地上解像度，観測範囲（刈幅，スワス幅）に加え，観測波長帯（バンド）数，偏波数によっても変動し年々大きくなる傾向にある。よって，比較的データ量の多い観測データは A/D 変換後のディジタルデータに対して軌道上で圧縮処理を施してから地上にダウンリンクすることが一般的となっている。画像データの圧縮技術としては光学センサでは過去には JPEG に準拠した DPCM による可逆圧縮や DCT による非可逆圧縮などが用いられた。例として前者は AVNIR-2 や SPOT-4 の HRVIR，後者は PRISM や SPOT-5 の HRG/HRS で採用されており，それぞれ 3/4 および 1/3～1/4.5 程度の圧縮率を実現した[7)]。近年ではウェーブレット変換を利用した JPEG 2000 による方式などが主流となっており，例えば Pleiades では非可逆圧縮にて 1/5 程度の圧縮率となる同方式を採用することで，同程度の圧縮率による DCT ベースの方式より高い画質を実現している[7)8)]。SAR の複素データの場合は，近年では BAQ と呼ばれる方式によりデータ圧縮を行うことが一般的となっており，TerraSAR-X などで採用されている他，ALOS-2 の PALSAR-2 ではこれを改良した方式を採用して 1/2～1/5 程度の圧縮率を実現している[7)9)10)]。さらに SAR ではパルス圧縮による画像再生処理をオンボードで行って再生後の画像をダウンリンクする技術により，データ量を 1/1000 以下といった程度にまで大幅に圧縮することが可能となってきている[11)]。衛星センサの観測データ量にかかわる諸元およびオンボード圧縮方式の例について**表 8.2**に示す。

　観測データの利用においては，その地上における観測位置を決定するための幾何学的情報が併せて必要となる。衛星リモートセンシングにおける主要な幾何学的情報は，観測時刻における衛星の軌道（位置・速度）および姿勢データである。軌道データについては現在では衛星に搭載した GPS 受信機によって位置を誤差 1 m 以下の高精度で計測することが一般的であり，速度は位置の微分から導かれる。姿勢データについては，スタートラッカーにより計測した慣性座標系における衛星姿勢，およびジャイロセンサなどから構成される IMU により計測した比較的高周波な姿勢変動成分などを伝送して観測画像の位置決定処理に使用している。観測方向を任意に変更するチルトやポインティングといった機能を有するセンサの場合は，これら角度の情報も併せて記録され地上に伝送される。また，これら以外にもセンサの温度や内部光源データ等，地上での校正やラジオメトリック補正に必要な情報がテレメトリデータとして伝送されることもある。

8.2.2　データの伝送

　地球観測衛星に搭載されたセンサによって観測されたデータは，地上に伝送（ダウンリンク）され

第 8 章　データの取得と処理

表 **8.2**　衛星センサの観測データ量にかかわる諸元およびオンボード圧縮方式の例[7)～10)]

種別	衛星/センサ	打上日	地上解像度(最小)	スワス幅(最大)	量子化ビット数	データレート(最大)	オンボード圧縮方式	圧縮率
光学センサ局所域高分解能	SPOT-4/HRVIR	1998/3/24	10 m	60 km×2	8	32 Mbps×2	DPCM	3/4
	SPOT-5/HRG	2002/5/4	5 m	60 km×2	8	256 Mpbs×2	DCT	1/2.82
	ALOS/AVNIR-2	2006/1/24	10 m	70 km	8	160 Mbps	DPCM	3/4
	ALOS/PRISM	2006/1/24	2.5 m	70 km	8	960 Mbps	DCT	1/4.5, 1/9
	WorldView-1	2007/9/18	0.5 m	18 km	11	Unknown	ADPCM	unknown
	Pleiades-1 A	2011/12/17	0.7 m	20 km	12	4.5 Gbps	Wavelet	1/5
	SPOT-6/NAOMI	2012/9/9	1.5 m	60 km	12	1.4 Gbps	Wavelet	unknown
	Sentinel-2/MSI	2015/6/23	10 m	290 km	12	1.3 Gpbs	Wavelet	1/3
光学センサ広域低分解能	NOAA-6/AVHRR	1979/6/27	1 km	3000 km	10	1.4 Mbps	N/A	
	Terra/MODIS	1999/12/18	250 m	1400 km	12	10.6 Mbps	N/A	
	GCOM-W/AMSR 2	2012/5/18	3 km	1450 km	12	130 kbps	N/A	
	GCOM-C/SGLI	2017/12/23	250 m	1400 km	12	17.5 Mbps	N/A	
SAR	JERS-1/SAR	1992/2/11	18 m	75 km	3	60 Mbps	N/A	
	ALOS/PALSAR	2006/1/24	10 m	70 km*1	5	240 Mbps	N/A	
	TerraSAR-X	2007/6/15	3 m*1	30 km*1	8	580 Mpbs	BAQ	3/4～1/4
	Sentinel-1/C-SAR	2014/4/3	5 m	80 km*1	10	1.3 Gpbs	FDBAQ	unknown
	ALOS-2/PALSAR-2	2014/5/24	3 m	70 km*2	unknown	800 Mbps	DS-BAQ	1/2～1/5

＊1）Spotlight, ScanSAR, WideSwath の各モードを除く
＊2）解像度 3 m の Ultra-fine モードでは 50 km

利用される。観測センサの性能向上に伴い，観測データ量は増大する傾向にあり，1 日に数テラバイトのデータを取得する衛星もある。地上へのデータ伝送は，より高いデータ伝送レートを実現できるように，周波数が低い L バンド（0.5～1.5 GHz）や S バンド（2～4 GHz）から，より高周波数の X バンド（8～12 GHz），Ka バンド（26.5～40 GHz）による伝送が主流となっており，毎秒 1 ギガビット（Gbps）以上の伝送レートも実現されている。また，赤外線レーザ光を用いた光通信による高速データ伝送も実用化されている。

　観測センサのデータは，多くの場合，衛星に搭載されたデータレコーダに記録され，衛星が地上局の上空を通過するときに地上に再生伝送（ダイレクトプレイバック）される。多くの地球観測衛星は 350～800 km 程度の高度の軌道であり，ひとつの地上局の上空を衛星が通過する時間は，最長となる天頂通過時（仰角 5 度以上）で 7～13 分程度以下である*4。衛星ミッションを企画するときには，

＊4　可視時間は軌道高度のほか，衛星の軌道傾斜角，地上局の緯度，高度にも依存する。

センサが取得するデータの総量，どの地上局を利用してデータをダウンリンクする時間をどれだけ確保するかに配慮して，データのダウンリンクレートを定める必要がある。地球観測衛星は軌道上の衛星の地方時が一定となる太陽同期の極軌道のものが多く，そのような衛星の場合は地上局として高緯度の局（キルナ局，アラスカ局，スバルバード局など）を選ぶと衛星との通信の機会を多く確保できる。

　データレコーダを介さず，観測データをリアルタイムで直接地上に伝送する（ダイレクトダウンリンク）機能を持つ衛星もある。リアルタイムデータは，天気予報や災害対応等，即時性が求められる用途に役立てられる。NOAA衛星，MetOp衛星，EOS衛星等は，センサのリアルタイムデータをほぼ常時地上へ伝送しており，仕様が適合するアンテナを有していれば，誰でもデータを受信（ダイレクトリードアウト）できる。JAXAのしずく衛星（GCOM-W）もダイレクトダウンリンク機能を有しており，日本域の地上局での可視時に，搭載しているマイクロ波放射計AMSR-2のリアルタイムデータを，伝送の仮想チャネル（バーチャルチャネル）を利用してダイレクトプレイバックと並行してダウンリンクしている。AMSR-2のリアルタイムデータは即時処理され，準リアルタイムプロダクトとして気象庁に配信されて日々の天気予報に使われている。

　衛星からデータを直接地上局にダウンリンクせず，データ中継衛星を介してデータをダウンリンクする衛星もある。データ中継衛星は静止軌道に配置され，地球周回衛星の軌道周回の最大約6割弱程度の時間，周回衛星との通信が可能であり，直接受信に比べ大幅にデータ伝送時間を確保できる。データ中継衛星と地球観測衛星や地上局の通信にはSバンドおよびKaバンドが使われることが多い。Kaバンドは高いダウンリンクのデータレートを確保できるが，降雨の影響を受けやすいため，日本のような多雨の地域で運用するためには降雨減衰に対する配慮が必要となる。NASAは長年，TDRSというデータ中継衛星のシリーズを運用しているが，TDRS用の地上局はニューメキシコ州の砂漠地帯にあるホワイトサンズに設置されており，降雨減衰の影響を受けにくい。

　近年では，2020年に静止軌道に投入された日本のLUCAS等，近赤外線のレーザ光による光通信を用いたデータ中継衛星も出てきている。一方，低軌道（500〜1000 km程度）の複数衛星コンステレーションを用いたデータ中継衛星システムの研究開発が進んでおり，低コスト化のメリットから，今後，衛星コンステレーションを利用した衛星データのダウンリンクが行われることが想定される。

　地球観測衛星からダウンリンクされるデータは観測データだけではない。衛星や観測センサの状態をあらわすハウスキーピング（HK：House Keeping）データや，衛星の時刻情報や軌道，航法ステータス，衛星姿勢，姿勢制御ステータス等の情報を含むペイロード補正データ（PCD：Payload Correction Data）等もダウンリンクされる。PCDを含めてHKデータと呼ぶこともある。PCDは観測データ処理の幾何校正に不可欠な情報を含むため，冗長になるが観測データに必要な項目を含める場合もある。特にレイテンシ要求（観測からユーザへの配信までの時間要求）のある準リアルタイムデータをユーザに配信する場合には，準リアルタイム処理をするときに観測時刻のPCD情報が必要になるので，PCDを観測データに含めない場合には，PCDのダウンリンク計画にも注意が必要であ

る。現在はほとんどの地球観測衛星が GPS 受信機を搭載しており，PCD の時刻，軌道関連の情報は GPS のデータを使って衛星上で生成されていることが多い。HK データや PCD にも，観測センサのデータと同様，再生ダウンリンクとリアルタイムの直接ダウンリンクがあり，ダウンリンクされたデータは衛星や観測センサの健全性の確認（HK 運用と呼ばれる）にも用いられる。

　観測データや HK データ，PCD は，多くの場合，スペースパケットと呼ばれる宇宙データシステム諮問委員会（CCSDS）の勧告に基づいたデータ形式（フォーマット）になっており，それぞれのパケットはヘッダ部（固定サイズ）とデータ部から構成される。ヘッダ部には衛星識別情報やデータ部に含まれるデータの種類を識別するための識別子 APID が格納されている。

　ひとつのチャネルで伝送される APID（複数種ある場合が多い）を持つスペースパケットは，多重化され（一列に並べられ），区切られて固定サイズのトランスファフレーム（TF：Transfer Frame）に格納される。TF はデータ伝送時の誤り訂正用にリード・ソロモン符号[*5]処理されたのち，ランダム化（ランダマイズ），同期マーカ（ASM）[*6]の付加，ビタビ畳み込み符号[*7]化がなされ，さらに変調方式に応じて無線周波数（RF）変調されてダウンリンクされる。

　地上局で受信されたダウンリンクデータは，ダウンリンク周波数から中間周波数に周波数変換（ダウンコンバート）された後，モデム（MODEM）で復調・復号・逆ランダム化（デランダマイズ）され，TF の列からなる Raw データに変換される。モデムには，TF 列をスペースパケット列に戻すことに加え，APID 別のスペースパケット列のファイルに変換する機能を持っているものも多い。受信されたデータはネットワーク回線を通じてユーザに配信される。1 回の可視時間内にダウンリンクされるデータ量が数十ギガバイトにおよぶ衛星も存在しており，受信局からユーザへの伝送回線の容量も伝送データ量に応じて確保する必要がある。高速伝送のために，伝送アクセラレータやファイル分割による伝送の並列化等の工夫が行われているケースも多い。

　今世紀の携帯電話の急激な進化を支える技術として，データ通信の多重化，省電力化，広帯域化の技術の発展には目覚ましいものがある。これらの技術は，今後の地球観測衛星，特に電力やデータ伝送能力に制限のある小型衛星に応用され，小型コンステレーション衛星群等の観測能力の向上に貢献するものと期待される。

8.2.3　プロダクトのレベル

　地上にダウンリンクされた Raw データは，センサが観測したままのデータであり，光学のプッ

＊5　リード・ソロモン符号（Reed-Solomon coding）：データ通信における誤り訂正符号の一種で，通信時のバースト的（連続的）なビット誤りに強い。

＊6　同期マーカ（ASM：Attached Sync Marker）：ランダマイズされた TF の区切り位置の目印として付加する。

＊7　ビタビ畳み込み符号（Viterbi convolution coding）：データ通信における誤り訂正符号の一種で，ランダムなビット誤りに強い。衛星データダウンリンクでは，リード・ソロモン符号と併用されることが多い。

シュブルーム型ラインセンサやウィスクブルーム型スキャナ，またSARでは衛星の軌道に沿った観測単位による帯状のデータとなっている他，センサ固有のジオメトリック（幾何）あるいはラジオメトリック（放射量）の歪を含んでいる。よって，データをユーザ側で扱いやすい単位（シーン）に分割し，センサ固有の歪を段階的に補正したものを処理レベルごとのプロダクトとして定義している。

処理レベルの定義はセンサによって様々であるが，ダウンリンクされたRawデータに対して，地上への伝送に特化して付加された情報を削除し，センサで観測されたままのデータあるいはそれに近い形式まで戻したものをレベル0，レベル0に対してセンサ固有で定義されたシーン単位への分割や，観測波長帯あるいは偏波データの分離，幾何およびラジオメトリックな各歪の補正を施したものをレベル1と称する場合が多い。SARの場合はパルス圧縮による画像再生処理もレベル1の補正に含まれる。なおレベル0については，センサ設計などにかかわる固有な情報が比較的多いことから一般ユーザへの提供は対象外となっている場合もある。レベル1で適用される幾何補正は，基本的には衛星で計測された軌道，姿勢データおよびセンサの物理構造に基づくセンサモデルを用いたシステム補正であり，補正後のデータはそれぞれ計測やモデリングの精度に伴う誤差を含む。ラジオメトリック補正についても同様であり，検出器の感度偏差や観測放射輝度に対する非線形性など打上げ前の計測および軌道上で校正されたラジオメトリック特性のモデリング精度に伴う誤差を含む。

レベル1以降の処理については，幾何的なものとしてはシステム補正の誤差に対してGCPを用いたさらなる補正を行う精密幾何補正や，DEMを用いて地形による倒れ込みを補正するオルソ補正，またラジオメトリックなものとしては反射率変換および大気補正といったいわゆる高次処理を施したものがセンサの特性や利用用途に沿って定義されている。レベル1の幾何補正が行われたプロダクトであれば地図に重ねられるが，利用用途によっては高次処理による高精度化が必要となる。

主に全球といった広域の環境観測を目的としたセンサでは，地表・海表面の温度，植生指数，水蒸気量，二酸化炭素量など観測放射輝度から導出した物理量を高次処理プロダクトとして提供している。また広域観測のセンサでは，緯度帯，経度帯あるいは全球といった一定の空間単位で規格化したモザイクデータや，日，週，月，年といった一定の時間単位における平均値や標準偏差などの統計量を更なる高次処理プロダクトとして定義している場合も多い。多波長帯を観測する光学センサでは，波長帯の組合せを用いて推定した植生域や水域などの分類図を高次処理プロダクトとして公開している場合もある。

様々な衛星センサにおけるプロダクトレベル定義の例について**表 8.3**に示す。プロダクトとしてはレベルが低いほどセンサおよびその観測条件に依存した特性が比較的多く残ったデータとなり，レベルが上がるにつれ，これらの特性を除去した，より一般性の高いデータとなる。よって，リモートセンシングデータに対する専門性が高くセンサに固有な歪の補正方式自体を検証するようなユーザは低レベル，データの利用用途に特化した一般的なユーザは高レベルのプロダクトを利用する傾向にある。

表 8.3 様々な衛星センサにおけるプロダクトレベル定義の例[12)～15)]

レベル	GCOM-C/SGLI	Sentinel-2/MSI	ALOS-2/PALSAR-2	Sentinel-1/C-SAR
0	APID 分離済スペースパケットデータを入力とし，時刻，パケットシーケンスカウンタ等に基づくデータソートと欠損処理を施したデータ。	受信した MSI センサの出力画像および衛星の軌道・姿勢・テレメトリなどアンシラリ情報の各圧縮済 Raw データ。関連アノテーション情報やメタデータと併せてアーカイブされる。	受信 Raw データ。	受信 Raw データ。ノイズ，校正データ，チャープレプリカおよび衛星の軌道姿勢等アンシラリ情報を含む。
1	レベル 1A： レベル 0 データに対し，パケット欠損の補償，シーン切り出し，ラジオメトリック補正情報や幾何学情報の算出，を実施。放射量は Raw のまま（未補正）。 レベル 1B： レベル 1A データに対し，画像のラジオメトリックおよび幾何補正（L1B 基準座標系投影），幾何・校正情報等の付加，低解像度リサンプリング画像データの作成，を実施。	レベル 1A： レベル 0 に対して圧縮を展開したデータ。 レベル 1B： レベル 1A に対してラジオメトリック補正を実施し大気上端輝度に変換。 レベル 1C： レベル 1B に対して幾何補正を実施（オルソ補正および地理空間座標への投影を含む）。大気上端反射率に変換。 レベル 1A および 1B は一般ユーザに対して非公開。	レベル 1.0： レベル 0 に対し，シーン切り出し，8 ビットパッキング，多偏波データは偏波の分離を実施。 レベル 1.1： レベル 1.0 に対し，画像再生処理（レンジ圧縮及び 1 ルックアジマス圧縮）を実施，広域観測モードではスキャン単位でファイル化。 レベル 1.5： レベル 1.1 に対し，振幅データをグランドレンジあるいは地図に投影。	レベル 1： レベル 0 に対し，内部校正等前処理，ドップラー中心周波数推定，画像再生処理（レンジ圧縮および 1 ルックアジマス圧縮）を実施。グランドレンジ変換等の後処理や複数のサブスワス処理を実施，各種観測モードに応じたオプション処理を含む。
高次	レベル 2： レベル 1B に対して各種物理量を算出。一部は全球で定義された等面積グリッドのタイルにモザイク。 レベル 3： レベル 2 について時間的・空間的に統計処理。	レベル 2A： レベル 1C に対して大気補正を実施した地表面反射率データ。	レベル 2.1： レベル 1.1 データに対し数値標高データを用いたオルソ補正を実施。 レベル 3.1： レベル 1.5 データに対し画質補正（雑音除去処理，ダイナミックレンジ圧縮処理）を実施。	レベル 2： レベル 1 に対して地図投影，物理量導出を実施したプロダクト。海洋における風況および海流解析用の海洋プロダクトについては以下データを含むものがある。 ・海上風況 ・海流スペクトル ・海表面視線速度

8.3 リモートセンシングデータの配布と利用

8.3.1 データの形式

リモートセンシングデータのデータ形式（フォーマット）は，データの種類やデータ配布機関によって様々な形式が存在する。データを入手する際には，データ形式が利用する画像処理ソフトウェアで読み取れることを確認するとともに，データ処理に必要となる基本情報（位置情報，品質情報，センサ情報など）を確認することが必要である。

以下では，リモートセンシングデータにて用いられる代表的なデータ形式の概要を述べる。

(1) HDF

HDF（Hierarchical Data Format：階層的データフォーマット）は，米国イリノイ大学で開発されたデータ形式であり，1993年にNASAのEOSプロジェクトにて提供プロダクトの標準形式として採用されたことにより，地球観測衛星の各プロダクトへの利用が広がった。衛星データに用いられているHDFは，HDF-EOSと呼ばれ，NASAがHDFのリモートセンシングデータへの適用性を向上することを目的として，位置情報および時間情報を追加している。HDF-EOSには，データ処理に必要なメタデータが全てひとつのファイルに格納されており，ユーザはファイル構造を意識することなくデータを利用することが可能である。なお，HDFにはHDF4とHDF5の2つのバージョンがあるが，互換性がないことから注意が必要である。

(2) CEOS準拠フォーマット

CEOS準拠フォーマットは，地球観測を行う機関の国際組織である地球観測衛星委員会（CEOS：Committee on Earth Observation Satellites）によって開発されたデータ形式であり，各国政府機関が運用する地球観測衛星のプロダクトを中心に採用されている。CEOS準拠フォーマットのファイルは，データの基本構成が記述されたボリュームディレクトリファイル，画像データが格納されたデータファイル，プロダクトの終端を示すヌルボリュームディレクトリファイルの3つのファイルにより構成されている。データファイルは，BSQ/BIL/BIPのいずれかのデータ形式にて記録されている（BSQもしくはBILが主流）。BSQは各バンドが画像単位で順に並んだ形式，BILは各バンドがライン単位で並んだ形式，BIPは各バンドが画素単位で並んだ形式である[16]（**図 8.3**）。

CEOS準拠フォーマットのファイル形式は，データの提供機関により異なっているため，データの読み込みにおいては，データ提供機関が提供している解説文書（プロダクトフォーマット解説書等）の確認や読み込みツールの利用が必要となる。

(3) NITF

NITF（国家画像転送フォーマット）は，米国の国防総省（DoD）と中央情報局（CIA）等の安全保障関連機関の間で画像データを交換することを目的として現在の国家地理空間情報局（NGA）が開発したデータ形式であり，複数の画像，グラフィック，テキストがひとつのファイルにパッケージ化されていることが特徴となっている。NITFは，データ処理の結果を追記することも可能であり，

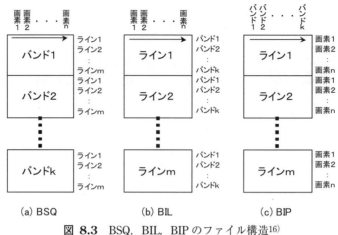

図 8.3 BSQ，BIL，BIP のファイル構造[16]

データ管理の面からも優れたフォーマットとなっている。

(4) GeoTIFF

GeoTIFF は，代表的な汎用画像形式である TIFF を拡張した画像形式であり，TIFF に地図情報（地図投影法，座標系，測地系，楕円体，画像位置情報など）を扱うタグを追加したものである。TIFF のファイル構造は，ファイルヘッダ，画像ファイルディレクトリ（IFD），データの 3 つの階層から構成される。TIFF は，多くの画像処理ソフトにおいて標準的に採用されており，データの交換が容易である。また，GeoTIFF に対応しない画像処理ソフトにおいても，GeoTIFF を通常の TIFF（位置情報を持たない画像）として扱うことが可能である。

(5) COG

COG（cloud optimized GeoTIFF）は，その名前の通りクラウド環境に最適化された GeoTIFF である[17]。COG は複数のズームレベルに応じたタイル毎にメタデータが格納されている。このため，従来のフォーマットでは，対象とするデータを全て取得した後でしか処理できないが，本フォーマットでは，必要とする範囲のみを対象とした処理がクラウド環境を通じて行える。これにより，ユーザはファイルの読み取り時間を短縮し，効率的なデータ処理・解析を行える。

8.3.2 データの入手方法

前項までに述べたようにリモートセンシングデータには様々な種類があり，一般のユーザが入手可能なデータも急速に増加している。現在はインターネットによるユーザサービスが主流であり，一定の知識があればデータの検索，ブラウズ画像の確認，プロダクトの購入・ダウンロードあるいはクラウド環境での管理を，ユーザ自身がオンライン上で行える。表 8.4 に，主な国内の衛星データの配布機関（公的機関および政府関連衛星データを扱う主要機関）を紹介する。

海外においても，米国では USGS が運営する Earth Explorer[18] にて Landsat シリーズのデータを提供している他，NASA の Earth Data[19] にて，Terra，Aqua をはじめとする NASA の地球観測衛星プ

8.3 リモートセンシングデータの配布と利用

表 8.4　国内における主な衛星データ配布機関（公的機関および政府関連衛星データを扱う機関）

サービス名・機関名	主な取り扱い衛星・センサ	備考（URL は 2024 年 4 月時点）
G-Portal（地球観測データ提供システム）・JAXA	GCOM-C / SGLI，GCOM-W / AMSR 2，GPM，GPM Constellation satellites，GSMaP，TRMM，ALOS，ALOS-2，CIRC，ADEOS，ADEOS-II，AQUA，JERS-1，MOS-1，MOS-1b，NASA-CMR，SLATS（カタログデータのみ提供の衛星・センサを含む）	https : //gportal.jaxa.jp/
Tellus・さくらインターネット（株）	ASNARO-1，ASNARO-2，ALOS/PALSAR，ALOS/AVNIR-2，CE-SAT-IIB，GCOM-C，GRUS，HISUI，SLATS（以上，無償），WorldView-2/3/4，Geoeye-1，（以上，有償）	https : //www.tellusxdp.com/（経済産業省「政府衛星データのオープン&フリー化およびデータ利活用促進事業」にて開発，同社にて運用）
MADAS（METI AIST Data Archive System）・産総研	Terra/ASTER	https : //gbank.gsj.jp/madas/
衛星データ利用促進プラットフォーム・（株）パスコ	ALOS/PRISM，ALOS-2/PALSAR-2，Terra/ASTER	https : //satpf.jp/spf/（内閣府「衛星データ利用促進プラットフォーム整備事業」にて開発，同社にて運用）
サービス名なし・（一財）リモート・センシング技術センター（RESTEC）	Quickbird，WorldView-1，WorldView-2，WorldView-3，WoldView-4，IKONOS，GeoEye-1，Pleiades，Deimos-1, 2，SkySat，KazEOSat-1, 2，SPOT，Thaichote，RapidEye，PlanetScope，COSMO-SkyMed，ALOS-2，ASNARO-2 等	https : //www.restec.or.jp/（独自のオンライン検索・提供サービスは行っておらず，ソリューションサービスとして利用目的に応じた最適な衛星データを紹介し，利用方法も提案）

ロジェクトにおけるデータを提供している。また，欧州においても，ESA にて Copernicus Open Access Hub[20]を通じて，地球観測プログラム「コペルニクス」にて運用しているセンチネル衛星シリーズのデータを提供している。これらの政府機関により提供されているデータは全て無償である。

　衛星およびセンサにはそれぞれ観測目的があり，データを有効に活用するためには，ユーザ自身が利用目的に応じた適切なデータを選んで入手することが必要である。以下では，データの入手にあたって考慮すべき主な留意点を述べる。

（1）観測対象地域

　リモートセンシングデータは一般に前項にて述べたフォーマットに従い，シーン単位にて配布されている。このため，データを入手する際には，解析対象とする地域・地点がシーン内に含まれているか，雲がかかっていないか，ノイズが出ていないかなど，オンラインでのブラウズ画像，出力画像等の利用により確認することが不可欠である。なお，衛星データのシーン定義は，大きく 2 種類に分けられる。ひとつは，パス・ロウ（東から西へ並ぶ縦の線をパス，北から南へ並ぶ横の線をロウとい

169

う）によるシーン定義であり，同一のパス・ロウ番号のシーンは，ほぼ同じ範囲がシーンに含まれている。このため，データ配布機関により作成されたパス・ロウマップを参照することにより，必要なデータを探せる。一方，ポインティング機能を有する観測センサの場合には，同一軌道上にあってもポインティング角度により観測範囲が異なることから，1シーンに含まれる範囲はシーンにより異なっており，シーン毎に確認をした上で利用するデータを決定する必要がある。なお，前項にて紹介したインターネットによるオンラインサービスの多くでは，表示された地図から関心領域（ROI：Region of Interest）を選ぶことで，容易に必要なデータを検索する機能を有している。

(2) 観測時期・時間

　農作物，樹木などの植物の生育状況は，年間を通じて大きく変化する（このような季節変化をフェノロジーという）。このような植生の変化は，データの処理結果に大きな影響を与える。具体的には，鉱物資源探査においては地質・地形の情報が重要であり，植生が枯れた秋から冬にかけてのデータが解析において適切な場合が多い。一方，農作物モニタリングにおいては，農作物ごとに耕作・収穫時期が異なるため，収量予測や生育状況把握などの目的に応じて，適切な時期に観測されたデータを選択することが必要となる。このように，データの利用にあたっては，目的とする情報を抽出するのに適した時期を勘案することが必要である。

(3) センサ種類と観測モード

　衛星センサには，観測目的に応じて観測波長帯，空間分解能，観測方式などが異なっており，センサが搭載される衛星の軌道も様々である。画像センサの代表的な観測方式としては，太陽光の反射および地表面の放射を観測する光学センサと，センサがマイクロ波を照射して地表面からの散乱を観測する合成開口レーダ（SAR）があるが，特に，SARについては偏波観測において複数の観測モードを設定している場合が多く，データ入手においては自分の用途に合うものかどうかを確認する必要がある。なお，SARは雲を透過して地表面を観測することが可能であり，熱帯地域などの雲が多い地域において有効である。

(4) プロダクトの処理レベルとデータ形式

　衛星データには，補正処理のレベルおよび物理量の抽出レベルにより様々なプロダクトが準備されている（8.2節参照）。光学センサの場合には放射量補正（ラジオメトリック補正）および幾何補正（ジオメトリック補正）が処理済みであるレベル1Bを，SARデータの場合はレンジ圧縮およびマルチルックアジマス処理（第14章参照）を行って地図投影された画像データであるレベル1.5以上のプロダクトを用いるのが一般的であると考えられるが，データ利用の目的に応じて適切なものを決定する必要がある。なお，センサプロジェクトによってプロダクトレベルの定義にやや違いがあることや，同一センサであっても処理を行った機関によりプロダクトの処理内容が異なる場合があることに注意を要する。一方，センサによっては，オルソ補正済みの画像や反射率，地表面温度，植生指数等の物理量に変換された画像，土地被覆分類等の主題図等が高次処理プロダクトとして提供されている場合もあるので，利用目的に合致している場合には，これらのプロダクトを使用することが得策であ

る。また，前項にて解説した通り提供されるプロダクトのデータ形式は様々であるが，利用する画像処理ソフトにおいて読み込みが可能であることの確認が必要である。

(5) データの著作権等の範囲

　入手したデータを用いた成果を論文等に執筆したり，インターネット上で公表したりする場合，ユーザ自身の処理により付加価値をつけたデータを提供・配布する場合においては，各データにおいて定められた利用規約等に留意する必要がある。一般に衛星データの著作権・所有権は衛星センサの運用機関や配布機関にあり，ユーザは入手したデータの利用権のみが付与されている。特に，商業衛星のデータは利用規約においてユーザのデータ利用範囲，公表条件，データ利用可能なユーザ範囲などが厳しく規定されており，権利に反しないように細心の注意が求められる。

引用・参考文献

1) Yamaguchi, Y., A. B. Kahle, H. Tsu, T. Kawakami and M. Pniel : Overview of Advanced Spaceborne Thermal Emission and Reflection Radiometer（ASTER），IEEE Trans. Geosci. Remote Sens., 36（4），pp. 1062–1071, 1998.

2) Yamaguchi, Y., M. Abrams and H. Tsu : ASTER 8-year operation and scientific achievement, Proc. 26 th Int. Symp. Space Technol. Sci., 2008-n-01, p. 4, 2008.

3) Tonooka H. and T. Tachikawa : ASTER Cloud Coverage Assessment and Mission Operations Analysis Using Terra/MODIS Cloud Mask Products, Remote Sensing, 11（23），2798, 2019.

4) ESA : Satellite Missions catalogue – eoPortal, https：//www.eoportal.org/satellite-missions（Accessed 2023.9.30）

5) EUMETSAT : AVHRR Factsheet, EUM/OPS/DOC/09/5183, v 1 C e-signed, 2015. https：//www-cdn. eumetsat.int/files/2020-04/pdf_avhrr_factsheet.pdf（Accessed 2024.4.12）

6) JAXA GCOM プロジェクトチーム：SGLI センサ特性ガイド（初版），SGC-100047，JAXA, 2011.

7) 機械システム振興協会：合成開口レーダによるリモートセンシングの商用化に向けてのフィージビリティスタディ―報告書，4.5 節，pp. 4.5-1–4.5-52, 2007.

8) Manthey, K., D. Krutz and B. Juurlink : A new real-time system for image compression on-board satellites, https：//elib.dlr.de/95110/1/74093_manthey.pdf（Accessed 2024.4.12）

9) Attema, E. et al. : Flexible Dynamic Block Adaptive Quantization for Sentinel-1 SAR Missions, IEEE Geosci. Remote Sens. Lett., 7（4），pp.766–770, 2010.

10) 針生健一，岡田祐，相良岳彦，勘角幸弘，安藤聡祐：陸域観測技術衛星 2 号（ALOS-2）―最先端 L バンド SAR による高精度な地球観測を目指して―，三菱電機技報，35（9），pp. 27–30, 2011.

11) JAXA, QPS 研究所：合成開口レーダ（SAR）データの軌道上画像化に成功, https：//www.jaxa.jp/press/2023/07/20230721-1_j.html（Accessed 2023.9.30）

12) JAXA GCOM プロジェクトチーム：気候変動観測衛星「しきさい」（GCOM-C）データ利用ハンドブック，初版，SGC-180024，JAXA, 2018.

13) ESA : Sentinel-2 MSI User Guide, Processing Levels, https：//sentinels.copernicus.eu/web/sentinel/user-guides/sentinel-2-msi/processing-levels（Accessed 2023.9.30）

14）JAXA：陸域観測技術衛星 2 号（ALOS-2）PALSAR-2 レベル 1.1/1.5/2.1/3.1 プロダクトフォーマット説明書（CEOS SAR フォーマット）, F 改訂版, JAXA, 2016.

15）ESA：Sentinel-1 SAR User Guide, Product Types and Processing Levels, https : //sentinels.copernicus.eu/web/sentinel/user-guides/sentinel-1-sar/product-types-processing-levels（Accessed 2023.9.30）

16）資源・環境観測解析センター：資源・環境リモートセンシング実用シリーズ第 2 巻—地球観測データの処理, 資源・環境観測解析センター, 2002.

17）空畑：COG（Cloud Optimized Geotiff）とは？, https : //sorabatake.jp/25634/（Accessed 2024.3.16）

18）USGS：EarthExplorer, https : //earthexplorer.usgs.gov/（Accessed 2024.4.12）

19）NASA：Earthdata, https : //www.earthdata.nasa.gov/（Accessed 2024.4.12）

20）ESA：Copernicus Open Access Hub, https : //scihub.copernicus.eu/（Accessed 2024.4.12）

第9章　放射量補正と雲検出

〈この章で学ぶべきこと〉

　放射量校正，画質改善，大気補正，雲検出の各処理は，リモートセンシングデータ処理の上流部に当たる低次レベル処理であり，その成否はしばしばプロジェクト自体の成否を左右する重要なものである。本章では，まず，センサが観測したディジタル値を物理量である輝度値に変換する処理（放射量校正）並びにストライプの除去や欠損画素の補間，ゴースト像の除去など，画質を改善するための処理について学ぶ。次に，大気の散乱，吸収，放射が観測データに与える影響を理解し，それらを取り除く処理である大気補正について学ぶ。さらに，観測画像内に混入している雲の領域を検出する方法について学ぶ。

学習目標：
① 放射量校正および画質改善処理の概要について学ぶ。
② 可視～短波長赤外波長帯および熱赤外波長帯における大気補正処理について学ぶ。
③ 画像内に混入している雲の領域を検出する方法について学ぶ。

キーワード：

放射量校正（radiometric calibration），校正係数（calibration coefficient），機上校正（onboard calibration），代替校正（vicarious calibration），画質改善（image quality improvement），画像復元（image restoration），ストライプノイズ（stripe noise），ゴースト（ghost），大気補正（atmospheric correction），放射伝達（radiative transfer），雲検出（cloud detection）

9.1　放射量校正

9.1.1　放射量校正とは

　センサに入射した光は，その強度に対応した電圧として捉えられ，アナログ／ディジタル（A/D）変換によってディジタル化（量子化）された後，メモリ媒体に記録される。この記録された値は通常，DN（Digital Number）値，あるいは観測DN値などと呼ばれる[*1]。DN値は，通常，入射光が強いほど大きい値を取るため，そのまま画像化することも可能であるが，センサ素子間の感度のばらつきによって画像上にノイズが現れたり，レンズやミラー等の光学系の特性により明度にムラが見られたりすることもある。また，DN値は，放射輝度や反射率，温度といった物理量とは異なって，

---

*1　DN値といっても，放射量校正後に特定の変換式で整数値化したものを指す場合もあるので注意を要する。ここでは，観測電圧に対応して記録された値を指す。

173

個々のセンサの特性に依存する値であるため，DN 値をセンサ間で直接比較することは難しく，例えば複数の衛星センサを組みあわせた長期的な時系列解析などでの利用は難しい。そこで，DN 値を物理量である放射輝度に変換する処理が必要となる。これを放射量校正（radiometric calibration）と呼ぶ[*2]。

DN 値と放射輝度の関係は，第一近似として線形で表現されることが多い。すなわち，

$$R = C_0 + C_1 \times D \tag{9.1}$$

により，DN 値（D）を放射輝度（R）へ変換する。ここで，C_0 と C_1 は校正係数と呼ばれ，特に C_1 をゲイン（線形係数），C_0 をオフセット（定数項）という。一方，R と D の間には厳密には非線形性があり，センサによっては，これが無視できない場合もある。非線形性を考慮する場合には，通常，以下のような 2 次式が採用される。

$$R = C_0 + C_1 \times D + C_2 \times D^2 \tag{9.2}$$

ここで C_2 は非線形性を表現する校正係数（非線形性係数）である。

各校正係数は，分光バンド間で異なるのはもちろんのこと，同一の分光バンドでも素子が異なれば異なるのが一般的であり，またセンサの環境状態（素子やレンズの温度など）にも影響される。さらに，校正係数は，衛星部材からの漏出ガスや燃料噴射，紫外線の影響などのセンサ劣化因子により，経時変化する[1]。とりわけ，衛星の打上げ直後には校正係数が大きく変動することが知られている[2]。従って，センサの運用期間中，各校正係数を適切に更新して常に正しい値に維持し続けることが重要である。そしてその成否はしばしば衛星センサプロジェクト全体の成否をも左右することから，いずれの衛星センサプロジェクトにおいても放射量校正は重要な基幹業務のひとつとして位置付けられている。

放射量校正は大きく，①打上げ前の校正と②打上げ後の校正に分けられる。①は地上で行うことから地上校正とも呼ばれ，様々な校正用装置を使い，多面的で精度の高い校正データが得られる反面，地上では宇宙空間での観測環境条件を必ずしも十分に再現できない点が問題として挙げられる。また，実際の衛星観測との間に時間的なずれがあるため，地上校正で得られた校正係数をそのまま衛星観測に適用することは必ずしも適切ではない。一方，②は機上校正あるいはオンボード校正（onboard calibration）と呼ばれ，時間的ずれがなく観測時と同じ環境下で校正係数を取得できる点に優れるが，搭載できる校正装置が衛星積載時の制約（重量や電力等）や技術上の制約によって制限を受け，校正用データの種類や精度に制限があるほか，校正装置自体の経時劣化も考慮する必要がある。一方，打上げ後に行うが，校正装置を使わない校正として，代替校正（vicarious calibration）[3)4)]があ

[*2] 単に校正と呼ぶ場合も多いが，校正自体は放射量校正に限る用語ではなく，リモートセンシング分野に限っても例えば幾何校正，波長校正，電気校正などもあるため，ここでは放射量校正と呼ぶ。

174

る。これは，機上校正では校正装置自体が劣化すると衛星データを正しく値付けすることが困難になることから，機上校正とは独立した方法により行う校正である。具体的には，ある地点における，ある時点での衛星観測輝度を分光バンドごとに予測し，これを機上校正による実際の観測輝度と比較することによって，機上校正の精度を評価したり，あるいは機上校正に問題がある場合には機上校正の代わりに適切な校正係数を提供するものである。代替校正は，地上実験に基づくものと，他のリモートセンシングセンサを利用するものに大別され，後者は特に相互校正(cross calibration)と呼ばれる[*3]。

機上校正や代替校正は，可視〜短波長赤外波長帯と熱赤外波長帯では原理や手法に相違があるため，次項以降では，これらについて波長帯別に説明する。

9.1.2 可視〜短波長赤外波長帯の放射量校正

(1) 機上校正

式(9.1)に示す2種の校正係数（ゲインおよびオフセット）を決定するには，2種の標準光源を必要とする。すなわち，異なる2点を与えて直線の式を決定する原理である。可視〜短波長赤外波長帯における搭載校正装置では，高輝度側の標準光源として，太陽光やハロゲンランプ等の安定した光源が使用される（**図 9.1**）。太陽光の場合には，太陽光拡散板を搭載し，これに太陽光を反射させて観測する。安定光源の場合には，校正時に光源を点灯させて，これを観測する。Landsat-7/ETM+やMODISでは両者が搭載されており，ASTERではハロゲンランプのみが搭載されている。また，低輝度側の標準光源として，深宇宙や，光を遮断したセンサ内部を使用する。後者は暗時校正とも呼ばれ，そのデータは入射信号がない時のノイズレベルを評価する際にも活用される。標準光源として何を採用するかは，センサの構造上の制約や運用上の制約にも依存する。なお，校正係数は検出器の環境温度にも依存するため，地上校正の際に検出器温度と校正係数の関係を調べておき，この関係に基づいて校正係数を補正する場合もある。

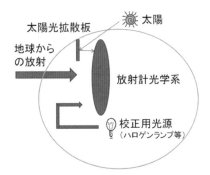

図 9.1 可視〜短波長赤外波長帯における搭載校正装置

---

*3 慣例的に代替校正を地上実験に基づくもののみを指し，相互校正を別のものとして扱う場合もあるが，ここでは相互校正を代替校正の一種として扱う。

第 9 章 放射量補正と雲検出

(2) 地上実験に基づく代替校正

可視〜短波長赤外波長帯における地上実験による代替校正では，実験サイトとして，天候が安定し，かつ反射率が高い乾湖（ドライレイク）や砂漠が使われることが多い。実験サイトでは，衛星観測に同期して，地表面反射率の計測および大気状態（この波長帯において消散に寄与する水蒸気，エアロゾル，オゾン，空気分子の光学的厚さなど）の計測を行い，これらに基づいて放射伝達計算を行って大気上端放射輝度を推定し，これと比較することによって衛星観測輝度を校正する。

水蒸気，エアロゾル，オゾン，空気分子の光学的厚さの地上計測は，大気透過率の比較的良い複数の波長での分光輝度観測結果と，MODTRAN[5]等の放射伝達コードの計算結果が最もよく整合するように各分子の光学的厚さを決定する方法が一般的である。図 9.2 は，分光輝度観測結果（×で示す）と放射伝達コードによる全大気光学的厚さ（実線で示す）があうように各分子の光学的厚さを決定している一例である。なお，可視近赤外波長帯における地上実験による代替校正では，最も大きな誤差要因は地表面反射率の計測であり，次いで大気光学的厚さの計測誤差およびエアロゾルパラメータ（複素屈折率，粒径分布）の推定誤差であることが報告されており，これらを考慮すると，代替校正精度はおおむね 4% 程度であると推定される[6]。

(3) 相互校正に基づく代替校正

相互校正とは，軌道上にある複数のセンサで同一の地表ターゲットを観測し，センサ間で観測波長帯が重なるバンドの応答を比較して相互に校正しあうことをいう[7]。相互校正の目的は，複数センサを併用する際にセンサ間で放射輝度の基準をあわせること，および，当該センサの絶対放射輝度精度をそれがより高いとされるセンサの校正精度に近づけることである[8]。観測対象には，砂漠，乾燥湖，深い対流雲，海面および雪氷面など，反射率が比較的安定した対象がよく利用される。相互校正の際には，センサ間における太陽−対象−センサの観測幾何条件の違いや観測時刻の差はできるだけ小さいことが望ましく，また，波長応答関数のずれ，空間分解能の違い，さらには，幾何精度の違い

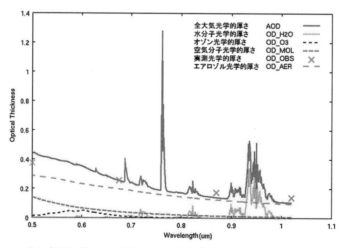

図 9.2 地上実験に基づく代替校正における各大気分子の光学的厚さの決定例

による影響なども前処理などで低減させておくことが望ましい[9]。これまで衛星センサ同士の相互校正は数多く報告されており[10)11]，また，2005年にWMOと気象衛星調整会議の下で構築されたGSICS（衛星センサによる相互校正の実施を目的とする国際協力の枠組み）により，共通の相互校正手法に関する研究開発（赤外波長域を含む）なども継続して行われている[12]。

(4) その他の代替校正

上記の他，衛星と月の間には大気が存在しないので，大気の影響を考慮しなくても済む月を校正源とした代替校正（月校正[13)14]）も行われている。

9.1.3 熱赤外波長帯の放射量校正

(1) 機上校正

熱赤外波長帯における搭載校正装置は，多くの場合，回転鏡と点型検出器を組みあわせた構成（ウィスクブルーム方式）となっている（図9.3）。この構成では，回転鏡が地球方向を向いている間は地球を観測し，それ以外を向いた際に標準的な光源を観測するように設計することで，地球を走査するたびに校正係数が決定できる場合が多い[*4]。熱赤外波長帯の検出器が出力する電圧値は入力された放射量と比例関係にあり，一般に観測電圧（DN値）と放射輝度の線形変換式を放射量校正に用いている（式(9.1)）[*5]。この変換式の2種の係数（ゲインおよびオフセット）を決定するには，2種の標準光源を必要とするが，熱赤外波長帯では，高輝度光源として黒体（blackbody），低輝度光源として深宇宙を利用することが標準的である。黒体とは放射率が1の物体であり，校正時には黒体（実際は黒体に近い物体で代用する）を一定温度に保持し，その温度をプランク関数に代入することにより，黒体の放射輝度を算出する。また，深宇宙は温度が約4Kであるので，同様にプランク関数によ

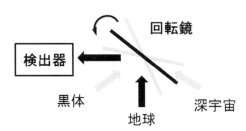

図9.3 熱赤外リモートセンシングセンサの代表的な構成

[*4] 一部のセンサは，運用上や構造上の制約により観測ラインごとには校正係数を算出しない。例えば，ADEOS-II/GLIは，低〜中緯度帯観測時のチルト時に黒体を観測しないため，ゲインは極地方を観測した際の値を使用する[15)16]。また，Terra/ASTERは構造上，深宇宙を観測できないため，オフセットは各地球観測の前の黒体観測で決定するが，ゲインは定期的に実施される長期校正（黒体を複数の温度に変えて実施する校正）のデータに基づいて決定している。

[*5] 非線形成分も考慮する場合は2次式等が使われる場合もある。例えばTerra/ASTERの熱赤外バンドの校正式は2次式で表現されているが，1次の項と比較して2次の項の寄与は小さいため，2次の係数は一定値として扱われている。

り深宇宙の放射輝度を算出する。そして，これらの輝度値とそれぞれに対する観測 DN 値から校正係数を算出する。なお，実際の係数の算出では，センサ各部の温度が誤差要因となるため，これらの影響を地上校正時に様々なセンサ温度で把握しておき，その関係式を用いることで，より精度の高い校正係数を決定するようにしている。

(2) 代替校正

熱赤外波長帯における地上実験に基づく代替校正では，実験サイトとして，地表面温度が広く空間的に一定である場所が適しており，特に地表面放射率が 1 に近い水面が選ばれることが多い。ただし，水面では校正できる温度帯域が常温付近に限られるため，より高温での代替校正を行う場合には砂漠や乾湖が，より低温での代替校正を行う場合には雪氷面がしばしば使用される。衛星観測輝度と比較される大気上端放射輝度の計算では，観測サイトにおける衛星観測と同期した地表面温度，地表面放射率，大気状態（気圧，気温，水蒸気量の各高度分布）の各計測値が必要である。これらの値に基づいて放射伝達計算を行って大気上端放射輝度を推定し，これと比較することによって衛星観測輝度を校正する。なお，地表面温度データについては，衛星と同期して放射温度計を用いて直接計測するが，実験サイトが海域で近くに海面温度観測ブイなどがある場合には，衛星通過時刻に近い時刻のブイ観測データを用いる場合もある。また，地表面放射率は，実験サイトが水域であれば 1 に近似したり，あるいは放射率データベースの値を用いたりするが，陸域の場合には，フーリエ変換赤外分光計（FTIR）により分光放射率を別途測定する必要がある。また，大気データについては，衛星通過に同期してラジオゾンデを打上げ，直接測定することが理想的であるが，これができない場合には衛星通過に近い時刻の数値予報データにより代用する。

熱赤外波長帯における地上実験による代替校正の模式図を図 9.4 に示す。

なお，対象とする衛星センサと同じ分光バンドを持つマルチバンド放射温度計が使用できる場合には，各バンドの地表面放射輝度を直接測定できるので，地表面放射率の測定は不要となる。上記の図 9.4 に示す方法が特に温度ベースの方法と呼ばれるのに対して，これは放射輝度ベースの方法と呼ばれ，陸域における代替校正で，しばしば採用される方法である。

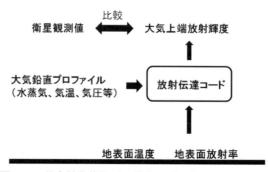

図 9.4　熱赤外代替校正の模式図（温度ベースの方法）

9.2 画質改善処理

　放射量校正を適用することによって，観測データを輝度値に変換できるが，この輝度値を画像としてみた場合，規則的な雑音が重畳されていると感じられることがある。これに強調処理を加えた場合，この傾向は顕著となる。これは，強調処理で雑音まで強調することによっておきる。これらの多くはセンサの仕様上許容範囲の雑音ではあるが，補正すれば画質が改善されたと感じる場合がある。ここでは，ストライプ除去や欠損画素の補間，ゴースト像の除去などの画質改善処理について紹介する。

(1) ストライプ除去処理

　画像に縞状のノイズであるストライプノイズ（stripe noise）が発生することがある。この縞状のノイズを除去することをデストライピング（destriping）という。縞状のノイズが発生する原因は検出器の感度のばらつきや機器の機械的または電気的干渉と考えられるが，これらが組みあわされた複雑な原因で発生する場合もある。縞の方向がプラットフォームの進行方向やスキャン方向に一致する場合（図 9.5 (a)）は，ノイズの原因が検出器の感度のばらつきと考えて，各検出器のヒストグラムを基準の検出器のヒストグラムにあわせることによって，ノイズを低減できる場合がある。縞の方向がプラットフォームの進行方向やスキャン方向に一致しない場合，フーリエ変換を用いて特定の周波数の成分を小さくすることでノイズを低減できる場合もあるが，一般的にこのようなノイズを低減することは難しい。

(2) 欠損画素の補間

　パケット欠損などによって，画像データの一部が失われることがある。パケット欠損とはデータを衛星センサから地上のデータ処理装置へパケット化して転送する際，電波の干渉などによってデータが損傷を受けることなどの原因でパケットが消失し，データの一部が地上のデータ処理装置に届かない現象をいう。データが失われた部分が小さい場合は周りの正常なデータから補間することが一般的である。図 9.5 (b) にデータ欠損の例を示す。この場合は欠損量が多く，十分に補間できていない。

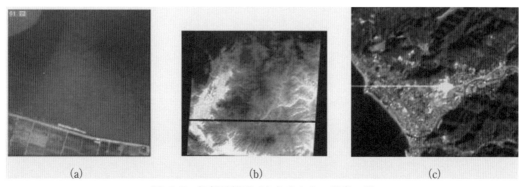

図 9.5　放射量校正でとりきれない雑音の例

（a）ストライプ（霞ヶ浦湖岸の PRISM 画像），（b）データ欠損（群馬県，長野県付近の ASTER/TIR 画像），（c）スミア・ブルーミング（千葉県鋸南町，富津市付近の ASTER VNIR 画像））

第9章 放射量補正と雲検出

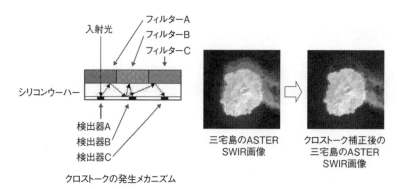

図 9.6 クロストーク（ゴースト）の発生メカニズム[17]とその補正
（中央，右の画像は ASTER/SWIR のバンド4，5，9を R，G，B に割り当てた）

(3) ゴースト像の除去

画像がにじんだり，画像が2重写しになったようにみえる現象をゴーストという。ゴーストの原因は，光がレンズの縁等で散乱されて意図しない経路で検出器に入る現象（迷光），ある検出器に入った光が他のバンドの検出器に光学的または電気的にもれる現象であるクロストーク(cross talk)，CCD センサ特有の現象で，極端に明るい対象を観測した場合に線状に白飛びする現象であるスミア(smear)，極端に明るい対象を観測した場合にその周囲が明るくなる現象であるブルーミング(blooming) などがある。図 9.5（右）にスミアとブルーミングが同時におこった例を示す。

あるバンドに入射した光が検出器の表面で反射し，多重反射によって他のバンドにもれる現象は光学的クロストークと呼ばれるが，そのメカニズム[13]を図 9.6（左）に示す。暗い部分と明るい部分が混在する画像で暗い部分に興味がある場合，ゴーストの影響が大きいため，ゴースト像の除去が必要となる場合が多い。ゴースト像の除去には，ゴーストのもととなった画像に応答関数を畳み込み演算（コンボリューション）して補正値を計算し，観測値からこの補正値を差し引く方法が一般的である。ゴーストは光学センサにとって不可避の問題であるが，センサ構造や波長によってゴーストの影響が大きいものがある。図 9.6（中央）は三宅島の ASTER の短波長赤外（SWIR）画像であるが，バンド4→5へのクロストークによるゴーストが島の北側に，バンド4→9へのクロストークによるゴーストが島の南側に，それぞれみられる。図 9.6（右）の画像は，これにクロストーク補正アルゴリズム[17]を適用して得られた補正画像であり，大部分のゴーストが除去できていることがわかる。

9.3 大気補正

9.3.1 大気補正とは

地表で反射した光や地表が射出する熱放射は，大気中の分子やエアロゾルによる散乱，吸収，放射の影響を受けた後，衛星センサに達する（5.5節参照）。ここで，観測放射輝度に占める地表由来の輝度（ここでは，地表の反射光および熱放射が大気による減衰を経てセンサに達した輝度）の割合（便

9.3 大気補正

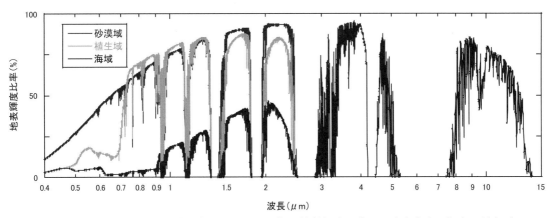

図 9.7 砂漠域, 植生域, 海域の衛星観測において, 観測放射輝度に占める地表由来の輝度の割合（ここでは地表輝度比率と呼ぶ）を波長の関数として示したもの
（大気は中緯度夏大気モデル, エアロゾルは田園指定 23 km モデル, 地表面温度は 300 K を与え, MODTRAN 5.2 により計算した）

宜上, 地表輝度比率と呼ぶことにする）をみてみよう. 図 9.7 は, 放射伝達コード MODTRAN 5.2 を用いて計算された, 中緯度夏大気モデル（エアロゾルは田園視程 23 km モデル, 地表面温度は 300 K を仮定）における砂漠域, 植生域, 海域での地表輝度比率を波長の関数として示した例である. 地表由来の輝度の放射源は波長 4 μm 付近を境に大きく異なり, それより短波長側では太陽光の地表反射光, それより長波長側では地表自身の熱放射となっている. 図 9.7 をみると, 可視域では, 大気分子のレイリー散乱の影響が顕著であるため, 反射率の高い砂漠域でも地表輝度比率はせいぜい 30〜50 % 程度であり, 反射率が低い水域に至っては高々数 % 程度しかないことがわかる. すなわち, この帯域では, 衛星が観測する輝度の半分〜大半は大気由来であるといっていい. 一方, 短波長赤外域では, レイリー散乱の影響が小さいため, 反射率が比較的高い砂漠域や植生域での地表輝度比率は 70〜90 % 程度に達する. 熱赤外域では, 分光放射率が砂漠, 植生域, 海域の間で大きく変わらないため, 地表輝度比率はいずれも同程度で, 40〜70 % 程度となっている（より湿潤な大気では比率はさらに下がる）. これらの結果をみると, "大気の窓"と呼ばれる波長帯であっても, 衛星観測輝度に占める地表由来の輝度は必ずしも大きくはなく, 大気の影響がいかに大きいかが想像できよう. このことは, 観測対象が大気自身である場合を除けば, 大気による影響を除去する大気補正（atmospheric correction）が重要であることを示している. 特に, 地表面の物理量（反射率, 放射率, 表面温度など）を導出する場合や, 種々の大気条件下で得られた衛星画像を用いて時系列解析を行う場合などでは, より正確な大気補正が不可欠となる. 一方, "衛星観測輝度に含まれる大気の影響を低減する"という点では, ストレッチ処理やスペクトル強調処理も広い意味で大気補正を行っているといえるが, 本節では, これらを大気補正としては扱わないことにする.

さて, 放射伝達方程式に地球大気の条件（通常, 平行層が積み重なった平行平板大気として扱われる）および地表の境界条件（反射率, 放射率, 温度など）を与え, その他の観測条件（衛星高度, 地

表高度，観測方向，太陽の方向など）を与えることにより，衛星センサが観測する各波長の輝度を計算できる。これを簡略的に表現すると，次式となる（簡単化のため，観測角は省略する）。

$$I(\lambda) = \tau(\lambda)I_s(\lambda) + I_p(\lambda) \tag{9.3}$$

ここで，$I_s(\lambda)$ は地表直上で上向きに向かう輝度（地表上向き放射輝度）で，波長4 μm付近より短波長側では太陽光の反射光が，長波長側では地球自身の熱放射が卓越するが，散乱や放射による大気の下向き放射（天空放射またはスカイラジアンス（sky radiance））の反射光も含まれている。$\tau(\lambda)$ は，大気分子やエアロゾルによる吸収や散乱による消散によって，$I_s(\lambda)$ がどの程度弱められるかの割合を示す大気透過率であり，大気の光学的厚さと観測天頂角の関数としてあらわされる。また，$I_p(\lambda)$ はターゲットから衛星センサに向かう光路中の大気が上向きに散乱・放射する輝度の総和をあらわし，光路輝度またはパスラジアンス（path radiance）と呼ばれる。

　大気補正とは，基本的には，放射伝達理論に基づく手法や簡易的な手法により $\tau(\lambda)$ と $I_p(\lambda)$ の各値を推定して $I_s(\lambda)$ を求めたり，あるいはバンド間演算などを通して $\tau(\lambda)$ と $I_p(\lambda)$ を消去して $I_s(\lambda)$ を求める処理をいうが，$I_s(\lambda)$ 内に含まれる物理量（地表反射率など）の推定までを一連の大気補正処理の一部として含める場合もある。大気補正は，可視～短波長赤外波長帯と熱赤外波長帯では方法論に相違があるため，次項以降では，これらについて，波長帯別に説明する。

9.3.2　可視～短波長赤外波長帯の大気補正

　可視～短波長赤外波長帯の衛星画像を解析する際，観測日時によって画像全体が霞んでいたり，暗かったりすることがある。前者は大気中の水分やエアロゾルの影響であり，後者は主に観測時の太陽高度が低いことによる影響である。衛星データの時系列解析等を行う際，このような観測日時による輝度のばらつきは本来の土地被覆変動をあらわすものではなく，好ましいものではない。そこで，このような場合には，大気補正を行った後の地表面反射率画像を使用するのが便利である。現在，いくつかの衛星プロジェクトでは，このような大気補正済みの地表面反射率画像を標準プロダクトとして提供している。本項では，このようなプロダクトを作成する際に使用される大気補正法や，ユーザが独自に適用可能な簡易な大気補正法を紹介する。

（1）放射伝達計算による大気補正法

　放射伝達計算による大気補正とは，放射伝達過程を表現するモデルに基づき，吸収・散乱に寄与する因子のパラメータを何らかの手段によって求め，これをMODTRANや6S[18]等の放射伝達コードに入力して地表パラメータを求める方法で，地表面反射率プロダクトの生成においても，しばしば利用される。

　大気は空気分子とそれよりも粒径の大きいエアロゾル粒子（光の波長と同程度またはそれ以上の大きさで，大気中を浮遊している粒子）からなっており，式（9.3）の $\tau(\lambda)$ は空気分子およびエアロゾル粒子の消散（吸収および散乱）によってあらわされ，$I_p(\lambda)$ は光の直達過程および散乱過程

を求める際に上向き散乱放射輝度として求められる。ここで，散乱過程は，光が分子・粒子に対して1回散乱するものと複数回多重に散乱するものとにわけて議論され，前者を単散乱，後者を多重散乱という。大気による光の消散は，空気分子の吸収・散乱，エアロゾルの吸収・散乱によってあらわされ，単散乱成分を消散で割ったものは単散乱アルベドと呼ばれる。ここで，エアロゾルは種類や分布が不定で，かつ可視～短波長赤外波長帯の放射伝達への寄与が大きいため，大気補正では最も厄介である。エアロゾルには対流圏に存在するものと成層圏に存在するものとがある。成層圏に存在するものは成層圏エアロゾルと呼ばれ，火山噴火による噴出物が主な成因となる。対流圏におけるエアロゾルは大陸性エアロゾル，海洋性エアロゾルおよび都市型エアロゾルとに大別される。海洋性エアロゾルは，海面のしぶきが蒸発したあとに残る海塩粒子と水溶性エアロゾルである。大陸性および都市型エアロゾルは水溶性エアロゾルと粒径の粗いダスト系エアロゾルからなるが，前者はダスト系が多く，後者は水溶性エアロゾルが多い。また，両者ともに煤系のエアロゾルを含む。これらエアロゾルはそれぞれ異なるパラメータ（複素屈折率，粒径分布）を持っているため，大気補正時には観測シーンに対する適切なエアロゾルパラメータを選択することが肝要である。なお，エアロゾルの複素屈折率および粒径分布の地球規模分布を常時把握するため，AERONET[19]やSKYNET[20]などのプロジェクトでは，太陽直達光および散乱光を計測する地上機器を地球規模で配置し，複素屈折率や粒径分布等のデータをユーザに提供している。

　可視～短波長赤外波長帯の大気補正においては，まず消散を求め，次に多重散乱過程を考慮して放射伝達式を解く方法が採られるが，これを行うには膨大な計算時間を要するため，通常は，様々な吸収・散乱因子（光学的厚さ，観測天頂角・方位角，太陽天頂角等）の組みあわせに対する大気上端放射輝度をあらかじめ計算して取りまとめたルックアップテーブル（LUT：Look Up table）を構築しておき，実際の大気補正時には放射伝達計算は行わずにLUTを参照する方法が採られる場合が多い。LUTを構築する際に与える光学的厚さ，観測天頂角・方位角，太陽天頂角の入力データ刻みは，計算誤差が一定範囲（例えば1％以内）になるように決定される。

　LUT構築時の放射伝達計算は，平行平板多層大気の仮定の下，MODTRAN等の放射伝達コードを用いて行われる。平行平板多層大気とは，一様な層が積み重なった仮想的な大気であり，各層は光学的には極めて薄い。また，地表面は均等拡散面（ランベルト面と呼ばれる）であると仮定されるが，より厳密にモデル化する場合には，地表面双方向反射率特性（BRDF：Bi-directional Reflectance Distribution Function）が考慮される場合もある。空気分子散乱については，第1次近似として気圧の関数としてあらわせるので，標準大気を仮定した標高の関数として与えられる。標高データとしては，GTOPO 30やASTER GDEM（30 mメッシュ）等が利用される。エアロゾルタイプの同定には経験値の他，Terra搭載センサであるMISRやMODISのエアロゾルプロダクトを用いる方法がある。また，オゾン全量についてはTOMSプロダクト，水蒸気量についてはMODISプロダクト等が利用される。BRDFを考慮する場合には，MISRプロダクトがしばしば利用される。

　一方，大気補正処理時にLUTを検索する際は，まず，対象シーンに対して精度よく推定可能であ

る空気分子吸収のみによる大気透過率を放射伝達コードによって求めて観測放射輝度を補正しておき，次に空気分子散乱およびエアロゾル散乱を考慮した上で検索を行うのが一般的である。

（2）その他の大気補正法

放射伝達計算による大気補正は，入力すべきパラメータが多く，扱いが難しいため，一般ユーザが気軽に処理できるものではない。ここでは，より簡易に可視〜短波長赤外波長帯の大気補正を行う方法を紹介する。

取得した衛星画像に海面や反射率の低い観測対象物が含まれている場合，それらの輝度のほとんどが大気由来の輝度であるとして，その画素値を全画素から差し引くことにより簡易に大気補正を行う手法を暗画素法あるいはダークオブジェクト法[21]と呼ぶ。

ヒストグラムマッチング法は，画像から大気の影響の大きい地域と小さい地域を抽出し，大気の影響の小さい地域の代表的地表面反射率から当該地域の光学的厚さを求め，両地域のヒストグラムが同じになるように反射率を補正するものである。類似手法として，不変オブジェクト法，コントラスト低減法，クラスタマッチング法等がある。また，少なくとも2地点における地表面反射率が既知の場合に，それら反射率と観測値の間に線形関係があると仮定してその係数（ゲイン，オフセット）を求めることによって画像全体の画素値を反射率に変換する経験的ライン法がある。

9.3.3　熱赤外波長帯の大気補正

熱赤外による観測の主要目的のひとつは地表面温度の把握である。衛星で観測された輝度温度を，地表面温度の代替として利用することは，大気，および地表面放射率の影響を含むため，特に大気状態が変動する時系列解析において誤差を生む可能性がある。現在では，熱赤外バンドを持つ衛星センサプロジェクトの多くで，地表面温度が標準プロダクトとして提供されるようになっており，利用者はこのようなプロダクトを利用することが得策である。本項では，標準プロダクトを作成する処理の中での大気補正を主に概説し，その理解を深めることを目的とする。

（1）放射伝達計算による大気補正法

可視〜短波長赤外波長帯と同様に，熱赤外波長帯においても，放射伝達計算による大気補正がしばしば行われる。

熱赤外波長帯における衛星観測輝度は式（9.3）で示されるが，右辺の地表上向き放射輝度I_s（λ）は，地表面温度T_s，地表面放射率ε（λ）の関数として，次式であらわされる。

$$I_s(\lambda)=\varepsilon(\lambda)B(\lambda,T_s)+[1-\varepsilon(\lambda)]\frac{F(\lambda)}{\pi} \tag{9.4}$$

ここで，F（λ）は地表での下向き大気放射照度であり，B（λ，T_s）はプランク関数である。大気の影響は，式（9.3）に示す大気透過率およびパスラジアンスと，式（9.4）に示すF（λ）の3項に含まれる。

ここで，これらの3項の影響を評価してみよう。**図 9.8**は，欧州中期予報センター（ECMWF）

9.3 大気補正

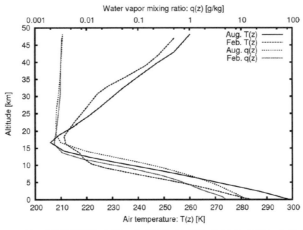

図 9.8　2000年の緯度別平均大気の北緯 30~40 度における 2 月と 8 月の平均大気（気温と水蒸気量（混合比））

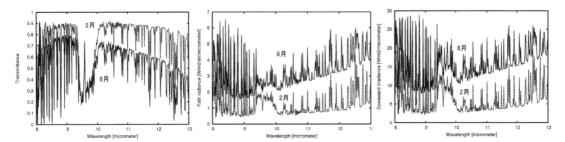

図 9.9　放射伝達コード MODTRAN 3.7 に図 9.8 の大気データを与えて計算した透過率（左図），パスラジアンス（中央図），下向き放射照度（右図）

がまとめた 2000 年の緯度別平均大気の北緯 30〜40 度における 2 月と 8 月の平均大気である。図 9.9 は，放射伝達コード MODTRAN 3.7 を用いて，熱赤外波長帯における地心方向光路での透過率，パスラジアンス，下向き放射照度を計算したものである。この波長帯は，水蒸気が主たる吸収物質だが，波長 9.2〜10.2 μm でのオゾンの吸収帯を除くと，透過率は全般に高く，大気の窓のひとつとなっている。可降水量[*6]は 2 月の平均大気が 1.31 cm，8 月の平均大気が 3.48 cm であり，水蒸気量が多い大気ほど透過率が小さく，また透過率が小さい波長では，パスラジアンス，下向き放射照度が大きいことがわかる。地表面温度と衛星観測輝度温度の差は，2 月の場合，波長 10.8 μm で 0.87 K，波長 12.0 μm で 0.91 K，8 月の場合，波長 10.8 μm で 2.98 K，波長 12.0 μm で 3.71 K であり，いずれも観測輝度温度のほうが低くなっている。水蒸気量がより多い熱帯地方などではこの差はより大きくなる。このように，熱赤外波長帯の大気の窓領域では，大気の影響は大気状態（気温，水蒸気量高度分布）と波長に依存する。放射伝達計算による大気補正では，それらの影響を除去するために，何らかの方法で大気状態を知り，それを放射伝達コードに入力して透過率，パスラジアンス，下向き放射

[*6]　大気中の水蒸気が全て雨となった場合の降水量

照度を計算する必要がある。この場合の大気情報としては，気象庁および世界各国の気象機関が提供している数値予報データや，MODISのような大気状態を推定する観測バンドを有するセンサによる大気関連プロダクト（水蒸気や気温分布など）が利用可能である。対象地域におけるラジオゾンデによる衛星同期観測データが利用できる場合には，それが最も信頼性が高いが，一般に入手は困難である。

　ところで，可視〜短波長赤外波長帯では，大気効果を計算すれば放射伝達方程式からこの帯域の大気補正の主目的である地表面反射率推定は可能であるが，熱赤外波長帯では，大気効果が計算できても放射伝達方程式から推定できるのは，地表上向き放射輝度（式（9.3）の $I_s(\lambda)$）であり，利用価値の高い地表面温度や地表面放射率ではない。これらを推定するには，大気補正で得られる $I_s(\lambda)$ と大気補正で計算した下向き放射照度を用いて，温度・放射率分離処理[22]を適用する必要がある。ASTERプロジェクトでは，上記の大気補正から温度・放射率分離処理までをデータ提供側が実施し，地表面温度プロダクト，地表面放射率プロダクトとして提供している。

(2) その他の大気補正法

　地表面放射率がほぼ一定で黒体とみなせる海面を対象とする場合には，回帰分析をもとにした大気補正法（海面温度推定法）が利用される。この方法は，NOAA衛星のAVHRRセンサにおいて実用化されたもので，大気の窓領域である波長10.8 μmおよび12.0 μmの2つの観測波長帯を利用するため，スプリット・ウィンドウ法と呼ばれている（4.2節）。現在ではMODISやGLIをはじめとする多くのセンサがこの帯域に同様の複数バンドを持ち，同様の方法で海面温度推定を実施している。また，大気補正と同時に，地表面温度および地表面放射率も推定する手法がMODISプロジェクトで採用されている[23]。これは，同一地点を昼夜の2回観測し，地表面放射率が昼夜で等しいと仮定して，複数の熱赤外バンドで観測連立方程式を立て，未知数である地表面温度や地表面放射率，大気パラメータ等を解析的に解くもので，昼夜アルゴリズムなどと呼ばれている。また，MODISの別の地表面温度・放射率プロダクト（MOD 21）で使用されているWVS（Water Vapor Scaling）法[24][25]は放射伝達計算の精度をマルチチャネル法[*7]によって向上させる熱赤外大気補正法であり，MOD 21プロダクトの他，ASTER全球放射率データセット（AG 100），Suomi NPP/VIIRSやECOSTRESS等の複数のプロジェクトの地表面温度・放射率プロダクトの生成に使用されている[26]。

　以上の他にも熱赤外波長帯での大気補正法は数多く提唱されている。例えば，GMS 1〜3に搭載されたVISSRや，Landsat/TM，ETM＋など，単一波長帯で地表面を観測した場合の大気補正は，大気状態を把握して放射伝達コードにより大気効果を計算し，さらに地表面放射率を与えることにより地表面温度を計算するのが定義通りの手法であるが，スプリット・ウィンドウ法の考え方を導入して，地表面温度（この場合，地表面上向き放射輝度を輝度温度変換したもの）と観測輝度温度の差を外部から与える大気状態（可降水量であることが多い）の関数として表現した補正式が提唱されている[27]。

＊7　スプリット・ウィンドウ法を3バンド以上に拡張した手法

9.4 雲検出

9.4.1 リモートセンシングにおける雲の影響

　衛星リモートセンシングにおける雲の影響を考える上では，観測データ（画素）における雲の有無と雲近傍効果の把握が重要である。雲検出は観測対象の違いによって考え方が異なる。例えば陸面，海色，大気中エアロゾルや大気分子成分の観測では，画素内へのわずかな雲の混入が解析結果に影響するため，できる限り雲を排除して確実な晴を捉えるという考え方が妥当である。一方で雲量や雲物理特性を観測する場合には，晴にも雲にも偏向しない中立的な晴雲分離が望ましい。雲近傍効果は雲が有限の広がりを持つことに起因する。すなわち雲近傍晴ピクセルへの散乱光の混入や，雲影の効果がこれに相当する。どちらの影響を検討する場合でも，各観測画素単位における雲と晴を判別することが最初の作業になる。そこで本節では雲検出手法について述べる。

9.4.2 雲検出手法

(1) 雲検出に用いられる波長

　可視光〜赤外光，マイクロ波，ミリ波等による観測画素の晴雲判別は，衛星リモートセンシングにおける基本的な技術である。ここでは一例として MODIS のような可視・赤外放射計による雲判別で用いられる波長について紹介する。まず，海洋域のように比較的暗い領域上に発生した雲であれば「可視光において，雲の反射率は海よりも大きい」という条件のテストを使用できる。また，一般に雲頂高度が高い雲は「11 μm チャンネルの輝度温度が低い」という条件で検出できる。**表 9.1** に可視赤外放射計における雲検出でしばしば用いられる判別テスト，および現在運用中の代表的な衛星搭載可視赤外放射計における各テストの実行可否についてまとめる[28]。なお，表中で示す R 0.67 は 0.67 μm チャンネルの反射率を，BT 11 は 11 μm チャンネルの輝度温度（brightness temperature）を意味する。R 0.87/R 0.67 は 0.87 μm と 0.67 μm チャンネルの反射率比を示し，これは複数の可視近赤外波長における雲域の反射率比が 1 に近いという特性，すなわち人間の目に例えれば「雲は白くみえる」ことを利用したテストである。

(2) 可視・赤外放射計による雲検出手法

　可視・赤外放射計を用いた雲検出アルゴリズムには，例えば AVHRR 用に開発された CLAVR-1 アルゴリズム[29]のように，**表 9.1** に示したような複数のテストの結果を順番に吟味しながら雲（晴）の可能性を徐々に排除し，最終的に該当画素の晴（雲）を判定するものがある。これを条件分岐型アルゴリズムと呼ぶことがある。対して，MODIS センサ用の標準アルゴリズム MOD 35[30]や GOSAT 衛星 CAI センサ用の標準アルゴリズム CLAUDIA[31]では，複数の判別テストのそれぞれにおいて晴天判定の信頼性を示すパラメータ F_i（0.0〜1.0 の範囲の実数値。0.0 が完全雲，1.0 が完全晴）を算出し，F_i（$i=1$〜n）の相乗平均などから最終的な晴天信頼度 Q を得る（**図 9.10・11** 参照）。CLAUDIA のような晴天信頼度型アルゴリズムではあえて曖昧さを残した判定を行うことになるが，現実の雲に

表 9.1 代表的な衛星搭載可視赤外放射計における各テストの実行可否[28]

判別テスト	主たるターゲット	Terra MODIS	GCOM-C SGLI	EarthCARE MSI	NOAA AVHRR	GOSAT CAI
R 0.67（陸域） R 0.87（水域）	光学的に厚い雲	○	○	○	○	○
R 0.87/R 0.67	光学的に厚い雲	○	○	○	○	○
NDVI*	植生域での晴検出	○	○	○	○	○
R 0.87/R 1.64	沙漠域での晴検出	○	○	○	−	○
R 1.24/R 0.55 BT 3.7−BT 3.9 R 3.7−BT 11	半裸地での晴検出	○	−	−	−	−
R 0.905/R 0.935 BT 3.7−BT 11	サングリント領域の晴検出	○	−	−	−	−
BT 11	高層雲	○	○	○	○	−
R 1.38	水域の絹雲	○	○	−	−	−
BT 6.7	光学的に薄い高層雲	○	−	−	−	−
BT 11−BT 3.9	光学的に薄い高層雲	○	−	−	−	−
BT 13.9	光学的に薄い高層雲	○	−	−	−	−

（○はテスト実行可，−はテスト実行不可を示す）

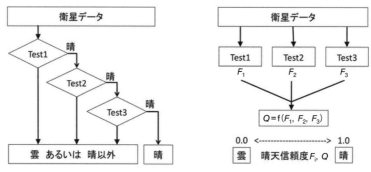

図 9.10 条件分岐型アルゴリズム（左図），晴天信頼度型アルゴリズム（右図）の模式図

おいても，晴と雲の境界が不明瞭であったり，絹雲のような薄い雲が広範囲に広がっていることもしばしばあることから，晴天信頼度 Q による雲判定の考え方は適切である。なお，近年では機械学習のひとつである深層学習を応用した雲検出手法が開発されている[32]。

(3) 雲検出手法の特性

雲検出アルゴリズムは，その設計思想により，①確実な晴をみつけるもの（＝晴判定慎重），②確実な雲をみつけるもの（＝雲判定慎重），③晴と雲のいずれにも偏向せずに中立的な判別を行うもの（＝中立）に特性が分類できる。一般に条件分岐型アルゴリズムは①晴判定慎重あるいは②雲判定慎重のどちらかに偏向した設計になる。対する晴天信頼度型アルゴリズムでは，Q の計算式（図 9.10

9.4 雲検出

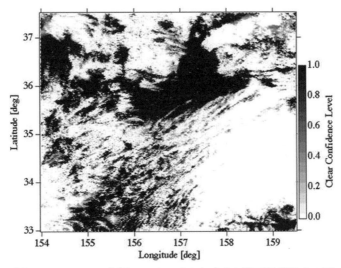

図 9.11 GOSAT 衛星 CAI センサから求めた晴天信頼度 Q の図
(場所は西太平洋中緯度領域で 2009 年 11 月 5 日に取得された。CLAUDIA アルゴリズムを使用。白系が雲領域，黒系が晴領域)

(右図)の関数 f) によって偏向性や中立性を変化させられる。例えば MOD 35 はやや①（晴判定慎重）である。CLAUDIA は③（中立）での運用が可能である[31]。晴判定慎重設計では晴判定に雲の混入がおこりにくいため，特に陸や海面のリモートセンシングではこの特性が重要視される。一方で，全球の雲量を求めるような問題では，晴と雲のいずれにも偏向しない中立的な判定が必要である。すなわち，どの特性の雲検出を行うかは，主たる観測対象や応用問題の種類によって慎重に選択すべきである。

(4) 能動型センサを用いた雲検出

雲検出に関する最近の動向として，衛星搭載雲ライダーやレーダのような能動型センサを用いた鉛直方向の雲判別がある。一般にライダーは雲粒への感度が高いため衛星の場合は雲頂付近の検出が得意であるが，厚い雲では下層の情報が得られなくなる。一方で雲レーダは雲全層を突き抜けるが，ある程度以上の大きな雲粒子にのみ反応する。そこで，ライダーとレーダの特徴を組みあわせた複合雲検出アルゴリズムが提案されている[33]〜[35]。図 9.12 に CloudSat レーダ反射因子（上図），CALIPSO バックスキャッタ（中図），両者から作成された複合雲フラグ（下図）を示す。この手法により，取りこぼしの少ない雲検出が可能になった。

引用・参考文献

1) 伊藤信成：光学面への有機分子吸着および UV 照射の透過率に対する影響，日本リモートセンシング学会第 48 回学術講演会論文集，pp. 57-58，2010.
2) Sakuma, F., T. Sato, H. Inada, S. Akagi and H. Ono：ASTER onboard calibration status. Proc. SPIE, 7106, 71060 G, 2008.

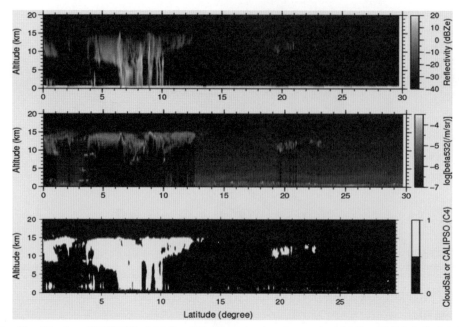

図 9.12　CloudSat レーダ反射因子（上図），CALIPSO バックスキャッタ（中図），両者から作成された複合雲フラグ（下図）。縦軸は高度，横軸は緯度（2006 年 10 月 8 日の北太平洋上）

3) 新井康平，K. Thome，土田　聡，前川勝利，外岡秀行：日本における ASTER/VNIR および SWIR の代替校正の初期結果，日本リモートセンシング学会誌，21（5），pp. 431-439，2001.

4) 外岡秀行，F. Palluconi，松永恒雄，庄司瑞彦，新井康平：日本における ASTER/TIR の代替校正の初期結果，日本リモートセンシング学会誌，21（5），pp. 440-448，2001.

5) Berk, A., L. S. Bernstein and D.C. Robertson : MODTRAN, A moderate resolution model for LOWTRAN 7, GL-TR-89-0122, Geophys. Dir., Phillips Lab., Hanscom AFB, Mass, 1989.

6) 新井康平，K. J. Thome：反射率に基づく衛星搭載可視近赤外放射計の代替校正の誤差解析，日本写真測量学会誌，39（2），99-105，2000.

7) 小野　晃，松永恒雄（監修）：基礎から学ぶ光学センサの校正，理工図書，2020.

8) 小野　晃，新井康平：衛星搭載光学センサの放射量校正 第 5 回（最終回）校正データの統合解析，日本リモートセンシング学会誌，4（37），pp. 375-384，2017.

9) Chander, G. et al. : Overview of Intercalibration of Satellite Instruments, IEEE Trans. Geosci. Remote Sens., 51（3），pp.1-56-1080, 2013.

10) Arai, K. : Atmospheric Correction and Residual Errors in Vicarious Cross―Calibration of AVNIR and OCTS Both Onboard ADEOS, Adv. Space Res., 25（5），pp. 1055-1058, 2000.

11) Liu, J. J., Z. Li, Y. L. Qiao, Y. J. Liu and Y. X. Zhang : A new method for cross-calibration of two satellite sensors, Int. J. Remote Sens., 25（23），pp. 5267-5281, 2004.

12) 高橋昌也，奥山　新：全球衛星搭載センサー相互校正システム（GSICS）の紹介とひまわり 8 号可視赤外バンドの校正・評価，気象衛星センター技術報告，62，pp. 1-18，2017.

13) Kieffer, H. H. and R. L. Wildey : Establishing the moon as a spectral radiance standard, J. Atmos. Oce-

anic Technol., 13, pp. 360 – 375, 1996.

14) Barnes, R. A. et al.: Changes in the radiometric sensitivity of SeaWiFS determined from lunar and solar based measurements, Appl. Optics, 38, pp. 4649 – 4664, 1999.

15) NASDA/EOC: Advanced Earth Observing Satellite (ADEOS) OCTS Data Processing Algorithm Description, 143 p., 1997.

16) NASDA GLI Calibration Group: GLI センサ特性ガイド, 97 p., 2002.

17) Iwasaki, A. and H. Tonooka: Validation of a crosstalk correction algorithm for ASTER/SWIR, IEEE Trans. Geosci. Remote Sens., 43 (12), Fig. 3 (a), pp. 2747 – 2751, 2005.

18) Kotchenova, S. Y., E. F. Vermote, R. Matarrese and F. J. Klemm, Jr.: Validation of a vector version of the 6 S radiative transfer code for atmospheric correction of satellite data. Part I: Path Radiance, Appl. Optics, 45 (26), pp. 6726 – 6774, 2006.

19) NASA Goddard Space Flight Center (GSFC): Aerosol Robotic Network (AERONET) Homepage, https://aeronet.gsfc.nasa.gov/ (Accessed 2024.4.12)

20) SKYNET, https://skynet.irie-lab.jp/ (Accessed 2024.4.12)

21) Horwath, R. B., J. G. Polcyn and C. Fablan: Effect of atmospheric path on airborne multispectral sensors, Remote Sens. Environ., 1, pp. 203 – 208, 1970.

22) Gillespie, A. et al.: A temperature and emissivity separation algorithm for Advanced Spaceborne Thermal Emission and Reflection Radiometer (ASTER) images, IEEE Trans. Geosci. Remote Sens., 36 (4), pp. 1113 – 1126, 1998.

23) Wan, Z.: MODIS Land-Surface Temperature Algorithm Theoretical Basis Document (LST ATBD), NAS 5-31370, 75 p., 1999.

24) H. Tonooka: An atmospheric correction algorithm for thermal infrared multispectral data over land—a water-vapor scaling method, IEEE Trans. Geosci. Remote Sens., 39 (3), pp. 682 – 692, 2001.

25) H. Tonooka: Accurate atmospheric correction of ASTER thermal infrared imagery using the WVS method, IEEE Trans. Geosci. Remote Sens., 43 (12), pp. 2778 – 2792, 2005.

26) 日本リモートセンシング学会（編）：リモートセンシング事典，丸善出版，2022.

27) 山本孝二，荒井　浄，阿部勝宏，三木芳幸：人工衛星赤外資料による海面水温の検出，沿岸海洋研究ノート，15 (1)，pp. 29 – 36，1977.

28) Nakajima T. Y., T. Tsuchiya, H. Ishida, T. Matsui, and H. Shimoda: Cloud detection performance of spaceborne visible-to-infrared multispectral imagers, Appl. Optics, 50, pp. 2601 – 2616, 2011.

29) Stowe, L. L., et al.: Scientific basis and initial evaluation of the CLAVR-1 global clear cloud classification algorithm for the advanced very high resolution radiometer, J. Atmos. Oceanic Technol., 16 (6), pp. 656 – 681, 1999.

30) Ackerman, S. A., et al.: Discriminating clear-sky from clouds with MODIS, J. Geophys. Res., 103 (D 24), pp. 32141 – 32157, 1998.

31) Ishida, H. and T. Y. Nakajima: Development of an unbiased cloud detection algorithm for a spaceborne multispectral imager, J. Geophys. Res., 114, D 07206, 2009.

32) Caraballo-Vega, J. A. et al.: Optimizing WorldView-2, -3 cloud masking using machine learning ap-

proaches, Remote Sens. Environ., 284, 113332, 2023.

33) Okamoto, H. et al.: Vertical cloud structure observed from shipborne radar and lidar, mid-latitude case study during the MR 01/K 02 cruise of the R/V Mirai, J. Geophys. Res, 112, D 08216, 2007.

34) Okamoto, H. et al.: Vertical cloud properties in the tropical western Pacific Ocean : Validation of the CCSR/NIES/FRCGC GCM by shipborne radar and lidar, J. Geophys. Res., 113, D 24213, 2008.

35) Hagihara, Y. et al.: Development of a combined CloudSat/CALIPSO cloud mask to show global cloud distribution, J. Geophys. Res., D 00 H 33, 2010.

第10章　幾何補正

〈この章で学ぶべきこと〉

　衛星画像に地図座標を与えることにより付加価値が高まり，植生図などの地理的な情報との比較ができる。また，数値標高モデル（DEM）の利用が欠かせない大気・地形効果補正を行うためには，衛星画像をDEMと正確に重ねあわせる必要がある。本章では，特に光学センサを対象に，衛星画像の幾何的な歪みを除いたり，地図座標に対応づける幾何補正とその関連事項について学ぶ。

学習目標：

① 衛星データの幾何的な処理に，正確な軌道情報や姿勢情報が利用されていることを理解する。

② 中心投影された衛星画像を地図と重ねあわせるにはオルソ補正が必要であることを理解する。

③ 地図が世界的に認められた地球の形や位置に基づいて作成されていることを理解する。

④ 提供される衛星データを正確に幾何補正する方法や，その補正精度を評価する方法を学ぶ。

⑤ ドローン等での活用が進んでいる，多視点の画像から対象の3次元形状を得るSfM/MVS技術を学ぶ。

キーワード：

数値標高モデル（DEM：Digital Elevation Model），シムテム補正（systematic correction），精密補正（precise correction），オルソ補正（ortho-rectification），測地系（geodetic datum），投影法（map projection），地上基準点（GCP：Ground Control Point），再配列（resampling），内挿（interpolation），モザイク（mosaic），SfM（structure from motion），MVS（Multi-View Stereo）

10.1　幾何補正とは

　幾何補正は幾何学的歪補正ともいう。すなわち，幾何補正はセンサで観測された画像中に含まれる幾何学的な歪を除去する処理である。まず，幾何学的な歪のない状態を考えてみよう。

　観測する対象が2次元で，観測された画像が対象物と形状が相似の場合，これは幾何学的な歪がない状態である。また，対象が建物，山などを含み3次元であるとき，観測された画像が対象を鉛直方向に正射投影した画像（オルソ画像）と相似の場合，幾何学的な歪がないといえる。さらに，対象が，例えば日本全体のように，広域で地球の曲率が無視できない場合（対象面が平面と仮定できない場合），対象面は曲面であるため地図投影変換をすることにより2次元の画像として表現できる。対象が地図投影された形状と画像が相似の場合，幾何学的な歪がないといえる。

　しかし，一般にリモートセンシングにより観測された画像には幾何学的な歪が含まれる。これらの幾何学的な歪には，センサに起因する内部歪とプラットフォームあるいは対象物に起因する外部歪が

193

表 10.1 幾何学的な歪の原因の例

	歪の原因の例
センサに起因する歪（内部歪）	レンズの歪曲収差 検知素子の配列の不整
プラットフォームに起因する歪（外部歪）	姿勢変動 位置変動
対象物に起因する歪（外部歪）	地球の自転 地形の起伏

表 10.2 衛星画像の幾何補正の種類

補正の種類	補正に用いるデータ	特徴
システム補正 ＝系統的補正 ＝バルク補正	幾何学的パタメータ （衛星の位置/姿勢データ）	・ 位置/姿勢データの高精度化に伴い，相対精度は向上。絶対精度は低い ・ 自動処理
精密補正 ＝非系統的補正	地上基準点（GCP）	・ RMS誤差1画素以内の絶対精度が可能 ・ GCPの事前準備が必要（マニュアルで準備する場合はその分の処理時間がかかる）
オルソ補正	標高データ（DEM）	・ 画素ごとの標高データが必要

あり，これらが複合して画像に歪をつくっている。航空機あるいは人工衛星に搭載された光学センサにより観測された画像の幾何学的な歪の例を**表 10.1**に示す。レーダ画像の歪については第14章で述べる。

　幾何補正は，単に画像を正しい形状にみせるだけでなく次のような処理のためにも必要である。
・　画素の地理座標を知る
・　複数の画像を重ねあわせて比較する
・　画像と地図を重ねあわせる
・　隣接画像をモザイクして広域画像を作成する

　衛星画像の幾何補正の種類には，**表 10.2**に示すように，システム補正，精密補正，オルソ補正がある。

　システム補正は，観測時に計測された衛星の位置・姿勢およびセンサの構造などの幾何学的パラメータを用いて幾何学的な理論式により補正する方法である。システム補正は，特にLandsatデータに対して，多量のデータを簡単な方法で補正するという意味でバルク補正と呼ばれることもある。当初，システム補正の精度はあまり良くなかったが，その後，改善が進められてきた。例えば，ALOS「だいち」搭載のPRISM（解像度2.5m）の場合，直下視で7.8m（RMS誤差[*1]），11.8m（CE 90[*2]）を達成している[1)2)]。その理由は，衛星の位置・姿勢を正しく計測可能になったこととセンサの幾何モデルの高精度化である。衛星の位置は全地球測位システム（GPSなど）により，衛星の姿勢は角速度などの検出装置（ジャイロ）や恒星追尾装置（スタートラッカー）により正確に計測でき

るようになった。

　精密補正は地上基準点（GCP：Ground Control Point）（後述）を用いた補正のことである。システム補正（バルク補正）より精度よく補正できるためこの名称が付いている。通常，システム補正によりある程度補正した後，さらに高い絶対精度が必要とされる場合に精密補正を行う。

　オルソ補正とは標高・建物などの高低差に起因する歪を補正することで，オルソ（orthographic）とは「正射投影の」という意味である。リモートセンシング画像の地形歪に対するオルソ補正には画素ごとの標高データが必要である。

　幾何補正に関連した処理にレジストレーション（registration），モザイク（mosaic）処理がある。

　レジストレーションとは，ある画像を別の画像あるいは地図に重ねあわせる処理である。地図とのレジストレーションは幾何補正そのものである。画像間のレジストレーションは双方の画像が正しく幾何補正されていれば重ねられる。しかし，通常は1画素以内の精度で重ねあわせることは難しいため，直接双方の画像間で対応する画素（基準点：control point）を数点選び，この対応点を用いて座標変換式を求め，片方の画像をもう片方の画像にあわせるように画像を変換（再配列）する。

　モザイク処理については 10.5 節で述べる

10.2　幾何補正の原理と座標系

10.2.1　座標参照系

　リモートセンシングデータは，座標参照系（CRS：Coordinate Reference System）に基づいて，地球上の位置に紐づけられる。座標参照系とは，地球上の位置を座標であらわすための約束事を定めたものであり，後述する測地系（geodetic datum）と座標系（coordinate system）の組合せで構成される（**表 10.3**）。座標参照系の種類は多岐にわたり，国や地域の違いだけでなく，時代によっても異なることがある。多様な座標参照系の種類を区別するため，EPSG コードと呼ばれる識別番号が活用されている（表 10.3）。ここでは，リモートセンシングデータを適切に重ねあわせて管理，分析，可視化する上で重要となる，座標参照系に関する基本事項を整理する。

＊1　RMS 誤差（RMSE：Root Mean Square Error）：x 方向，y 方向，xy 平面での RMS 誤差はそれぞれ次式であらわされる。

$$RMSE_x = \sqrt{\frac{1}{n}\sum_{i=1}^{n}(x_i - X_i)^2}, \quad RMSE_y = \sqrt{\frac{1}{n}\sum_{i=1}^{n}(y_i - Y_i)^2}, \quad RMSE_{xy} = \sqrt{\frac{1}{n}\sum_{i=1}^{n}\{(x_i - X_i)^2 + (y_i - Y_i)^2\}}$$

ここで，x_i と y_i は第 i 地点の計測値，X_i と Y_i は第 i 地点の真値，n は計測地点の数である。

＊2　CE 90：円形誤差（CE：Circular Error）：画像の水平方向の精度の表現方法のひとつで，ある地点を中心とする特定半径の円の範囲内に，その地点の真の水平座標が含まれる確率をあらわす。CE 90 は 90% の確率で真の座標が存在する距離（半径）をあらわす。

第 10 章　幾何補正

表 10.3　日本における主な測地系と座標系の組合せとそれに対する EPSG コード

			座標系		
			地理座標系	平面直角座標系 第 IX 系	UTM 座標系 第 54 帯
測地系	日本測地系	Tokyo Datum	EPSG：4301	EPSG：30169	EPSG：3095
	世界測地系	JGD 2000 JGD 2011 WGS 84	EPSG：4612 EPSG：6668 EPSG：4326	EPSG：2451 EPSG：6677 –	EPSG：3100 EPSG：6691 EPSG：32654

（1）測地系

　測地系とは，地球上の位置を緯度（latitude），経度（longitude）および標高（elevation）の 3 要素であらわすための基準を定めたものである。日本では，測量法および水路業務法の一部を改正する法律が 2002 年 4 月に施行されるまで，明治時代に定めた局所座標系である日本測地系（Tokyo Datum）が用いられていた。2002 年 4 月以降は，地心座標系である日本測地系 2000（JGD 2000：Japanese Geodetic Datum 2000）に移行した。さらに，2011 年 10 月以降は，2011 年の東北地方太平洋沖地震による地殻変動の影響を考慮するため，日本測地系 2011（JGD 2011：Japanese Geodetic Datum 2011）に移行している。

　JGD 2000 と JGD 2011 は世界測地系と呼ばれることがある。ここで，世界測地系という用語は特定の測地系を指し示す固有名詞ではなく，あくまでも測量法第 11 条で定めた要件を満たす測地系の総称である，ということに注意が必要である。米国が GPS を運用するために構築した World Geodetic System 1984（WGS 84）も，海上交通や航空分野で国際的に用いられている重要な世界測地系のひとつである。以下では，世界測地系を規定する 3 つの項目：1）地球基準座標系；2）準拠楕円体；3）標高の基準について概説する。

1）地球基準座標系

　地球基準座標系（terrestrial reference frame）は，互いに直交する 3 つの座標軸，X，Y および Z 軸を地球に固定するための方法を定めたものである（**図 10.1**）。地球基準座標系は地心直交座標系の一種であり，その原点は地球の重心と一致する。また，Z 軸は地球の自転軸の北方向に，X 軸は赤道と本初子午線の交点の方向に固定する。Y 軸は，X 軸および Z 軸と直交する右手系の方向に固定する。このように，地球に対して地球基準座標系を固定することで，地球上の諸点の位置を 3 次元直交座標（x, y, z）であらわせる。

　JGD 2000 では，International Terrestrial Reference Frame 1994（ITRF 94）という国際地球基準座標系が採用されている。また，2011 年の東北地方太平洋沖地震による地殻変動の影響を考慮するために構築された JGD 2011 においては，東北地方，関東地方および静岡県・愛知県を除く中部地方で International Terrestrial Reference Frame 2008（ITRF 2008）が採用され，それ以外の地域では ITRF 94 が採用されている。

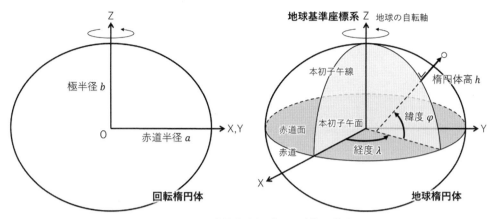

図 10.1 地球基準座標系と地球楕円体[3]

表 10.4 代表的な地球楕円体[4]

名称	赤道半径 a	扁平率の逆数 $1/f$
Bessel 1841	6 377 397.155	299.152 812 8
GRS 80	6 378 137	298.257 222 101
WGS 84	6 378 137	298.257 223 563

2) 準拠楕円体

準拠楕円体(reference ellipsoid)とは,地球基準座標系との位置関係が定義され,測量の基準として用いられる特別な地球楕円体(Earth ellipsoid)のことである。地球楕円体は地球の大きさと形状を近似した回転楕円体であり,その大きさと形状は赤道半径 a と扁平率 f であらわされる(**表 10.4**)。扁平率 f は地球の赤道半径 a と極半径 b により,$f=(a-b)/a$ で与えられる。地球楕円体の中心を地球の重心に固定し,その短軸を自転軸に一致させることで,地球基準座標系に対する地球楕円体の位置と角度が決まる(図 10.1)。

地球上のある点の緯度 φ は,その点から地球楕円体におろした垂線が赤道面となす角度であらわされる(図 10.1)。また,ある点の経度 λ は,その垂線を含む子午面が本初子午面となす角度であらわされる。さらに,地球楕円体から垂線方向に測った高さを,楕円体高 h (ellipsoidal height)という。地球基準座標系の3次元直交座標 (x, y, z) と地球楕円体を基準とした緯度 φ,経度 λ,楕円体高 h との関係式は次のようになる[4]。

$$\begin{bmatrix} x \\ y \\ z \end{bmatrix} = \begin{bmatrix} (N+h)\cos\varphi\cos\lambda \\ (N+h)\cos\varphi\sin\lambda \\ \{N(1-e^2)+h\}\sin\varphi \end{bmatrix} \tag{10.1}$$

ここで,N は卯酉線曲率半径であり,$N=a/\sqrt{1-e^2\sin^2\varphi}$ で与えられる。また,e は第1離心率であり,$e=\sqrt{(a^2-b^2)/a^2}$ である。

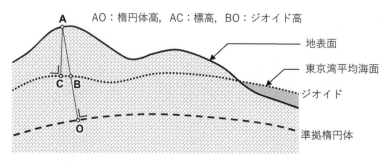

図 10.2 標高，楕円体高およびジオイド高の関係[6]

地球楕円体の種類は多岐にわたるが，日本や欧州，米国などの多くの国や地域では，測地基準系 1980（GRS 80：Geodetic Reference System 1980）で定められている GRS 80 楕円体という地球楕円体が，準拠楕円体として採用されている。また，GPS を運用するために米国が構築した測地系 WGS 84 では，WGS 84 楕円体という地球楕円体が準拠楕円体として用いられている。GRS 80 楕円体と WGS 84 楕円体の扁平率はわずかに異なるが（表 10.4），その違いは極半径にして約 0.105 mm である。

3）標高の基準

標高の基準はジオイド（geoid）である。ジオイドから鉛直に測った高さを標高という（図 10.2）。ジオイドとは，地球の重力がつくる無数の等ポテンシャル面のうち，全球を覆う仮想的な平均海面と一致する重力の等ポテンシャル面に相当する。その形状には緩やかな凹凸がある。その理由は地球内部の質量分布が不均一で，地球の重力が一様に分布していないためである。また，地球の自転による遠心力等により，ジオイドは全体的に極方向よりも赤道方向に膨らんだ扁平な形状となっている[5]。

日本では，東京湾平均海面がジオイドに一致すると仮定し，東京湾平均海面を基準として，北海道とその周辺の島，本州，四国，九州とそれに付随する島等の標高を測定している[5]。それ以外の地域については適宜の海岸や湾の平均海面を標高の基準としている[5]。諸外国においても，それぞれの国や地域で異なる平均海面を標高の基準と定めている場合がある。こうした標高の基準のゆらぎを定量化するとともに，全世界共通の基準で高さを測定するため，国際高さ基準座標系（IHRF：International Height Reference Frame）の構築が進められている。

既に述べたように，ある点についてジオイドから鉛直に測った高さを標高，準拠楕円体からその垂線方向に測った高さを楕円体高という。これに対して，準拠楕円体からその垂線方向に測ったジオイドまでの高さをジオイド高（geoid height）という（図 10.2）。ジオイドからのばした鉛直線と準拠楕円体からのばした垂線は必ずしも一致しない。この鉛直線と垂線のなす角を鉛直線偏差という。鉛直線偏差が微小であるとき，「楕円体高 = 標高 + ジオイド高」と近似できる。この関係に基づき，GNSS 観測で求まる楕円体高から，その点のジオイド高を差し引くことで，標高が求まる。

日本の任意点のジオイド高は，国土地理院が提供する詳細なジオイドモデル「日本のジオイド 2011（GSIGEO 2011）」から得られる。また，全球的なジオイド高は，米国の NGA（National Geospatial-

Intelligence Agency）が構築した EGM（Earth Gravitational Models）シリーズ：EGM 84，EGM 96，EGM 2008 および EGM 2020 などから得られる。なお，EGM シリーズと GSIGEO 2011 は整合しない。その理由は両者の構築方法の違いにある。EGM シリーズは重力観測に基づいて構築された重力ジオイドモデルである。一方，GSIGEO 2011 は，GNSS 観測で求めた楕円体高と水準測量で求めた標高からジオイド高を算出し，得られたジオイド高に精密な重力ジオイドモデル JGEOID 2008 を適合させて構築した混合ジオイドモデルである[7]。

（2）座標系

地球上の諸点の位置は，測地系に基づいて，緯度 φ，経度 λ，楕円体高 h あるいは標高 H であらわされる。このうち緯度 φ と経度 λ は，一般に，地理座標（geographic coordinate）と呼ばれる。日本の測量法では，緯度 φ と緯度 λ を地理学的経緯度（geographic latitude and longitude）[8]と呼んで，これを地図の作成や地理空間データの整備に利用している。地理座標系（geographic coordinate system）とは，地理座標（φ, λ）による位置表現の仕組みを定めたものであるが，その実態は測地系の構成要素である地球基準座標系と準拠楕円体である。従って，準拠する測地系が異なれば，同一地点であっても地理座標（φ, λ）が変化することに注意が必要である。

地球上の諸点の位置を平面に投影した座標系を，投影座標系あるいは地図座標系と呼ぶことがある。その具体例のひとつに，平面直角座標系（plane-rectangular coordinate system）が挙げられる。平面直角座標系とは，地理座標（φ, λ）であらわされる地球上の諸点の位置を，平面上の 2 次元直交座標（x, y）に対応させるため，次の 4 つの項目：1）地図投影法あるいは図法，2）平面に投影する範囲，3）投影した平面上の座標原点，4）座標軸の方向，について定めたものである。ここでいう平面直角座標系とは，あくまでも上記 4 項目で定められる座標系の総称である。平面直角座標系の具体例として，日本独自の平面直角座標系（JPRCS：Japan Plane Rectangular coordinate system）[5]や国際的に用いられているユニバーサル横メルカトル座標系（UTM 座標系：Universal Transverse Mercator coordinate system）[5]などが挙げられる。

日本独自の座標系である平面直角座標系は，測量法第 11 条第 1 項第 1 号の規定を受けて定められたものであり，主として地方自治体が作成する大縮尺図で用いられている。この平面直角座標系は，日本全土を都道府県の範囲や経緯度に基づいて区分した，19 の区域に対して定められている。各区域の平面直角座標系は，ローマ数字を用いて，平面直角座標系 第 I 系，第 II 系，…，第 XIX 系のように区別される。各系の適用区域のおおよその範囲は，各系の原点から東西それぞれの方向へ約 130 km 以内となっており，この適用区域ごとにガウス・クリューゲル図法で平面投影される。また，準拠楕円体の表面上のある点における微小距離 dS' とそれに対応する平面上の点における微小距離 dS から定義される縮尺係数 dS/dS' については，原点を通る中央子午線上では 0.9999 と定められているが[6]，原点から Y 軸に沿って東西に約 90 km 離れた点では 1.0000，約 130 km 離れた点では 1.0001 となる。座標軸は，原点を通る子午線を X 軸とし，真北をその正方向とする。また，原点を通り X 軸と直交する線を Y 軸とし，真東をその正方向とする。このように全国を 19 の座標系に分けて平面

投影するのは，各系内での平面投影に伴う長さのひずみの最大値を 1/10,000 以下に収めるためである[6]。なお，ここで紹介した日本独自の平面直角座標系は，定義上の性質から 19 座標系とも呼ばれる。また，制度上の性質から公共測量座標系ともいう。

UTM 座標系は 1940 年代に米軍によって定められた座標系であるが，日本や世界各国の地図作成をはじめ，リモートセンシングデータを平面投影する際にも用いられている。UTM 座標系は，世界を経度差 6 度幅の座標帯（zone）に分割し，各座標帯の中央子午線と赤道の交点に原点を設け，原点から東西それぞれ 3 度以内をひとつの適用範囲とし，適用範囲ごとにガウス・クリューゲル図法で平面投影する[6]。縮尺係数 dS/dS' については，原点を通る中央子午線上では 0.9996 と定められているが，原点からの経度差が 3 度となる赤道上の点では最大 1.001 程度となる。なお，各座標帯には識別番号が割り当てられている。その識別番号は経度 180 度を始発線として，西から東に向かって第 1 帯〜第 60 帯まで数える。日本は第 51 帯〜第 56 帯の範囲に含まれる。座標軸は各座標帯の中央子午線を縦軸，赤道を横軸とし，各軸の正方向をそれぞれ真北および真東とする。なお，原点数値には注意が必要である。横軸の原点数値は 500,000 m，縦軸の原点数値は北半球では 0 m，南半球では 10,000,000 m と規定されている。適用範囲のいずれの地点でも，座標値が負にならないようにするためである。

10.2.2 座標系とシステム補正の考え方

ALOS は GPS 受信機を搭載し精度よく自らの位置を決定することができ，また恒星センサ（star sensor あるいは star tracker）を用いて姿勢も高精度に計測している[9]。ここでは，何らかの方法で計測されている衛星の位置と姿勢のデータから，光学センサ画像の各画素の位置を求めることを考える。これをシステム補正（systematic correction）という。システム補正では，画像内部の相対的な位置関係はかなり精度よくあらわされるが，高高度からの観測のため衛星の姿勢計測の誤差による絶対的な位置のずれは大きくなる可能性がある。

図 10.3 にはある瞬間における地心座標系と軌道座標系を示した。軌道座標系は地球中心に向かう方向を z 軸とし，軌道面に垂直で衛星の公転による回転で右ねじの進む向きと逆方向を y 軸，y–z 平面に垂直で y 軸から z 軸のほうに右ねじを回して進む向きを x 軸とする。完全な円軌道であれば x 軸は衛星の進行方向と一致するが，一般には一致しない。軌道座標系は衛星の運動に伴って移動する座標系である。地球の重心を原点とする衛星の重心位置と軌道面を与えて軌道座標系に変換できる。ただし，衛星の位置は慣性系[*3]で与えられていることに注意する必要がある。これに対し，画像上の画素の位置は地球の自転とともに回転する座標系であらわさねばならない。図に示した地心座標系は地球の自転に伴って回転する ECR 座標系（Earth Centered Rotating (coordinate system)）であっ

＊3　地心慣性（Earth centered inertial）座標系のこと。原点が地球の中心で，北極方向が Z，春分点方向が X，赤道面内で X から東に 90 度方向が Y の直交座標系。

10.2 幾何補正の原理と座標系

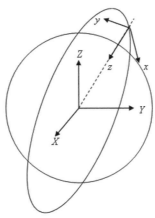

図 10.3 地心座標系（XYZ）と軌道座標系（xyz）

て，軌道座標系も移動し，地心座標系も回転するので，両者の間の座標変換は時間の関数として時々刻々変化していくのである。

ここで，センサのある画素に撮像された地上の点が衛星からどの方向にあるかを示す視線ベクトルを求めることを考える。地形起伏を無視した場合，この視線ベクトルを直線的に延長して回転楕円体であらわされた地球と交わる位置がその点の地上での位置となる。これを画像の全ての画素について求めればシステム補正になる。実際にはいくつかの画素について計算してその間を内挿補間すればよい。

まず，センサ内の幾何的配置から当該画素から光学系の投影中心に向かう視線ベクトルの成分がセンサ内に設定した座標系（センサ座標系）で求まる。視線ベクトルは大きさ1に規格化しておくものとする。これをセンサが衛星に対してどのように傾いて設置されているかをあらわす回転行列，さらにポインティング機能を有する場合にはポインティングによる回転も合成した回転行列で回転し，センサ座標系から衛星座標系に変換する。次に衛星の姿勢は，軌道座標系に対する空間回転の3つの角度であらわされているから，この座標変換を行って軌道座標系に変換する。最後に，観測時刻における軌道座標系と地心座標系の間の回転を行って，視線ベクトルを地球とともに回転する地心座標系に変換する。併せて衛星位置も地心座標系で表現する。こうして地球に固定した座標系で衛星の位置から視線ベクトルを延長して地球楕円体との交点を求める。これが地心座標系での座標値として求まった地上点の位置である。これを経緯度に換算し，さらに地図投影変換を行ってシステム補正画像上での位置に変換できる。なお，ここでは地球は数学的な回転楕円体で地形による起伏がないものとして扱った。実際には地形起伏の影響で画素の位置がずれる。衛星高度からの直下視ではずれの量は小さいが，斜方観測では無視できない大きさになる。標高データを用いてこれを補正する処理をオルソ補正という。

ASTERやPRISMのようなステレオ画像が取得できるセンサの画像からは2つの画像の対応点を同定することによって，撮影時の2つの視線ベクトルの空間中での交点として地上の点の3次元位置が計測できる。地心座標系での値は緯度・経度・高さに換算できるが，こうして得られた「高さ」は楕

円体高であり，標高に換算するにはその地点のジオイド高を引き算する必要がある。ジオイド高のデータは，日本であれば国土地理院が「日本のジオイド 2011」としてインターネットで提供している[10]。なお，国土地理院は 2019～2023 年に全国の航空重力測量を実施し，これに基づく精密重力ジオイド「ジオイド 2024 日本とその周辺」（試行版）を 2024 年 3 月に公開した。正式版は 2024 年度末に公開予定としている。全球ジオイドモデルは EGM 2008（Earth Gravitational Model 2008）が米国の NGA からインターネットで提供されている[11]。EGM 2008 をより高精度にした EGM 2020 の構築が現在進められているが，2024 年 1 月現在まだリリースされていない。

コラム 1：標定という用語

　西洋では東（orient）が方位の基準とされ，orientation が方向付けの意味になった。測量機器の定位も orientation であり，これを測量用語として標定と訳した。これが写真測量で空中写真の撮影時の位置と傾きをあらわす意味に拡張され，センサ内部の定位をあらわす内部標定（interior orientation）やステレオ画像の相対的位置関係を定める相互標定（relative orientation），地上に固定した座標系で位置と傾きを定める外部標定（exterior orientation）などの用語が用いられている。

10.3　幾何補正の方法

衛星画像の幾何補正では，図 10.4 に示すように地図座標 (x, y) が確定した格子点 (i, j) からなる出力画像を得ることが目的となる。そのためには，地図座標に対する入力画像の画素値の対応関係を式（10.2）のような幾何変換式であらわす必要がある。

$$p = f(x, y), \ l = g(x, y) \tag{10.2}$$

通常のシステム補正の場合，幾何変換式は衛星画像に付属する情報から求まるが，処理レベルに応じて付属する情報に違いがある。また，これらの情報が利用できない場合には，GCP を用いた精密補正により幾何変換式を推定する必要が生じる。いずれの場合でも，幾何変換式から求まる入力画像

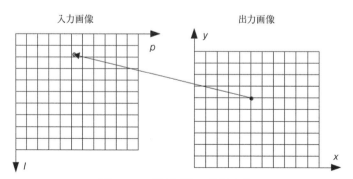

図 10.4　衛星画像の幾何変換

の画像座標 (p, l) は実数値となるので，画素値を内挿する必要が生じる。内挿後の画素値は出力画像上の格子点 (i, j) の値として記録される。この処理を再配列（resampling：リサンプリング）という。

10.3.1　衛星画像の処理レベル

　衛星画像を利用する際には，使用されたセンサの特徴を把握するだけではなく，どのような処理が行われたデータ（処理レベル）であるか，どのようなデータ形式（フォーマット）で記述されているかにも注意する必要がある。主要な衛星センサの処理レベルとフォーマットについては，8.2 節および 8.3 節を参照されたい。

　幾何補正の処理レベルには未補正，システム補正，オルソ補正の 3 種類があるが，衛星センサや提供機関により呼び方が変化することに注意する必要がある。また，システム補正後の衛星画像は地図上で等間隔となる格子点上に再配列（リサンプリング）されるが，衛星の軌道方向を画像の上下とする場合（georeference：ジオレファレンス）と地図の南北方向を画像の上下とする場合（geocoded：ジオコーデッド）があり[4]，AVNIR-2 や PRISM ではそれぞれ，レベル 1 B 2 R とレベル 1 B 2 G と呼ばれる。

　一般のユーザが利用するデータは，幾何補正を含むシステム補正後の画像，あるいはオルソ補正後の画像である。特に地図と重ねて利用する場合には，オルソ補正が不可欠である。しかし，オルソ補正後の画像であっても，正確に地図と重なるわけではないので，多くの場合幾何的な誤差を評価した上での修正が必要となる。

　なお，最近では RPC（有理多項式の係数）を用いて DEM と未補正画像（またはシステム補正画像）からオルソ補正画像を作成する方法が利用されるようになってきた（コラム 4 参照）。

10.3.2　システム補正後のパラメータを用いた再配列

　システム補正（幾何補正）後に配布される衛星データには，画像座標 (p, l) と地図座標 (x, y) との対応関係を示すパラメータが付加される。このパラメータを用いた再配列の方法を述べる。

$$p - p_0 = (\cos\omega_0 \cdot (x - x_0) - \sin\omega_0 \cdot (y - y_0))/\Delta \tag{10.3 a}$$

$$l - l_0 = (-\sin\omega_0 \cdot (x - x_0) - \cos\omega_0 \cdot (y - y_0))/\Delta \tag{10.3 b}$$

ここで，(x_0, y_0) は画像座標 (p_0, l_0) に対する地図座標，ω_0 は地図に対する回転角（マップオリエンテーション角），は空間解像度である。ジオコーデッドデータの場合には，ω_0 を 0 度に設定する。ALOS「だいち」（AVNIR-2，PRISM）や Landsat TM の CEOS フォーマットではリーダファイルに画像の

＊4　georeferencing および geocoding はともに，あるデータに地図座標を付与するあるいは関連付けることをいう。本文中に述べているように georeference と geocoded の意味を区別して用いる場合もあるので注意が必要である。

中心に対する地図座標と地図に対する回転角および空間解像度が記載されている。GeoTIFF データでは model tiepoint tag（ジオコーデッドデータの場合）あるいは model transformation tag（ジオレファレンスデータの場合）として，TIFF ファイルの中に書き込まれている。HDF フォーマットでも，メタデータにこれらの情報が書き込まれている。

幾何変換式を利用して出力画像を得るには，出力画像の画像座標 (i, j) と地図座標 (x, y) の関係を以下のように設定する。

$$x = x_s + i \cdot dx + dx/2, \; y = y_s - j \cdot dy - dy/2 \tag{10.4}$$

ここで (x_s, y_s) は図 10.4 に示す出力画像の左上（北西）の地図座標であり，(dx, dy) は空間分解能で，これらをあらかじめ設定する必要がある。画素の中心が左上より 1/2 画素だけずれていることに注意する。式（10.4）を用いて出力画像の画像座標 (i, j) に対する地図座標 (x, y) を求め，式（10.3 ab）を用いて地図座標から入力画像の画像座標 (p, l) を求める。求めた画像座標は実数値であるので，周りの画素の画素値を用いた内挿（後述）を行う。全ての画素に対してこの操作を繰りかえすことにより幾何変換（再配列）を行った出力画像が得られる。

10.3.3　精密補正

画像を他の画像あるいは地図に重ねあわせたいとき，1 画素以内の絶対精度が要求される。しかし，システム補正ではこの精度は達成できないため，地上基準点（以下 GCP）を用いた精密補正を行う必要がある。

GCP とは観測している地点の地図座標が既知の画素のことである。すなわち，GCP とは画像座標（画像内の画素の位置）と地図座標が共に既知の点のことである。通常，画像上，地図上の双方で同定しやすい地点（例えば，防波堤の角，橋の中央，道路交差点など）から選ぶ。

精密補正において，通常，地図座標から画像座標への変換式（式（10.2））として多項式を用いることが多い。下に共 1 次式の場合と 2 次式の場合を例として示す。

$$p = f(x, y) = a_1 xy + a_2 x + a_3 y + a_4$$
$$l = g(x, y) = b_1 xy + b_2 x + b_3 y + b_4 \tag{10.5}$$

$$p = f(x, y) = a_1 x^2 + a_2 xy + a_3 y^2 + a_4 x + a_5 y + a_6$$
$$l = g(x, y) = b_1 x^2 + b_2 xy + b_3 y^2 + b_4 x + b_5 y + b_6 \tag{10.6}$$

多項式は高次になるほど補正前画像の小さな歪にも対応して補正できる利点がある一方，GCP のない画像の端部分において補正後に大きな歪を生じさせる欠点もあわせ持つ。一般に 1 次から 5 次の間を選ぶが，共 1 次式では未知係数（$a_1 \sim a_4$，$b_1 \sim b_4$）が 8 個で，1 点の GCP で 2 つの式ができるため 4 点の GCP が必要となる。通常その 2 倍程度の GCP を選び，最小二乗法により未知係数を求める。

204

2次多項式では最低6点，3次多項式では最低10点のGCPが必要となる。

GCPを収集する作業は労力がかかるため，あらかじめ地図上でGCP候補点のデータベースを用意することも行われている。

GCPは幾何補正したい領域において偏りなく分布させることが大事である。偏りがある場合は，GCPの分布していない地域において誤差が大きくなる。

GCPの収集作業の過程で，求めた座標変換式の妥当性をGCPにおける次式の誤差で評価する。

$$ep_i = f(x_i, y_i) - p_i$$
$$el_i = g(x_i, y_i) - l_i$$

(10.7)

ここで，ep_i, el_iは画像座標のp方向，l方向の誤差で，(x_i, y_i)，(p_i, l_i)はi番目のGCPの地図座標と画像座標である。一般に，誤差ep_i, el_iが1画素以内であれば問題はないが，誤差が大きすぎると，GCPを取り直すか，変換式の次数を変える。

以上の方法で座標変換式を確定した後は，システム補正の場合と同様に内挿，再配列を行い，幾何補正済みの画像を得る。

なお，画像処理ソフトウェアに含まれる幾何補正では，上記の画像座標と地図座標間の変換においてThin Plate Spline（TPS）と呼ばれるスプライン関数を用いる場合がある。この方法は画像上に仮想的なゴムシート（弾力のあるthin plate）を張り，このゴムシートを地図にあわせる時に全GCPが地図上のGCPに一致するように2次元的に伸縮させるように座標変換することからこの名前が付けられている。

10.3.4　オルソ補正

オルソ補正の基本的な原理を**図 10.5**に示す[12]。一般に衛星画像では，衛星から対象をみたときの視線の方向が，画像の位置（画素方向）として記録される。さらに，この方向を基準面（回転楕円体）に投影することにより，地図座標を得ている。従って，標高h（正確には楕円高）が高くなると，地点Pは中心から遠くにある地点P'にあるようにみえてしまう。

地球を球体とし，光の屈折を考慮しない場合の地点Pと地点P'との距離（位置ずれΔX）の厳密な導出の方法をコラム2に示した。回転楕円体とする場合には直下点における地球の曲率の変化を考慮する必要がある。実用的には種々の近似が考えられる。例えば，地球の曲率を無視した場合には3角形の相似関係$H : h = (X + \Delta X) : \Delta X$から$\Delta X = hX/(H-h) = h\tan\theta$となる。しかし，入射角は対象地点で$\theta_1$となるから$\Delta X' = h\tan\theta_1$と修正しなければならない。2つの比は$\Delta X'/\Delta X = \tan\theta_1/\tan\theta$である。直下に近い場合には$\sin\theta_1/\sin\theta$と近似され，これは$(R+H)/(R+h)$となる。

オルソ補正を行うためには，対象とする画素ごとに衛星直下点からの距離，衛星の高度および標高が必要である。衛星の高度が画素ごとに異なることはないが，シーンごとには変化する可能性がある。

ここでは衛星直下点の位置が入手できない場合の簡易的な推定方法を紹介する[13]。**図 10.6**に地

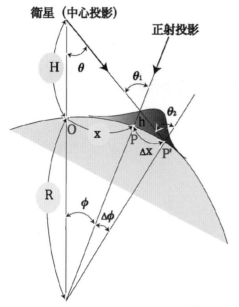

図 10.5　衛星画像にあらわれる起伏による位置ずれ

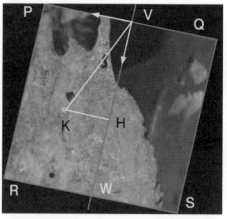

図 10.6　地図投影された Landsat ETM+画像（バンド5）

図投影された Landsat ETM+の衛星画像を示す。衛星は北から南に飛行している。この図からわかるように，衛星画像の撮影範囲外には特別な画素値（通常は 0）が入っているので，撮影範囲と明確に区別できる。撮影範囲の左上の座標と右上の座標を結んだ線上の画素値が，1 回の走査あるいはラインで入手したデータと考えられる。従って，その中点が衛星直下点となる。同様に左下と右下の座標からもそのラインに対応した衛星直下点を求められる。Landsat ETM+の場合，これらを結んだ直線（中心線）が衛星直下点の軌跡である。ポインティング機能を有しているセンサの場合には，求めた軌跡をポインティング角を考慮して走査方向にずらす必要がある（図 10.5 参照）。

図 10.6 には衛星直下点の軌跡と，直下点から対象とする画素へ結んだ線も示してある。これらの情報から直下点までの距離は以下のように求められる。

線分 PQ がこのシーンの最初の走査ラインで，その中点 V が衛星直下点と考えられる。同様に線分 RS は最後の走査ラインで，その中点 W が衛星直下点である。2 点を直線で結んだ線分 $\overrightarrow{VW}$ を衛星直下点の軌跡とし，この方向の単位ベクトルを $\vec{q}$ であらわす。

衛星画像上の任意の画素 $K(p,1)$ の衛星直下点からの距離と方向を考えよう。この画素に対応する衛星直下点を H とし，H から K への単位ベクトルを $\vec{p}$ とする。$\vec{p}$ と $\vec{q}$ を用いて $\overrightarrow{VK}$ を次式のようにあらわせる。

$$\overrightarrow{VK} = \alpha\vec{p} + \beta\vec{q} \tag{10.8}$$

ここで，α は求めるべき衛星直下点からの距離 $|\overrightarrow{KH}|$ をあらわし，β は最初の走査ラインの衛星直下点からの距離 $|\overrightarrow{VH}|$ をあらわしている。式（10.8）は α と β に関する連立方程式であり，$\overrightarrow{VK}$，

10.3 幾何補正の方法

$\vec{p}$, $\vec{q}$ を図 10.6 より与えることにより解くことができる。

　地図参照画像の場合には，走査方向である $\vec{p}$ は画像の横方向（画素番号の増える方向）に一致する。

　直下点からの距離 $|\overrightarrow{KH}|$ を X とすれば，図 10.5 に示したように起伏による位置ずれ（ΔX）が求まる。この位置ずれを，$\vec{p}$ の向きを考慮して式（10.3 ab）の画像座標 (p, l) のずれに換算し，再配列（10.3.2 項）に利用する。

コラム 2：起伏による位置ずれの厳密な計算方法（図 10.5 参照）

地点 P と地点 P' の位置ずれは以下のように計算できる。2 つの地点における入射角をそれぞれ θ_1 と θ_2 とすれば $\Delta X = R\Delta\varphi = R(\theta_2 - \theta_1)$ とあらわせる。入射角 θ_1 を求めるには次の関係に着目する。

$$X = R(\theta_1 - \theta) = R\varphi \tag{1}$$
$$\sin\theta_1 = (R+H)\sin\theta/(R+h) \tag{2}$$

2 つの式から，以下の式が導ける。

$$\sin\theta_1 = \sqrt{\frac{(R+H)^2\sin^2\varphi}{\{(R+H)\cos\varphi - (R+h)\}^2 + (R+H)^2\sin^2\varphi}} \tag{3}$$

また，次の式も成立する。

$$\sin\theta_2 = (R+h)\sin\theta_1/R \tag{4}$$

従って，X がわかれば φ がわかり，式（3）から θ_1 がわかる。θ_1 がわかれば式（4）により θ_2 が計算できるから，位置ずれ ΔX が求まる。

コラム 3：オルソ補正を含む衛星画像の幾何変換の具体的な手順（図 10.4 参照）

(1) 最初（左上角）の画素 $(1, 1)$ を設定する。
(2) 画素番号 (i, j) に対して地図座標 (x, y) を求める。
(3) 地図座標 (x, y) に対して幾何変換式（10.3）から (p', l') を求める。
(4) 数値標高モデルを利用してオルソ補正項 $(\delta p(p', l', h(x, y)), \delta l(p', l', h(x, y)))$ を求める。
(5) オルソ補正項を含む画像座標 (p, l) の内挿により，出力画像 (i, j) の画素値を求める。
(6) 画素番号をひとつ増やして，(2) に戻る。全ての画素の値が定まれば終了。

コラム 4：RPC（Rational Polynomial Coefficient 有理多項式係数）を用いたオルソ補正

　RPC は地上の 3 次元座標（緯度 φ，経度 λ，楕円体高 h）に対して，画像座標 (p, l) を与える有理多項式であり，以下の式によりあらわされる。

$$p = \frac{f_1(\varphi, \lambda, h)}{f_2(\varphi, \lambda, h)}, \quad l = \frac{f_3(\varphi, \lambda, h)}{f_4(\varphi, \lambda, h)}$$

実用的には，分子 (f_1, f_3) は3次まで，分母 (f_2, f_4) は2次までの多項式係数が利用され，全ての変数は0から1に正規化して用いる。通常，UTM座標から緯度，経度への換算が必要となる。

多項式係数は，3次元座標上の一定間隔の制御点に対して，センサモデルから得られる画像座標を最小二乗法による回帰分析することによって推定される。衛星の軌道や姿勢などの情報を必要としないのは，利用者だけでなく提供機関にとってのメリットでもある。はじめは商用衛星で提供されていたが，最近ではALOS（だいち）の光学センサでも提供されている。

センサモデルに含まれる誤差は残るので，精密補正が不必要になることはない。

10.3.5 内挿手法

衛星画像の幾何補正を行う際，補正後の出力画像の画素は出力画像座標系において正方格子状に配列される。しかし，一般に出力画像の各画素の位置は入力画像の各画素の位置以外，すなわち入力画像座標系において整数値でない位置に対応する。この場合，入力画像座標が整数値を持つ格子点（入力画素点）における画素値から出力画素の値を内挿し，再配列（resampling）する必要がある。再配列のための内挿法として，ここでは以下の代表的な手法について説明する。それぞれ計算コストと結果の特性が異なるため，どの内挿法を適用するかは目的に応じて選択する必要がある。図 **10.7** は各内挿法の概念を示したものである。

(1) 最近隣内挿法（nearest neighbor interpolation）

最近傍法とも呼ばれ，内挿したい点に最も近い画素値を格子点上に配列するものである。以下に示す他の内挿法と比較して高速に計算でき，また入力画素の画素値を保存するため物理量の算出に適している。一方，出力画像は最大1/2画素の位置誤差を生じる可能性があり，また滑らかさを欠く結果となる。

(2) 共一次内挿法（bi-linear interpolation）

線形補間法とも呼ばれ，内挿したい点の周囲四格子点の画素値を用いて線形補間する。共一次内挿法は一種の平滑化処理なので，出力画像は他の内挿法による結果と比較して滑らかなものとなる一方，入力画像の画素値は保存されないので物理量を議論する場合には適さない。

(3) 三次畳み込み内挿法（cubic convolution interpolation または bi-cubic interpolation）

三次補間法とも呼ばれ，判読しやすい画像が得られる方法で，内挿したい点を囲む周囲16画素の値についてsinc関数とのコンボリューションにより格子点の画素値を補間する。他の内挿法と比較

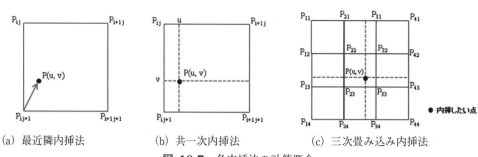

図 **10.7** 各内挿法の計算概念

10.4 幾何補正の精度の評価

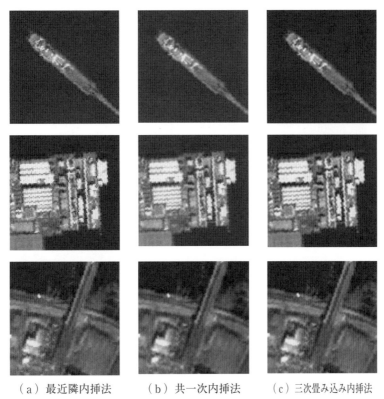

（a）最近隣内挿法　　　（b）共一次内挿法　　　（c）三次畳み込み内挿法
図 10.8　内挿法の違いによる出力画像の違い

して計算時間は要するが，平滑化に伴う画像のぼけは少ない。また，入力画像の画素値は保存されないので物理量を議論する場合には適さない。

(4) 関数による内挿法

関数を用いた内挿法として，多項式関数，スプライン関数またはラグランジュ関数などによる手法が検討されている。

図 10.8 は最近隣内挿法，共一次内挿法，三次畳み込み内挿法の各手法による出力画像の例を示したもので，ALOS「だいち」搭載 AVNIR-2 による画像である。

10.4　幾何補正の精度の評価

幾何補正された衛星画像を適切な縮尺の地図と重ねあわせることにより，その誤差を目視により確認できる。しかし，より客観的かつ定量的に評価するには，参照するデータを標準化し，かつ誤差の評価を自動化しなければならない。誤差に系統的な特徴がみられる場合には，適用した幾何補正方法や利用したデータの見直しが必要になる。

第 10 章　幾何補正

10.4.1　検証点を利用した方法

地上基準点（GCP）と同様に画像座標と地図座標がともに既知の検証点を準備する。検証点と GCP は本来，同種類の点である。GCP にあわせるように幾何補正した結果を GCP で精度評価することは真の精度より過大に（みかけ上，正しく）評価することになるため，GCP とは異なる検証点において精度評価を行う。検証点の収集は地上基準点の場合と同様に，対象領域全体に偏りなく分布すること，季節変化や経年変化などが少ない地点を選ぶことに留意する必要がある。しかし，地図および衛星画像の双方で明確に確認できる地点は，海岸線や河川における特徴的な変化や橋や道路の交差点に限られているため，空間的な偏りが生じることは避けられない。起伏による位置ずれやその補正（オルソ補正）の有効性を評価するためには標高の高い地点も地上基準点に含める必要がある。現実には，検証点の収集は労力がかかるため，十分な数を収集することが困難な場合は GCP で精度評価することもある。

検証点における地図座標と画像座標を用いて式（10.7）と同様に検証点ごとに誤差を求め，画像全体の検証点の誤差から RMS 誤差を計算して幾何補正の精度評価とする。また，**図 10.9** に示すように，これらの誤差を地図上にベクトル表示することにより，誤差の地域特性を確認できる。この図の場合，検証点は画像中に偏りなく分布しているため，分布に関しては問題がない。誤差の方向に地域的な傾向はないが，右上部分で誤差の大きいことがわかる。

10.4.2　シミュレーション画像を利用した方法

図 10.10 にシステム情報を用いて幾何補正（オルソ補正を含む）を行った後の AVNIR-2 画像（バンド 4）をしめす。起伏の大きな場所での衛星画像に，太陽からの直達光によってつくられる陰影（太陽入射角 β の余弦）がよくあらわれていることがわかる。これは，衛星画像の撮影時の太陽の位置（天頂角 θ と方位角 φ）と数値標高モデルから計算できる斜度 S と傾斜方位 A を用いれば次式のようにあらわせる。

$$\cos\beta = \cos S \sin\theta + \sin S \cos\theta \cos(\varphi - A) \tag{10.9}$$

図 10.11 は図 10.10 の衛星画像 $Y(i,j)$ を上記の式でシミュレーションした画像 $X(i,j)$ である。陰影のパターンがよく一致していることがわかる。一致度および位置ずれ（δi, δj）を定量的に評価するために，次の式で相関係数（面相関）を計算する。

$$COR(\delta i, \delta j) = \frac{\sum_{i,j}\{X(i,j) - \overline{X}\}\{Y(i+\delta i, j+\delta j) - \overline{Y}\}}{\sqrt{\sum_{i,j}\{X(i,j) - \overline{X}\}^2 \sum_{i,j}\{Y(i+\delta i, j+\delta j) - \overline{Y}\}^2}} \tag{10.10}$$

衛星画像 $Y(i,j)$ を平行移動（δi, δj）させたときの相関係数を**表 10.5** に示す。移動量が（$\delta i = 14$, $\delta j = 8$）のときに相関係数が最大（0.388）となっている。この移動量を位置ずれと考えられ

210

10.4 幾何補正の精度の評価

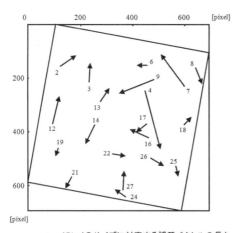

図 10.9 誤差ベクトルの表示例

図 10.10 幾何補正後の AVNIR-2 画像（Band 4）

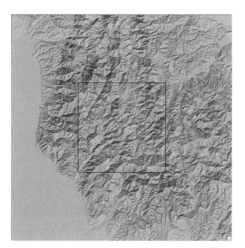

図 10.11 陰影のシミュレーション画像

表 10.5 画像の移動量と相関係数

	$\delta i = 11$	12	13	14	15	16	17	18
$\delta j = 5$	0.223	0.246	0.268	0.287	0.300	0.309	0.312	0.310
6	0.266	0.292	0.314	0.331	0.341	0.343	0.340	0.331
7	0.308	0.335	0.356	0.369	0.373	0.369	0.358	0.342
8	0.338	0.363	0.380	0.388	0.386	0.375	0.359	0.338
9	0.348	0.367	0.377	0.377	0.369	0.355	0.337	0.315
10	0.339	0.349	0.351	0.343	0.329	0.312	0.293	0.273
11	0.317	0.320	0.314	0.300	0.281	0.260	0.240	0.222

る．ただし，これでは位置ずれを1画素単位（15 m）でしか推定できない．これを解決するために相関係数を計算するときに1画素以内の移動ができるように工夫すると位置ずれを1画素以内で推定できる[14]．

10.5 モザイク処理

　隣接する複数の画像をつなぎあわせ1つの画像データにまとめることをモザイク処理という[15)16)]。この処理を施すことにより，解析対象領域をより広範囲にひとつの画像として扱うことができ一度に解析できるメリットがある。モザイク処理は，複数の画像の位置関係により様々な方向（横，縦，斜め）に対して実施する場合が生じるが，基本的な考え方はどれも同じである。ここでは，図 10.12 に示すように横方向のモザイクを例にして説明する。また，3つ以上の画像をつなぎあわせる場合は，2つの画像を1つの画像としてつなぎあわせた後，さらに2つの画像をつなぎあわせることを繰りかえすことによって実施される。

　モザイク処理の手順は，通常，図 10.13 のようになる。以下に，各処理について説明する。

(1) 幾何補正

　図 10.12 の画像Aと画像Bにおいて，座標系の統一および位置あわせのために 10.3 節で述べられた幾何補正を実施する。

(2) 濃度補正

　図 10.12 の画像Aと画像Bの接合エリアは観測時期の違いによる太陽光の入射角や強さ，さらに気象条件の違いにより同一の地表面状況（同じ土地被覆形態）であったとしても画像Aと画像Bの色調が異なる場合が多い。理想的には，太陽光や大気の影響を考慮した濃度補正法により処理されることが望まれる。しかし，多くのモザイク画像ではいくつかの簡易的な補正法を使用している場合も

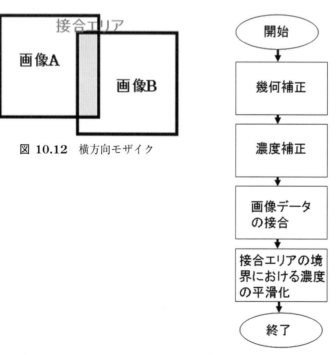

図 10.12　横方向モザイク

図 10.13　モザイク処理の手順

多い。その中で，画像Aと画像Bの接合エリアにおいて，一致している各画素値（P_A, P_B）に対して，式（10.11）が成り立つと考える線形濃度変換法は代表的な方法である。

$$P'_B = aP_B + b \tag{10.11}$$

ここで，P'_Bは画像Aの画素値P_Aを基準とした場合に画像Aと画像Bの接合エリアにおける各画素値（P_A, P_B）から最小二乗法により決定された係数a, bを用いて，画像Bの画素値を新たにP'_Bに変換したことを意味する。

(3) 画像データの接合

画像Aと画像Bの接合エリアの重複部分において，どちらかの画像データを選択し，ひとつの画像データとする。画像Aと画像Bの観測日が同一である場合は，どちらを選択しても問題ないが，観測日が異なる場合は，接合部分がスムーズになる方を選択するのが一般的である。

(4) 接合エリアの境界における濃度の平滑化

画像データの接合後，接合点の境界において不連続な色調の変化が生じ，境界線が目立ってしまうことがある。このような場合には，境界線の周辺において平滑化処理を実施し，接合部の濃度値の差が小さくなるように補正する。

図 **10.14** に一例として瀬戸内地方のモザイク処理前後の画像を示す。なお，観測日の異なる3つ以上の画像をつなぎあわせる場合は，2つの画像を1つの画像としてつなぎあわせた後，さらに2つの画像をつなぎあわせることを繰りかえすので，完全に境界線を目立たなくすることは難しい（図 **10.14**（b））。

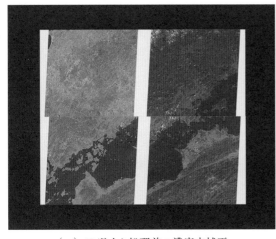

（a）モザイク処理前：濃度未補正　　　　（b）モザイク処理後：濃度補正済み
図 10.14 瀬戸内地方のモザイク画像

10.6 SfM/MVSによる3次元復元

　地面や構造物などの写真は，3次元空間にある被写体をカメラによって2次元に投影したものである。被写体の各部が複数の写真に写るように重なりを持って撮影した場合，それらの写真から，被写体の3次元形状を推定できる。デジタルカメラで撮った多数の写真を用い，それを自動的に行う技術のひとつが，SfM（structure from motion）[17]とMVS（multi-view stereo）[18]を続けて実施する処理フローであるSfM/MVSであり，無人航空機・無人潜水機を含む様々なプラットフォームで撮った写真への応用が拡がっている。

　図10.15に，SfM/MVSによる3次元復元の大まかなフローを示す。はじめに，各写真上で局所的な特徴を持つ点（特徴点）を多数検出し，それらの写真間での対応づけ（マッチング）を行う。複数の写真間で対応づけられた特徴点はタイポイントと呼ばれ，それらの写真を撮ったときのカメラの相対的な姿勢（位置と向き）に関する拘束を与える（手がかりとなる）。定性的に例を示すと，もし被写体が同程度の大きさで写った写真A，Bがあって，写真Aの右のほうにある特徴点が，写真Bの左のほうにある特徴点と同一の点だと判れば，写真Bは写真Aからみて右側から撮ったか，より右を向いて撮ったかどちらかである。そこで，写真撮影の数理モデルを用いて，これらの拘束をできるだけ満たすような，各写真の相対的な姿勢などを推定する（バンドル調整）。ここまでの過程がSfMである。

　バンドル調整で用いられる写真撮影の数理モデルは，

① 各写真の撮影時の姿勢をあらわす「外部パラメータ」（投影中心の3次元座標とカメラの回転角）

② 用いたカメラによる投影をあらわすモデルに含まれる「内部パラメータ」（焦点距離やレンズ歪

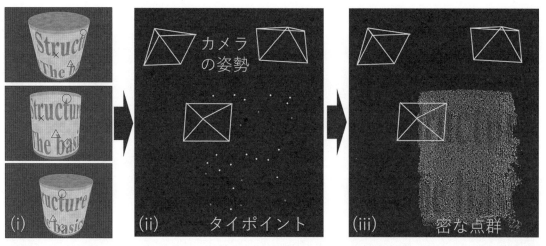

図10.15 SfM/MVSのフローのイメージ図。(ⅰ)多数の写真間での特徴点（○△×◇で示している）の対応づけ，(ⅱ)SfMによる内部・外部パラメータの推定，(ⅲ)MVSによる密な3次元点群の生成。

みに関する係数など）

③ 各タイポイントの3次元座標

に基づいて，各写真に各タイポイントが写る位置を予測する式である。バンドル調整では，これらから計算される位置と実際に写った位置とのずれ（再投影誤差）が全体的に小さくなるように，①②③を数値的最適化により推定する。ただし，

・ ②は，事前／事後のカメラキャリブレーションによって既知とできる場合もある。

・ SfMではカメラを測角器として用いているに過ぎないので，①③の3次元座標は，スケールや地球上の位置・向きが不定の座標系のものである。これらを推定する必要がある場合には，いくつかのタイポイントについて，地球に固定された座標系での座標を実測して与える。これらを標定点と呼ぶ。標定点が豊富なら，バンドル調整での追加の拘束としても利用できる。

SfMでも通常，数千点以上のタイポイントの3次元座標が得られるが，この点群は局所的な特徴のある点のみで構成されるため，成果物としては密度が必ずしも十分ではない。そこで，SfMで得た①②を入力としてMVSを実施することで，より高密度な点群を得られる。MVSは，①②をもちいて写真間で対応する点をSfMより高密度にみつけ，それらの3次元座標を推定する技術である。

SfM/MVSは，各写真の撮影位置や向きを測らなくても良いこと，自動であることなど，実用上の魅力を持つ反面，特にSfM段階での内部・外部パラメータ推定の誤差が，MVSで最終的に得る点群の精度のボトルネックになりやすい。利用にあたっては，次のような点に注意が必要である。

・ SfMは被写体が時間的に動かないこと，被写体上に局所的な特徴がユニークでカメラの位置によって大きく変わらない点が多数あることに頼っている。従って風で揺れているもの，傷・汚れのない金属・ガラス・タイルのように反射・透過性・繰り返しパターンを持つもの，枝葉のように複雑な3次元構造を持つものには不適である。

・ 内部パラメータが写真ごとに異なっては，未知数が増えてバンドル調整が難しくなる。従って写真を撮るときはフォーカスや絞り値は固定するべきである。

・ 撮影の位置・向きの配置と被写体の形状によっては，内部・外部パラメータの一部が不定となる（critical configuration[19]）。例えば全ての写真で向きが同じ（光軸が平行）である場合，被写体の形状によらず，焦点距離が不定になり，つまり被写体との距離が求まらない。一般には，撮影の位置と向きを単純な規則で決めずに多様にすることが，有効な対策である。

推奨図書・文献

1. 日本測地学会：Webテキスト 測地学 新装訂版，https://geod.jpn.org/web-text/（Accessed 2024.4.12）
2. 大久保修平（編著）：地球が丸いってほんとうですか？－測地学者に50の質問，朝日新聞社，2004.
3. 西修二郎：測地学入門―地球上の位置の決定―，技報堂出版，2017.
4. 政春尋志：地図投影法－地理空間情報の技法，朝倉書店，2011.
5. 測量用語辞典編集委員会：測量用語辞典，東洋書店，2011.（同書は現在，日本測量協会から復刻刊行さ

れている）

6. 高木幹雄，下田陽久（監修）：新編画像解析ハンドブック，東京大学出版会，2004.

7. 飯倉善和：IDL を用いた 3 次元画像処理入門，共立出版，2007.

引用・参考文献

1) 田殿武雄，島田政信，村上　浩：ALOS 搭載 PRISM，AVNIR-2 の初期校正と精度管理について，日本リモートセンシング学会誌，27（4），pp. 329–343, 2007.

2) JAXA：ALOS 利用推進研究プロジェクト，https：//www.eorc.jaxa.jp/ALOS/jp/index_j.htm（Accessed 2024.4.12）

3) 日本測地学会：Web テキスト 測地学 新装訂版，https：//geod.jpn.org/web-text/（Accessed 2024.4.12）

4) 土屋　淳，辻　宏道：改訂版 GNSS 測量の基礎，日本測量協会，2012.

5) 日本地図センター：新版 地図と測量の Q&A，日本地図センター，2003.

6) 政春尋志：地図投影法—地理空間情報の技法，朝倉書店，2011.

7) 小板橋勝，他：ジオイド・モデル「日本のジオイド 2011」（Ver.2）の構築，国土地理院時報，130，2018.

8) 測量用語辞典編集委員会：測量用語辞典，東洋書店，2011.（同書は現在，日本測量協会から復刻刊行されている）

9) 宇宙航空研究開発機構：地球観測データ利用ハンドブック−ALOS 編−C 改訂版，宇宙航空研究開発機構，2008. https：//www.eorc.jaxa.jp/ALOS/jp/alos/fdata/ALOS_HB_RevC_JP.pdf（Accessed 2024.4.12）

10) 国土地理院：ジオイドのモデリング，https：//www.gsi.go.jp/buturisokuchi/grageo_geoidmodeling.html（Accessed 2024.4.12）

11) National Geospatial-Intelligence Agency，Office of Geomatics，https：//earth-info.nga.mil（Accessed 2024.4.12）

12) Itten, K. I. and P. Meyer：Geometric and radiometric correction of TM data of mountainous forested area, IEEE Trans. Geosci. Remote Sens., 31（4），pp. 764–770, 1993.

13) 飯倉善和：世界測地系に地図投影されたランドサット ETM＋画像のオルソ補正，日本リモートセンシング学会誌，26（4），pp. 304–308, 2006.

14) 飯倉善和：数値標高モデルを用いたランドサット TM 画像の幾何補正の最適化，日本リモートセンシング学会誌，22（2），pp. 189–195, 2002.

15) 大林成行，小島尚人（編著）：最新実務者のためのリモートセンシング，フジ・テクノシステム，2002.

16) 画像情報教育振興協会：画像処理標準テキストブック，画像情報教育振興協会，1997.

17) Robertson, D. P. and R. Cipolla：Structure from Motion, Practical Image Processing and Computer Vision（Varga, M.（Ed.）），John Wiley, 2009.

18) Furukawa, Y. and C. Hernández：Multi-view stereo：A tutorial, Foundations and Trends® in Computer Graphics and Vision, 9（1–2），pp. 1–148, 2013.

19) Hartley, R. and A. Zisserman：Multiple view geometry in computer vision, Cambridge University Press, New York, 2003.

第11章 画像強調と特徴抽出(スペクトル情報)

〈この章で学ぶべきこと〉

　本章では，画像の判読・分析を担う「画像強調と特徴抽出」の重要性と位置付けを理解するとともに，「スペクトル情報」の画像強調と特徴抽出について学習する。11.1節では，画像強調の方法として「画像濃度値の変換」と「色空間への変換」を学ぶ。11.2節では，スペクトルデータからの情報抽出の代表的な方法としてバンド間演算について学び，特に植生指数について，その原理，代表的な式を学ぶ。

学習目標：
① 画像強調と特徴抽出の重要性と位置付けを理解する。
② 画像濃度値の変換の意味と代表的な変換方法を学習する。
③ 色空間への変換の意味とカラー合成の種類を学習する。
④ バンド間演算の概念と代表的な処理の基本について学習する。
⑤ 種々の植生指数の意味と特徴を学ぶ。

キーワード：

コントラスト・ストレッチ（contrast stretch)，無相関ストレッチ（decorrelation stretch)，ヒストグラム平坦化(histogram equalization)，シュードカラー（＝擬似カラー(pseudo color))，フォールスカラー(false color)，ソイルライン（soil line)，バンド間演算（dual-band operation, multi-band operation)，正規化植生指数（NDVI：Normalized Difference Vegetation Index)，SAVI（Soil Adjusted Vegetation Index)，EVI (Enhanced Vegetation Index)，ハイパースペクトル（hyperspectral)，PRI（Photochemical Reflectance Index)，SIF（Solar-Induced Chlorophyll Fluorescence)，フラウンホーファー線（Fraunhofer lines)

11.1　スペクトル情報の強調

　ここでいうスペクトル情報とは，観測対象から反射または放射される電磁波を様々な波長帯にわけて観測した情報のことである。リモートセンシングでは，様々なセンサで観測したスペクトル情報を用いて，対象物の特性や状態を推定している。通常，こうしたスペクトル情報は，画像データとして提供される。その画像を判読する際，画像に含まれる情報を判読しやすいように画像データを変換する処理を「画像強調」という。本節では画像処理の観点からスペクトル情報を強調する各種手法について解説する[1)2)]。

11.1.1 画像濃度値の変換

スペクトル情報は，画像という観点では，特定の波長帯で観測したデータ値を記録した白黒画像と捉えられる。通常は，複数の波長帯（マルチスペクトル，多バンド，多チャンネル）で同時観測するため，その波長帯の数と同じ枚数の白黒画像があることになる。この画像の各画素の濃度値に各種変換を加えることにより，観測対象のスペクトル情報を強調できる。

画像の濃淡の調子を階調という。画像が明るすぎたり暗すぎたりするような場合に，画像の濃淡を一定の規則に従って変換することで，画像の階調性をみやすくしたり強調したりする処理を階調変換という。通常は，階調変換によって画像のコントラスト（明暗の差）も変化するため，コントラスト変換ともいう。この変換には様々な方法があるが，ここでは代表的な，関数を用いた変換，無相関ストレッチ[3]，ヒストグラム変換について解説する。

(1) 関数を用いた変換

画像の濃淡を目的に応じた適当な関数で変換する方法である。原画像の濃度値を P とすると，この濃度値を目的に応じた関数 f で $Q=f(P)$ に変換することで画像の階調の改善を行う。階調変換をグラフで表したものをトーンカーブという（図 **11.1** 参照）。変換に用いる関数には様々なものがあるが，ここでは代表的なものを 4 つ取り上げる。

① 線形変換関数による変換

階調変換で通常用いられる最も簡単な変換関数は，以下のような 1 次式を用いた線形変換関数である。ここで，P が原画像の濃度値，Q が出力画像の濃度値である。

$$Q = aP + b \tag{11.1}$$

ここで，a をゲイン，b をオフセットという。ゲイン a によってコントラストが，またオフセット b によって全体の明るさが決まる。通常は，原画像をみながら a，b の値を適当に調整する。図 **11.2 (2)** は気象衛星ひまわりの可視チャンネルの画像である。この画像に対して，$a=1.5$，$b=20$ として線形変換した結果が図 **11.2 (3)** の画像である。

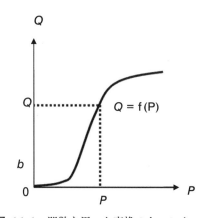

図 **11.1** 関数を用いた変換のトーンカーブ例

11.1 スペクトル情報の強調

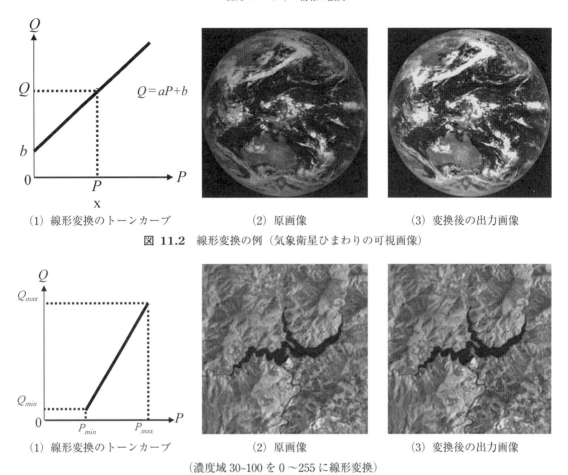

(1) 線形変換のトーンカーブ　　　(2) 原画像　　　(3) 変換後の出力画像

図 11.2　線形変換の例（気象衛星ひまわりの可視画像）

(1) 線形変換のトーンカーブ　　　(2) 原画像　　　(3) 変換後の出力画像

（濃度域 30~100 を 0~255 に線形変換）

図 11.3　濃度値域に着目した線形変換（Landsat/TM 画像　提供：JAXA）

一般に，画像をみやすくする最適な a, b を求めるのは簡単ではないが，以下のようにして決めるのは有効な方法のひとつである．原画像の濃度域 $[P_{min}, P_{max}]$ が狭い範囲に限られてみづらい場合，画像出力の濃度域 $[Q_{min}, Q_{max}]$ を図 11.3 に示すように広い濃度域に線形拡大するとみやすくなる場合が多い．このような変換をコントラスト・ストレッチ（コントラスト強調）という．

図 11.3 (2)，(3) に濃度域が 30~100 の範囲にある画像を濃度域 0~250 の範囲にコントラスト・ストレッチした例を示す．コントラスト・ストレッチを実現する線形変換の係数 a, b は，式 (11.1) の P, Q にそれぞれ P_{min} と Q_{min} および P_{max} と Q_{max} を入れた連立方程式を解いて求められる．変換関数は，以下の式であらわされる．

$$Q = \frac{Q_{max}-Q_{min}}{P_{max}-P_{min}} \cdot (P - P_{min}) + Q_{min} \tag{11.2}$$

②区分線形変換による変換

図 11.4 に示すように原画像の濃度値 P_1, P_2, $\cdots P_N$ に適当な出力画像の濃度値 Q_1, Q_2, $\cdots$

第11章 画像強調と特徴抽出（スペクトル情報）

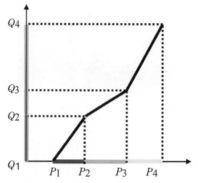

図 11.4 区分線形変換のトーンカーブ

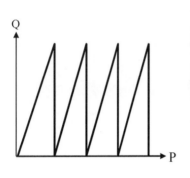

(1) 3角波変換のトーンカーブ

(2) 原画像

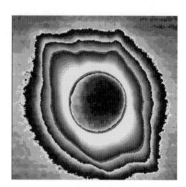

(3) 変換後の画像

図 11.5 3角波変換

Q_N に対応させ，それぞれの濃度値の間については線形に変換する手法を区分線形変換という。区間 $[P_i, P_{i+1}]$ にある P を区間 $[Q_i, Q_{i+1}]$ の Q に線形変換する関数は以下の式であらわされる。

$$Q = \frac{Q_{i+1} - Q_i}{P_{i+1} - P_i} \cdot (P - P_i) + Q_i \tag{11.3}$$

③3角波変換による変換

図 11.5（1）に示すように3角波を繰り返すような鋸歯状の関数を使った変換を3角波変換という。これは一種のコントラスト・ストレッチで，濃淡の分布が空間的に連続な場合，濃淡のパターンが縞状に繰り返しあらわれ，等高線のような効果が得られる。太陽のコロナを撮影した画像の処理例を図 11.5（2），（3）に示す。変換後の画像で濃淡縞の間隔が狭い部分は濃淡の変化が急であることがわかる。

④連続関数による変換

以上のような線形関数以外に，2次関数，対数のような連続関数を用いた濃淡変換もよく用いられる。特に，原画像のダイナミックレンジが非常に広い場合には，原画像の濃度レベルを対数に変換したあと線形変換すると良い結果が得られることが多い。図 11.6 に連続関数による変換の適用例を示す。

11.1 スペクトル情報の強調

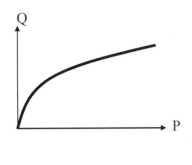
(1) 対数関数のトーンカーブ

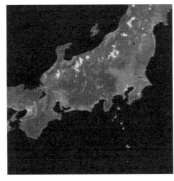
(2) 原画像（AVHRR Ch. 1）

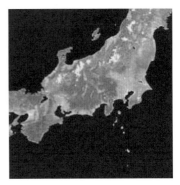
(3) 変換後の画像

図 11.6 連続関数による変換（対数関数の場合）

原画像（B：B1，G：B2，R：B3）

無相関ストレッチ後

図 11.7 無相関ストレッチングの処理例（IKONOS 画像　提供：日本スペースイメージング）

(2) 無相関ストレッチ

リモートセンシングでは，様々な波長帯にわけて観測した多バンドのデータから適当な3バンドのデータを選び，それにR，G，Bを割り当ててカラー合成して判読することが多い（カラー合成については後述する）。選んだデータの波長帯（バンド）が近いと相関が高く，カラー合成してもくすんだ色合いになる場合が少なくない。こうした場合，その3バンドのデータを主成分変換などの統計的処理で互いに相関のないデータに変換し，データの分布濃度域をコントラスト・ストレッチで広げ，再び逆変換で元の3バンドのデータに戻すような処理を無相関ストレッチという。処理例を図 11.7 に示す。この手法は，各バンドのデータの濃度の微妙な違いが色の違いとなって強調されるため，判読しやすい画像を作成するのに有効である。

(3) ヒストグラム変換

画像中の各濃度値の画素数を数えあげたものをヒストグラムといい，図 11.8 に示すような横軸に濃度値，縦軸に対応する画素数（頻度）を取ったグラフとしてあらわされる。ヒストグラムによるコントラスト変換は，この濃度値のヒストグラムの形を変更することによって，画像のコントラストの形を変換する方法である。例えば，通常，暗い画像のヒストグラムは左側に片寄り（図 11.9

第11章　画像強調と特徴抽出（スペクトル情報）

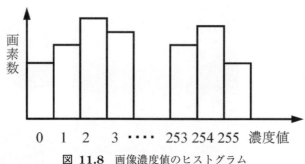

図 11.8　画像濃度値のヒストグラム

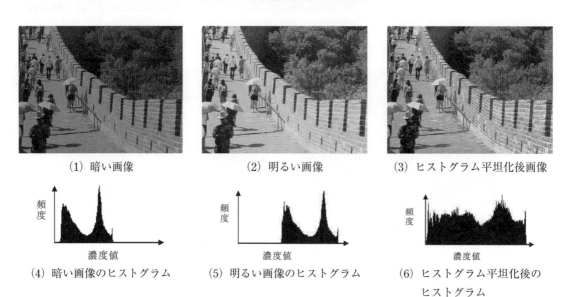

図 11.9　画像のヒストグラムとヒストグラム平坦化処理例

(1)，(4) 参照)，明るい画像のヒストグラムは右側に片寄る（図 11.9 (2)，(5) 参照）。このような場合，画像中にあらわれる各濃度値の画素数を平坦化することで，みやすい画像となることが多い（図 11.9 (3)，(6) 参照）。こうした処理をヒストグラム平坦化（またはヒストグラム平滑化）という。理想的なヒストグラム平坦化は，全ての濃度値の画素数を同一にすることであるが，一般に原画像の濃度値には偏りがあるため，全ての濃度値の画素数を完全に同一にすることは難しい。

11.1.2　色空間への変換
(1) シュードカラー表示

シュードカラー表示は，白黒濃淡画像に対して用いられる一種の強調処理である。図 11.10 に示すように，原画像の濃度値を複数個の小区画に分割し，各小区画に適当な色を割り当てることにより，カラー画像化する。擬似カラー表示ともいう。濃淡の微妙な違いが色の違いとなって表現できる（図 11.11 参照）。例えば，熱赤外バンドで観測した画像をシュードカラー表示すると，温度の違いが認識しやすくなる。

11.1 スペクトル情報の強調

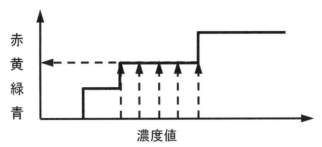

図 11.10 シュードカラー表示の概念

原画像　　　　　　　　　シュードカラー表示画像

図 11.11 シュードカラー表示の例

(2) カラー合成表示

異なる波長帯で観測した3枚の画像に3原色（赤，緑，青）を割り当てて画像を合成表示する処理をカラー合成表示という。通常のデジタルカメラでは，フィルタを通して光を赤，緑，青の3原色に分解し，3枚の白黒画像として記録する。その白黒画像それぞれに赤，緑，青を割り当てることで，撮影対象の色を再現している。カラー合成表示の概念を図 11.12 に示す。カラー合成に用いる波長帯と3原色の組みあわせによって，以下に示すフォールスカラー画像，ナチュラルカラー画像，トゥルーカラー画像に区分できる。

(2-a) フォールスカラー画像

異なる波長帯で観測した3つのフィルタ（例えば，緑，赤，近赤外）を通して撮影された3枚の白黒画像にそれぞれ3原色（青，緑，赤）のひとつを割り当て，合成すると，3枚の白黒画像の情報を効果的に1枚のカラー画像上に表現できる。撮影するフィルタの色と割り当てる3原色の色を一致させれば自然な色が再現されるが，リモートセンシング等の分野では人間の目ではみえない近赤外等の波長域のデータも用いられるため，通常，合成された色は自然の色再現とは異なるものとなる場合が多い。このため，このようなカラー合成をフォールスカラー合成と呼んでいる。図 11.13 にフォールスカラー画像とナチュラルカラー画像の違いを示す。左下の画像は，植物からの反射が強い近赤外の波長帯の画像に赤を割り当てることによって，植物の分布域が赤で強調され判読しやすくなる。

223

第11章 画像強調と特徴抽出（スペクトル情報）

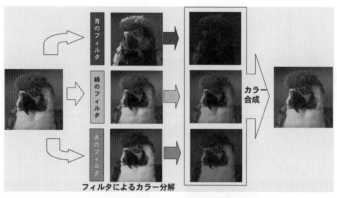

図 11.12　カラー合成表示の概念

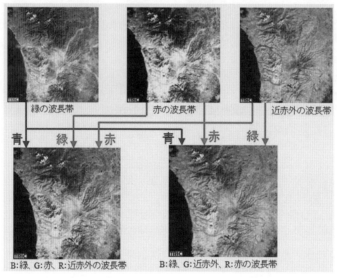

図 11.13　フォールスカラー画像とナチュラルカラー画像の違い（MESSR画像　提供：JAXA/TRIC）

(2-b) ナチュラルカラー画像

　上記のフォールスカラー画像と同じ原理ではあるが，植物からの反射が強い近赤外の波長帯の画像に緑を割り当てることで，一見，植物が緑にみえるため，「自然らしい色にみえる」という意味で，ナチュラルカラー画像という。青に青か緑の波長帯，緑に近赤外の波長帯，赤に赤の波長帯を割り当てるのが一般的である（図 11.13 参照）。

(2-c) トゥルーカラー画像

　青の波長帯で撮影した画像に青，緑の波長帯で撮影した画像に緑，赤の波長帯で撮影した画像に赤を割り当てて合成した画像をトゥルーカラー画像という。可視光を青，緑，赤の波長帯に分光し，その白黒画像に同じ色を割り当てて合成しているため「人間がみる本当の色と同じにみえる」という意味でトゥルーカラー画像という。実際の衛星画像のトゥルーカラー画像の合成例を図 11.14 に示す。

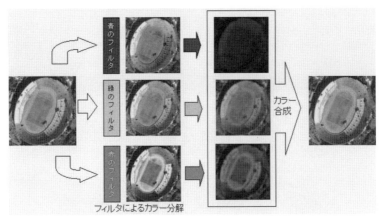

図 11.14 トゥルーカラー画像の合成の例（IKONOS画像　提供：日本スペースイメージング）

11.2 スペクトルデータからの特徴抽出

11.2.1 スペクトルデータに含まれる有用情報

　リモートセンシングでは種々のセンサによって，可視〜近赤外〜熱赤外〜マイクロ波にわたる広範な光・電磁波領域における波長別の反射率，放射率，後方散乱係数などの物理信号を得る。得られる信号の波長別の特性は測定対象の物質組成や空間構造，表面特性などによって大きく異なる。

　例えば，可視〜短波長赤外域の反射スペクトルの例（図 11.15）をみると，植物，土壌，水の反射率が波長別に大きく異なる。さらに，同じ植物でも生育量や水分，クロロフィルなど内部に含まれる成分の違いによって，また，水分や有機物，ミネラルなど土壌の種類や組成によって，反射率が大きく異なることがわかる。すなわち，スペクトルデータには，植物や土壌の種類，バイオマスや空間構造，水分，色素濃度，窒素濃度，光合成速度など様々な生理生態学的な成分や機能に関する情報が含まれている[4)5)]。なお，通常，波長帯をバンドと呼ぶ。図 11.15 の下部に，B（青），G（緑），R（赤），NIR（近赤外）で示した波長帯は，多くの衛星センサに共通なバンドである。ハイパースペクトルデータのようにバンド幅が狭いほど詳細な波長別特性を取得できるが，エネルギーが微弱となるため，感度の高いセンサが必要となる。一方，バンド幅を広げると信号エネルギー量が増えて安定した値が得られるが，バンド幅の中に含まれる詳細な波長別情報は失われる。

　このような，波長別の物理信号をディジタル画像データとして取得できることがリモートセンシングの最も優れた特徴のひとつである。そして，これらの波長別の信号を最大限に活用することが，リモートセンシングデータから知りたい情報，有用な情報を得るために重要である[6)]。

　波長別のデータ（スペクトルデータ）から有用情報を得る方法は，次の4つに大別される。

① 目的とする有用情報に関係の深い波長を用いて指数を作成する方法：通常，少数の波長を選んで，スペクトルデータの比較的簡易な演算（バンド間演算）により簡易な指数を算出する方法で，指数値を対象の判別・分類や数理モデルに用いる。この指数が特徴量のひとつであり，ス

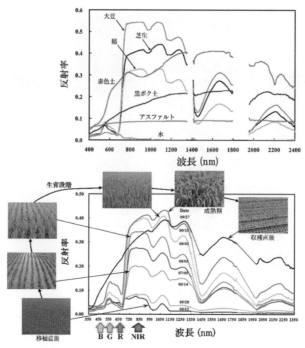

図 11.15 地表面の典型的な反射スペクトル（上図），および生育に伴う水田の反射スペクトルの季節変化（下図）[4]。野外計測の場合，1430 nm や 1940 nm 付近は大気中の水蒸気の吸収が強いため測定困難なことが多く，本図でもこの波長帯が欠測となっている。

ペクトルデータから指数に変換する処理が特徴抽出である[4]。

② 多変量解析法やデータ変換法を用いてスペクトルデータから特徴量を求める方法：主成分分析や tasseled cap 変換（コラム 2 参照）によって，スペクトルデータをより意味のある中間的な特徴量に要約または変換する方法で，この特徴量を対象の判別・分類や数理モデルに用いる。

③ 回帰分析を用いる方法：重回帰，主成分回帰，PLS（Partial Least Squares）回帰（コラム 3 参照）などの方法により対象の定量的な評価モデルを作成し，スペクトルデータから目的とする変量を算出する[7]。近年は，ニューラルネットやサポートベクタマシン等の機械学習法による非線形回帰も多用される[8]。

④ 放射伝達に関する物理プロセスモデルを用いる方法：反射・吸収・透過・散乱等の物理過程をあらわす数理モデルにスペクトルデータを入力し，目的とする変量を算出する。PROSAIL[9] は植物群落における光の反射・吸収・透過の過程を記述した代表的なプロセスモデルである。さらに，植物成長や生態系のエネルギーやガス交換過程を記述する環境物理的・生理生態的なプロセスモデルとリモートセンシングデータとの協働や同化（assimilation）などの方法も有用である[10]。

ここでは，可視〜短波長赤外の波長域のデータを用いた植物観測を例として，①のバンド間演算の考え方とその有用性について解説する。図 11.15（上図）で明らかなように，植物群落は可視域にお

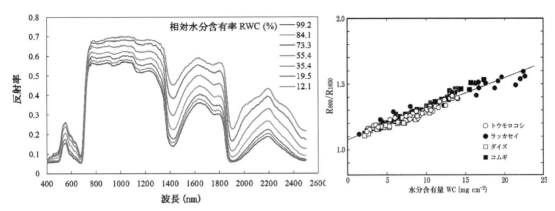

図 11.16 乾燥程度の異なるコムギ葉の反射スペクトル（左図）および 800 nm，1650 nm の 2 バンドの反射率を用いた分光指数 RVI（800，1650）と水分含有率の関係（右図）[11]

いては緑（G）の波長の反射率が相対的に高く（よって緑にみえる），赤（R）の反射率が低く（光合成のエネルギー源として強く吸収される），かつ近赤外（NIR）の反射率が非常に高い（透過率も高く植物体の吸収率は低い）という特有のパターンを示す。

図 11.15（下図）は，ひとつの水田における反射スペクトルの季節変化をみたものである[4]。イネの生長に伴って，苗が移植された頃の水面に近い状態から，前述のような緑の植物特有の反射スペクトルに大きく変化し，バイオマスの増加とともに，近赤外の反射率が急激に上昇する。その後，成熟期に向かってクロロフィルの減少とともに全体的に反射率が上昇・平坦化し，収穫後には残った植物と土壌の両者の特徴が混合した反射スペクトルを示すという経過をたどる。植物生体の主要な成分である純粋なクロロフィル色素および水，リグニン，セルロース，カロチノイド等の純物質における固有の反射スペクトルは一定なので，反射スペクトルの季節変化は，地表面における植物バイオマスの違いや水面，土壌，枯死植物などの構成比率を反映している。

図 11.16 は水分含有率が異なる植物葉の分光反射率を示したものである[11]。分光反射率は葉の乾燥とともに増加し，特に短波長赤外域（1300〜2500 nm）で変化が大きい。また，1430 nm や 1950 nm 付近の水の吸収帯ではその吸収の谷が乾燥とともに消失していくことがわかる。従って，1430 nm や 1950 nm 付近の水の吸収帯を含む短波長赤外域の反射率が葉の水分状態の推定に有用である。ただし，野外ではこれらの吸収帯は水の吸収が強すぎて測定困難なため，近赤外域（950〜970 m）の弱い水分吸収帯の反射率がより有用な場合もある。

高い波長解像度のセンサによって数 nm 程度の狭波長帯のハイパースペクトルデータが得られるようになって，植物や土壌，大気に含まれる特定の成分やそれが関与する生理生化学的機能をリモートセンシングによって推定する研究も進んできた。近年の研究例としては，PRI（Photochemical Reflectance Index）と SIF（Solar-Induced Chlorophyll Fluorescence）が挙げられる。PRI は植物の光合成系の熱ストレス回避に関与するキサントフィルサイクルの物質形態の変化に伴う 531 nm 付近の反射率を用いて光利用効率を推定する方法である。図 11.17 に原理の概念図を示した。当該生化学プロ

第11章 画像強調と特徴抽出（スペクトル情報）

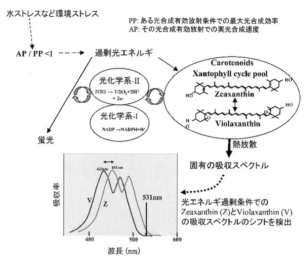

図 11.17 光合成における光利用効率を検出するための狭波長帯を利用した PRI の背景プロセス

セスに影響されない波長（570 nm）を参照光として正規化することにより，光合成における光利用効率を定量的に検出する手法が追究されている[12]。SIF は太陽光照射条件下で植物から発せられる 650〜850 nm の微弱なクロロフィル蛍光で，それを検出して光合成活性に関する情報を得ようとする方法である[13]。クロロフィル蛍光は太陽光に比べて微弱なため，野外条件では検出困難であるが，衛星センサにおいても非常に高い波長分解能（数 nm 以下）が実現したことにより，フラウンホーファー線の波長帯（O_2-A 線：759.4 nm および O_2-B 線：686.7 nm）付近の発光強度を検出することが可能となった。これらは，光合成にかかわる生理生化学的反応に伴って発せられる光のスペクトル特性に関する知見をベースにしており，植物の生理活性や生産性，炭素フラックスの定量評価への利用可能性が追究されている。ただし，植物の生理生化学的状態は多くの体内因子・環境因子の変動とともに時々刻々変動しており，計測されるスペクトルデータには多くの因子が関与している[5]。また，空間解像度等センサ仕様の制約もあるため，スペクトル計測による評価指標の精度や安定性についてはさらに多くの研究が必要である。

コラム 1：主成分分析

主成分分析は，互いに相関のある多種類の特性値の持つ情報を，情報の損失をできるだけ少なくし，互いに無相関なより少数の総合特性値に要約することを目的としている。この総合特性値が対象の同質性の判定基準となる。具体的には，いくつかの説明変量 $x_1, x_2, ..., x_p$ の総合的特性を次式のようにあらわす。

$$a_1x_1 + a_2x_2 + \cdots + a_px_p \qquad (\textstyle\sum a_i^2 = 1)$$

この式によってあらわされるものを主成分（principal component）という。多くの変量 $x_1, x_2, ..., x_p$ の値をできるだけ情報の損失を少なくして，以下のように 1 個または互いに「独立」な少数個の総合的指

標「z_1, z_2, ..., z_m」$(m \leq p)$ で代表する手法である。

$$\begin{cases} z_1 = a_{11}x_1 + a_{12}x_2 + \cdots + a_{1p}x_p \\ z_2 = a_{21}x_1 + a_{22}x_2 + \cdots + a_{2p}x_p \\ \vdots \qquad\qquad \vdots \\ z_m = a_{m1}x_1 + a_{m2}x_2 + \cdots + a_{mp}x_p \end{cases}$$

　上記の「z_1, z_2, ..., z_m」をそれぞれ第1主成分，第2主成分，...，第m主成分と呼ぶ。画像処理においては，多バンドで構成されるリモートセンシングデータに対して主成分分析を施し，次元を減少させた上で，様々な画像処理解析を実施する。例えば，第1～第3主成分画像を用いて，カラー合成画像を作成し，画像の判読性を高められる。また，植生が含まれる陸域を観測したリモートセンシングデータに対して主成分分析を実施すると，第1主成分が全体の明るさ，第2主成分が植生情報を表し，第2主成分をグリーンネス（greenness）ということもある。あるいは，2時期の画像に適用し，下位の主成分から土地被覆の変化部分を抽出する事例もある。

コラム2：tasseled cap 変換（タセルドキャップ）

tasseled cap 変換とは，マルチスペクトルデータに対する直交変換手法のひとつである。主成分分析が処理する画像の統計量により変換係数を決めるのに対し，tasseled cap 変換では処理する画像の値ではなくセンサの種類に対して一律に決めた係数で変換する。Kauth と Thomas によって 1976 年に初めて提唱された[14]。Landsat MSS データの4バンドを互いに直交する4つの新たな軸に変換した4次元空間を考える。この空間内で植生データの分布が一定の形状をとることに着目して，軸の解釈をとおして土地被覆を分析するといった考え方に基づいている。第1軸が画像の明るさに関するブライトネス（brightness：土壌輝度をあらわす），第2軸が植生バイオマスと関連するグリーンネス（greenness），第3軸が実った植物（小麦）に関連するイエローネス（yellowness），第4軸がその他に対応する。なお，tasseled cap の名称は成長過程の小麦畑の MSS データ赤―近赤外バンド平面における分布形状が「房つき帽子（tasseled cap）」に似ているため名付けられた。その後，Landsat TM データの6バンドにも適用された[15]。この場合，変換された6変数（軸）の内，最初の3変数は，それぞれ brightness, greenness, wet-ness（土壌，植物中の水分に関連）と意味付けられる。また，4番目の変数として haze（大気状態（かすみ：haze）に関連）を用いる場合もある。

コラム3：主成分回帰と PLS 回帰

　ある目的変数（例：クロロフィル量）の変動を多数の説明変数（例：波長別の反射率）を用いて説明あるいは予測するための回帰分析方法である。これらの方法では多数の説明変数を少数の主成分や潜在変数に要約するため，説明変数間の相関が高い場合や説明変数数に比べてデータ数が少ない場合にも適用できる。主成分回帰では説明変数の分散を最大化するように主成分値を決め，それらを新たな説明変数として回帰モデルを作成するのに対して，PLS 回帰では説明変数と目的変数の両方の変動を考慮して潜在変数値を決め，それらを説明変数として回帰モデルを作成する[7]。

11.2.2 植生指数

衛星センサによる地表面観測画像から，植物の量や植物の被覆率などをより精度よく推定するために，センサによって取得される少数バンドを用いた演算値（分光指数：spectral index）が頻繁に用いられる。特に赤Rと近赤外NIRの2バンドの反射率（あるいは濃度値）は植物に対する感度が高いため，これら2バンドを用いた指数が種々工夫されてきた。

図 11.18 は，赤（R）と近赤外（NIR）の2バンドをxy軸とする平面上における測定値の関係を模式的に示したものである。RとNIRの反射率の軸上に多様な裸地土壌の点をプロットするとほぼ直線状になることがわかっており，これをソイルライン（soil line）と呼んでいる。そして，背景土壌の上に植物が繁茂するとともに，Rは減少しNIRは増加するため，測定点は図中で斜め左上方に移動する。測定点の繁茂量が多くなるほど，ソイルラインから離れる。従って，各種の植生指数において行われる演算は，ソイルラインからの測定点までの距離，あるいは測定点を通過する直線の傾きを，指数化する演算処理に相当する。また，図中において，裸地土壌（ソイルライン上）では測定点の分布幅が大きいが，植物の繁茂量が増えるにつれ分布範囲が狭くなっていくのは，土壌が植物に覆われてその影響が小さくなるためである。

2バンドを用いる植生指数の演算方法としては各バンド値の差をとるもの（図 11.18 左）と比をとるもの（図 11.18 右）に分けられる[16]。最も単純な指数は両者の差をとる DVI（Difference Vegetation Index）であり，これは0〜1の範囲の値をとる。

$$DVI = NIR - R \tag{11.4}$$

ここで，NIRは近赤外バンドの反射率，Rは赤バンドの反射率である。

さらに，植生に対する感度を高めるために両バンドの重みを変える係数を加えた下記のような指数

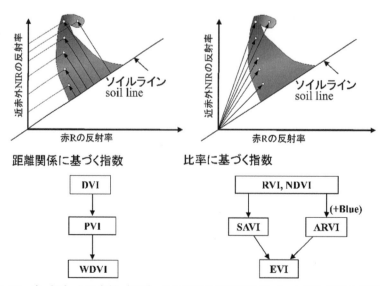

図 11.18 赤（R）と近赤外（NIR）の2波長の反射率に基づいた植生指数の意味と系譜

WDVI（Weighted Difference Vegetation Index）や，ソイルラインからの最短距離を求めるように係数 a，S を与える PVI（Perpendicular Vegetation Index）などが提案されている。

$$WDVI = a \cdot NIR - R \tag{11.5}$$

$$PVI = a \cdot NIR - S \cdot R \tag{11.6}$$

一方，2 バンドの反射率の比率を基礎にした指数（図 11.18 右）の最も単純な指数は RVI（Ratio Vegetation Index）である。

$$RVI = \frac{NIR}{R} \tag{11.7}$$

この指数は変動範囲が 0〜無限大であるが，指数値の変動範囲が −1〜+1 になるように正規化するため，赤と近赤外の 2 つのバンドの反射率の差を両者の和で除した正規化植生指数（NDVI：Normalized Difference Vegetation Index）[17] が提案され，現在，最もよく利用されている。

$$NDVI = \frac{NIR - R}{NIR + R} \tag{11.8}$$

なお，$R-NIR$ 平面でソイルラインは必ずしも原点 $(0,0)$ を通過しないため，原点を通過するように修正を加えた SAVI（Soil Adjusted Vegetation Index）[18] など NDVI の改良版がいくつも提案されている。これらは，線形性の向上と背景土壌の種類の違いを除去することに主眼がある。

$$SAVI = (1+L)\frac{NIR - R}{NIR + R + L} \tag{11.9}$$

ここで，L は補正係数である（土壌に対する補正係数で通常 0.5 が用いられる）。$L=0$ の場合，SAVIは NDVI と一致する。

さらに，主に大気の影響を軽減化し植生の変化をより明確に捉える目的で，R と NIR に加え，青B を追加して 3 バンドを用いる植生指数 ARVI（Atmospherically Resistant Vegetation Index）が提案されている[19]。

$$ARVI = \frac{NIR - RB}{NIR + RB} \qquad RB = R - r(B - R) \tag{11.10}$$

この指数は，B が大気中の煙や霧に感度が高いことを利用して R の減衰を B で補正するものであり，大気が煙や霧の影響を受けやすい熱帯地域で特に効果があるとされる。γ は B の効果を調整するパラメータで通常 1.0 が用いられる。ARVI をさらに改良した EVI（Enhanced Vegetation Index）も B を用いる植生指数で，高頻度観測が可能な MODIS センサを用いた全球の植生観測に用いられている。

$$EVI = 2.0 \times \frac{NIR - R}{1 + NIR + 6 \cdot R - 7.5 \cdot B} \tag{11.11}$$

これらのバンド間演算による指数は，波長間の相対的な関係を強調することにより，大気状態や方向性反射の影響，センサの劣化などによる絶対反射率の不確実性を補う効果がある。また，背景土壌の違いによる影響を弱めるなど，信号と対象との関係をより一般化する効果や，対象となる変量との関係をより広い範囲にわたって線形化する効果もある。分光指数は少数の特定波長のみを用いるため演算が簡易・高速であるというメリットがある他，波長を適切に選定することによって，多数の波長を用いる場合に匹敵する予測精度を確保できる場合も少なくない。ただし，一般に R や NIR の領域内でも個々のセンサごとに計測する波長位置や波長幅は異なるため，バンド反射率およびそれらの計算値である NDVI 等の植生指数の数値も異なる。従って，予測モデルの汎用性には留意する必要がある。

これらの植生指数は，いずれも地表面における植物の量にかかわる形質（植被率，葉面積指数，バイオマス，クロロフィル量）や植物群落の光合成有効放射吸収率（fraction of Absorbed Photosynthetically Active Radiation（APAR）: fAPAR）を推定する上で有用なことが多くの実例や理論によって示されている[18)20)]。図 11.16 右図の例では，800 nm と 1650 nm の反射率 R800 と R1650 を用いた（R800 /R1650）が葉の水分状態と極めて密接な関係にあることがわかる[11)]。

11.2.3 植生以外の指数

植生以外にも雪，水などの情報を抽出するために指数が提案されている。Dozier（1989）は，積雪の分光反射特性に基づき，Landsat TM データを対象として，次式であらわされる正規化雪指数（NDSI : Normalized Difference Snow Index）を定義した[21)]。短波長赤外域（TM のバンド 5 に対応）では，雲の反射率が高く，積雪の反射率が低くなることを利用した指標である。

$$NDSI = \frac{G - SWIR}{G + SWIR} \tag{11.12}$$

ここで，G は緑色域波長帯の反射率（TM のバンド 2 に対応），SWIR は短波長赤外域波長帯の反射率（TM のバンド 5 に対応）である。

正規化水指数については多くの提案がなされているが，正規化植生指数ほどには一般化されていない（コラム 4 参照）。

コラム4：正規化水指数あるいは正規化水分指数

NDWI（Normalized Difference Water Index）あるいはNDMI（Normalized Difference Moisture Index）

正規化植生指数が近赤外（NIR）と赤（R）バンドの演算であるのに対して，これとは異なる2バンドの組みあわせで水分に関する情報を抽出する目的で指数が提案されている。例えばGao（1996）は植物中の水分の情報を知る目的で短波長赤外（SWIR）バンド（1.24 μm）と近赤外（NIR）バンド（0.86 μm）の組みあわせを提案している[22]。

$$NDWI_{Gao} = \frac{NIR - SWIR}{NIR + SWIR}$$

同じ目的で，本文中でも述べたように，（R_{800}/R_{1650}）も有効な指標である。

また，Mcfeeters（1996）は水質調査の目的で近赤外（NIR）バンドと緑（G）バンドの組みあわせを提案している[23]。

$$NDWI_{Mcfeeters} = \frac{G - NIR}{G + NIR}$$

一口にNDWIといっても，水に関する情報には植物中の水分，土壌水分，水域など様々な情報があり，何を目的とするか，またどのセンサを用いるかにより最適な指数は変わると考えてよい。

11.2.4　ハイパースペクトルデータの利用法

衛星センサでは高解像度観測，高頻度観測へのニーズ対応が先行し，末だ少数の広波長帯データを取得するものがほとんどである。しかし近年，高い波長解像度で多数（200～300バンド）の波長信号を連続的に取得するハイパースペクトルセンサ（hyperspectral sensor）の開発も進んできた。Hyperionは米国による先駆的なハイパースペクトル衛星センサであり，多くの実験データをもたらした。近年では，HISUI（日本），PRISMA（伊），EnMap（独）などのセンサがすでに運用されている。

ハイパースペクトルセンサは図11.15に例示したような連続的なスペクトルデータを取得できるため，測定対象の成分情報（水分，クロロフィル，リグニンなどの含有率）や機能情報（光利用効率，光合成など）の取得に活用できると期待されている。

波長データの利用方法は，ハイパースペクトルデータの場合も11.2.1項にかかげたアプローチ①～④の4つに大別されるが，ハイパースペクトルデータの場合にはその高い波長解像度と連続性のために，目的とする変量にあわせた最適波長を選択できる，微分処理などのより高度な演算処理ができる，また，多くの説明変数を用いて放射伝達モデルの逆推定をより精度よくできる，などのメリットがある。**図 11.19**にクロロフィル含有量の異なる植物群落を対象として測定した反射率データとその一次微分値スペクトルの一例[7]を示す。微分をとることにより，近接する波長間の変化率が抽出されるため，反射率の絶対誤差や大きなトレンドの影響を回避して，対象の形質をより精度よく評価できる場合がある。

以下に，航空機センサ（センサ：CASI-3，波長解像度：約20 nm，波長範囲：400～1,100 nm，観

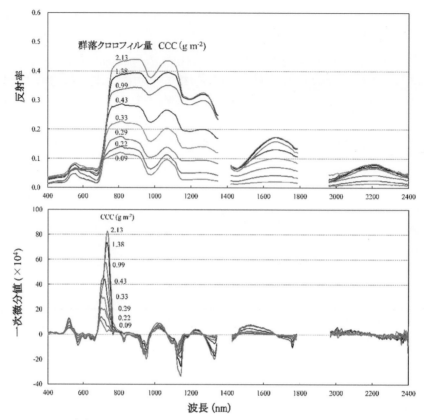

図 11.19 クロロフィル含有量の異なるイネ群落の反射スペクトルデータ（上図）とその一次微分スペクトル（下図）の事例[7]

測高度地上約 3000 m，地上解像度約 1.5 m），ならびに地上センサ（センサ：ASD-FSFR，波長解像度：1 nm，波長範囲：400～2500 nm）により取得したハイパースペクトルデータの解析事例を用いて，多数の波長から有用波長を探索し有力指数を作成する一般形の正規化分光指数[24]について解説する。一般形の正規化分光指数（NDSI：Normalized Difference Spectral Index，式（11.13））は任意の 2 波長（i, j）の反射率（Ri, Rj）を用いて反射特性を正規化する方法で，アプローチ①のひとつである。

$$NDSI(i,j) = \frac{Rj - Ri}{Rj + Ri} \tag{11.13}$$

ここで，Ri と Rj はそれぞれ波長 i nm，j nm の反射率である。従って，$i = 660$ nm，$j = 830$ nm の場合は NDVI に相当する。すなわち，NDVI ＝ NDSI（660, 830）である。

このように 2 つの波長の差を和で正規化する指標は，前述したように簡易かつ観測条件や対象の背景効果等の誤差因子による影響を軽減化する効果があるだけでなく，波長が近接している場合の NDSI は微分処理に類似した効果を持つ。また，反射率の代わりに微分値を用いることによって，よ

11.2 スペクトルデータからの特徴抽出

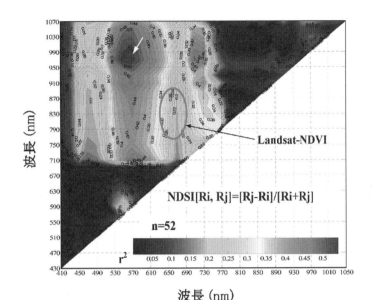

図 11.20 玄米粒タンパク含有率予測のための NDSI マップ。矢印の位置が最も高い予測力のある NDSI (550, 970) の位置を示す。赤の楕円形は衛星 Landsat の赤 (660±30 nm) と近赤外 (830±70 nm) のバンドを用いた NDVI に相当[24]。

り高い予測力が得られる場合もある。

ハイパースペクトルデータの場合には，全波長を用いた任意の 2 波長の組み合わせについて正規化指数 NDSI (i,j) を演算し，目的変量に対する予測力の統計指標（たとえば，決定係数 r^2）を波長 i を x 軸，波長 j を y 軸として図化したマップ（NDSI マップと呼ぶ）を作成する。それによって，最適な波長位置と波長幅を選定することができる[4)7)]。

図 11.20 は，航空機センサによって得られたハイパースペクトルデータを用いて，収穫時期の玄米粒のタンパク含有率を評価する NDSI マップを作成した例である[24]。可視波長と近赤外波長の組みあわせ領域に高い推定力を持つ NDSI が分布するが，可視どうし，近赤外どうしの NDSI はほとんど予測力を持たないことがわかる。530～600 nm の範囲と 710～1050 nm の範囲とを組合せた NDSI が幅広く高い予測力をもち，この領域に 2 つの山がみられる。また，もうひとつの山が NDSI (970, 710) 付近に存在するが，最も高いピークは NDSI (970, 570) を中心とする ±20 nm 程度の範囲にみいだされた。ここで，970 nm が特異的に有用なのは，成熟期にはタンパク含有率が水分含有率との相関関係が高く，水の吸収帯である 970 nm にそれが反映されているためと推察される。すなわち，イネの成熟期におけるクロロフィル濃度の低下および水分の減少を反射率の変化によって捉え，間接的に玄米粒のタンパク含有率の差に結びつけられている。

同図の中に，Landsat-TM バンドを用いた NDVI に相当するエリアもプロットされているが，推定力の高い 2 つの領域の間の谷にまたがっており，NDVI は必ずしも好適な指数とはいえないことがわかる。実際，これまで特質の異なる非常に多くの目的のために NDVI が多用されてきたが，大きな

限界があった。今後使用可能になるハイパースペクトルセンサをはじめとするセンサ仕様の多様化・高性能化に対応して，NDSIマップ等の方法によって目的変量ごとに最適な波長と指数，推計モデルの策定が進むことが期待される。

11.2.5 おわりに

以上，本節では可視〜短波長赤外域の反射スペクトルをとりあげて，リモートセンシングにおける波長（周波数）信号から有用情報を抽出する方法について概説した。波長（周波数）の異なる多様な信号を取得できることは，リモートセンシングのユニークな特性のひとつである。地表面や生態系要素に関する量と構造，成分，機能にかかわる情報を広域的，定量的に把握する上で貴重なデータソースであり，農業生産のスマート化や植物資源の保全，温暖化緩和策等の多くの場面での活用が期待される[25]。

引用・参考文献

1）長，他（共編著）：画像解析ハンドブック，東京大学出版会，pp. 475–484，1991.

2）長，他（共編著）：新編 画像解析ハンドブック，東京大学出版会，pp. 1171–1186，2004.

3）TNT入門—ラスタの組み合わせ演算，https://www.opengis.co.jp/getstartj/rastcomb.pdf（Accessed 2024.4.12）

4）Inoue, Y. et al.：Normalized difference spectral indices for estimating photosynthetic efficiency and capacity at a canopy scale derived from hyperspectral and CO_2 flux measurements in rice, Remote Sens. Environ., 112, pp. 156–172, 2008.

5）Inoue, Y. et al.：Hyperspectral assessment of ecophysiological functioning for diagnostics of crops and vegetation. In：Hyperspectral remote sensing of vegetation Volume 3, Biophysical and biochemical characterization and plant species studies(Thenkabail, P.S., Lyon, J.G. and Huete, A. eds.), CRC Press, New York. pp. 25–72, 2019.

6）井上吉雄：食糧−環境インテリジェンスのための生態系リモートセンシング—問題解決に向けた信号データ利用法—．日本リモートセンシング学会誌，31，pp. 2–26，2011.

7）Inoue, Y. et al.：Simple and robust methods for remote sensing of canopy chlorophyll content—a comparative analysis of hyperspectral data for different types of vegetation, Plant Cell Environ., 39, pp. 2609–2623, 2016.

8）Inoue, Y. et al.：Hyperspectral sensing and mapping of soil carbon content for amending within-field heterogeneity of soil fertility and enhancing soil carbon sequestration. Precision Agriculture, doi.org/10.1007/s 11119-024-10140-1, 2024.

9）Jacquemoud, S. et al.：PROSPECT + SAIL：A review of use for vegetation characterization. Remote Sens. Environ., 113, pp. S 56–S 66, 2009.

10）Inoue, Y.：Synergy of remote sensing and modeling for estimating ecophysiological processes in plant production, Plant Prod. Sci., 6, pp. 3–16, 2003.

11）Inoue, Y. et al.：Non-destructive estimation of water status of intact crop leaves based on spectral reflectance measurements, Jpn. J. Crop Sci., 62, pp. 462–469, 1993.

12) Garbulsky, M. F. et al.: The photochemical reflectance index (PRI) and the remote sensing of leaf, canopy and ecosystem radiation use efficiencies: a review and meta analysis, Remote Sens. Environ., 115, pp. 281 –297, 2011.

13) Meroni, M. et al.: Remote sensing of solar-induced chlorophyll fluorescence: Review of methods and applications. Remote Sens. Environ., 113, pp. 2037–2051, 2009.

14) Kauth, R. J. and G. S. Thomas: The tasselled cap—a graphic description of the spectral—temporal development of agricultural crops as seen by LANDSAT, 3 rd symposium on machine processing of remotely sensed data, Purdue Univ. of West Lafayette, Indiana, pp. 4 B-41–4 B-51, 1976.

15) Crist, E. P. and R. C. Cicone: A Physically-Based Transformation of Thematic Mapper Data—The TM Tasseled Cap, IEEE Trans. Geosci. Remote Sens., 22 (3), pp. 256–263, 1984.

16) Asrar, G. (Ed.): Theory and application of optical remote sensing, Wiley Interscience, New York, pp. 252 –296, 1989.

17) Tucker, C. J.: Red and photographic infrared linear combinations for monitoring vegetation, Remote Sens. Environ., 8, pp. 127–150, 1979.

18) Huete, A. R.: A soil—adjusted vegetation index (SAVI), Remote Sens. Environ., 25, pp. 89–105, 1988.

19) Kaufman, Y. J. and D. Tanre: Atmospherically resistant vegetation index (ARVI) for EOS—MODIS, IEEE Trans. Geosci. Remote Sens., 30, pp. 261–270, 1992.

20) Liang, S.: Quantitative remote sensing of land surfaces, Wiley Praxis Series in Remote Sensing Hobo- ken, Wiley&Sons, pp. 1–250, 2004.

21) Dozier, J.: Spectral signature of alpine snow cover from the Landsat Thematic Mapper, Remote Sens. Environ., 28, pp. 9–22, 1989.

22) Gao, B. C.: NDWI—a normalized difference water index for remote sensing of vegetation liquid water from space, Remote Sens. Environ., 58, pp. 257–266, 1996.

23) Mcfeeters, S. K.: The use of normalized difference water index (NDWI) in the delineation of open water features. Int. J. Remote Sens., 17, pp. 1425–1432, 1996.

24) 井上吉雄, 他：ハイパースペクトルデータを用いた正規化分光反射指数NDSIマップおよび波長選択型 PLSによる植物・生態系変量の評価, 日本リモートセンシング学会誌, 28, pp. 317–330, 2008.

25) 井上吉雄：作物生産研究におけるセンシング・データ処理解析技術の利活用と留意点−リモートセンシングおよび「AI」,「ビッグデータ」,「フェノタイピング」を中心に−, 日本作物学会紀事, 92, pp. 91–103, 2023.

第12章 画像強調と特徴抽出（空間情報・時間情報）

〈この章で学ぶべきこと〉

　空間情報と時間情報の画像強調と特徴抽出について学習する。空間情報については，画像内のエッジ・線情報を抽出する考え方や「きめ・粗さ」といったテクスチャ特徴を定量化する考え方を理解するとともに，代表的な画像特徴抽出方法について学習する。時間情報については，変化検出および時系列解析を取り上げ，それらの目的や主な方法および効果について学ぶ。

学習目標：

① 画像中に含まれる空間情報の特徴を抽出あるいは定量化する考え方を学習する。

② 変化検出および時系列解析の概念と代表的な処理の基本について学習する。

キーワード：

テクスチャ（texture），同時生起行列（gray level co-occurrence matrix），フィルタ処理（filtering），エッジ（edge），リニアメント（lineament），鮮鋭化（sharpening），ラプラス演算子（Laplace operator），変化検出（change detection），変化ベクトル解析（CVA：Change Vector Analysis），主成分分析（PCA：Principal Component Analysis），正準相関分析（CCA：Canonical Correlation Analysis），変動成分（variable components），STL（Seasonal and Trend Decomposition Using LOESS）法，LOESS（Locally Estimated Scatterplot Smoothing）法，自己相関関数（autocorrelation function），相互相関関数（cross-correlation function）

12.1　空間情報の画像強調と特徴抽出

　空間的な画像処理は，画像の強調処理と特徴抽出に大別される。前者は主として視覚判読の視認性向上のために用いられるもので，その基本的な手法は窓領域の演算によるフィルタ処理である。この代表例が微分処理に基づく画像の鮮明化やエッジ・線の抽出である。ここでは，微分処理の考え方およびフィルタ処理の実際について述べる。

　これに対して特徴抽出は，画像中の点や線，領域に関する特徴を取得する処理である。ここでは領域に関する空間的な特徴抽出の方法としてテクスチャ解析を取りあげ，これを1次特徴量および2次特徴量にわけて述べる。一般にテクスチャ情報は主として後続するディジタル処理による分類，あるいは情報抽出に用いられる。なお，近年は深層学習をはじめとする機械学習の応用が進んでおり，より高度な解析へと発展しているが，ここでは割愛する。

12.1.1 画像強調
(1) 画像の微分処理

画像に含まれる空間情報のうち，ある直線方向上の局所的変化は，エッジやリニアメントと呼ばれる線状の特徴を形成している場合が多い。これらは一般の写真では顔や体の輪郭および建物の端点などを示している。リモートセンシング画像では，田畑・森林などの土地利用の境界，道路の側端，山岳の尾根や谷，ときには地形の断層などを示しており，いずれも画像解析をする場合の重要な情報となる。エッジや線情報は，微視的には隣接画素の変化の大きい箇所のつらなりであり，画素間の差（差分という）をとることによって検出できる。ここで，差分という考え方は，より一般的には，画像が連続していると考えた際の微分に相当する。例えば，x座標に沿って図 12.1 (a) のような断面の画像データがあったとしよう。これを x 方向で微分すれば図 12.1 (b) のようになり，さらにもう 1 回微分すれば図 12.1 (c) のようになる。(b) および (c) は，極値がひとつになるか2つになるかの違いはあるものの，いずれも原画像の変化部分が検出されているといえる。

2次元画像でも同様であり，原画像に対して，x 方向あるいは y 方向で隣接画素間の差分を取れば1次差分画像（あるいは1次微分画像）が得られる。さらに，1次差分画像に対して，隣接画素間の差分を取ることにより，2次差分画像（あるいは2次微分画像）が得られる。なお，これらの差分（微分）画像は x あるいは y の方向性を持った演算処理結果なので，数学的には各画素は2成分のベクトル量を持つことを意味するが，実用上は各画素での変化の方向性よりも変化の強度が重要であるため，x および y 方向の差分（微分）値の2乗和の平方根や絶対値の和などによって差分（微分）値を画像化する場合が多い。

(2) フィルタ処理

一般にフィルタ処理（またはフィルタリング）とは，信号中に含まれている不要なものを取り除き，欲しい情報だけを取り出す処理を指す。2次元画像の場合は，空間的な特徴（エッジや線など）の強調・抽出，ノイズの低減，コントラストの改善，ぼけの改善（鮮明化）などの目的で適用する処理を，通常，フィルタ処理と呼んでいる。2次元画像の代表的なフィルタ処理法として，演算子（フィルタオペレータ）によるフィルタ処理がある。これは，原画像に対し，格子状の演算子を1画素ずつ移動させながら画素値と演算子の間で積和を計算する処理であり，数学的には畳み込み積分（コ

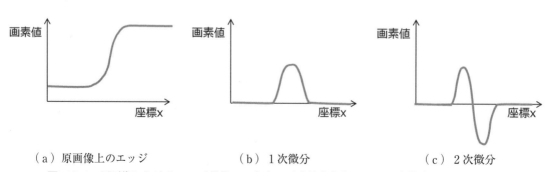

(a) 原画像上のエッジ　　　　(b) 1次微分　　　　(c) 2次微分

図 12.1 原画像におけるエッジ部分の x 方向の画素値変化と，その1次微分および2次微分

12.1　空間情報の画像強調と特徴抽出

f_{11}	f_{12}
f_{21}	f_{22}

a_{11}	a_{12}	a_{13}	a_{14}
a_{21}	a_{22}	a_{23}	a_{24}
a_{31}	a_{32}	a_{33}	a_{34}
a_{41}	a_{42}	a_{43}	a_{44}

b_{11}	b_{12}	b_{13}
b_{21}	b_{22}	b_{23}
b_{31}	b_{32}	b_{33}

（a）フィルタ演算子　　　　　　　（b）対象画像　　　　　　　（c）フィルタ処理結果

図 12.2　2×2のフィルタ演算処理の例

ンボリューション）に相当する演算である[*1]。演算子がカバーする範囲は窓領域などと呼ばれる。ここで，簡単のため，2×2の大きさの演算子を例に取って説明しよう。

図 12.2 (a) (b) の太枠で囲った範囲の積和演算は，$b_{11}=a_{11}f_{11}+a_{12}f_{12}+a_{21}f_{21}+a_{22}f_{22}$ となる。次いで演算子を右側に1画素分だけ移動し，同様の演算によって $b_{12}=a_{12}f_{11}+a_{13}f_{12}+a_{22}f_{21}+a_{23}f_{22}$ が得られる。これを右下の $b_{33}=a_{33}f_{11}+a_{34}f_{12}+a_{43}f_{21}+a_{44}f_{22}$ まで行うことによって**図 12.2 (c)** のフィルタ処理の演算が完了する。なお，この場合，対象画像と処理結果の画像サイズが一致しないが，これを同一サイズとするため，不足する画素値を0と置いたり近傍画素値から外挿するなどして，対象画像の最下行および最右列の各画素にもフィルタ処理値を与えるのが普通である。

(3) フィルタ処理による画像強調

はじめに，画像の鮮明化でよく用いられるメディアンフィルタについて述べる。一般に，画像は種々の雑音成分の影響でぼけたり，ざらついている場合が多い。これを簡易に改善する方法として，演算子の窓領域内の画素値の中央値（メディアン）をこの領域の代表値とするメディアンフィルタが知られている。これにより画像のエッジ成分をある程度保持しつつ雑音成分が抑えられ，視認性が向上する効果が期待できる。

次に，微分処理の例を紹介する。領域の境界であるエッジを強調する代表的フィルタとして，Sobelフィルタがある。Sobelフィルタは，ある注目画素を中心とした上下左右の9つの画素値に対して，x方向，y方向の演算子を用い，各々の結果の2乗和の平方根をフィルタの出力とするものである（**図12.3**）。x方向演算子をみれば，y方向に（-1，-2，-1）あるいは（1，2，1）となっているため，一種の平滑化処理を伴いながらx方向の微分（差分）処理を行っていることがわかる。この際，隣接する画素ではなく，ひとつおきの画素間で差分をとっている点に特徴がある[*2]。

一方，2次微分の演算子には，**図 12.4** に示すラプラス演算子がよく用いられる（空白は演算を行

＊1　厳密には，コンボリューション演算のための行列（コンボリューションカーネル）とフィルタオペレータは行列が180度回転した関係を持つが，本質的にはこれらの処理は等価である。

241

-1	0	1
-2	0	2
-1	0	1

（a）x方向

-1	-2	-1
0	0	0
1	2	1

（b）y方向

図 12.3 Sobelフィルタの演算子

	1	
1	-4	1
	1	

図 12.4 ラプラス演算子

図 12.5 原画像（レーダ画像），宮崎県鰐塚山周辺の PALSAR 画像（© METI and JAXA〔2007〕提供：ERS-DAC）

わないので 0 を入れた場合と等価）．

　ラプラス演算子は，重力場，電磁場のような場をあらわす微分方程式でよく用いられる演算子であるが，画像処理においてもエッジや線情報の抽出によく用いられる．図 12.4 の各要素を 4 で割って考えれば，ラプラス演算は，ある画素のまわりの 4 画素の平均値から中心画素の値を減じたものが出力になっていることがわかる．一般に微分処理は，変化部分を強調する画像を生成するため，原画像情報の多くが失われる．このため，画像をより鮮明に変換する鮮鋭化処理では，微分画像と原画像を適当な重みで加算した画像がよく用いられる．一例として，SAR 観測による原画像を図 **12.5**

---

*2　1 次微分処理において，注目画素と隣接画素の間で差分を取ると，微分位置が厳密には注目画素から 0.5 画素分ずれてしまう問題があるが，Sobel フィルタの場合は，左列と右列，上行と下行の間で演算することで微分位置を注目画素の位置にあわせている．ただし，注目画素を演算に使用しないため，微分としての定義はやや曖昧である．なお，2 次微分の場合は微分位置が注目画素と一致する．

12.1 空間情報の画像強調と特徴抽出

図 12.6 水平方向（x方向）のSobelフィルタ適用結果

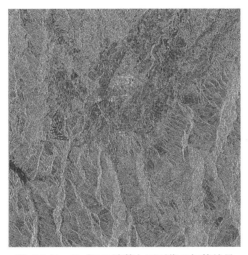

図 12.7 ラプラス演算と原画像の加算結果

に，原画像にSobelフィルタを適用した結果を図 12.6 に，原画像にラプラス演算を適用した結果を原画像から減算した結果を図 12.7 に示す。原画像からラプラス演算結果を差し引く処理は鮮鋭化の効果があり，図 12.7 では，原画像のコントラストを残しながら線状のパターンをよく表現していることがわかる。

12.1.2 テクスチャ特徴量の抽出

テクスチャ（texture）という語は，textile（織物・編み物）と同じ語源のラテン語 textura（織物）から来ており，織りあわされたものや織り方そのものを示す言葉である。転じて，感触や肌理（きめ）など表面の状態をあらわす意味を持つようになった。画像処理では，きめ・粗さなど一定のパターンの繰り返しで決まる画像上の特徴をあらわす用語としてよく用いられる。例えば，画像が一定間隔で濃淡を繰り返していれば，凹凸のある表面になぞらえて「ざらついている」，あるいは「粗

第12章　画像強調と特徴抽出（空間情報・時間情報）

0	0	1
0	1	1
2	2	2

P=0 Q=0	P=0 Q=1	P=0 Q=2
P=1 Q=0	P=1 Q=1	P=1 Q=2
P=2 Q=0	P=2 Q=1	P=2 Q=2

$$\begin{bmatrix} 1 & 2 & 0 \\ 0 & 1 & 0 \\ 0 & 0 & 2 \end{bmatrix} \qquad \begin{bmatrix} 2 & 2 & 0 \\ 2 & 2 & 0 \\ 0 & 0 & 4 \end{bmatrix}$$

（a）サンプル画像　　　（b）隣接2画素の関係　　　（c）同時生起行列　　　（d）対称化した
　　　　　　　　　　　　　　　　　　　　　　　　　　　　　　　　　　　　　　　同時生起行列

図 12.8　サンプル画像に対する同時生起行列の例

（左右に隣接する2画素の場合。（b）においてPは参照画素の値，Qは隣接画素（Pの右隣り）の値をあらわす）

い」と表現される。一方，画像が短い間隔で変化の小さい濃淡を繰り返していれば，「一様で滑らか」と表現される。「粗い」や「滑らか」に代表される全体あるいは部分の画像の性質を定量的に表現する指標がテクスチャ特徴量であり，画像強調，画像改善，さらには画素間の関係に基づく分類などに活用されている。以下では，テクスチャ特徴量として，1次特徴量および2次特徴量を紹介する。

　1次特徴量は，領域全体の統計量を指標とし，隣接画素値の関係は特に考慮しないタイプのものである。標準偏差，濃淡ヒストグラム，エントロピー（entropy）などはこのグループに属する。領域全体の画素値の標準偏差（分散）を例にとれば，総じてこれが大きいと「粗く」，小さいと「滑らか」である。

　一方，2次特徴量は，画像中の2つの画素の関連性を考慮したタイプのもので，共分散，自己相関，相互相関，同時生起行列などがこれに当たる。画像を微視的にみれば，一定距離離れた任意の2画素の値の関係によって粗さや滑らかさをあらわせることから，2次特徴量はテクスチャを表現するよい指標となる。ここでは，代表的な2次特徴量として同時生起行列について簡単に触れる。

　同時生起行列は GLCM（Grey Level Co-occurrence Matrix）とも略称され，任意の2画素値の関連性を行列で表したものである。画像中の n×n 画素（例：n=3 or 5）の窓領域に対して以下に述べるように同時生起行列を求め，この行列を要約したパラメータを計算する。このパラメータが窓領域のテクスチャを示す特徴量である。画像中で窓領域を移動させることにより，窓領域単位でテクスチャ情報が得られる。**図 12.8（a）** は n=3 の窓領域の場合で，画素が 0，1，2 の値からなる画像の例である。

　簡単化のため，ここでは左右に隣接する2画素（左側を参照画素，その右側を隣接画素と呼ぶことにする）が**図 12.8（b）**に示す関係になっている場合の数を行列であらわす。その結果が**図 12.8（c）** である。この場合は画素値が3通りであるため，3×3の行列であるが，一般に画素値の濃淡を m 段階にわけることにより m×m の行列が同時生起行列として得られる。**図 12.8（c）** からは，左側の画素がその右側の画素より大きい関係は皆無であること，値の大小に関わらず同じ値が隣接している場合が多いこと，画素が右側に向かって緩やかな増加傾向にあること，などが読み取れる。な

244

お，テクスチャ解析では，通常，対称化した同時生起行列を使用する。**図 12.8 (d)** は **(c)** を対称化したものであり，これは反対方向のペアを再度カウントする（対角成分は 2 倍する）ことで得たものである。

同時生起行列を要約するパラメータとして，角 2 次モーメント（angular second moment），コントラスト（contrast），相関（correlation），エントロピー（entropy）などが計算され，これらがテクスチャを示す特徴量として後続の処理で用いられる。

12.2　変化検出

12.2.1　変化検出とは

変化検出（change detection）は，2 つの画像間の変化箇所を検出する処理である。異なる時刻で観測されたリモートセンシング画像間の変化検出は，環境や地形の変化のモニタリング，都市化や土地利用変化の解析，災害被害域の特定，森林伐採やゴミ投棄の監視をはじめ，様々な目的で行われている。使用する 2 つの画像の時間差は解析目的やデータの有無によって様々であり，数時間あるいはそれ以下の場合もあれば，数年あるいは数十年以上の場合もある。多くの場合，変化検出では同種（マルチスペクトル，ハイパースペクトル，SAR 等）で同一解像度を持つ画像が利用され，特に観測データを入手しやすいマルチスペクトル画像や SAR 画像を活用する例が多い[1]。

12.2.2　変化検出における留意点

変化検出における重要な留意点は 2 つの画像間の位置の整合性である。ほとんどの変化検出法では，2 つの画像の位置が完全にあっていることを前提としており，これがずれていると異なる地点間の比較となるため，検出誤差が生じる。そこで，前処理として，画像間の精密な位置あわせ（レジストレーション，第 10 章参照）を行う必要がある。ただし，一般には誤差が全く存在しないレジストレーションは困難であるため，変化検出において位置ずれは主要な誤差要因のひとつであり[1]，特に対象の面積が小さい場合や，対象の面積が大きい場合でも他の領域との境界付近では，その影響が大きくなる。

また，光学画像を使用する場合，太陽の高度・方位について留意する必要がある。これらが画像間で異なると画像の明るさ（輝度）や地形・建物等の陰影が画像間で異なり，誤差要因となり得る。視程などの大気状態についても同様である。ただし，太陽高度や大気状態による明度の差に対しては，データの規格化・標準化や大気補正などの前処理によって影響を抑えることができる。雲や積雪の有無は，変化検出上は「変化したもの」として扱われるが，これらの検出を目的としない場合は，対象地域に雲や積雪がない画像を使用する必要がある。また，植生においては季節変化（フェノロジー）にも留意する必要がある。植生の季節変化そのものを検出対象としない場合には，2 つの画像の年間通算日が近いことが好ましい。一方，SAR 画像を使用する場合は，太陽の高度・方位や大気状態，

第12章　画像強調と特徴抽出（空間情報・時間情報）

雲などの影響は考慮しなくてよいが，センサの観測方向に伴う幾何学的ゆがみやシャドウィング，スペックルノイズ，マルチパスなどの SAR 画像特有の因子（第 14 章参照）が変化検出に影響を及ぼす点に留意が必要である[1]。また，積雪や植生のフェノロジーの影響も考慮する必要がある。

12.2.3　変化検出の手法

変化検出は，近年，深層学習の活用が急速に進んでいるが，ここでは基本的な手法として，算術的な手法，統計的な手法，分類ベースの手法について説明する。

（1）算術的な手法

最も基本的な変化検出法は，バンド値やバンド間演算による指標値（植生指数など）などの特徴量について，2 つの画像間で差や比を計算する手法である。差の絶対値が大きいほど，あるいは比が 1 から離れているほど，画像間の変化が大きいことを意味する。特徴量がひとつだけでも処理は可能であり，例えば植生分布の変化検出を目的とする場合に植生指数を特徴量として画像間の差や比を評価することは有効な方法である。ただし，より一般的な目的では，複数の特徴量を使うことで検出効果を高めることが期待でき，この場合は，画像間の対応画素の多次元特徴空間内での位置に基づいて変化の有無を評価する。これをより理論的に分析する手法として，変化ベクトル解析（CVA：Change Vector Analysis）がある[2]。CVA では，複数の特徴量の画像間の差を変化ベクトルとしてあらわし，多次元特徴空間における変化ベクトルの大きさと向きから，各画素の変化の程度のみならず，変化の種類（何から何に変わったか）を解析するものである。

（2）統計的な手法

より効果的に変化画素を検出するためには，特徴量の間の冗長性を減らし，特徴次元を削減する必要がある[1]。例えば，あるセンサの 3 バンドを使用して変化検出する場合，うち 2 つのバンドの波長が近接していてほぼ同じ値を持つ場合は冗長であるため，どちらかひとつを除いて計 2 バンドで変化検出した方が効果的である。特にバンド数が多いハイパースペクトル画像を利用する場合は，互いに相関が高いバンドをいかに削減するかが変化検出において重要である。このような場合，統計解析によって変数変換を行う手法が有効である。ここでは，主成分分析（PCA：Principal Component Analysis）による手法と正準相関分析（CCA：Canonical Correlation Analysis）による手法について説明する。

PCA は，相関のある多数の変数からなるデータを相関の小さい合成変数からなるデータに変換する手法であり，この合成変数を主成分と呼ぶ（第 11 章コラム 1 参照）。PCA による変化検出は，①2 つの画像のそれぞれに PCA を適用する方法と，②2 つの画像をひとつにまとめて PCA を適用する方法がある[3]。例えば，画像 A と画像 B があり，各 3 バンドを持っているとすると，①では，画像 A と画像 B のそれぞれに PCA を適用して第 1 〜第 3 主成分画像を求め，これらに基づいて変化を検出する。一方，②では，画像 A と画像 B をあわせて計 6 バンドの画像とし，これに PCA を適用して第 1 〜第 6 主成分画像を求め，これらに基づいて変化を検出する。①の場合は，通常，第 1 主成分は画

246

像全体の輝度分布を反映するため，主な変化は第2主成分以降にあらわれる。また，②の場合は，通常，画像Aと画像Bの全体的な輝度分布が第1〜第2主成分にあらわれ，変化に関する情報は主に第3〜第4主成分などにあらわれる。ただし，これらは使用する画像にも依存する。

一方，CCAは複数の変数を持つ2つのデータ間で，相関係数が最大になるように各データの合成変数を決めていく手法である。CCAに基づく変化検出法として，多変量変化検出（MAD：Multivariate Alteration Detection）法[4)5)]が知られている（コラム1参照）。MAD法の特徴量は線形変換やアフィン変換に影響されないため，放射量校正や太陽高度，大気効果などの影響を受けにくく，また画像間で使用するバンドの組みあわせが異なっていても適用可能であるという特長がある。

（3）分類ベースの手法

変化検出に使用する2つの画像のそれぞれに対して画像分類を適用し，得られた分類マップの差から変化を検出する手法も一般的である[1)]。分類マップには，各画素に分類クラス（例えば，建物，植生，裸地，水域など）が割り当てられ，2つの画像の分類マップ間で分類クラスが変わった場合に「変化した」と判定する。画像分類の手法としては教師あり/教師なしの様々な手法が利用できる（第13章参照）。

また，各画素にクラス（意味）を付与してから変化検出を行うという点で類似の方法として，地物検出に基づく手法がある。これは2つの画像のそれぞれから特定の地物（例えば建物，道路，海岸線等）のみを対象とした検出処理を行い，それぞれから得られた地物マップの差から対象地物の変化を調べる手法である。例えば，建物分布の変化を調べたい場合，2つの画像のそれぞれから建物を検出し，得られた建物マップの差に基づいて建物分布の変化を検出する。画像中から特定の地物を検出する処理はコンピュータビジョン分野の物体検出に相当するものであり，HOG（Histograms of Oriented Gradients）やR-CNN（Regions with Convolutional Neural Network）など，機械学習ベースの手法が近年，急速に発展している。

12.2.4　変化検出の例

変化検出の例として，2011年5月15日および2023年5月11日に茨城県水戸市周辺にて観測されたASTER可視近赤外画像（3バンド）を用いた例を示す。使用した画像を図 **12.9** **(a)** および **(b)** に示す。

図 **12.10** は，算術的な手法の例として，2つの画像からそれぞれ正規化植生指数（NDVI）画像を求め，それらの差画像から植生変化を検出した結果を示している。植生の増減のみを対象とした変化検出であるが，画像間で変化した箇所を捉えている。

図 **12.11** は，統計的な手法の例として，2つの画像を1画像にまとめてPCAを適用（前述の②）した結果であり，第1〜第4までの主成分画像を示している。2つの画像に共通する分散が第1〜第2主成分にあらわれており，画像間の変化は第3〜第4主成分に白または黒としてあらわれている。

図 **12.12** は，分類ベースの手法の例として，2つの画像に最尤法（第13章参照）を適用して4つ

第 12 章　画像強調と特徴抽出（空間情報・時間情報）

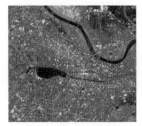
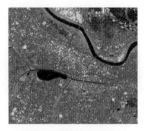

（a）2011/5/15　　　　　　　　　（b）2023/5/11

図 12.9　変化検出に使用した 2 時期の ASTER 可視近赤外画像（茨城県水戸市周辺）

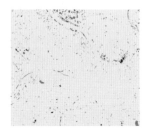

（a）2011/5/15 の NDVI　　　（b）2023/5/11 の NDVI　　　（c）NDVI の差分画像

図 12.10　2 画像の NDVI 画像（（a）および（b））とその差分画像（c）

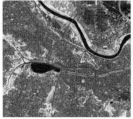
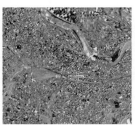
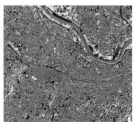

（a）第 1 主成分　　　（b）第 2 主成分　　　（c）第 3 主成分　　　（d）第 4 主成分

図 12.11　2 画像を 1 画像にまとめて PCA を適用した例（2 画像に共通する分散が第 1 ～ 第 2 主成分にあらわれており，画像間の変化が第 3 ～ 第 4 主成分に白または黒としてあらわれている）

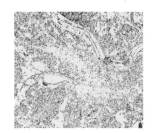

（a）2011/5/15 の分類図　　　（b）2023/5/11 の分類図　　　（c）分類図の差分画像

図 12.12　図 1 の 2 画像をそれぞれ最尤法によって 4 クラス（水域，植生域，都市域，裸地）に分類した図とそれらの差分画像（白はクラスの変化なし，それ以外はクラスの変化あり）

のクラス（水域，植生域，都市域，裸地）に分類し，それらの差画像を示している（画像間でクラスが変わった画素は白以外で表現）。画像分類の誤差により変化画素がやや過剰検出されているが，主要な変化箇所は捉えられている。

コラム 1：多変量変化検出（MAD）法

　それぞれ複数の変数を持つ変数群間の相関関係を線形合成変数（正準変量と呼ぶ）に基づいて分析する多変量解析法を正準相関分析と呼ぶ。多変量変化検出（MAD：Multivariate Alteration Detection）法は，正準相関分析に基づく変化検出法である[4)5)]。

　今，位置あわせされた時期 p の画像と時期 q の画像があるとする。ここで，時期 p の画像（バンド数 m）の観測値を $x_p = (x_{p1}, x_{p2}, ..., x_{pm})$，時期 q の画像（バンド数 n）の観測値を $x_q = (x_{q1}, x_{q2}, ..., x_{qn})$ としたとき，固有値計算により，2つの画像間で最も相関が高い合成変数の組として，$y_{p1} = a_1 x_{p1} + a_2 x_{p2} + ... + a_m x_{pm}$（時期 p）と $y_{q1} = b_1 x_{q1} + b_2 x_{q2} + ... + b_n x_{qn}$（時期 q）を定義できる。さらに，この線形変換と直交し，2番目に相関が高い合成変数の組（y_{p2}, y_{q2}）を定義できる。さらに順次，相関が低くなる合成変数の組（y_{p3}, y_{q3}），（y_{p4}, y_{q4}），...，（y_{pn}, y_{qn}）を定義することで，計 n 組（$m \geq n$ の場合）の合成変数を定義できる。MAD 法では，相関が低い合成変数（正準変量）ほど変化に関する情報を多く含んでいると仮定し，相関の低い方から順に正準変量の差分ベクトル $z = (y_{pn} - y_{qn}, ..., y_{p2} - y_{q2}, y_{p1} - y_{q1})$ を求め，これを評価することで変化検出を行う。

12.3　時系列解析

12.3.1　時系列解析とは

　時系列解析とは，時間的に変化する現象の観測データを用いて，その現象を分析し理論的に明らかにすることをいう。人工衛星による地球観測が 1970 年代より始まり，多くの時系列データが蓄積されてきた。また航空機や UAV により衛星観測データの時間分解能を補完する観測も行われている。これらの時系列のリモートセンシングデータに対し，時系列解析を行うことにより，地球環境の変化の正しい把握やモデル作成による将来予測が可能となる。

　時系列データは様々な変動要因の影響を受け複雑な時間変化を示しており，一般的には以下の変動成分を含むと考えられる。

（a）長期的なトレンド（傾向）

（b）数年以上の不規則な周期で変動する循環性の変動

（c）1年や日内などの暦を周期とする季節性の変動

（d）データから（a）から（c）の変動成分を差し引いた残差

　ここで，（a）と（b）をまとめて，トレンド・循環成分として取り扱い，これを単に「トレンド」と呼ぶこともある[6)]。

　対応した時刻 t の時系列データ $y(t)$ が3つの変動成分，トレンド・循環変動（$T(t)$），季節変動

$(S(t))$，残差（$R(t)$）の加算であらわされる場合は，

$$y(t) = T(t) + S(t) + R(t) \tag{12.1}$$

と記述され，乗算であらわされる場合は

$$y(t) = T(t) \cdot S(t) \cdot R(t) \tag{12.2}$$

と記述される。乗算の式（12.2）については，対数をとることにより以下の通り加算にて計算することができる。

$$\log(y(t)) = \log(T(t)) + \log(S(t)) + \log(R(t)) \tag{12.3}$$

時系列データのトレンド・循環成分の古典的な抽出方法に，移動平均法がある。次元 m（$= 2k + 1$，k は正の整数）の時刻 t の移動平均値（$\overline{T(t)}$）は，時刻 t の前後の時刻のデータより以下の式の通り計算される。

$$\overline{T(t)} = \frac{1}{m} \sum_{i=-k}^{k} y(t+i) \tag{12.4}$$

前後のデータを用いて平均化することによりランダムなノイズが除去され，より高い次元を与えることで平滑化を強めることができる。なお，式（12.4）による移動平均は異常値が含まれるとその影響を強く受ける場合があるため，算術平均ではなく中央値（メディアン）を使う方法もある。また，例えば3次の移動平均の場合，時系列データの先頭の時刻はその前の時刻のデータが無いために値を計算できず，最後の時刻についても同様の問題がある。すなわち，より強い平滑化を行うためにより高い次元を用いた場合には，トレンド・循環変動成分を計算できる期間が短くなってしまうため，留意が必要である。

なお，古典的な時系列解析法では季節変動成分は同一で繰り返すことを前提としており，全てのデータの同時期のデータを平均することにより求める。時系列データに含まれている季節変動成分を取り除くことを季節調整といい，季節調整によりトレンドの把握が容易になる。

12.3.2　時系列解析の手法

長期間にわたる増加や下降のトレンドの分析に関して，時系列データに対して線形回帰分析を行い，データの変化率を表す「傾き」に対して有意性の検定を行う方法がある[7]。有意性の検定には，トレンドを除去した変動成分が正規分布に従うと仮定してよい場合は t 検定が，正規分布に従うと仮定できない場合は，Mann-Kendall 検定[8)9)]に代表されるノンパラメトリック検定が用いられる。

汎用性の高い時系列データの分解法に，STL（Seasonal and Trend Decomposition Using LOESS）法[10)]がある。STL 法では，トレンド・循環変動成分の抽出において，平滑化関数を局所的な区間で1次あるいは2次の多項式回帰モデルにフィッティングする LOESS（Locally Estimated Scatterplot

Smoothing）法[11]が用いられており，季節変動成分の経時変化も解析できる。

また，時系列データの周期性を調べる方法に，自己相関係数を時間差 i の関数として表した自己相関関数[12]がある。自己相関係数とは，時刻 t（$t=1$, $\cdots$, n）で観測した時系列データ a_t とそのデータに対して，ある時間 i ずらした a_{t+i} の両者の相関係数である。一方，異なった変量を同時に観測した時系列データに対して時間差を考慮した解析方法に，相互相関係数を時間差 i の関数としてあらわした相互相関関数[12]がある。相互相関係数とは，同時刻 t（$t=1$, $\cdots$, n）での観測 a_t と b_t の時系列データに対し，b_t の時間を i ずらした時の a_t と b_{t+i} の相関係数である。

地球観測の時系列データからは，上記のような統計的方法[13][14]やウェーブレット変換[15]等の周波数解析を用いて，トレンド，季節変化，突発的な変化やその後の回復，徐々に上昇あるいは減少している現象，変化点等の抽出方法に関する研究結果が報告されている。その一方でこれらのどの手法を適用するかにより，ある期間の増加，減少が逆パターンで抽出されること[16]や手法によって長期的な変化抽出に向いているもの，季節変化の抽出に向いているもの，また対象とする画素の被覆タイプによっても変化抽出が得意なものと不得意なもの等が報告されており[16]，最適な一般的な方法があるわけではない。リモートセンシングデータに対して統計的手法や周波数解析により時系列解析を行う場合，着目する現象の抽出に適した手法の選択が重要であり，古典的な方法の利用が有効である場合もある。

12.3.3　時系列解析の例

リモートセンシングの代表的なプロダクトである植生指標（NDVI）と地表面温度（LST：Land Surface Temperature）を用いた時系列解析例を示す。使用データはスーダンのサバンナ域内におけるTerra/MODIS による各観測データ（SD-Dem サイトの MOD 13 Q 1，MOD 11 A 2 データ[17]）であり，2001 年から 2020 年における NDVI の 3×3 画素平均値の月最大値の時系列データを**図 12.13**（**a**）に，LST の同様のデータを**図 12.13**（**b**）にそれぞれ●で示す。NDVI は 1 年間にひとつのピークを，LST は 2 つのピークを持つことが読み取れる。ここで NDVI と LST には長期的な増加や減少のトレンドはほとんどみられないため，20 年間における NDVI・LST の月平均値から標準的な季節変化パターンを抽出し，季節変動成分とした（図 12.13（a）（b）の実線）。なお，NDVI・LST の値が欠測している月については，補間は行わず欠測値として取り扱っている。各月の NDVI・LST の値（●）から季節変動成分（実線）を差し引いた残差を破線の棒グラフで，この値に対して移動平均をとった結果を太い破線（次元 m＝5 の場合）と太い実線（次元 m＝13 の場合）で示す。今回の例では，次元が 5 の場合より 13 の場合の方が，より平滑化され残差の変動の傾向がわかりやすいが，次元については変動の傾向を把握したい期間に応じて調整するとよい。

次に STL 法を適用した例を示す。STL 法では季節変動成分の経時変化率と，トレンド・循環成分の平滑さを解析者が調整できる。**図 12.14** では，季節変動成分は全期間において固定し，トレンド・循環成分の計算の時間幅を長めにとり，異常値に対して影響を受けない設定で STL 分解を行

第12章　画像強調と特徴抽出（空間情報・時間情報）

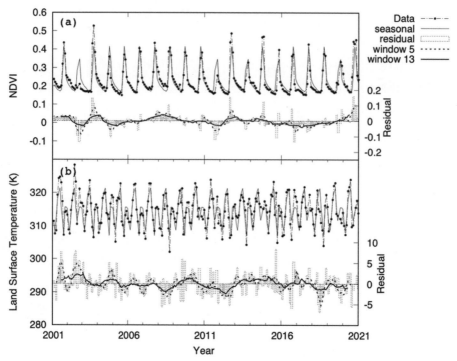

図 12.13　スーダン・サバンナ域におけるNDVI・LSTの時系列解析例（古典的手法による9画素平均値の月最大値・季節変動成分・残差。（a）NDVIの結果，（b）LSTの結果）

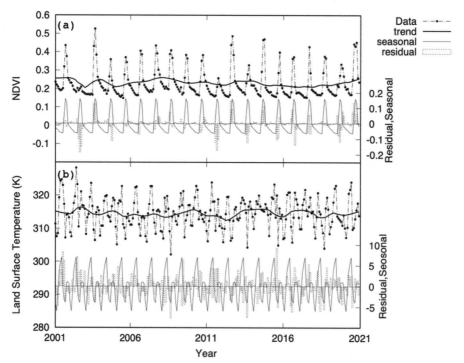

図 12.14　スーダン・サバンナ域におけるNDVI・LSTの時系列解析例（STL法による9画素平均値の月最大値・トレンド・季節変動成分・残差。（a）NDVIの結果，（b）LSTの結果）

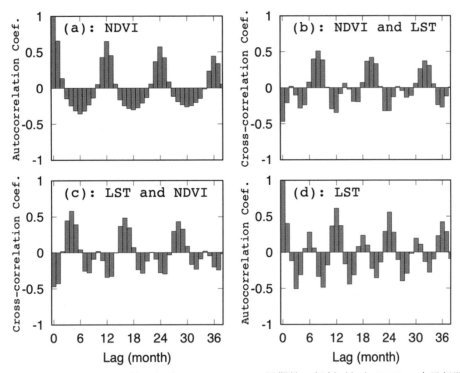

図 12.15 スーダン・サバンナ域における NDVI・LST の周期性の解析（（a）NDVI の自己相関関数，（b）NDVI と LST の相互相関関数（NDVI の時間を基準），（c）LST と NDVI の相互相関関数（LST の時間を基準），（d）LST の自己相関関数）（R の TSSS パッケージを使用し計算した[12]）

なった結果を示している．残差成分にはノイズも含まれるが，NDVI の 20 年間の平均的なパターンからはずれた場合には残差成分は大きな値となっている．LST に関しては季節変動パターンは 1 年間に 2 つのピークを持つが，その形は年による変動が大きいため，残差成分もばらつきが大きい．STL 分解を行う際には，データや抽出する現象に応じて，トレンド計算の時間幅や季節変動成分の計算方法を調整する必要がある．なお，NDVI・LST の値が欠測している月については，本例では内挿を行っているが，内挿した部分の信頼性については保証がないため，欠測値をどのように取り扱うかについても慎重に検討する必要がある．

次に，自己相関関数を用いて，NDVI と LST の周期性を調べた結果を図 12.15（a）と（d）にそれぞれ示す．図 12.15（a）（d）で時間のずれが 0 以外において，データを 12（カ月分）ずらした場合の自己相関係数が一番高いことは 12 カ月ごとの周期性を示している．時系列 NDVI データに対して時系列 LST データの時間をずらした場合の相互相関関数[5] を図 12.15（b）に，時系列 LST データに対して時系列 NDVI データの時間をずらした場合を図 12.15（c）に示す．図 12.15（b）と（c）から，NDVI に対して LST を 4（カ月分）ずらすと両者の相関が一番高いが，これが必ずしも因果関係を示しているわけではない点に留意する必要がある．

第12章　画像強調と特徴抽出（空間情報・時間情報）

引用・参考文献

1) You, Y., J. Cao and W. Zhou : A Survey of Change Detection Methods Based on Remote Sensing Images for Multi-Source and Multi-Objective Scenarios, Remote Sens., 12, 2460, 2020.

2) Xiaolu, S. and C. Bo : Change Detection Using Change Vector Analysis from Landsat TM Images in Wuhan, Procedia Environ. Sci., 11, Part A, pp. 238–244, 2011.

3) Fung, T. and E. Ledrew : Application of principal components analysis to change detection, Photogramm. Eng. Remote Sens., 53 (12), pp. 1649–1658, 1987

4) Nielsen, A.A., K. Conradsen and J. J. Simpson : Multivariate Alteration Detection (MAD) and MAF Postprocessing in Multispectral, Bitemporal Image Data : New Approaches to Change Detection Studies, Remote Sens. Environ., 64 (1), pp. 1–19, 1998.

5) Nielsen, A. A. : The regularized iteratively reweighted MAD method for change detection in multi- and hyperspectral data, IEEE Trans. Image Process., 16 (2), 463–478, 2007.

6) Hyndman, R. J. and G. Athanasopoulos : Forecasting : principles and practice, 3 rd edition, https : // otexts.com/fpp 3/ (Accessed 2023.10)

7) 気象庁：気候変動監視レポート−世界と日本の気候変動および温室効果ガス等の状況，p. 62，2020.

8) Hirsch, R. M., J. R. Slack and R. A. Smith : Techniques of Trend Analysis for Monthly Water Quality Data, Water Resour. Res., 18 (1), pp. 107–121, 1982.

9) Hirsch, R. M. and J. R. A. Slack : Nonparametric Trend Test for Seasonal Data With Serial Dependence, Water Resour. Res., 20 (6), pp. 727–732, 1984.

10) Cleveland, R. B., W. S. Cleveland, J. E. McRae and I. J. Terpenning : STL : A seasonal-trend decomposition procedure based on loess, J. Official Statis., 6 (1), pp. 3–33, 1990.

11) Cleveland, W. S. : Robust Locally Weighted Regression and Smoothing Scatterplots, J. Amer. Statis. Assoc., 74, pp. 829–836, 1979.

12) 北川源次郎：R による時系列モデリング入門, 岩波書店, 2020.

13) Verbesselt, J., R, Hyndman, G. Newnham and D. Culvenor : Detecting trend and seasonal changes in satellite image time series, Remote Sens. Environ., 114, pp. 106–115, 2010.

14) Zhaoa, K. et al. : Detecting change-point, trend, and seasonality in satellite time series data to track abrupt changes and nonlinear dynamics : A Bayesian ensemble algorithm, Remote Sens. Environ., 232, 11181, pp. 1–20, 2019.

15) Martinez, B. and M. A. Gilabert : Vegetation dynamics from NDVI time series analysis using the wavelet transform, Remote Sens. Environ., 113, pp. 1823–1842, 2009.

16) Rhif, M. et al. : Detection of trend and seasonal changes in non-stationary remote sensing data : Case study of Tunisia vegetation dynamics, Ecol. Inform., 69, 101596, pp. 1–14, 2022.

17) Fixed Sites Subsets Tool, https : //modis.ornl.gov/sites/ (Accessed 2024.4.12)

第13章 画像分類

〈この章で学ぶべきこと〉

　画像分類は類似する特徴を持つ画素をグループ化する処理であり，画像中の対象物を認識・理解する上で，欠かせない処理となっている。本章では，まず，リモートセンシング分野における「画像分類の流れ」を理解した後，トレーニングデータ，教師付き分類，教師無し分類の定義を学ぶ。そして，教師無し分類および教師付き分類の代表的な手法について学ぶとともに，画像分類精度評価の考え方について理解する。これらの学習のもとに，分類精度を高めることを目的とした最近の研究動向にも触れる。

学習目標：

① 画像解析における画像分類の位置付けと意義を理解する。

② 代表的な画像分類手法について学習する。

③ 分類精度評価の考え方と分類精度評価方法について学習する。

キーワード：

土地被覆分類（land cover classification），トレーニングデータ（training data），教師付き分類（supervised classification），教師無し分類（unsupervised classification），クラスタリング（clustering），K平均法（K-means method），ISODATA法，決定木法（デシジョンツリー法：decision tree method），最短距離法（minimum distance method），最尤法（maximum likelihood method），マハラノビス汎距離（Mahalanobis distance），スペクトル角マッパー法（SAM法：spectral mapper method），ニューラルネットワーク（neural network），分類精度表（confusion matrix），分類精度評価指標（classification accuracy evaluation index）

13.1　画像分類の流れ

　画像分類は類似する特徴を持つ画素をグループ化する処理であり，画像中の対象物を認識・理解する上で，欠かせない処理となっている。リモートセンシング分野における画像分類の代表的な応用は土地被覆分類である。地球規模での環境変化への対応が問題となっている今日，リモートセンシングデータから土地被覆の状況を高い精度で把握・分析するとともに，地域レベルから地球レベルに至る種々の環境の監視と保全対策に役立てていくことが急務となっている。広域性，同時性，反復性といった特徴を有するリモートセンシングデータから作成される土地被覆分類図は，土地利用計画，地域・地区計画，環境影響評価・監視，災害時の被災状況の把握等，様々な分野で利用されている[1]。そして，これらの諸分野に供するため，リモートセンシングデータから土地被覆分類図を高い精度で作成することを目的とする研究も数多く進められている。

255

第13章 画像分類

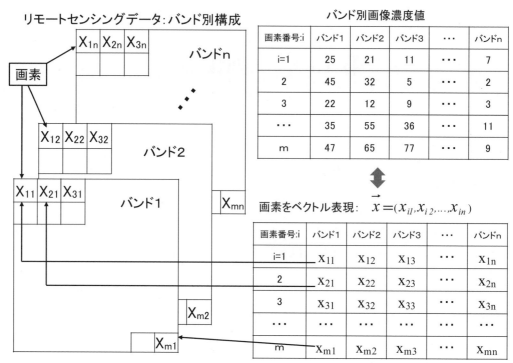

図 13.1 リモートセンシングデータの構成と画像濃度値に基づく画素のベクトル表現

　衛星や航空機等のプラットフォームから観測されるマルチスペクトルデータは，**図 13.1** に示すようにバンド別に画像データとして構成されている。「画像濃度値（DN 値）」をベクトル要素とすれば，分類の対象となる画素は，次式のようにあらわされる。

$$x = (x_{i1}, x_{i2}, ..., x_{in}) \tag{13.1}$$

ここで，i：分類対象画像を構成する画素を識別する添字（画素番号：$i=1 \sim m$），n：バンドを識別する添字，である。この特徴ベクトルを入力情報（多変量）とする様々な分類手法が考案されている。各種画像特徴（キメ，粗さ等のテクスチャ特徴等）を空間的情報として入力情報に加えて，画像分類精度を向上させようとする試みもある[2]。一般的な画像分類の流れ（教師付き分類）は，**図 13.2** に示すように5つのステップからなる。地表面と対応する土地被覆項目のことを「カテゴリ」ということもあるが，本書ではわかりやすく記述するために，画像に対する処理については「クラス」と呼ぶこととする。

　クラス数をあらかじめ設定し，判別の基準となる「教師データ」を設定する場合とそうでない場合によって，画像分類手法は「教師付き分類」と「教師無し分類」にわけて取り扱われている。**図 13.2 (a)** と**図 13.2 (b)** が，それぞれ教師付き分類と教師無し分類に対応する。リモートセンシングデータを用いた画像分類の研究分野では，「教師データ」のことを「トレーニングデータ（training data）」ということが多い。リモートセンシングデータを対象とした画像分類における「教師付き分

13.1 画像分類の流れ

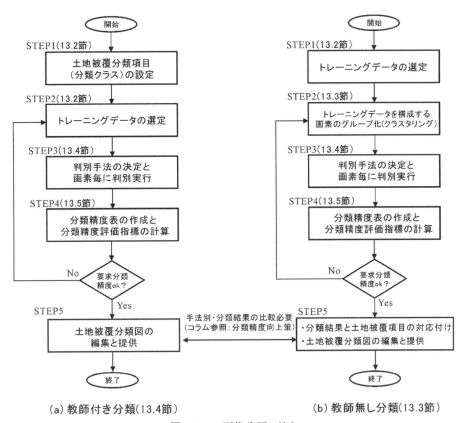

図 13.2 画像分類の流れ

類」と「教師無し分類」の取り扱い方には注意すべき点があるが，この内容については13.2節において記述する。

リモートセンシングデータを用いた画像分類の基本的な処理の流れを以下に示す（図 13.2 (a) の「教師付き分類」を参照のこと）。

[STEP 1] 土地被覆項目（分類クラス）の設定（13.2節）

土地被覆分類図の利用目的は多岐にわたり，図上に表現すべき分類クラスも利用者のニーズに対応して設定する必要がある。代表的な分類クラスとしては，「畑，水田，人工構造物（市街地，道路等），裸地，樹林（針葉樹，広葉樹等），草地（芝地，雑草地等），水域」が挙げられる。

[STEP 2] トレーニングデータ（教師データ）の選定（13.2節）

判別手法（判別関数等）を構成するパラメータを推定するために画像上からトレーニング領域（13.2節参照）を選定する。後述する分類精度の評価指標を計算して，トレーニングデータの精度を評価し，トレーニングデータを選定し直すといった繰り返し処理を通して，分類精度を向上させる処理も必要となる。

トレーニング領域としては，「任意の閉領域」で選定すればよいが，分類クラス別にトレーニングデータとしての「代表性」と「等質性」を確保することを忘れてはならない。後述する分類精度評価指標を計算して，トレーニングデータとしての精度を評価することになる。

[STEP 3] 判別手法の決定と画素ごとの判別実行（13.3 節，13.4 節）

トレーニングデータを用いて，分類クラスの母集団統計量を推定する。この処理を通して，判別手法（判別関数等）を決定するとともに，画像データの構成単位である「画素」がどのクラスに属するのかについて判別する。具体的な判別手法については，13.3 節と 13.4 節において説明する。判別の結果が「土地被覆分類図」となる。

[STEP 4] 土地被覆分類精度の評価（13.5 節）

分類精度評価は，土地被覆分類図と元画像とを比較する「視覚評価」と，分類精度評価指標に基づく「定量評価」に分けられる。代表的な分類精度評価指標として「クラス別分類精度，クラス別誤分類率，平均精度，総合精度，kappa 係数」がある（後述）。

「トレーニングデータ」と「照合用データ」に対して，「分類精度表（confusion matrix）」を作成した上で，これらの評価指標を計算し，分類精度を総合的に評価する（13.5 節で詳述）。トレーニングデータに対する分類精度評価は，「分類手法そのものの判別精度評価」，換言すれば分類性能を評価することに相当する。照合用データに対する分類精度評価は，「画像全体にわたる分類精度評価」に対応する。分類精度評価の考え方については 13.5 節において説明する。

[STEP 5] 土地被覆分類図としての編集と提供

要求分類精度を満たした土地被覆分類図を利用するためには，後処理として編集作業を必要とする。分類に使用したリモートセンシングデータの種別，対象領域（領域の大きさや画素数），分類クラス名の凡例等を付与する作業となる。編集後の土地被覆分類図の例を**図 13.3** に示す。教師無し分類（図 13.2 (b)）の場合，分類結果に対する土地被覆項目との対応付けが必要になる。

分類手法によって土地被覆分類図の精度が異なることはいうまでもない。図 13.2 に示すように，分類手法別に作成される土地被覆分類図を比較し，それらの違いを明確にするとともに，分類精度の向上策にかかわる研究（コラム 1 参照）は，今なお重要な検討課題となっている。

13.2　トレーニングデータと画像分類の定義

13.2.1　トレーニング領域とトレーニングデータ

「トレーニング領域」とは，画像分類を実施する際に，分類クラスの母集団を推定するために画像上から標本を抽出するための領域をいう。この領域から抽出される標本を「トレーニングデータ」と

13.2 トレーニングデータと画像分類の定義

いう。図 13.4 にトレーニング領域を選定した例を示す。

教師付き分類の場合，現地調査情報（グラウンドトゥルース）や航空写真（入手できる場合）をもとに，土地被覆項目別（分類クラス）に対応するように画像上からトレーニング領域を選定する。

一方，教師無し分類の場合には，以下の2つの方法によってトレーニングデータを抽出することが一般的である。

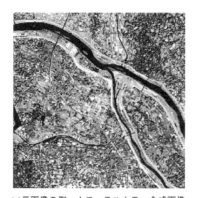

(a) 元画像の例：ナチュラルカラー合成画像
（青色プレーン:Band20, 緑色プレーン:Band45, 青色プレーン:Band30）

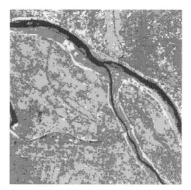

(b) 土地被覆分類図の例：教師付き最尤法分類

〈凡例〉

■ 市街地　■ 水田　■ 畑　■ 樹林　■ 草地　■ 水域

注）データ種別：Hyperion data (ハイパースペクトルデータ)
観測日：2001年12月14日
対象領域：千葉県野田市近郊　7.5km×7.5km, 250×250 pixels

図 13.3　土地被覆分類図の例

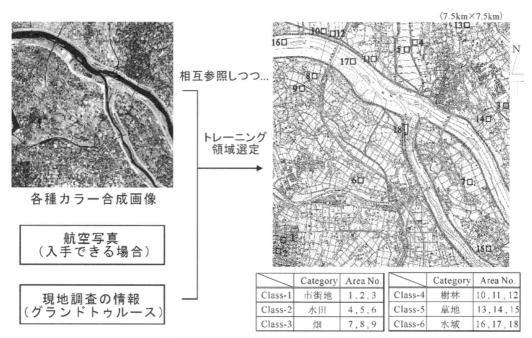

図 13.4　トレーニング領域を選定した例

259

第13章　画像分類

・　サンプリング法（ランダムサンプリング，等間隔サンプリング，多段階サンプリング等）を用い
　　てトレーニングデータを抽出する

・　クラスタを形成しやすくするために，分類の対象となる画像をカラー合成表示し，これを参照し
　　つつ，あらかじめ画像濃度値が類似する領域を選定する

13.2.2　教師付き分類と教師無し分類の定義

(1) 教師付き分類

　「教師付き分類」とは，トレーニングデータをもとに，分類に必要な母集団の統計量を推定し，推
定された分布と未知データとの類似度等に基づいて，画素単位で判別を実行する分類手法の総称であ
る。代表的な判別法として，最尤法，最短距離法，決定木法などがある（13.4 節参照）。数多くの研
究事例をみると，後述する教師無し分類に比べて，教師付き分類による分類精度が高いことが報告さ
れており，実務等では教師付き分類である最尤法分類が多用されている。

(2) 教師無し分類

　「教師無し分類」とは，分類クラスをあらかじめ特定せずに，画素をグループ化する分類手法（ク
ラスタリング）の総称であるが，リモートセンシングデータを対象とした「教師無し分類」の定義に
は注意を要する。

　画像全体に直接クラスタリングをして分類図を作成することが，一般に定義されている教師無し分
類といえる処理である。しかし，衛星データの地上分解能が高くなるほど，対象領域内の画素数が多
くなり，クラスタリング処理に時間を要するだけでなく，分類精度も低下する傾向にあることが知ら
れている。

　この対策として，図 13.2 (b) に示した通り，分類クラスを特定せずに選定したトレーニングデー
タに対してクラスタリング（クラスタ解析またはクラスタ分析）を施し，いくつかのグループに分け
る処理を実施する。グループ化されたトレーニングデータを用いて判別手法を用いて画素単位で分類
処理を実行した後に，分類結果と土地被覆項目とを対応付けて土地被覆分類図を作成する。この対応
付けの処理をラベリング（labeling）という。リモートセンシング画像に対する分類では，この一連
の処理を総称して「教師無し分類」ということが多い。

　クラスタ解析（cluster analysis）は「階層的クラスタリング（融合法）」と「非階層的クラスタリ
ング（再配置法）」に大別され，様々な方法が考案されている。

(2-1) 階層的クラスタリング（hierarchical clustering）

　「階層的クラスタリング」とは，個体間の類似性指標（クラスタ間距離）を用いて，距離が近いも
のを同じクラスタとして融合していく手法である。融合が階層的に実行されることから「階層的クラ
スタリング」と呼ばれている。

　最初に全ての個体間で距離を計算し，その後のクラスタと個体の間，およびクラスタ間の距離を次
式であらわされる「漸化式」に基づいて計算する。すなわち，クラスタ i とクラスタ j が融合してク

260

ラスタの a が生成されたとし，クラスタ a に含まれない個体をクラスタ b とすると，クラスタ a と
クラスタ b の距離 d_{ab} は，次式で与えられる。

$$d_{ab} = \alpha_i d_{ib} + \alpha_j d_{jb} + \beta d_{ij} + \gamma |d_{ib} - d_{jb}| \tag{13.2}$$

ここで，d_{ab}：クラス a とクラス b のクラスタ間距離

d_{ib}：クラス i とクラス b のクラスタ間距離

d_{jb}：クラス j とクラス b のクラスタ間距離

d_{ij}：クラス i とクラス j のクラスタ間距離

$\alpha_i,\ \alpha_j,\ \beta,\ \gamma$：クラスタ間距離の定義によって決まる定数[3]

クラスタ間距離として，最短距離法，最長距離法，メディアン法，重心法，群平均法，ウォード法
等がある。距離の定義により融合結果が異なるため，分類対象によって適切な手法を選択する必要が
ある。なお，階層的クラスタリングでは，融合過程をデンドログラム（樹形図）として表現できる
が，分類クラスと土地被覆項目との対応付けが難しいといった問題もある。

(2-2) 非階層的クラスタリング（non-hierarchical clustering）

「非階層的クラスタリング」とは，初期条件として適当なクラスタ重心を与え，それをもとにクラ
スタ再配置とクラスタ重心の修正を繰り返して，クラスタを融合していく手法である。代表的な手法
として ISODATA 法（iterative self organizing data analysis techniques A），K 平均法（K-means 法）
がある。K 平均法では，あらかじめクラスタ数を指定して，これをもとにクラスタリングを実行する
が，階層的クラスタリングと同様，分類クラスと土地被覆項目との対応付けが問題となる。

なお，処理効率の問題から，土地被覆分類図を作成する上で階層的クラスタリングを利用する事例
は少ない現状にある。従って，階層的クラスタリングの解説は他書に譲ることとし，次節において非
階層的クラスタリングの内容について解説する。

13.3　教師無し分類（非階層的クラスタリング）

前述の通り，非階層的クラスタリングとは，最初に適当な初期クラスタを与え，その後，反復的に
個体の再配置とクラスタの更新を行うことで，最終的なクラスタを決定するクラスタリング手法であ
る。再配置法とも呼ばれる。以下に非階層的クラスタリングの代表的手法である K 平均法と ISODATA
法について述べる[4][5]。

13.3.1　K 平均法

K 平均法（K-means method）は非階層的クラスタリングの代表的な手法である。K 平均法による
マルチスペクトル画像の分類では，以下のステップにより各画素をあらかじめ用意した数（K 個）の
クラスタのいずれかに属させる。

[STEP 1] K個の初期クラスタの重心ベクトルを適当に与え，STEP 2へ進む。

[STEP 2] 各画素を最も近傍のクラスタ（重心ベクトルまでのユークリッド距離が最も小さいクラスタ）に所属させ，収束条件（後述）を満たさない場合にはSTEP 3へ進む。

[STEP 3] 各クラスタについて，所属する画素に基づいて重心ベクトルを再計算し，再びSTEP 2へ進む。

STEP 2の収束条件は，「クラスタの重心ベクトルの再計算によって別のクラスタへ移動する画素の割合が閾値を下回ること」であるが，通常，反復計算の回数に上限を設け，反復回数がこれを超えたら強制的に処理を終了する条件も加えられる。

図 **13.5** は，バンド数が2の場合について，上記の処理過程を示したものである。同図（1）をみると，この例では，おおむね4つのクラスタが存在することがわかる。同図（2）では，適当な初期クラスタとしてA〜Eが与えられている（Eはやや不自然な配置だが，説明上，加えた）。その後，STEP 2〜3の繰り返し処理が進むにつれ，(3)，(4) に示すように，少しずつクラスタの重心位置が動き，最終的に収束していくことになる。

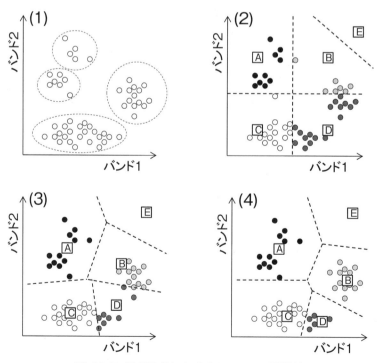

図 13.5 K平均法におけるクラスタの更新例

((1) は，本例が2バンドで4つのクラスタが存在することを示している。(2) で割り当てられた初期クラスタは，(3)，(4) のように重心位置を変えながら収束していく)

13.3 教師無し分類（非階層的クラスタリング）

K平均法では，クラスタの分割や融合の過程がないため，初期クラスタの数，ならびにその割り当て方は処理結果に大きく影響する．例えば，図13.5のクラスタEは，画素群から外れた所に置かれたため，所属する画素数が処理の最後まで0個のままである．このような問題を避けるため，通常は，各特徴量の標準偏差や最大値・最小値に基づいて初期クラスタを決定する方法が採られる．ただし，図13.6のように特徴量間の相関が高い場合（一般に分光バンド間の波長が近い場合），各特徴量の標準偏差等に基づいて初期クラスタを割り当てても，多くのクラスタにおいて画素数が0個となり，当初に想定したよりも少ないクラスタ数での"粗い"分類となってしまうので注意を要する．これについては，主成分分析を使った方法により解決できる．一方，前述のような"無効"な初期クラスタではなく，有効であるが"過剰"に初期クラスタが配置される問題もある．例えば，図13.5のクラスタCおよびDは，本来は同一のクラスタとみなすのが自然であるが，処理の最後まで別のクラスタとして残ったままになっている．また逆のケースとして，初期クラスタが"不足"する問題もあり，例えば，図13.5のクラスタAは，2つのクラスから構成されるように思われるが，処理の最後まで1つのクラスにまとまったままになっている．

図13.7は，ASTERの可視近赤外3バンドの画像（同図左）に対してK平均法を適用した例で，中央の画像はクラスタ数を3とした場合，右の画像はクラスタ数を10とした場合である．クラスタ

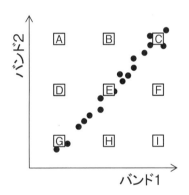

図 13.6 K平均法の問題例
（バンド間相関が高い場合，図のクラスタA〜Iの多くは所属する画素の数が0になる）

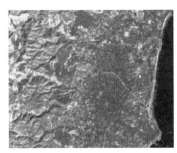 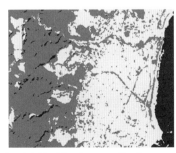 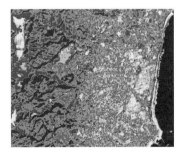

図 13.7 K平均法によるASTER可視近赤外画像（バンド数3）のクラスタリング例（茨城県日立市周辺）
（左図：原画像，中図：クラスタ数が3の場合，右図：クラスタ数が10の場合．濃淡がクラスに対応する）

数3では，山林（左部），市街地・裸地（中央部等），海域（右部）に対応する3クラスにわけられており，判読しやすい反面，山林の陰の部分が海域と同じクラスに誤分類されている等の問題もみられる。一方，クラスタ数10では，より詳細なクラスわけが成されており，山林の陰の多くは海域とは別のクラスに割り当てられている反面，同じクラスであるはずの山林が陰影条件により複数のクラスに分けられるなど，分類結果の解釈が難しくなる問題もみられる。このように，クラスタ数は，小さければ"粗い"分類となり，大きければ"細かな"分類となるが，対象画像および処理目的にあった適正な値に設定する必要がある。

なお，K平均法には，様々な拡張手法も存在する。例えば，STEP 2で標準ユークリッド距離やマハラノビス汎距離（13.4.2項参照）を使用する方法や，距離が閾値を超えた場合にはクラスタへの割り当てを行わない方法，エントロピーの考え方を導入してクラスタ数を抑制する方法，ファジー理論を組みあわせる方法，などである。次項に述べるISODATA法もK平均法の拡張手法のひとつである。

13.3.2　ISODATA法

K平均法にはクラスタの分割および融合のプロセスがないため，本来は別のクラスタに属すると思われる画素が同一のクラスタに留まったり（図 13.5のクラスタA），本来は同一のクラスタに属すると思われる画素が別々のクラスタに留まったりする（図 13.5のクラスタCおよびD）ことがある。そこで，K平均法にクラスタの融合と分割の処理プロセスを組み込んだ手法がISODATA（Iterative Self-Organizing Data Analys Technique A）法[6]である。

ISODATA法では，クラスタ数が，あらかじめ定めた最終クラスタ数に近くなるようにクラスタの融合および分割の処理を行う。クラスタの融合および分割は，現在のクラスタ数が最終クラスタ数と比べて一定範囲を超えて大きい場合には融合を，小さい場合には分割を行う。また，クラスタ数が最終クラスタ数から一定範囲にある場合は，再配置の反復計算の際に，融合と分割を交互に行う。

クラスタの融合では，2つのクラスタの重心間距離を計算し，これが閾値以下ならば，それらは同一のクラスタであると判断して融合する。この処理を，クラスタの重心間距離の最小値が閾値を超えるまで繰り返す。

一方，クラスタの分割では，まず各クラスタについて分散の最大値（各分光バンドの分散のうち，最大の値）を調べ，これが閾値を超える場合に，そのクラスタを分割対象とする。分割対象のクラスタについては，まず，そのクラスタの第一主成分を計算し，これに沿ってクラスタを2分割して，分割された各クラスタの重心と分散を計算する。そして，分割された各クラスタについて，分散の最大値が依然として閾値を超えている場合には，そのクラスタに対して同様の分割処理を繰り返す。

図 13.8は，図 13.7と同じASTERの可視近赤外3バンドの画像に対してISODATA法を適用した例で，クラスタ数を5〜10に，各クラスタを構成する最小画素数を10に設定して処理した結果である（図 13.7とは各クラスの表示法が一致しないので，注意を要する）。最終クラス数は10となっている。K平均法のクラスタ数10の場合（図 13.7の右）と比較すると，例えば山林部（図の左側）

13.4 教師付き分類（基本的な手法）

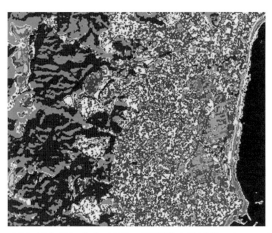

図 13.8 ISODATA 法による ASTER 可視近赤外画像のクラスタリング例
（クラスタ数は 5 ～10 に，各クラスタの最小画素数は 10 に設定した）

は融合の効果によりクラスが少なく，市街部（図の中央付近等）は分割の効果によりクラスが多くなっていることがわかる。なお，対象画像および処理目的にあったクラスタ数を設定する必要があることは，前述した通りである。

13.4 教師付き分類（基本的な手法）

13.4.1 決定木法

決定木法（デシジョンツリー法とも呼ぶ）は，図 13.9 に示すような木構造を持った多段階の判定処理によって各個体（画素）を分類する手法である。多くの場合は図のような二分木が使用されることから，二分決定木（BDT：Binary Decision Tree）法と呼ぶ場合も多い。リモートセンシング分野では，雲判定（9.4 節参照），火災検出，地滑り検出など，多方面で使用されている。

各分岐点（枝）では，ある分光バンドの値やバンド間演算値（例えば植生指数）などの特徴量が，あらかじめ与えられた閾値をこえるかどうかを判定し，次に進むべき方向を決定する。そして，末端（葉）まで達すれば，その画素の分類は完了する。一度，決定木が作成されれば，あとは大小関係のみの評価で画素を分類できるため，高速分類法として知られるが，使用する決定木の出来が処理結果を大きく左右することにもなる。

決定木は各クラスのトレーニングデータに基づいて生成され，そのやり方には，大きくわけて，解析者が経験に基づいて試行錯誤的に決定木を作成する方法と，統計的手法により自動的に決定木を作成する方法がある。後者は，端的にいえば，判定に使用する各特徴量のうち，対象とするクラス群を最もよく 2 つに分離する特徴量およびその閾値を分離度（平均値と標準偏差によって計算される指標）に基づいて選択する，というもので，この選択によりひとつの分岐点での判定方法が決定される[7]。このようにしてクラス群を順次わけていけば，最終的に全てのクラスを分離する決定木が完成する。

265

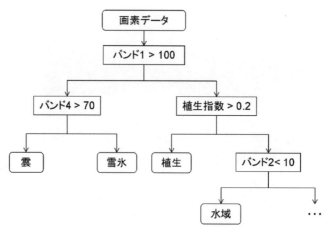

図 13.9 2分決定木（BDT）法における決定木の例

なお，多数の決定木を組みあわせることで高い分類精度を実現する手法として，ランダムフォレスト（random forest）が知られている。ランダムフォレストは相関の低い多数の決定木を生成し，各決定木が出力した分類クラスの多数決をとることによって最終クラスを決定する手法であり，精度の低い複数の学習モデルを組みあわせて精度の高い学習モデルを構築するアンサンブル学習と呼ばれるタイプの機械学習法の一種である[*1]。本手法はリモートセンシング分野においても多方面で活用されている。

13.4.2 最短距離法

最短距離法は，特徴空間において，各個体（画素）を「個体−クラス重心」間の距離が最も小さくなるクラスに割り当てる方法である。ここで，距離には，幾つかの定義がある[4]。

最も単純なのは，我々が通常の生活で使用している直線距離に相当するユークリッド距離である。今，バンド数を n とすると，画素 p からクラス k までの距離 d_k は次式であらわされる。

$$d_k = \sqrt{\sum_{i=1}^{n}(x_i - m_{i,k})^2} \tag{13.3}$$

ここで，x_i は画素 p のバンド i の値，$m_{i,k}$ はクラス重心（クラス k のバンド i の平均値）である。ユークリッド距離は，各クラスのばらつきを考慮しないため，クラス間でばらつきが異なる場合，誤った分類をしてしまう。例えば，**図 13.10 左**の例では，本来，クラス A に属する画素 p がユークリッド距離ではクラス B として判定される。そこで，ユークリッド距離に各バンドの標準偏差（σ）を組み込んだ距離として標準（化）ユークリッド距離（正規化ユークリッド距離とも呼ばれる）がある。

[*1] ランダムフォレストはここで述べたクラス分類の他，回帰分析にも使用されている。

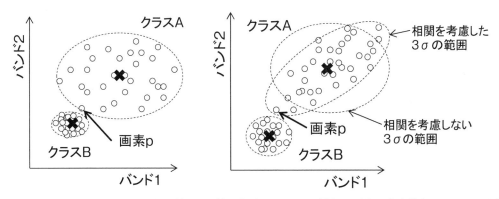

図 13.10 クラスが異なるばらつきを持つ例（左図）と，クラスが異なるばらつきを持ち，かつバンド間相関が高い例（右図）（×はクラスタの重心，破線の楕円は 3σ の範囲をあらわす）

$$d_k = \sqrt{\sum_{i=1}^{n} \frac{(x_i - m_{i,k})^2}{\sigma_{i,k}^2}} \tag{13.4}$$

これにより，ばらつきが大きいバンドほど距離を小さめに与えることになり，図 13.10 左の例の場合，画素 p はクラス A に属することになる。一方，あるクラスでバンド間に相関がある場合には，画素の分布に傾きが生じるため，標準ユークリッド距離では正しい画素の分類は難しい。例えば，**図 13.10 右**の例では，画素 p はクラス A に属するが，標準ユークリッド距離ではクラス B として判定される可能性がある（"相関を考慮しない 3σ の破線"が標準ユークリッド距離での等距離に当たる）。このような場合には，分散共分散行列 Σ を含めた，以下のマハラノビス汎距離（Mahalanobis distance）が適している。

$$d_k = \sqrt{(\mathbf{x} - \mathbf{m}_k)^T \Sigma^{-1} (\mathbf{x} - \mathbf{m}_k)} \tag{13.5}$$

ここで，$\mathbf{x} = (x_1, x_2, ..., x_n)$ は画素 p のバンド 1～n の観測値からなるベクトル（観測ベクトル），$\mathbf{m}_k = (m_1, m_2, ..., m_n)$ はクラス k の平均ベクトルであり，$(\mathbf{x} - \mathbf{m}_k)^T$ は行列 $(\mathbf{x} - \mathbf{m}_k)$ の転置行列を，Σ^{-1} は行列 Σ の逆行列を示す。図 13.10 右の例では，"相関を考慮した 3σ の破線"がマハラノビス汎距離での等距離に当たり，画素 p は正しくクラス A として判定される。

13.4.3 最尤法

尤度とは，あるモデルを仮定した下で観測されたデータが得られる確率であり，尤度を最大化するようにモデルのパラメータを決定する手法を最尤法と呼ぶ。最尤法による画像分類では，特徴空間における各クラスの分布をある確率密度関数（通常，多次元正規分布）によってあらわし，トレーニングデータによって与えられる各クラスのモデルパラメータ（平均ベクトルおよび分散共分散行列）の中から対象画素の観測ベクトルに対する尤度が最大となるクラスを選ぶことによって，その画素を分

類する。最尤法はリモートセンシングの画像分類において広く利用されている手法のひとつである。

　最尤法はベイズ理論に基礎を置いている。今，n個の分類クラスがあるときに（$C_1, C_2, ..., C_n$とする），観測データ$\mathbf{x}$が得られて，それがクラスC_kである確率（事後確率と呼ばれる）$P(C_k|\mathbf{x})$は，ベイズの定理により，次式であらわされる。

$$P(C_k|\mathbf{x}) = \frac{P(\mathbf{x}|C_k)P(C_k)}{P(\mathbf{x})} = \frac{P(\mathbf{x}|C_k)P(C_k)}{\sum_k P(\mathbf{x}|C_k)P(C_k)} \tag{13.6}$$

ここで，$P(C_k)$はクラスC_kの出現確率（事前確率と呼ばれる），$P(\mathbf{x}|C_k)$はクラスC_kにおいて観測データ$\mathbf{x}$が得られる確率（＝尤度）である。観測データ$\mathbf{x}$の出現確率$P(\mathbf{x})$自体はC_kに依存しないので，事後確率は事前確率と尤度の積に比例することになる。すなわち，

$$P(C_k|\mathbf{x}) \propto P(\mathbf{x}|C_k)P(C_k) \equiv p_k(\mathbf{x}) \tag{13.7}$$

　これより，「尤度と事前確率の積$p_k(\mathbf{x})$が最大となるクラス」が「事後確率が最大となるクラス」となり，すなわち「観測データ$\mathbf{x}$が最も高い確率で属するクラス」ということになる。ここで，特徴空間における各クラスの分布が多次元正規分布に従うと仮定し，これによって尤度を表現すると，$p_k(\mathbf{x})$は次式であらわされる。

$$p_k(\mathbf{x}) = P(C_k) \times \frac{1}{(2\pi)^{n/2}\sqrt{|\Sigma_k|}} \exp\left[-\frac{1}{2}(\mathbf{x}-\mathbf{m}_k)^T \Sigma_k^{-1}(\mathbf{x}-\mathbf{m}_k)\right] \tag{13.8}$$

ここで，$\mathbf{m}_k$はクラスkの平均ベクトル，Σ_kはクラスkの分散共分散行列である。$p_k(\mathbf{x})$についてはクラス間で大小関係のみを比較評価できればよいので，簡略化のため両辺の自然対数を取り，大小関係に関係しない定数項を除いて，さらに-1倍すると，判別関数$f_k(\mathbf{x})$は以下となる（-1倍したので，画素は$f_k(\mathbf{x})$が最小値を取るクラスに分類される）。

$$f_k(\mathbf{x}) = -\ln(P(C_k)) + \frac{1}{2}\ln|\Sigma_k| + \frac{1}{2}(\mathbf{x}-\mathbf{m}_k)^T \Sigma_k^{-1}(\mathbf{x}-\mathbf{m}_k) \tag{13.9}$$

　第1項は事前確率に由来するもので，当該クラスの出現確率が高ければ$f_k(\mathbf{x})$を小さく（そのクラスに分類されやすく）する方向に働く。ただし，通常，各クラスの出現確率を事前に知ることは難しいので，それを全クラスで同一として右辺第1項を無視し，さらに右辺を2倍すれば，次式の$g_k(\mathbf{x})$が得られ，$g_k(\mathbf{x})$の大小関係は$f_k(\mathbf{x})$の大小関係に一致する。このため最尤法は$g_k(\mathbf{x})$が最小となるクラスに分類することに帰着する。

$$g_k(\mathbf{x}) = \ln|\Sigma_k| + (\mathbf{x}-\mathbf{m}_k)^T \Sigma_k^{-1}(\mathbf{x}-\mathbf{m}_k) \tag{13.10}$$

13.4 教師付き分類（基本的な手法）

右辺第2項はマハラノビス汎距離の2乗（マハラノビス平方距離）である。すなわち，最尤法の判別関数は，マハラノビス汎距離に基づく最短距離法の判別関数に分散共分散行列の行列式の効果を加味したものである。分散共分散行列がクラス間で等しければ，最尤法の分類結果はマハラノビス汎距離に基づく最短距離法の分類結果と一致することになる。

なお，ある画素が属すべきクラスがトレーニングデータに含まれていなかった場合，その画素は尤度が最大となる類似クラスに"強制的に"割り当てられることになり，誤分類の一因となる。そこで，式（13.10）の判別関数に閾値を設け，閾値を下回るクラスがひとつもない場合には「未分類」として扱う場合もある。

13.4.4 スペクトル角マッパー法

スペクトル角マッパー（SAM：Spectral Angle Mapper）法はNバンドのマルチスペクトル（あるいはハイパースペクトル）画像の各画素をN次元特徴空間上のN次元ベクトルで表現し，評価対象のベクトルと参照ベクトルの間のなす角に基づいて分類する手法である[8]。すなわち，対象ベクトルを $\mathbf{T}$，参照ベクトルを $\mathbf{R}$ としたとき，なす角 θ は次式によってあらわされる。

$$\theta = \cos^{-1}\left(\frac{\mathbf{T} \cdot \mathbf{R}}{|\mathbf{T}||\mathbf{R}|}\right) \tag{13.11}$$

ここで・は内積をあらわす。SAM法はもともと鉱物マッピングにおいて提案され，普及してきた手法である。鉱物を対象とする場合，SAM法は，対象画素のベクトルと，スペクトルデータに基づくある鉱物のベクトルのなす角が閾値以内であれば，その画素をその鉱物に帰属させる。このとき，地形効果のように乗法的に作用する因子はベクトルの長さを変えるが，こうした因子は θ の値にはあまり影響しない（上式の右辺において，分子と分母の間でキャンセルされる）ため，SAM法は乗法的な因子の影響に対してロバストな分類手法であり，これは鉱物分類などでは適した性質である。一方，逆説的にいえば，異なるクラスに属する2つのベクトルが乗法的な関係を持っている場合は両者を区別できないことを意味する。

13.4.5 各手法の比較例

具体例として，ASTER可視近赤外放射計のバンド2（B2）およびバンド3（B3）のレベル1B画像を用い，本節で扱った最短距離法（ユークリッド距離，マハラノビス汎距離），最尤法，SAM法を比較してみよう。ここでは，図 **13.11** に示すように，トレーニングデータとして3つのクラス（水域，植生域，市街・裸地）を選定した。表 **13.1** は，各クラスのトレーニングデータから得られた統計量（各バンドの最小，最大，平均，標準偏差，分散・共分散行列およびその行列式と逆行列）である。今回は2バンドのため，分散・共分散行列は 2×2 の正方行列となる。次に，手法間で分類結果が異なった画素の中から3例を取り上げ，最短距離法（2種類），最尤法，SAM法のそれぞれにつ

269

第13章 画像分類

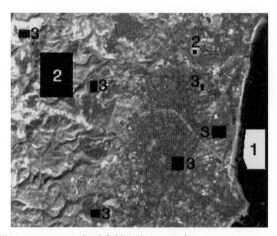

図 13.11 茨城県日立市周辺の ASTER 可視近赤外画像上に選定した3つのクラス（1：水域，2：植生域，3：市街・裸地）のトレーニングエリア

表 13.1 トレーニングデータから得られた3つのクラスの統計量

土地被覆		水域		植生域		市街・裸地	
バンド		B2	B3	B2	B3	B2	B3
最小値		18	10	18	32	41	32
最大値		25	14	40	112	177	120
平均値		19.5	11.7	22.4	67.2	68.6	53.7
標準偏差		1.33	0.642	1.95	13.4	24.6	15.0
分散共分散行列	B2	1.76	0.419	3.82	18.3	604	347
	B3	0.419	0.412	18.3	181	347	224
上記の行列式		0.550		353		1.50e+4	
上記の逆行列	B2	0.749	-0.761	0.511	-0.0519	0.0149	-0.0231
	B3	-0.761	3.20	-0.0519	0.0108	-0.0231	0.0402

いて，各判別関数の各クラスに対する出力値を計算した結果を表 13.2 に示す（SAM 法は参照ベクトル（各クラスの平均値ベクトル）とのなす角度（単位：度）を示す）。表中，太字になっているものが最小値であり，その判別関数において，当該画素がそのクラスに分類されることを示している。例えば，バンド2の画素値が19，バンド3の画素値が33である画素（一番上の例）の場合，ユークリッド距離では水域に，マハラノビス汎距離では市街・裸地に，最尤法および SAM 法では植生域に分類されることがわかる。図 13.12 は，各手法により得られた分類画像である。ユークリッド距離では市街地の植生がやや多めに出ており，山林内に水域に誤分類されている箇所がみられる。マハラノビス汎距離および最尤法は比較的類似した結果を示しており，ユークリッド距離にみられる山林内の誤分類箇所は正しく植生に分類されている。両者の若干の違いとして，マハラノビス汎距離では海の一部に市街・裸地に誤分類されている箇所があるが，最尤法では水域に正しく分類されている。SAM 法は植生と市街地の分布は全般にユークリッド距離の結果に類似しているが，市街地の一部に

13.4 教師付き分類（基本的な手法）

表 13.2 3つのクラス（水域，植生域，市街・裸地）に対する各判別関数の出力値
（太字は"最小値を持つクラス"＝"分類されるクラス"をあらわす）

画素値の例 B2	B3	判別関数（手法）	水域	植生域	市街・裸地
19	33	ユークリッド距離	**21.3**	34.4	53.7
		マハラノビス汎距離	38.3	2.5	**2.5**
		最尤法	1465	**12**	16
		SAM法（度）	29.1°	**11.5°**	22.0°
22	14	ユークリッド距離	**3.3**	53.2	61.2
		マハラノビス汎距離	3.5	5.4	**3.2**
		最尤法	**12**	35	20
		SAM法（度）	**1.5°**	39.1°	5.6°
37	75	ユークリッド距離	65.6	**16.6**	38.1
		マハラノビス汎距離	106.6	9.9	**8.0**
		最尤法	11364	104	**74**
		SAM法（度）	32.7°	**7.9°**	25.7°

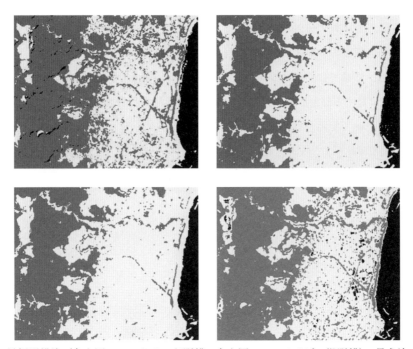

図 13.12 最短距離法（左上図：ユークリッド距離，右上図：マハラノビス汎距離），最尤法（左下図），SAM法（右下図）の画像分類結果（黒：水域，灰：植生域，白：市街・裸地）

水域に誤分類されている箇所がみられる。なお，ここでの結果は，2バンドのみを用いて3つのクラスに分類する簡易な処理例であり，トレーニングデータの取り方にも依存することに注意を要する。

13.5 教師付き分類（ニューラルネットワークと深層学習）

ニューラルネットワークは，合成関数によって入力を出力に写す関数を近似する手法である。**図13.13**にひとつの隠れ層を持つ順伝播型ニューラルネットワークを示す。入力層，隠れ層，出力層のユニット数をそれぞれ I, J, K とし，隣接層のユニット全てが繋がる全結合型のネットワークを考える。多次元の入力ベクトル $\mathbf{x} \in \mathbb{R}^I$ を線形変換し（$\mathbf{a} = \mathbf{W}_1[\mathbf{x}; 1]$; $\mathbf{W}_1 \in \mathbb{R}^{J \times I+1}$），活性化関数 ϕ に代入することで隠れユニットの値 $h_j = \phi(a_j)$ が得られる。なお，線形変換のバイアスは，入力ベクトルに1を要素とする追加の次元を1つ加えることで，重み $\mathbf{W}_1$ に含めてあらわすこととする。同様に，隠れ層の出力 $\mathbf{h} \in \mathbb{R}^J$ を線形変換し（$\mathbf{o} = \mathbf{W}_2[\mathbf{h}; 1]$; $\mathbf{W}_2 \in \mathbb{R}^{K \times J+1}$），活性化関数 σ に代入することで出力ユニットの値 $\hat{y}_k = \sigma(o_k)$ が得られる。これらの処理により，入力 $\mathbf{x}$ から出力 $\mathbf{y} \in \mathbb{R}^K$ を近似する以下の合成関数を構成できる。

$$\hat{\mathbf{y}} = \sigma(\mathbf{W}_2[\phi(\mathbf{W}_1[\mathbf{x}; 1]); 1]) \tag{13.12}$$

ここで，$\phi(\mathbf{a}) = [\phi(a_1), ..., \phi(a_J)]^T$，$\sigma(\mathbf{o}) = [\sigma(o_1), ..., \sigma(o_K)]^T$ と定義する。トレーニングデータの入力 $\mathbf{x}$ が与えられたときに，ネットワークの出力 $\hat{\mathbf{y}}$ がトレーニングデータの出力 $\mathbf{y}$ に近くなるように，パラメータ $\mathbf{w} = \{\mathbf{W}_1, \mathbf{W}_2\}$ を更新することが学習の目的となる。

誤差関数としては，分類では交差エントロピー（cross entropy），回帰では二乗誤差が一般的である。以下で，分類に対する最尤推定が，交差エントロピーを誤差関数とすることに対応することを確認する。パラメータ $\mathbf{w}$ で記述されるニューラルネットワークの出力は，ある入力が与えられたときの，各クラスの出現確率 $[p_\mathbf{w}(C_1|\mathbf{x}), ..., p_\mathbf{w}(C_K|\mathbf{x})]^T$ を与えると考える。このとき，トレーニングデータの尤度は次式であらわせる。

$$\prod_{n=1}^{N} \prod_{k=1}^{K} p_\mathbf{w}(C_k|\mathbf{x}^{(n)})^{y_k^{(n)}} \tag{13.13}$$

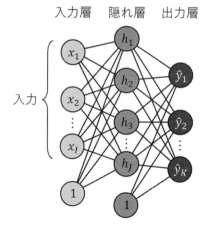

図 13.13 ひとつの隠れ層を持つニューラルネットワーク

13.5 教師付き分類（ニューラルネットワークと深層学習）

なお，入出力の変数の肩にサンプルの番号（$n=1, ..., N$）を付け，$\mathbf{x}^{(n)}$ や $\mathbf{y}^{(n)}$ のようにあらわす。対数関数の単調性から，尤度の最大化は負の対数尤度の最小化と等価となり，以下の誤差関数の最小化に帰着する。

$$E(\mathbf{w}) = \sum_{n=1}^{N} \left(-\sum_{k=1}^{K} y_k^{(n)} \log \widehat{y}_k^{(n)} \right) = \sum_{n=1}^{N} l(\mathbf{y}^{(n)}, \widehat{\mathbf{y}}^{(n)}) \tag{13.14}$$

$l(\mathbf{y}, \widehat{\mathbf{y}}) = -\sum_{k=1}^{K} y_k \log \widehat{y}_k$ は 真のラベル $\mathbf{y}$ とモデルの予測値 $\widehat{\mathbf{y}}$ の交差エントロピーである。

　誤差関数を小さくするパラメータを求める最も簡単な方法は勾配降下法（gradient descent method）である。勾配は以下のように定義される。

$$\nabla E \equiv \frac{\partial E}{\partial \mathbf{w}} = \left[\frac{\partial E}{\partial w_1}, ..., \frac{\partial E}{\partial w_M} \right]^{\mathrm{T}} \tag{13.15}$$

M はパラメータの総数を示す。以下のようにパラメータを負の勾配方向に繰り返し更新することで誤差関数の極小解を与える $\mathbf{w}$ を求める。

$$\mathbf{w}^{(t)} = \mathbf{w}^{(t-1)} - \alpha \nabla E(\mathbf{w}^{(t-1)}) \tag{13.16}$$

ここで，t は更新の回数，α は学習率と呼ばれる更新幅をあらわすハイパーパラメータをあらわす。勾配は，各入力サンプルについて計算可能であるが，計算効率の観点でミニバッチと呼ばれる複数のサンプルについて計算する確率的勾配降下法（SGD：Stochastic Gradient Descent）が実用上は有効である。

　図 13.13 に示す 2 層のニューラルネットワークの場合，勾配は連鎖律を用いることで次式のようにあらわされる。

$$\frac{\partial l}{\partial (\mathbf{W}_2)_{kj}} = \frac{\partial l}{\partial o_k} \frac{\partial o_k}{\partial (\mathbf{W}_2)_{kj}} = \delta_k h_j$$

$$\frac{\partial l}{\partial (\mathbf{W}_1)_{ji}} = \frac{\partial l}{\partial a_j} \frac{\partial a_j}{\partial (\mathbf{W}_1)_{ji}} = \delta_j x_i \tag{13.17}$$

ここで，δ_k と δ_j は次式であらわされる。

$$\delta_k = \frac{\partial l}{\partial o_k} = \widehat{y}_k - y_k$$

$$\delta_j = \frac{\partial l}{\partial a_j} = \phi'(a_j) \sum_k \delta_k (\mathbf{W}_2)_{kj} \tag{13.18}$$

従って，出力の誤差を用いて，出力層に近いパラメータから順に勾配を計算することができ，これを誤差逆伝播法と呼ぶ。

　ニューラルネットワークは 1980 年代末からリモートセンシングの画像分類に応用されてきた[9]。

273

各画素における特徴量（光学画像のスペクトルデータなど）を入力として，全結合の単純なモデルが主流であった．2012年以降の深層学習のブレークスルーによって，より複雑なモデルを用いた高度な解析が進んでいる．フィルタ処理によって隣接層間の特定のユニットのみを繋ぐ畳み込みニューラルネットワーク（CNN：Convolutional Neural Network）は，空間情報の活用に優れており，多様な画像認識タスクにおいて標準的な手法となっている．画像認識に用いられる典型的なCNNでは，フィルタ処理（畳み込み）の後に，プーリング処理を行うことで特徴マップのサイズを縮小し，識別に有効な新たな特徴マップが得られる．フィルタ処理とプーリング処理を繰り返すことで，モデルはより複雑で抽象的な特徴を学習できる．複数の畳み込み層とプーリング層から成る構造をエンコーダと呼ぶ．リモートセンシング画像の分類は，各画素にクラスラベルを割り当てる必要があるため，エンコーダで得られる低解像度の特徴マップをデコーダで元の解像度に戻して画素ごとに分類を行うことが一般的である．図 13.14 に示す U-Net[10]は，エンコーダの特徴マップを同じ解像度のデコーダの特徴マップに連結することで空間的に詳細な分類を実現する代表的なモデルである．

　リモートセンシング分野において，深層学習の活用・応用は日進月歩で進んでいる．深層学習の主な役割としては，従来の画像処理手順の簡略化（例：画像の2値化），解析結果の精度向上（例：画像分類），従来技術では困難なタスクの実現（例：画像生成）などが挙げられる．これらの技術開発は大規模な学習用データの整備とともに進んできた．従来のように，1枚の画像から画素単位でトレーニングデータとテストデータをサンプリングするのではなく，より広域において大量の画像を収集し，画像単位でトレーニングデータとテストデータに分割し，テストデータを用いてモデルの汎化性能を評価することが一般的である．図 13.15 に OpenEarthMap[11]と呼ばれるサブメートルレベルの土地被覆分類用ベンチマークデータで学習した U-Net により得られた分類画像を示す．空間情報を活用することで高精細な地図作成が可能であることがわかる．

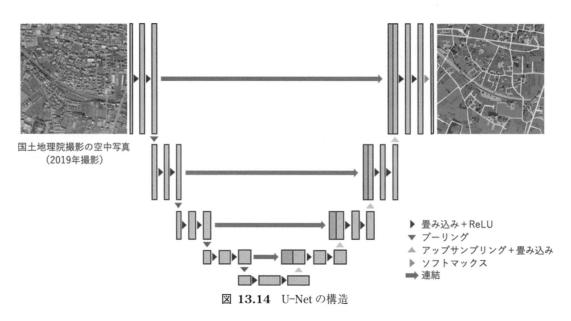

図 13.14　U-Net の構造

国土地理院撮影の空中写真
(2019年撮影、千葉県柏市近郊)

OpenEarthMapで学習したUNetによる土地被覆分類
凡例
■ 裸地　□ 草地　■ 人工的な地表（道路・建物以外）
□ 道路　■ 木　■ 水　■ 農地　■ 建物

図 13.15 U-Net によって得られたサブメートルレベルの土地被覆分類地図の例

13.6 画像分類精度の評価方法

13.6.1 画像分類精度評価の考え方

対象領域内の土地被覆があらかじめ全て判明していれば，リモートセンシングデータから土地被覆分類図を作成する必要はない．さらに，リモートセンシングデータが観測された時期（過去）にさかのぼって，当時の土地被覆の情報を得ることも現実問題として不可能である．リモートセンシングデータから作成される土地被覆分類図の精度を評価することの難しさはまさにこの点にある．土地被覆分類図の精度評価とは，あくまでも「推定分類精度」を評価することに相当することを忘れてはならない．分類精度評価は，一般には以下の2つのケースにわけて実施される．

- ケース1：トレーニングデータに対する判別精度評価（分類手法の性能評価）
- ケース2：トレーニングデータ以外の照合用データに対する判別精度評価（画像全体の分類精度評価）

ケース1では，トレーニングデータを構成する画素が，設定したトレーニングクラス自身に正しく分類される率が評価される．「分類手法そのものの判別性能」を評価することに相当する．しかし，トレーニングデータに対する分類精度が高くとも，必ずしも画像全体にわたる分類精度が高いとは限らない．このことが画像分類精度評価の難しさでもある．この問題への対応として，ケース2の評価を実施することが不可欠となる．トレーニングデータ以外に「照合用データ」を別途用意し，これに対して各種の分類精度評価指標を計算する．ケース1とケース2について計算される分類精度評価指標を比較しつつ，画像全体にわたる分類精度を総合的に評価する．

13.6.2 分類精度表（判別効率表）

分類精度評価指標（後述）を計算するためには，上記のケース1とケース2それぞれについて「分類精度表（confusion matrix または contingency table）」を作成する必要がある．分類精度表は，判

（a）分類精度表A（判別画素数）

		分類結果クラス j （画素数）				行方向総和
		クラス1	クラス2	クラス3	クラス4	
照合用クラス i	クラス1	145	44	6	56	251
	クラス2	35	165	8	21	229
	クラス3	11	9	133	32	185
	クラス4	8	15	9	152	184
	列方向総和	199	233	156	261	849

確率を要素とする分類精度表を作成すると..

（b）行方向を正規化した分類精度表B（プロデューサ分類精度表）

		分類結果クラス j （確率）				行方向総和
		クラス1	クラス2	クラス3	クラス4	
照合用クラス i	クラス1	58%	18%	2%	22%	100%
	クラス2	15%	72%	3%	9%	100%
	クラス3	6%	5%	72%	17%	100%
	クラス4	4%	8%	5%	83%	100%

オミッション誤差（Omission errors）

（c）列方向を正規化した分類精度表C（ユーザ分類精度表）

		分類結果クラス j （確率）			
		クラス1	クラス2	クラス3	クラス4
照合用クラス i	クラス1	73%	19%	4%	21%
	クラス2	18%	71%	5%	8%
	クラス3	6%	4%	85%	12%
	クラス4	4%	6%	6%	58%
	列方向総和	100%	100%	100%	100%

コミッション誤差（Commission errors）

図 13.16 3種類の分類精度表とオミッションおよびコミッション誤差

別効率表ともいわれている。分類精度表は**図 13.16** に示すように「分類結果クラス」と「照合用クラス」をそれぞれ「列」と「行」に対応させた表をいう（行と列の対応関係は入れ替えてもよい）。表内の要素は，画素数および確率値となる。対角要素のみに値が入り，その他の欄はゼロとなる場合，誤分類が全くないことを意味する。分類精度表として，以下の3種類が定義できる。

・ 分類精度表A：画素数を要素とする分類精度表（**図 13.16 (a)**）

・ 分類精度表B：分類精度表Aの「行方向」に対して判別結果の確率を計算（正規化）し，これらを要素とする分類精度表（**図 13.16 (b)**）

・ 分類精度表C：分類精度表Aの「列方向」に対して判別結果の確率を計算（正規化）し，これらを要素とする分類精度表（**図 13.16 (c)**）

分類精度表Bと分類精度表Cは，それぞれ「プロデューサ分類精度表（producer's confusion matrix)」および「ユーザ分類精度表（user's confusion matrix)」といわれている[3)12)]。

13.6.3　画像分類精度評価指標

前述した3種類の分類精度表をもとに，様々な分類精度評価指標が提案されている[3)]。代表的な分類精度評価指標は，以下の通りである。

（1）クラス別分類精度（Classification Accuracy according to classes）

クラス別分類精度 CA_i は，以下の式で記述される。クラス別の判別精度を評価する上で，最も基

本となる指標である。**図 13.16（b）**に対応する分類精度表B（プロデューサ分類精度表）の対角要素に相当する。

$$CA_i = \frac{Q_{ii}}{n_i} \tag{13.19}$$

ただし，Q_{ii}：照合用クラス i に属する画素のうち，分類結果がクラス i として正しく分類された画素の数（分類精度表Aの対角要素に対応），n_i：照合用クラス i に属する画素の総数（クラス i に対応する分類精度表Aの行方向の画素の総和），である。

　トレーニングデータと照合用データそれぞれに対して分類精度表を作成できる。これらを用いて各種分類精度評価指標を計算する。トレーニングデータに対して分類精度表を作成する場合には，上記の「照合用クラス」は，「トレーニングクラス」に対応することはいうまでもない。クラス別分類精度が低いクラスに対応するトレーニングデータについて再度選定し直し，分類精度を高めていくといった繰り返し処理も必要となる。

(2) クラス別誤分類率（error ratio according to classes）

　クラス i に対応する誤分類率 ER_i は，式（13.20）であらわされる。

$$ER_i = \frac{1}{n_i}\sum_{j=1}^{m}(Q_{ij} + Q_{ji}) \quad （ただし，i \neq j） \tag{13.20}$$

ここで，Q_{ij}：照合用クラス i に属する画素のうち，分類結果がクラス j として誤って分類された画素（これをオミッション画素（omission pixels）という）の数（対角要素を除いた分類精度表Aの行方向の要素に対応），Q_{ji}：分類結果がクラス i となった画素のうち，もともとは照合用クラス j に属している画素（これをコミッション画素（commission pixels）という）の数（対角要素を除いた分類精度表Aの列方向の要素に対応），n_i：照合用クラス i に属する画素の数（照合用クラス i に対応する分類精度表Aの行方向の画素の総和），m：クラス数，である。

　クラス別誤分類率は，オミッション画素とコミッション画素の両者を考慮して定義されている。これらの画素に対して，それぞれ「オミッション誤差（omission errors）」と「コミッション誤差（commission errors）」が定義される。オミッション誤差とは「照合用クラス i に属する画素のうち，分類結果がクラス j に誤って分類される確率」であり，コミッション誤差とは「分類結果がクラス i となった画素のうち，元々の照合用クラス j に属する確率」をいう。図 13.16（b）と図 13.16（c）に示した分類精度表上，○印で指示した要素がクラス 1 に対するオミッション誤差とコミッション誤差に対応する。それぞれ分類精度表B（プロデューサ分類精度表）と分類精度表C（ユーザ分類精度表）をもとに計算される点に注意を要する。なお，コミッション画素が極端に多くなると，クラス別誤分類率が100%をこえる場合もある。前述したクラス別分類精度が高い場合であっても，クラス別誤分類率の値が大きいクラスは，画像全体にわたる分類精度の低下要因となる。

第 13 章　画像分類

(3) 平均精度（Average Accuracy）

　平均精度 AVA は，式（13.21）であらわされる。「確率値」を要素とする分類精度表 B あるいは C の対角要素の平均値である。

$$AVA = \frac{1}{m}\sum_{i=1}^{m} P_{ii} \tag{13.21}$$

ただし，P_{ii}：分類精度表（B あるいは C）の対角要素に対応する確率の値，m：クラス数，である。式（13.21）からもわかる通り，図 13.16（b）と図 13.16（c）に示した「プロデューサ分類精度表」と「ユーザ分類精度表」に対して平均精度を計算できる。それぞれ平均プロデューサ精度（APA：Average Producer's Accuracy）および平均ユーザ精度（AUA：Average User's Accuracy）といわれている[3)12)]。例えば，図 13.16（b）をもとに平均プロデューサ精度 APA を計算すると，式（13.22）のようになる。

$$APA = (58\% + 72\% + 72\% + 83\%)/4 = 71.3\% \tag{13.22}$$

(4) 総合精度（Overall Accuracy）

　総合精度 OVA は，式（13.22）であらわされる。「判別画素数」を要素とする分類精度表 A（図 13.16（a））の対角要素の総和を総画素数で除した値である。この評価指標は，画素数に基づく「重み付き」の平均精度に相当する。

$$OVA = \frac{1}{N}\sum_{i=1}^{m} Q_{ii} \tag{13.23}$$

ただし，Q_{ii}：分類精度表 A の対角要素に対応する画素の数，N：分類対象画像を構成する画素の総数，m：クラス数，である。例えば，図 13.16（a）をもとに総合精度を計算すると式（13.24）のようになる。

$$OVA = (145 + 165 + 133 + 152)/849 = 70.0\% \tag{13.24}$$

(5) kappa 係数（kappa coefficient）

　分類精度評価の目的は，「分類精度表上の照合用クラス i に属する画素のうち，分類結果がクラス i として正しく分類される率，すなわち一致率を評価する」ことに他ならない。前述した平均精度，総合精度ともに分類精度表の対角要素以外の要素を考慮に入れていないことから，「みかけの一致率」を評価しているにすぎない。この問題への対応として，式（13.25）で示される「kappa 係数」が利用されている。観測事象と照合事象間の偶然の一致結果に依存しない「一致率」を評価する指標として広く知られている[13)]。全ての画素が正しく分類される場合には，分類精度表の対角要素のみに値が入り，kappa 係数は「1」となる。kappa 係数に基づく一致率の解釈は，「0.4 以下：低い一致，0.41

278

~0.60：中程度の一致，0.61~0.80：かなりの一致，0.81~1：高い一致」となる。

$$\widehat{K} = \frac{N\sum_{i=1}^{m}Q_{ii} - \sum_{i=1}^{m}(Q_{i+} \times Q_{+i})}{N^2 - \sum_{i=1}^{m}(Q_{i+} \times Q_{+i})} \tag{13.25}$$

ただし，Q_{ii}：分類精度表Aの対角要素に対応する画素数，Q_{i+}：クラスiに対応する分類精度表Aの行方向の画素の総和，Q_{+i}：クラスiに対応する分類精度表Aの列方向の画素の総和，N：分類対象画像を構成する画素の総数，m：クラス数，である。

図 13.16（a）をもとに kappa 係数を計算すると，0.601 となり，前述した平均精度（71.3%）と総合精度（70%）に比べて，低い値を示している。分類精度表の対角要素以外の値を考慮に入れた結果であり，オミッション誤差とコミッション誤差が反映されたことになる。

さらに，kappa 係数の意味について考えてみる。式（13.25）の分母と分子をそれぞれ N^2 で割ると式（13.26）を得る。

$$\widehat{K} = \frac{\frac{1}{N}\sum_{i=1}^{m}Q_{ii} - \frac{1}{N^2}\sum_{i=1}^{m}(Q_{i+} \times Q_{+i})}{1 - \frac{1}{N^2}\sum_{i=1}^{m}(Q_{i+} \times Q_{+i})} = \frac{P_0 - P_e}{1 - P_e} = \frac{（みかけの一致率）-（偶然の一致率）}{1 -（偶然の一致率）}$$

$$= \frac{みかけの一致率のうち、偶然に依存しない一致率}{完全な一致率のうち、偶然に一致しない一致率} \tag{13.26}$$

ただし，P_0：総合精度（overall accuracy）（みかけの一致率），P_e：分類クラスと照合クラスがそれぞれのクラス構成比率に従って独立かつランダムに分布していると仮定した時，分類クラスと照合クラスが一致する確率（偶然の一致率），である。P_0 は前述した「総合精度」であり，「みかけの一致率」に相当する。P_e は前述の説明の通り，「偶然の一致率」を意味する。つまり，式（13.26）からわかる通り，kappa 係数は「偶然に依存しない一致率」を評価する指標である。

(6) F 値（F-measure）

前述したクラス別のオミッション誤差とコミッション誤差はトレードオフの関係にある。つまり，クラス別のユーザ分類精度とプロデューサ分類精度もトレードオフの関係にある。この関係を考慮し，ユーザ分類精度とプロデューサ分類精度の調和平均をとる評価指標がF値であり，式（13.27）であらわされる。F値はクラス別に計算される。

$$F = \frac{2}{\frac{1}{B_{ii}} + \frac{1}{C_{ii}}} = \frac{2 \cdot B_{ii} \cdot C_{ii}}{B_{ii} + C_{ii}} \tag{13.27}$$

ただし，B_{ii}：分類精度評価表B（ユーザ分類精度）の対角要素，C_{ii}：分類精度評価表C（プロデューサ分類精度）の対角要素，である。なお，B_{ii} と C_{ii} はそれぞれ適合率（precision），再現率（recall）といわれる。なお，適合率に対して再現率をどの程度重視するかといったウェイトを係数 β とすると，F_β 値は式（13.21）であらわされる。

なお，$\beta = 1$ のときの F 値が次式であり，この値は F 1-score といわれる。

$$F_\beta = \frac{1+\beta^2}{\dfrac{1}{B_{ii}}+\dfrac{\beta^2}{C_{ii}}} = \frac{(1+\beta^2)\cdot B_{ii}\cdot C_{ii}}{\beta^2\cdot B_{ii}+C_{ii}} \tag{13.28}$$

(7) IoU (intersection over union)

IoU_i は，「着目クラス i に分類された全画素（着目クラスに正しく分類された画素，オミッション画素，コミッション画素の総和）」に対する「着目クラス i に正しく分類された画素」の割合をあらわす指標（オーバーラップ率）であり，次式であらわされる。

$$IoU_i = \frac{Q_{ii}}{Q_{ii}+\sum_{j=1}^{m}(Q_{ij}+Q_{ji})} \qquad (ただし，i \neq j) \tag{13.29}$$

ここで，Q_{ij}：照合用クラス i に属する画素のうち，分類結果がクラス j として誤って分類された画素（オミッション画素（omission pixels））の数（対角要素を除いた分類精度表 A の列方向の要素に対応），Q_{ji}：分類結果がクラス i となった画素のうち，元々は照合用クラス j に属している画素（コミッション画素（commission pixels））の数（対角要素を除いた分類精度表 A の行方向の要素に対応），m：クラス数，である。

コラム 1：画像分類に関する研究の視点

　リモートセンシングデータの種類が多様化し，スペクトル分解能，地上分解能の向上に伴って，土地被覆分類図の精度を高める方策に関する研究は，古くて新しい課題に位置付けられており，今なお多くの研究が展開されている。スペクトル分解能の向上に伴ってバンド数も増加し，地上分解能の向上に伴って，土地被覆項目とトレーニングクラスの対応，すなわち，トレーニングデータの代表性の良否が問題となっている。

　現在までの画像分類精度の向上策にかかわる国内外の研究の視点は，以下のように大別できる。本章の学習をとおして，これらの研究課題にかかわる引用文献の内容も理解可能になるはずである。

- ・ トレーニングデータの洗練化[14]と代表性向上問題[15]
- ・ スペクトル情報と空間情報の併用問題[2]
- ・ 有効バンド選定問題[16]
- ・ 新たな画像分類アルゴリズムの開発[17]

　上記の課題がそれぞれ関連しつつ，新たな画像分類アルゴリズムを組上げることがさらなる課題となっている。このような分類精度向上を目指した研究と並行して，最近ではインターネット環境下において，地理領域単位で土地被覆分類図をデータセット化し，それらを管理・提供するといったアプローチに多くの人々が注目を寄せている[1]。しかし，適用分野別に土地被覆クラス数を固定化してデータセット化し，提供・管理するといったシステムでは，データセット利用上の汎用性，拡張性の面において限界があることも指摘されている。データセットの質の保証と継続的蓄積体制，データセットの提供方法（表示形態含む）等，検討すべき課題は多く，土地被覆分類情報の管理・運用システムのあり方に関するいくつかの提言もなされている[18]。

引用・参考文献

1) 建設情報総合センター（編）：JACIC 情報 98 号－宇宙基本法と宇宙からの国土観測－，建設情報総合センター，2009.

2) 小島尚人，大林成行：空間情報としての nPDF 特徴量を用いたマルチスペクトル画像分類，日本リモートセンシング学会誌，13（4），pp. 21–34，1994.

3) 高木幹雄，下田陽久（監修）：新編画像解析ハンドブック，東京大学出版会，pp. 1638–1642，2004.

4) 資源・環境観測解析センター（編）：資源・環境リモートセンシング実用シリーズ③ 地球観測データからの情報抽出，資源・環境観測解析センター，2003.

5) Canty, M. J. : Image Analysis, Classification and Change Detection in Remote Sensing with Algorithms for ENVI/IDL, CRC Press, 2007.

6) Ball, G. H. and D. J. Hall : ISODATA—Nobel method of data analysis and pattern classification, Stanford Research Institute, 1965.

7) 土屋　清（編著）：リモートセンシング概論，朝倉書店，1990.

8) 山口　靖：光学センサ画像による岩石・鉱物マッピング 第 2 回，日本リモートセンシング学会誌，39（3），pp. 241–249，2019.

9) McClellan, G. E., R. N. DeWitt, T. H. Hemmer, L. N. Matheson and G. O. Moe : Multispectral image-processing with a three-layer backpropagation network, Int. 1989 Joint Conf. on Neural Networks, Washington, DC, USA, pp. 151–153, 1989.

10) Ronneberger, O., P. Fischer and T. Brox : U–Net : Convolutional networks for biomedical image segmentation, Proc. of Medical Image Computing and Computer-Assisted Intervention（MICCAI），Part III 18, Springer International Publishing, 2015.

11) Xia, J., N. Yokoya, B. Adriano and C. Broni-Bediako : OpenEarthMap : A benchmark dataset for global high-resolution land cover mapping, Proc. of IEEE/CVF Winter Conf. on Applications of Computer Vision, pp. 6254–6264. 2023.

12) Tso, B. and P. M. Mather : Classification methods for remotely sensed data, Taylor&Francis, pp. 95–101, 2001.

13) Cohen, J. : A coefficient of agreement for nominal scales, Educational and Psychological Measurement, 20（1），pp. 37–46, 1960.

14) 小島尚人，大林成行：画像分類におけるトレーニングサンプル再抽出方法の一提案，日本リモートセンシング学会誌，14（1），pp. 50–65，1994.

15) 小島尚人，大林成行：トレーニングクラスの設定方法に関する一提案，日本リモートセンシング学会誌，15（4），pp. 50–65，1995.

16) 小島尚人，大林成行：ハイパースペクトル画像分類を目的とした有効バンド選定アルゴリズムの一提案，日本リモートセンシング学会誌，25（1），pp. 1–12，2005.

17) 小島尚人，大林成行：遺伝的アルゴリズムを導入した衛星マルチスペクトル画像分類の精度向上，日本リモートセンシング学会誌，21（4），pp. 342–357，2001.

18) 奥園貴臣，小島尚人：インターネット環境下で稼働する土地被覆分類情報提供・管理システムの構築，土木情報利用技術論文集，19，pp. 85–96，2010.

第14章　SARの基礎

〈この章で学ぶべきこと〉

　合成開口レーダ（SAR：Synthetic Aperture Radar）はマイクロ波を使用した能動型のセンサであり，天候に左右されず，昼夜の別なく比較的高い空間分解能での観測が可能である。本章では，SARのデータ取得や画像再生を含む観測原理を学習し，SARデータを解析する際に必要になるSARデータ中のラジオメトリックおよび幾何学的特徴について理解する。

学習目標：

① SARの観測原理，観測ジオメトリおよびSAR特有の用語を学習する。

② SAR画像再生の概要および空間分解能について学習する。

③ SAR画像中にみられる幾何学的な特徴およびラジオメトリックな特徴について理解する。

キーワード：

オフナディア角（off-nadir angle），スラントレンジ（slant-range），グランドレンジ（ground-range），アジマス（azimuth），レーダ断面積（radar cross section），入射角（incidence angle），実開口レーダ（real aperture radar），パルス圧縮（pulse compression），合成開口（synthetic aperture），後方散乱係数（backscattering coefficient），スペックルノイズ（speckle noise），フォアショートニング（foreshortening），レイオーバ（layover），シャドウィング（shadowing），ラジオメトリック地形平坦化（radiometric terrain flattening）

14.1　SARの基礎

14.1.1　SARの概要

　合成開口レーダ（SAR）は，航空機や衛星などのプラットフォームに搭載された小さなアンテナを使って仮想の大きなアンテナを合成し，高分解能のレーダ画像を生成する能動型の映像レーダである。能動型センサのため，太陽光や雲の有無にかかわらず良好なデータ取得が可能になっている。第15章で記述する干渉SARや多偏波SARを含めた応用分野は，**表 14.1**に示すように多岐にわたっており，地形図作成や波浪スペクトル計測など実利用されている技術もあるが研究途上の分野も多い[1]～[3]。

　図 14.1にSARのジオメトリ（幾何学的構成）を示す。アンテナはプラットフォームと垂直方向からオフナディア角（off-nadir angle）θ_0でマイクロ波を照射する。照射方向はスラントレンジ（slant-range）方向と呼ばれ，照射面ではグランドレンジ（ground-range）方向と呼ばれる。照射方向と直

283

表 14.1　SAR の応用分野

応用分野	代表的な観測対象と応用例
地学	地形図/DEM/DSM 作成　地殻変動計測　地質構造　断層抽出　地下資源探査
農学	農作物分類　作付け面積計測　生育状態/災害把握　土壌水分量計測
森林	バイオマス計測　樹種分類　植林/伐採/火災面積計測　樹高計測　生育状態/災害把握
都市	密度/構造/空間分布/線路/道路/橋等の分類　地盤沈下計測　交通量計測
水文	河川/湖等の面積計測　河川流速計測　湿原/水系パターン抽出　土壌水分量計測
海洋	波浪　内部波　海流　海上風　潮目　海底構造　油汚染　海底油田探査　漂流物/船舶検出/識別
海氷	海氷の分類　氷年齢/変動　氷山探査と追尾　船舶の氷海航行
雪氷	氷河/氷床の分類　消耗/涵養　流速/変動　積雪/氷河/氷床相当水量計測
災害	予測　ライフライン探査　被害/復興状況把握　波浪/津波/高波等の計測
考古学	地上/地下遺跡踏査/探査　管理
軍事	一般偵察　車両等の探査/変化抽出　活動跡検出　船舶/潜水艇検出　被害把握

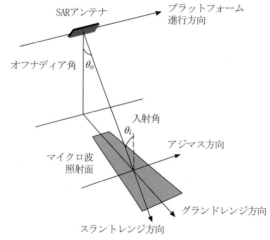

図 14.1　SAR のジオメトリと各方向・角度の名称

交するプラットフォーム進行方向はアジマス（azimuth）方向と呼ばれる．照射面での垂線と照射方向のなす入射角 θ_i は，航空機搭載 SAR の場合はオフナディア角とほとんど同じだが，衛星搭載の場合は地球の曲面を考慮するとオフナディア角より数度大きくなる．

　一般的な SAR は，モノスタティックレーダと呼ばれる送信と受信を同じアンテナで行うシステムで，送信と受信を別々のアンテナで行うレーダは，2 台のアンテナを使うことからバイスタティックレーダと呼ばれる（総称してマルチスタティックレーダとも呼ばれる）．現在，ドイツが 2007 年に打上げた TerraSAR-X と 2010 年に打上げた TanDEM-X が衛星搭載では初となるバイスタティックモードでの観測を実施している．また，衛星から送信され地海面から反射されたマイクロ波を航空機搭載 SAR で受信し画像生成をする試みが行われている．本章では，一般的に利用されているモノスタティック SAR を取り扱う．

14.1 SARの基礎

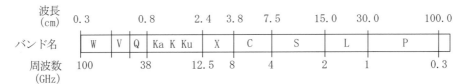

図 14.2 マイクロ波のバンド名と周波数，波長

表 14.2 主な衛星搭載 SAR の諸元

センサ名	国/機関名	打上げ年	バンド	分解能（m）	偏波	重量（kg）
SEASAT-SAR	NASA	1978	L	6, 25	HH	2290
ERS-1/2	ESA	1991/1995	C	5, 25	VV	2400
JERS-1 SAR	日本	1992	L	6, 18	HH	1400
RADARSAT-1	カナダ	1995	C	8, 8	HH	3000
ENVISAT-ASAR	ESA	2002	C	10, 30	dual	8211
ALOS-PALSAR	日本	2006	L	5, 10	quad	3850
SAR-Lupe（5機）	ドイツ	2006〜2008	X	0.5, 0.5	quad	770
RADARSAT-2	カナダ	2007	C	3, 3	quad	2200
Cosmo-SkyMed（4機）	イタリア	2007〜2010	X	1, 1	quad	1700
TerraSAR-X	ドイツ	2007	X	1, 1	quad	1230
TanDEM-X	ドイツ	2010	X	1, 1	quad	1230
KOMPSAT-5	韓国	2013	X	1, 2	quad	約 1400
ALOS-2 PALSAR-2	日本	2014	L	6, 3	quad	2120
Sentinel-1（4機）	ESA	2014〜2023	C	5, 5	dual	2300
SAOCOM 1 A, 1 B（2機）	アルゼンチン	2018, 2020	L	5, 10	quad	3050
ICEYE-X 1-X 9（9機）	フィンランド	2018〜2021	X	0.25, 0.5	VV	85
NovaSAR	英国	2018	S	14, 6	dual	450
ASNARO-2	日本	2018	X	1, 1	HH, VV	570

　図 14.2 は SAR で利用されているマイクロ波帯域で，さらに帯域ごとに細分化されている。航空機搭載 SAR では，P バンドから W バンドまで利用されているが，ほとんどの衛星搭載 SAR では L バンドから X バンドが使われている。日本の陸域観測技術衛星（ALOS：Advanced Land Observing Satellite）搭載フェーズドアレイ方式 L バンド SAR（PALSAR：Phased Array type L-band SAR）は L バンド衛星搭載 SAR では世界初となる全偏波モードでの観測が可能で，ALOS-2 PALSAR-2 はその後継機である（多偏波 SAR 画像解析の詳細に関しては第 15 章参照）。また，情報通信研究機構（NICT）が開発した X バンド Pi-SAR-2 は全偏波モードで干渉 SAR の機能を備えており，宇宙航空研究開発機構（JAXA）による Pi-SAR-L 2 は L バンド全偏波モードでの観測が可能である。ここでいう干渉 SAR とは，2 つのアンテナを使って単一軌道で 2 セットのデータを取得する「シングルパス干渉 SAR」で，ひとつのアンテナで複数の軌道からデータを取得する方法は「リピートパス干渉 SAR」と呼ばれる（干渉 SAR の詳細に関しては第 15 章参照）。

　主な衛星搭載と航空機搭載 SAR を表 14.2 と表 14.3 に示す。ノミナル空間分解能は（アジマス方向，スラントレンジ方向）で，後述する観測モードによって異なる。dual は 2 偏波，quad は 4 偏

第14章　SARの基礎

表 14.3　主な航空機搭載 SAR の諸元

センサ名	組織名（国名）	バンド	分解能（m）
C/X-SAR	CCRS（カナダ）	X/C	0.9, 6
AIRSAR	NASA/JPL（アメリカ）	C/X/L/P	0.6, 3
ESAR	DLR（ドイツ）	X/C/L/P	0.3, 1
Pi-SAR-2	NICT（日本）	X	0.3, 0.3
Pi-SAR-L 2	JAXA（日本）	L	0.8, 1.76
EMISAR	DCRS（デンマーク）	C/L	2, 2
PHARUS	TNO-FEL（オランダ）	C	1, 3
RAMSES	ONERA（フランス）	W/Ka/Ku/X/C/S/L/P	0.12, 0.12
CARABAS-II	FOA（スウェーデン）	VHF	3, 3
Lynx（UAV）	General Atomics（アメリカ）	Ku	0.1, 0.1
UAVSAR	NASA/JPL（アメリカ）	L	0.5, 1.8

波での観測が可能であることを示す。ここで，Cosmo-SkyMed と KOMPSAT-5 は 4 偏波のうちのい
ずれかひとつでの観測となっており，ASNARO-2 は HH あるいは VV 偏波のいずれかのひとつでの
観測で，航空機搭載 SAR のほとんどは全偏波でのデータ取得機能がある。地球観測衛星搭載 SAR と
しては世界初となる SEASAT SAR から ALOS PALSAR および ICEYE-X 1〜X 3 の運用は終了してい
る（2023 年 1 月現在）。表 14.2 の SAR-Lupe と Cosmo-SkyMed，Sentinel-1，ICEYE，および SAOCOM
のカッコ内の数字は同一衛星の数で，複数の同一タイプの衛星搭載 SAR を使ってコンステレーショ
ン観測を実施しており，衛星観測の従来からの課題であった回帰日数の短縮を図っている。また，表
14.2 に載ってはいないが 2018 年に打上げられた X バンド SAR 搭載 PAZ（スペイン/ESA）は TerraSAR
-X と TanDEM-X と同型で，同じ軌道で 3 機によるコンステレーション観測を行なっている。注目
すべき点は，高分解能化と全偏波での観測，および ICEYE や NovaSAR，ASNARO-2 にみられる衛
星の軽量化である。最も重い ENVISAT 衛星には光学系センサを含む複数のセンサが搭載されていた
が，近年の傾向として ICEYE のような SAR のみを搭載した複数の軽量衛星搭載 SAR によるフォー
メーション飛行で観測頻度を多くすることや干渉 SAR データの取得が行われている。また，偏波
データ解析と人工知能によるターゲット分類や識別などの研究も進んでいる。**図 14.3** は，ALOS-2
PALSAR-2 と TerraSAR-X/TanDEM-X のイラストである。PALSAR-2 などの一般的な衛星搭載 SAR
は折りたたんだアンテナを打上げ後に開くが，TerraSAR-X は 6 角形の 1 辺にアンテナを固定してお
り，可動部分がなく安定した設計になっている。また，SAR-Rupe は直径 3 m のパラボラアンテナを
使って安定性と軽量化を達成している。

　ほとんどの航空機搭載 SAR は Ku バンドから P バンド周波数帯を利用して，空間分解能も 1 m 前
後あるいはそれより高分解能となっており，全偏波で複数のアンテナによるシングルパス干渉機能を
備えているものが多い。特殊な SAR としては，VHF 周波数帯（周波数 20〜90 MHz：波長 3.7〜15.0
m）を使った CARABAS-II や，無人航空機（UAV：Unmanned Aerial Vehicle）搭載の Lynx などがあ
る。近年では NASA ジェット推進研究所（JPL）の L バンド UAVSAR が差分干渉技術を使った地殻

286

 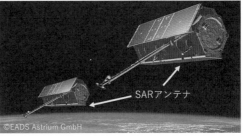

図 14.3 （左図）ALOS‐2 PALSAR-2 と（右図）TerraSAR-X/TanDEM-X のイラスト

変動計測などの災害監視や救助の目的にも使われている．さらに，UAVSAR では Pol-InSAR(polarimetric Interferometric SAR) による樹高計測，森林内部情報の抽出，ポラリメトリックトモグラフィ (polarimetric tomography)*1 による森林や植生の 3 次元画像生成も計画されている．

航空機搭載 SAR の特徴は，衛星搭載 SAR と比べて多周波数で多偏波での運用が容易で高分解能であることである．航空機搭載 SAR は衛星搭載 SAR の打上げ前後における検証にも利用され，さらに災害などに迅速に対応できる特徴を持っている．

14.1.2 実開口レーダと SAR

SAR の原理を説明する前に，まず合成開口技術を用いない航空機搭載実開口レーダ（RAR：Real Aperture Radar）の原理について説明する．この映像レーダは，斜め下を撮像することから航空機搭載サイドルッキングレーダ（SLAR：Side Looking Airborne Radar）とも呼ばれる．図 14.4 にあるように，実開口レーダを使って土の粗面と鏡面の川，森林からなる観測対象の SLAR 画像を生成するとする．プラットフォームに搭載されたアンテナはスラントレンジ方向に短いマイクロ波パルスを送信し，その後受信モードに切りかわり後方散乱された信号を受信するというプロセスを繰り返しながらアジマス方向に進行する．そうすると，送受信信号は図 14.5 のようになる．ここで，粗面からはある程度の後方散乱信号が受信されるが，滑らかな水面からの受信信号は少なく，森林からの後方散乱は大きく，逆に陰影領域からの受信信号はない．実際の受信信号には後述するスペックルノイズ（speckle noise）と呼ばれるランダムなゆらぎがあるが，この時点では簡単のためゆらぎを無視した図中の矢印に示した範囲の平均受信信号を使って説明する．2 次元のレーダ画像を作成するには，図 14.5 の信号を送信パルスごとに並びかえると，図 14.6 のような 2 次元の信号分布が得られ，図 14.7 にあるような粗面と川，森林画像が生成される．図のフォアショートニング（foreshortening）とレイオーバ（layover）は，サイドルッキングレーダに特有の幾何学的画像変調で，この効果については後述する．

---

*1 ポラリメトリックトモグラフィとは，観測対象への侵入深度の大きい L バンドや P バンド SAR を使って入射角の異なる複数のデータから観測対象の内部の 3 次元情報を計測する技術である．

第 14 章　SAR の基礎

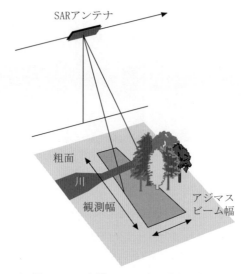

図 14.4　実開口レーダのジオメオリ

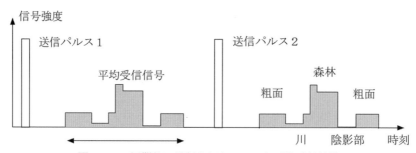

図 14.5　周期的に送信されたパルスと平均受信信号

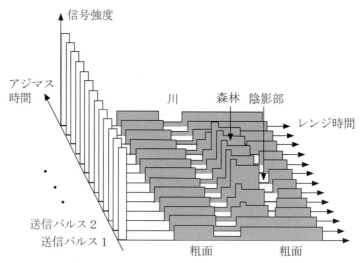

図 14.6　受信信号を送信パルスごとに並びかえた2次元信号表示

14.1 SARの基礎

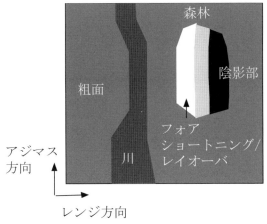

図 14.7　生成された2次元レーダ画像

(1) レンジ方向の空間分解能

矩形パルスを使った場合のレンジ方向の分解能はパルス持続時間によって決まる。**図 14.8** にあるように，散乱面のグランドレンジ方向に3つの点散乱体があるとする。点散乱体によって反射され受信された各々の信号は，信号強度は異なるが送信パルスと同じパルス幅で，送信時刻から往復時間だけ遅れた位置に記録される。もし，点散乱体AとBの距離が短いと受信信号が重複してしまい区別ができなくなる。点散乱体AとCは十分な距離で離れているので，それぞれの受信信号は区別できる。従って，2つの点散乱体からの受信信号がちょうど識別できる限界，つまり，分解能幅は受信信号が隣接する時となる。

図 14.9 は分解能幅の算出を説明する図である。図の左にあるように，アンテナと距離 $\Delta\rho_g$ 離れている点散乱体AとBとの距離をそれぞれ R_A と R_B とする。散乱体はアンテナから遠方にあるので R_A と R_B のビームは平行とする。マイクロ波の空気中での速度を c とすると，それぞれの受信信号の遅れの時間は図の右にあるように，$2R_A/c$ と $2R_B/c$ となり，往復の伝搬時間を考慮すると2つの信号が隣接する条件は，$2(R_B-R_A)/c=\tau_0$ となる。ここで，τ_0 はパルス幅である。図の左から $R_B-R_A = \Delta\rho_r = \Delta\rho_g \sin\theta_i$ なので，2式から，

$$\Delta\rho_g = c\tau_0/(2\sin\theta_i) \tag{14.1}$$

というグランドレンジ方向の分解能幅が算出される。式(14.1)からも明らかなように，分解能はパルス幅が短くなるにつれて向上し，入射角が小さくなるにつれて劣化する。例えば，入射角45°で1mのグランドレンジ分解能幅を得るには，$c=3\times10^8$m/s として，$\tau_0=0.0047$ μs という短いパルスが必要となる。また，アンテナ直下（$\theta_i=0°$）では $\Delta\rho_g=\infty$ となるので対象物が識別できなくなる。これが，実開口レーダやSARがサイドルッキングである理由となっている。

このように，矩形パルスを使ってレンジ方向に高分解能を得ようとすると非常に短い高圧のパルスを連続して放射する必要があり，航空機搭載の電源供給能力，特に電源を太陽電池に頼っている衛星

第 14 章　SAR の基礎

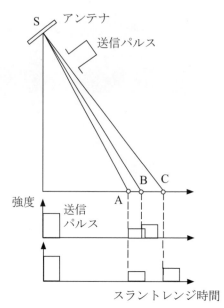

図 14.8　矩形パルスを使った時のレンジ方向の分解能

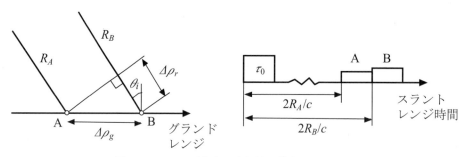

図 14.9　レンジ方向の分解能を算出する説明図

搭載レーダの電源供給には限界がある。そこで，周波数に変調をかけた周波数変調（FM：Frequency Modulation），あるいは，チャープパルス（chirp pulse）[*2]を使って受信信号に適切な信号処理をほどこし高分解能を達成するパルス圧縮（pulse compression）技術が開発された。この技術の詳細は後述するが，矩形パルスを使う場合とは逆に，パルス内の周波数変化率が同一の場合パルス幅が長ければ長いほど（そして送信パルス内の周波数変化幅が大きければ大きいほど）高分解能となる。パルス圧縮技術は衛星搭載 SAR には必要不可欠な技術で，現在のほとんどの航空機搭載 SAR もこの方法でレンジ方向の高分解能を達成している。

[*2] チャープパルス：チャープ（chirp）とは，チー，チッチッなどの小鳥や昆虫の鳴き声を意味する英語であり，時間とともに周波数が高くなる（または低くなる）信号を音として聞くと，チー（ピュー）のように聞こえるため，チャープパルスと呼ばれている。

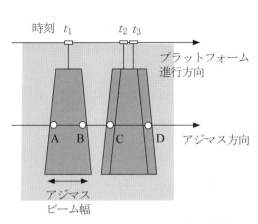
図 14.10　SLAR のアジマス方向の分解能

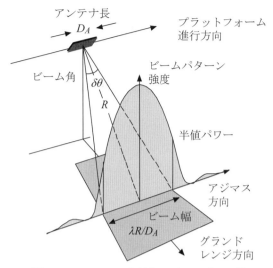
図 14.11　アンテナ長とアジマスビーム幅

(2) アジマス方向の空間分解能

実開口レーダのアジマス方向の分解能は照射面のビーム幅で決まる。図 14.10 にあるように，散乱面のアジマス方向に4つの点散乱体があるとする。点散乱体AとBとの距離がアジマス方向のビーム幅と比べて短いとすると，時刻 t_1 より前のある時刻では，点散乱体Aのみが照射され点散乱体Bからの信号は受信されないが，時刻 t_1 では両者が照射されるので受信信号が重複して区別ができなくなってしまう。2つの点散乱体からの受信信号が重複しない条件は，点散乱体CとDのように両者の距離がアジマスビーム幅より大きければよいことになる。

実開口レーダのアジマス方向ビーム幅は，図 14.11 に示すようにマイクロ波の波長とスラントレンジ距離，およびアジマス方向のアンテナ長で決まる。波長 λ のマイクロ波が長さ D_A のアンテナから放射されると，照射マイクロ波はアジマスビーム角 λ/D_A で広がり，スラントレンジ距離 R でのビーム幅は約 $\lambda R/D_A$ となる。波長 25 cm のLバンドレーダで $R=10$ km，$D_A=1$ m とすると，ビーム幅は 2.5 km となり，アンテナ長を 10 m にすると 250 m のアジマス空間分解能が得られる。現在でも長いアンテナ長を使った SLAR が利用されているが，衛星に搭載すると，スラントレンジ距離が $R=700$ km 程度になり，10 m のアンテナを使ってもビーム幅は 17.5 km になってしまう。従って，衛星搭載実開口レーダで 10 m のアジマス分解能幅を得ようとすると，17.5 km の長さのアンテナが必要となり実用的ではない。そこで開発されたのが合成開口技術である。

14.1.3　合成開口技術

合成開口（synthetic aperture）技術は，短いアンテナを使って受信信号を適切に処理することによりアジマス方向に仮想の長いアンテナを合成し高分解能を達成する技術で，合成開口レーダの語源と

第 14 章　SAR の基礎

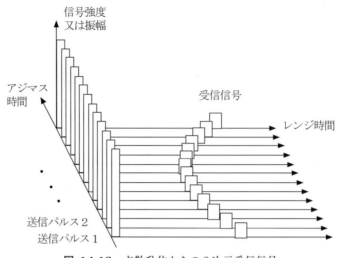

図 14.12　点散乱体からの 2 次元受信信号

なっている。図 14.12 で，観測面に点散乱体があるとする。プラットフォームに搭載されたアンテナは，プラットフォームの移動とともにパルスを放射し点散乱体からの信号を受信するプロセスを繰り返す。受信信号を図 14.12 のように並びかえると受信信号のレンジ位置はアジマス時間とともにアンテナが点散乱体の真横にきた時を中心として 1 次の近似でパラボラ状に広がる（ドップラー効果）。この点散乱体からの受信信号のアジマス方向の長さは，点散乱体が照射されている時間で，距離にするとビーム幅約 $\lambda R/D_A$ となる。

　合成開口技術では，このパラボラ状の信号の位置を位相情報とした複素信号を生成し，参照信号との相関処理から画像を生成する。詳細は後述するが，結果として図 14.13 の左上に示したように，受信信号をアレー状に並べて長さ $\lambda R/D_A$ の仮想のアンテナを合成し，この長い仮想の合成アンテナからあたかも鋭く尖ったビームを照射しているような信号処理を行い，ビーム幅の非常に狭い照射域を生成する。仮想の合成されたビームの幅，つまり合成開口技術を使ったアジマス方向の空間分解能は理論上 $D_A/2$ となるが，実際には仮想アンテナ長（合成開口長）は処理過程で決められ，$\lambda R/D_A$ より短くなる。ここでの処理過程とは，画像生成のための相関処理で，仮想アンテナ長は受信信号と参照信号の長さに依存することを意味する。参照信号の長さが受信信号のそれと比べて長い場合は仮想アンテナ長は受信信号の長さとなるが，一般的には，参照信号の長さは受信信号のそれより短く設定されるため，仮想アンテナ長は参照信号の長さとなり，空間分解能も参照信号の長さに依存する。実開口レーダではアンテナが長ければ長いほど高分解能となるが，合成開口レーダでは逆にアンテナが短くなるにつれてビーム幅が広がり合成開口長が長くなるため，高分解能になる。しかし，合成開口長にはパルス反復時間とのトレードオフがあり合成開口長を限りなく長くすることには限界がある。詳細は省くが合成開口長を L とすると実際のアジマス方向の空間分解能は $\lambda R/(2L)$ と定義される。なお，合成開口長は観測モードによって異なる場合がある。図 14.13 の右上は一般的な Stripmap モードで合成開口長はビーム幅に相当するが，右下にある Spotlight モードではビームステアリング

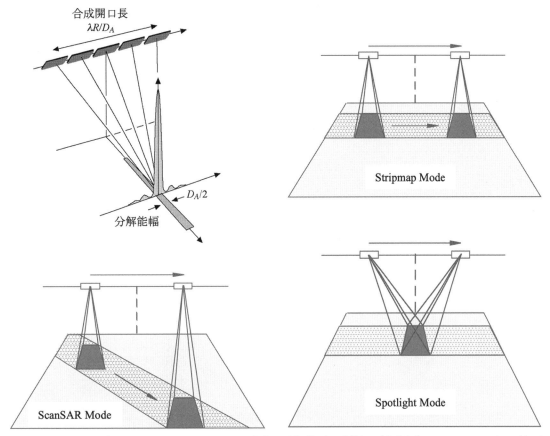

図 14.13 （左上図）合成開口レーダのアジマス方向の分解能（理論値），（右上図）Stripmap モード，（左下図）ScanSAR モード，（右下図）Spotlight モード

を使って同一シーンを長い時間照射し長い合成開口長を得る．結果として Stripmap モードより高い空間分解能を達成している．図 14.13 の左下の ScanSAR モードでは，空間分解能は劣化するがプラットフォーム進行とともにレンジ方向にビームステアリングを行い広域での画像生成を行う．例えば，表 14.2 の小型商用衛星 ICEYE-X は現在（2023 年）X 4〜X 9 の 6 機によるコンステレーション観測を実施しており，Stripmap，Spotlight および ScanSAR 観測モードでの空間分解能はそれぞれ 3.0 m，0.25 m，15.0 m となっている．また，日本の ALOS-2 PALSAR-2 ではそれぞれの観測モードでの空間分解能は 3〜10 m，1 m，100 m となっている．合成開口長と時間の関係については，衛星速度 7 km/秒とすると，PALSAR-2 の Stripmap モードでは合成開口時間が約 7 秒で合成開口長は 49 km，Spotlight モードでは合成開口時間が 20〜30 秒で合成開口長は 140〜210 km の長さになる．

以上より，SAR は，レンジ方向については FM パルスを使ったパルス圧縮技術で高分解能を達成し，アジマス方向については合成開口技術で高分解能を達成していることになる．

14.2 SARの画像再生

SARで受信された電磁波はディジタル化され，図 14.14 (a) に示すように，各点から後方散乱した電磁波が広がりかつ重なり合って生データとして記録される。レンジ方向とアジマス方向の二次元平面上に広がって記録された信号を各点に絞り込むパルス圧縮処理を適用し，図 14.14 (b) (c) に示すような SAR 画像に再生する。一般にパルス圧縮処理では，チャープ変調（chirp modulation）された信号にマッチトフィルタと呼ばれる参照関数（reference function）を畳み込み演算してパルス幅を狭め分解能を高める。本節ではレンジ方向とアジマス方向にそれぞれ 1 次元のパルス圧縮処理を行い画像再生するレンジ・ドップラー（RD：Range-Doppler）法について述べる[4]。RD 法の処理過程は，図 14.15 に示すようにレンジ方向のパルス圧縮を含む「レンジ圧縮処理」とアジマス方向のパルス圧縮処理を含む「合成開口処理」からなる。図 14.14 (b) に示すようにレンジ圧縮処理のみを施した画像では，アジマス方向に多数の筋状の模様があらわれ，レンジ方向の分解能が高まったことがわかる。

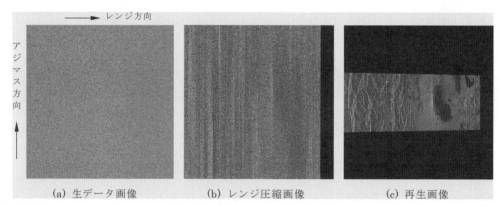

図 14.14 SAR の画像例（ALOS PALSAR，富士山周辺，スラントレンジ）（リモート・センシング技術センター提供のサンプル画像（ID：ALPSRP 150170690，L 1.0）を使用）

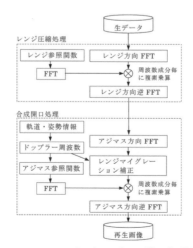

図 14.15 レンジ・ドップラー法の処理過程

14.2.1 パルス圧縮 (pulse compression)

　SARでは，チャープパルスをレンジ方向に放射し対象物体で後方散乱した電磁波を受信した後，位相検波器を介して中心周波数[*3]が0 [Hz]の複素信号[*4]として記録する。一方，SARと対象物体との相対運動によって生じるドップラー効果によりアジマス方向においても近似的に線形変調された電磁波を受信する。両者の周波数変化率は大きく異なるが，両方向ともにパルス圧縮処理を適用し分解能を高められる。

　持続時間$-\tau_0/2 \leq \tau \leq \tau_0/2$，周波数変化率のチャープパルスの周波数を$f(\tau) = a\tau$とするとき，この位相角は$\varphi(\tau) = \pi a \tau^2$であり，チャープパルスの複素信号は，$p(\tau) = \exp(j\pi a \tau^2)$と表現される。**図 14.16 (a)** にチャープパルスの実数部と虚数部の信号例を示す。パルス圧縮で用いられる参照関数[*5]は$p^*(\tau) = \exp(-j\pi a \tau^2)$である。チャープパルスに参照関数を畳み込み演算[*6]するパルス圧縮処理を行うと，ほぼ関数$\sin(x)/x$と相似な曲線となり，**図 14.16 (b)** に示すような信号となる。パルス圧縮後の主パルス（メインローブ）の持続時間は$1/(|a|\tau_0)$になり，元のパルス幅に対して$1/(|a|\tau_0^2)$倍に狭められる。

　例えば，ALOS-2 PALSAR-2の高分解能モード観測の場合，送信パルスは$\tau_0 = 69$ μs，$a = -1153$ GHz/sであり，パルス圧縮することで5489倍に分解能が向上する。

　パルス圧縮処理は，計算効率の面から周波数領域で行われることが多い。時間領域の畳み込み演算

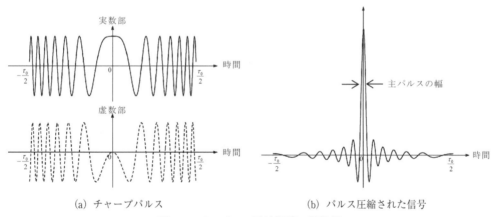

(a) チャープパルス　　　　　　　　　(b) パルス圧縮された信号

図 14.16 パルス圧縮処理の信号例

---

* 3　中心周波数：チャープパルスなど特定の周波数帯域を持つ信号において，その周波数帯域の中央部分の周波数を中心周波数と呼ぶ。
* 4　複素信号：信号の振幅と位相成分を同時に表現する方法のひとつとして複素数が使われる。SARでは受信信号を位相検波器に通し，実数部と虚数部に対応させた2つの信号に変換し複素信号とする。
* 5　参照関数：参照関数は「参照信号」とも呼ばれる。レンジ方向のパルス圧縮で使われる参照関数は，送信するチャープパルスそのものをSAR内部で位相検波し記録した「チャープレプリカ」というデータから生成されることもある。
* 6　畳み込み演算：ここでは，時間領域の受信信号に対して参照関数を平行移動させながら乗算し総和をとることを繰り返し，新たな信号を生成する演算を示す。

第 14 章 SAR の基礎

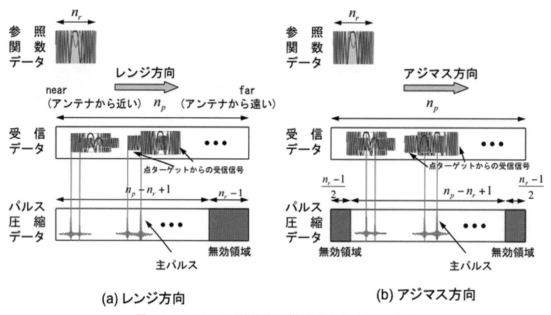

図 14.17 パルス圧縮前後の受信信号と主パルスの位置

は，周波数領域に変換した2つの信号を成分ごとに複素乗算（と表記）し，時間領域に逆変換することで得られる．両領域の信号は，高速フーリエ変換（FFT : Fast Fourier Transform）アルゴリズムを用いることで効率よく相互に変換できる．

パルス圧縮された信号は，チャープパルスとその参照関数をそれぞれ周波数領域に変換した $P(\omega)=\Im\{p(\tau)\}$, $P^*(\omega)=\Im\{p^*(\tau)\}$ を用いて $G(\tau)=\Im^{-1}\{P(\omega)\otimes P^*(\omega)\}$ で求められる．ここで，$\Im$ は時間領域から周波数領域へのフーリエ変換，$\Im^{-1}$ はフーリエ逆変換である．なお，FFT を用いる場合，カイザー窓などの窓関数をかけて圧縮パルスの品質劣化を防ぐ場合もある．

ディジタル化された複数のパルスを含む n_p 個の受信データに対して $n_r(\leq n_p)$ 個の参照関数データを用いて時間領域で畳み込み演算を行った場合，パルス圧縮データとして (n_p-n_r+1) 個が有効となり，それ以外は値0との畳み込み演算が含まれて無効となる．図 14.17（a）に示すようにレンジ方向に圧縮された主パルスの位置は，元のパルスの開始点とし，無効領域をアンテナから遠い位置とする（図 14.14（b）の黒色領域）．一方，図 14.17（b）に示すようにアジマス方向に圧縮された主パルスの位置は，元のパルスの中間点とし，無効領域を両端部分とする（図 14.14（c）の黒色領域）．図 14.17 中の受信データには，近隣の点ターゲットからの受信信号が時間的に重複していることを示している．この受信データに送信時のチャープパルスに対応する参照関数データを用いて畳み込み演算を行うことによって，図中のパルス圧縮データのように近隣の点ターゲットが分離できることを示している．

14.2.2 合成開口処理

図 14.15 に示す RD 法による合成開口処理では，移動する SAR のアンテナ中心点 S と観測対象点

14.2 SARの画像再生

Gの相対的なレンジ距離の時間変化によって生じるドップラー効果を用いて，14.2.1項で述べたパルス圧縮処理をアジマス方向にも適用し高分解能化する。

まず，受信信号に現れるドップラー周波数について解説する。図 **14.18** に示す位置関係において，アンテナの移動速度を v，ビーム中心方向で点Gを観測するときのスクイント角を θ_s，アンテナ位置を点 S_0，その時刻を t_0，レンジ距離を r_0 とするとき，アジマス方向の時刻 t における点Sと点Gのレンジ距離 $r(t)$ は，

$$r(t) = \sqrt{(r_0\cos\theta_s)^2 + \{r_0\sin\theta_s + v(t-t_0)\}^2}$$
$$\approx r_0 - v\sin\theta_s(t-t_0) + \frac{v^2\cos^2\theta_s}{2r_0}(t-t_0)^2 \tag{14.2}$$

である。受信信号のドップラー周波数は，レンジ距離の往復分の時間変化から

$$f_D(t) = -\frac{2}{\lambda}\frac{dr(t)}{dt}$$
$$= f_{DC} + f_{DR}(t-t_0) \tag{14.3}$$

となり，近似的にチャープパルスとみなせる。ここで，λ はレーダ波長であり，f_{DC} と f_{DR} は，それぞれドップラー中心周波数（doppler center frequency または doppler centroid），ドップラー周波数変化率（doppler rate）を示し，$f_{DC} = 2v\sin\theta_s/\lambda$，$f_{DR} = -2v^2\cos^2\theta_s/(\lambda r_0)$ である。

実際の処理では，SARの軌道と姿勢情報から正確なスクイント角 θ_s を推定することが難しく，受信した信号にクラッタロック（clutter lock）と呼ばれる処理などを適用し f_{DC} を推定する[5]。常に θ_s を0にするように調整するヨーステアリング（yaw steering）観測場合，f_{DC} は0に近い値となるが，そうでない場合，f_{DC} は数千 Hz および，パルス繰返周波数（PRF）をこえることもある。ヨーステアリング観測可能な ALOS PALSAR や ALOS-2 PALSAR-2 の場合，f_{DC} は数十から数百 Hz

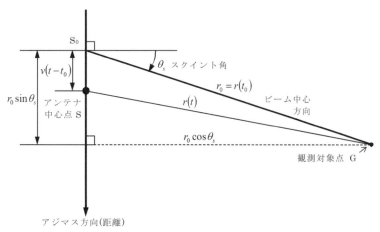

図 14.18 アンテナと観測対象点の位置関係

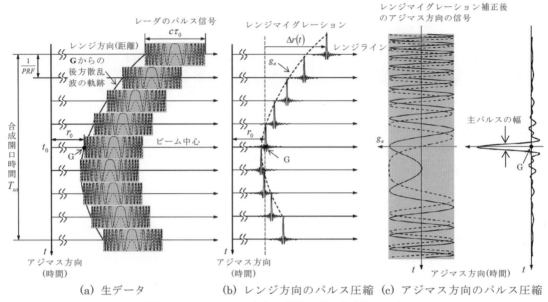

図 14.19 アジマス方向の信号波形と合成開口処理

程度であるが，このモードを持たなかった JERS-1 SAR の場合，地球自転の影響を最も受ける赤道付近で f_{DC} の絶対値は約 2100 Hz である。f_{DR} は，推定された f_{DC} と軌道情報を用いて計算でき，PALSAR-2 の高分解能 strip map モード観測の場合，−456 Hz/s 程度の値となる。

次に，アジマス方向の時間領域（t）における信号波形と合成開口処理の概念を図 14.19 に示す。図 14.19（a）のように点 G で後方散乱した持続時間 τ_0（長さは $c\tau_0$）の周波数変化率 a のチャープパルスは，1/PRF ごとにアンテナの移動とともに変化していくレンジ距離 $r(t)$ に対応する位置に記録される。各レンジ方向にパルス圧縮処理を行うとパルス幅は $1/(|a|\tau_0)$ となり図 14.19（b）のような信号波形を得る。圧縮された主パルスを結ぶ曲線 g_a に沿って得られた信号は，式（14.3）に示したチャープパルスに近似でき，アジマス方向に一直線上に並べると図 14.19（c）の左側に示すような信号となる。この信号に対する参照関数を求め，畳み込み演算することによって同図右側に示すように点 G に絞り込まれ，アンテナの横幅の半分に近い圧縮パルスを得る。

アジマス方向に一直線上に並べるための補正処理をレンジマイグレーション（range migration）補正という。この補正処理では，図 14.19（b）に示すレンジ距離 r_0 と $r(t)$ との差 $\Delta r(t) = r(t) - r_0$ を求めレンジ方向で圧縮された信号を内挿する。しかし，レンジマイグレーション補正を各レンジラインごとに行うと計算効率が著しく悪くなるため，アジマス方向のドップラー周波数の変化が微小であること，また，同じレンジ距離のドップラー周波数が周波数領域で重なることを利用して，アジマス方向において時間領域から周波数領域に変換して補正処理を行う。FFT を用いる場合，効率よく実行できるように 2 のべき乗数分のレンジラインを一塊にしたパッチと呼ばれる単位でレンジマイグレーション補正した後，アジマス方向のパルス圧縮処理を行う（図 14.15）。

SAR 画像に特徴的に発生するスペックルと呼ばれるノイズを軽減する場合，アジマス方向の周波

数領域を区間分けして畳み込み演算を行い，加えあわせるマルチルック処理を行う。この区間数をルック数と呼ぶ。干渉 SAR 処理では位相情報を保存するため，区間分けしないシングルルック処理とする。

14.2.3　グランドレンジ変換と SAR 画像の幾何学的歪

　合成開口処理された画像はスラントレンジ画像であり，レンジ方向の画素位置は，スラントレンジ上に等間隔で並んでいる。これを地上の照射面上に投影することをグランドレンジ変換という。

　地表面に起伏がある場合，グランドレンジとスラントレンジ間に幾何的な歪みを生じる。図 **14.20** **(a)** に示すようにグランドレンジより高い位置にある点 b は，スラントレンジ上で点 b' に対応する。点 b グランドレンジ上に投影した点 b_g に対するスラントレンジ上の点 b_g' に比較して点 b' はニアーレンジに近い方に移動する。このような歪みをフォーショートニング（foreshortening）という。さらに，この歪みが大きくなると図 **14.20** **(b)** に示すように，グランドレンジにおける位置関係が逆転し点 b' は点 a' を超えてニアーレンジに近い方に移動する。この歪みをレイオーバ（layover）という。特に点 b' と点 a' 間では，異なる地表面からの後方散乱波が重なり合った信号を記録する。また，図 **14.20** **(c)** の点 b，点 c および点 e を結ぶ傾斜のようにファーレンジ方向にレーダービームの影になる地表面からの後方散乱波は記録されない。そのため，スラントレンジ上の点 b' と点 e' 間では無信号となる。この歪みをシャドウィング（shadowing）という。

　次に，地形によるラジオメトリック補正（radiometric terrain flattening）について説明する。図 **14.21** **(a)** に示す平坦な地形の場合，観測幅に対して十分狭い範囲であればレーダービームの入射角はレンジ方向に対してほぼ一定である仮定でき，各画素に対応する散乱面積（S_0）は等しくなる。一方，図 **14.21** **(b)** に示すように起伏のある地形の場合，レーダービームの入射角はレンジ方向の画素ごとに局所的に異なるため散乱面積が変化する。順向きの斜面では散乱面積（S_1）が大きくなることで散乱強度は強くなり，逆向きの斜面では散乱面積（S_2, S_3, S_4）が小さくなることで散乱強度は弱くなる。DEM を用いて各画素ごとにレーダビームの局所的な入射角を求め，観測された散乱強度に入射角に対応する補正係数を乗じて，地形による画素ごとの散乱面積の違いによる影響を補正する。

　SAR 画像を他のリモートセンシング画像や数値地図情報などと組みあわせて利用する場合，地図座標系に一致するジオコード（geocode）画像に変換する必要がある。これには，地球楕円体上を基準として変換する方法と地球楕円体上に正射投影して変換する方法がある。前者はスラントレンジ画像の各画素に対する地球楕円体上の位置を求め，ユニバーサル横メルカトル（UTM：Universal Transverse Mercator）図法などの地図投影式を用いて画像を生成する。図 **14.22** **(a)** は図 14.14 **(c)** を UTM 図法により地球楕円体上に投影したジオコード画像であり，地球楕円体上と異なる地表面ではフォアショートニングなどが発生し地図座標と一致していない。後者は DEM（Digital Elevation Model）とジオイド高を用いて各画素の楕円体高を求めフォアショートニングを補正することによっ

第 14 章　SAR の基礎

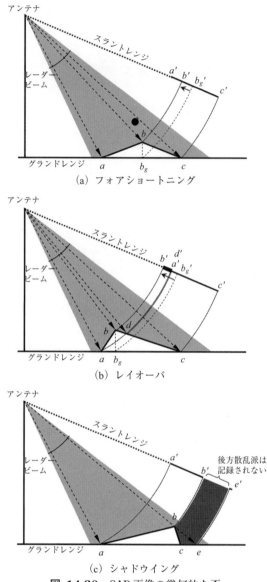

図 14.20　SAR 画像の幾何的な歪

て正射投影した画像を生成する．図 14.22 (b) は図 14.14 (c) を正射投影した画像であり，数値地図等と比較する場合に便利である．

14.3　SAR 画像の特徴

14.3.1　マイクロ波散乱と SAR 画像強度

アンテナから放射されたマイクロ波が電導体や誘電体に入射すると内部に電流が誘起され誘起電流がマイクロ波を再放射する．これが散乱（scattering）と呼ばれる現象で，SAR アンテナは後方散乱されたマイクロ波を受信して画像再生処理が行われる．電磁波の散乱強度は周波数（あるいは波長）

14.3 SAR画像の特徴

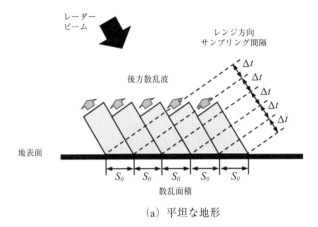

(a) 平坦な地形

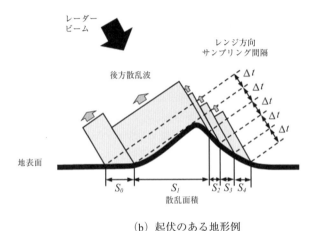

(b) 起伏のある地形例

図 14.21 地形による散乱面積の変化

と散乱体の電気的特性（特に誘電率）に強く依存し，この反射依存性を示す指標となるのがフレネル反射係数と呼ばれるパラメータである。金属や塩水などの電流が誘起されやすい伝導体の反射係数は大きく入射マイクロ波を強く反射するが，逆に乾燥した砂や木材などの誘電体は絶縁体としての特性を持ち反射係数は小さい。

　レーダで観測する場合，観測対象物の散乱の強弱を示す指標にはレーダ断面積（RCS：Radar Cross Section）が使用される。これは，散乱断面積（scattering cross section）とも呼ばれ，σで表現するのが一般的である。散乱断面積はその名の通り面積 $[m^2]$ の単位を持ち，信号をデシベル*7 表示したとき $[dBm^2]$ の単位となる。散乱断面積は次のように定義される。電磁波が伝導体あるいは誘電体のある「面積」に入射し，この面積から等方的に電磁波が再放射されたと仮定する。この仮定の電磁波のパワーと実際に受信された電磁波のパワーが等しいときの上記の「面積」を散乱断面積と定義する。マイクロ波の波長と比べて非常に大きな散乱体の RCS は幾何学的な断面積に近似され，例え

---

*7　信号の振幅を|E|とすると，デシベル表示は $20 \log_{10}|E|$ [dB] で，信号のパワー$|E|^2$ は $10 \log_{10}|E|^2$ [dB]となる。

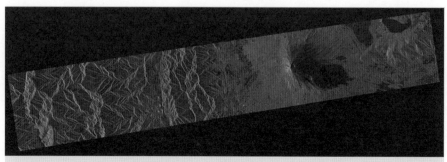
(a) 地球楕円体を基準とするジオコード画像（UTM 図法）（地表の高低差未補正）

(b) 正射投影画像（UTM 図法，DEM: ASTER GDEM）

図 14.22 ジオコードされた画像例（ALOS PALSAR，富士山周辺）

ば半径 r_s（$r_s \gg \lambda$）の完全導体の球のレーダ断面積は λr_s^2 となる。マイクロ波の波長と比べて非常に小さな球体（$r_s \ll \lambda$）の場合はレイリー散乱と呼ばれ RCS は λ^{-4} に比例する。また，マイクロ波入射方向を向いている辺長 a の正方形金属板の RCS は $4\lambda a^4/\lambda^2$ となる。SAR の画像位置精度や校正に使われる辺長の三角形と四角形コーナーリフレクタ（電波反射鏡：**図 14.23** 参照）の RCS はそれぞれ $4\lambda a^4/(3\lambda^2)$ と $12\lambda a^4/(3\lambda^2)$ である。このような「単体」の RCS と比べて地面や海面などの広がりのある散乱体では，照射面積や分解能幅が変化すると RCS も変化する。そこで，面積の単位を持つ RCS を単位面積で規格化した値が定義されている。この値は，規格化散乱断面積（normalized scattering cross section）あるいは規格化レーダ断面積（normalized radar cross section）であり，単に散乱係数（scattering coefficient）とも呼ばれる。モノスタティック SAR の場合は，対象物からレーダ方向への後向きの散乱を観測するため，後方散乱係数（backscattering coefficient）と呼ばれ，σ^0 で表現する。フォアショートニングやレイオーバなどの幾何学的画像変調，あるいは移動体の影響などを除けば σ^0 が大きい対象物ほど SAR 画像強度が大きく明るく表示される。σ^0 と散乱体の関係から散乱体の分類や物理量を計測する方法は，SAR リモートセンシングの最も基礎的な応用技術である。

図 14.24 は，富士山周辺の衛星搭載 L バンド SAR 画像である。地上の対象物によって画像の明暗が異なっているのがわかる。富士山をはじめとする山岳地域のレーダ方向を向いている斜面では入射マイクロ波がアンテナ方向（後方）に強く散乱されることに加えて，フォアショートニングやレイオーバの幾何学的効果により非常に明るく写る。都市域でも図 14.24 にあるように地表面と建物の 2 回の反射（ダブル反射）（double bounce reflection）により非常に明るく写っている。だだし，建物

14.3 SAR画像の特徴

図 14.23 3角3面（右）と4角3面（左）コーナーリフレクタ（電波反射鏡）

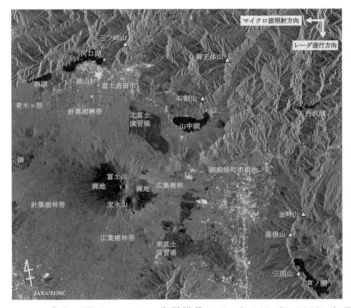

図 14.24 富士山周辺のALOS-2衛星搭載LバンドSAR（PALSAR-2）画像

の壁がアジマス方向を向いていないと入射波はアンテナ方向には後方散乱されず暗い画像となる。図14.24の御殿場市街地や富士吉田市などの明るい画像は，マイクロ波入射面と直交している建物の面と地表面とのダブル反射による結果である。次に明るい画像は森林で，入射マイクロ波が枝や葉，幹などによって複数回反射されてアンテナで受信されるためで，この散乱現象は多重散乱あるいは体積散乱（volume scattering）と呼ばれる。LバンドやPバンドのような低周波のマイクロ波は，森林内部に侵入できるので地表面と幹などとのダブル反射も生じる。体積散乱は森林に限った現象ではなく，降雨や雪氷，乾燥した土壌や砂などの内部でも生じる。畑などにある低い植生になるにつれて多重散乱が少なくなり，画像も暗くなる。北富士演習場などは植生も少なく土壌が露出している粗面で，入射波は粗面の表面で散乱され後方に散乱されたマイクロ波が受信信号となる。この散乱過程は表面散乱（surface scattering）と呼ばれ，ダブル反射や体積散乱と比べ受信信号が弱く，暗い画像として現れる。波の立っていない水面などは鏡面状態なので入射波の全てはアンテナと反対方向に反射

第 14 章　SAR の基礎

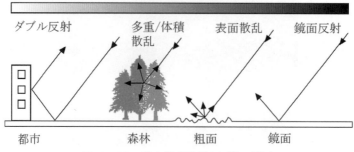

図 14.25　後方散乱過程と画像の明暗

され受信信号はない．同様に富士山の火口内部の陰影部分からの受信信号はなく画像強度はシステムノイズのレベルとなる．

画像強度とマイクロ波散乱の関係を要約すると以下のようになる（図 14.25 参照）．

- 鏡面では入射波のほとんどが前方に反射されるので受信信号はほとんどなく，システムノイズ程度の画像強度値となる．
- 粗面では入射波があらゆる方向に拡散散乱され後方散乱成分のみが受信されるので，適度な大きさの画像強度値となる．
- 体積散乱では入射波が多くの散乱要素によって多重反射されるので，後方散乱成分が増加し大きな画像強度値となる．
- ダブル反射では入射波のほとんどが後方散乱されるので，強い受信信号が得られ非常に大きな画像強度値となる．

14.3.2　表面散乱と体積散乱

ここでは，表面散乱と体積散乱について少し詳細に説明する．図 14.25 で鏡面と粗面によるマイクロ波散乱の違いを述べたが，例として海上風の違いなどによる画像の明暗を図 14.26 に示す．この画像は ERS-1 衛星搭載 C バンド SAR によって 1992 年 1 月 25 日に収集されたデータであり，1 シーンに陸域をはじめ様々な海洋現象が観測されている珍しい画像である．図にみられるように，凪状態の海面は鏡面状態となり入射マイクロ波は鏡面反射（specular reflection）により暗い画像となる．一方，海上風のある海域ではさざ波が立ち粗面となるため，受信信号が増加し明るい画像となっている．波浪画像はレーダ方向を向いている波面は明るく反対方向を向いている波面は暗く写っており，このような画像から波浪の波長や波向が計測できる．また，船舶の航跡やオイルスリックがあるとさざなみの発達が抑制され，暗い画像となる．浅瀬海域では海流と海底構造の相互作用によるさざ波の変化があり図 14.26 にあるように画像に明暗が生じる．この変化から海深の計測が提案されている．さらに，ダブル反射や多重散乱など様々な散乱プロセスにより明るく写っている船舶の検出と分類手法が提案され実利用されている．

14.3 SAR画像の特徴

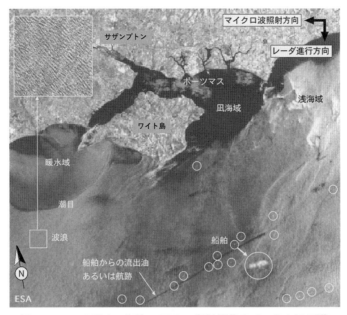

図 14.26 イギリス海峡のERS-1衛星搭載CバンドSAR画像

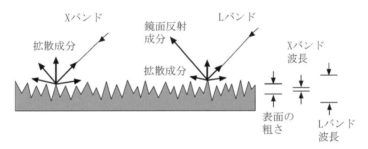

図 14.27 マイクロ波バンドに依存する実効的表面の粗さ

入射マイクロ波が表面で散乱される場合，後方散乱の強さは表面の「実効的粗さ」に依存する。図 14.27に示したように，表面の粗さがLバンドマイクロ波の波長と比べて小さい場合は，この表面はLバンドにとって「適度に粗い表面」となる。入射マイクロ波のほとんどは鏡面反射となるが一部は拡散成分として受信される。同じ表面の粗さであってもこの粗さはXバンドマイクロ波の波長と比べて大きいので，この表面はXバンドにとっては「粗い表面」となる。入射マイクロ波は鏡面反射されることなくほとんどが拡散散乱成分として強い後方散乱信号が受信される。

実効的粗さの定量的基準には，第5章でも述べたように，レイリー基準が一般的に用いられる。図 14.28にあるように，粗面の粗さを高低の参照面からの標準偏差値 σ_H とする（散乱断面積 σ と混同されないように注意）。この粗さに相当する粗面にある点と遠方にあるアンテナとの距離を R とすると，同じ位置での参照面の点とアンテナとの距離は $R+\sigma_H\cos\theta_i$ となり，両者の往復距離の差は，$2\sigma_H\cos\theta_i$ となる。レイリー基準では，この往復距離の差がマイクロ波の波長の1/4と比べて大きい表面を粗い表面と規定し，比較できる程度の粗面は適度に粗い表面，そして往復距離が $\lambda/4$ より非常

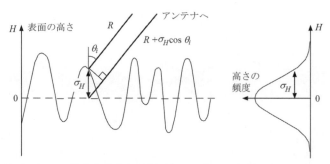

図 14.28 粗面の粗さの基準を説明する図（左図：表面の高低，右図：高さの頻度分布）

に短いときは滑らかな表面とする．レイリー基準による粗度の基準を要約すると次式であらわされる．

$$\begin{aligned}
&\text{滑らかな表面：} \sigma_H \ll \lambda/(8\cos\theta_i) \\
&\text{適度に粗い表面：} \sigma_H \sim \lambda/(8\cos\theta_i) \\
&\text{粗 い 表 面：} \sigma_H \gg \lambda/(8\cos\theta_i)
\end{aligned} \tag{14.4}$$

例えば，入射角 $\theta_i=45°$ で波長 $\lambda=23\,\text{cm}$ の L バンドマイクロ波では基準値は $\lambda/(8\cos\theta_i)=4\,\text{cm}$ となり，波長 $3\,\text{cm}$ の X バンドでの基準値は $0.5\,\text{cm}$ となる．

　表面散乱による後方散乱断面積と入射角の関係は実験的に計測されており，いくつかの理論的散乱モデルも提案されている．**図 14.29** は，RCS と入射角の関係を示す図で，入射角が増加するに従って RCS が減少する．減少の度合いは表面の粗さによって異なり，表面が滑らかになるにつれて RCS が急激に減少する．これは，滑らかな面ほど鏡面反射成分が大きく拡散成分が少ないためで，入射角 $\theta_i=0°$ のアンテナ直下では，滑らかな表面では鏡面成分による強い後方散乱があり大きな RCS となるが，入射角が増加すると受信信号は拡散成分のみになる．適度に粗い面では，滑らかな面と比べて鏡面成分が減少し拡散成分が増加するので，アンテナ直下の入射では RCS が減少し，入射角の増加に伴う RCS の減少はゆるやかになる．粗い面では鏡面成分がなくなるので，この傾向はさらに大きくなる．

　図 14.30 に示したように，入射マイクロ波が森林に入射すると低周波の L バンドや P バンドマイクロ波は森林の内部に侵入し，枝による多重反射や地表面と幹あるいは枝との多重反射による体積散乱が生じる．一方，高周波の X バンドや C バンドマイクロ波は森林内部に侵入できず樹冠からの後方散乱が支配的となる．マイクロ波の森林への侵入深度（penetration depth）は，低周波になるにつれて大きくなるが，高密度な森林になるにつれて侵入深度は小さくなる．同様に，低周波マイクロ波の塩分の少ない氷や水含有量の少ない乾燥雪などへの侵入深度も大きく，乾燥した土壌への侵入深度も大きく土壌水分が多くなるにつれて表面散乱の貢献度が上昇する．侵入深度とはマイクロ波が物質中を通過することによる減衰の指標として使用される．マイクロ波の体積散乱に基づく RCS の違いから，森林バイオマスや植生パラメータ，土壌水分含有量や積雪密度，海氷の年齢や空間分布などの計測が提案されている．

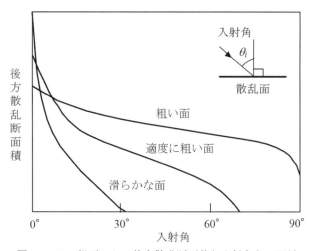

図 14.29 粗面からの後方散乱断面積と入射角との関係

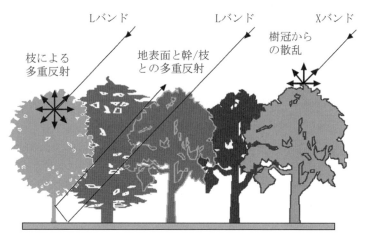

図 14.30 周波数の違いによる森林からのマイクロ波後方散乱

14.3.3 スペックルノイズ

図 14.31 の左図は航空機搭載 SAR 画像で，画像左に波浪が写っており，中央には海岸線と黒く写っている滑走路がみられる。滑走路の周囲は畑とまばらに点在する家からなっている。この画像全体にみられる斑点状のノイズ模様はスペックル（speckle）と呼ばれるコヒーレントシステム（入力と出力信号が振幅と位相からなるシステムで，放射計などは振幅のみを検知するので非コヒーレントシステムと定義される）に特有の画像である。スペックルは以下の過程から生成される。

図 14.32 に示したように，SAR 画像の1ピクセル（1ピクセル＝1分解能セルとする）における複素振幅は，粗面の分解能セルにある多く（一般的には5〜8個以上）のランダムに分布している散乱要素からの散乱波の和と考えられる。これらのランダムな位相と振幅を持った散乱波が干渉した結果生じるのがスペックルである。異なる分解能セルの散乱要素は統計的に相関がなくランダムに分布しているので，異なる画像ピクセル間にも相関がなく，ピクセルごとにランダムに分布している。

スペックルは分解能セル内に5〜8個以上のランダムに分布する散乱要素が存在するということ以

第14章 SARの基礎

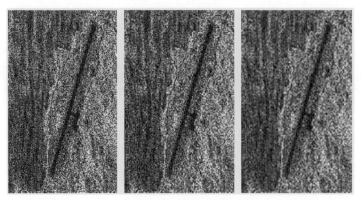

図 14.31 （左図）SAR画像にみられるスペックル模様，（中図）4ルック画像，（右図）9ルック画像

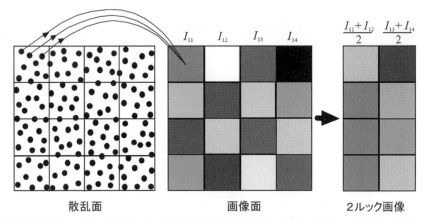

図 14.32 図（左・中）スペックル模様の生成過程と図（中・右）マルチルック処理

外に散乱面の情報を持っていなく，一般的にノイズとして取り扱われる。スペックルノイズは，熱雑音のように結像システムに加算されるのではなく，複素信号がランダムに干渉した結果生じる乗算的ノイズである。SAR画像の出力値をIとすると，スペックル強度の標準偏差値σ_Iは，$\sigma_I = <I>$であることは理論的にも実験的にも知られており，S/N比（SN（R）：Signal-to-Noise（ratio））は，$<I>/\sigma_I = 1$となる。ここで，$<>$は集合平均を示している。

このようなノイズは画像解析の妨げになることから数多くのスペックル軽減フィルタが提案されている。最もひんぱんに利用されているのはマルチルック処理である。この処理法では，（シングルルックの）参照信号のバンドを分割した複数のサブ参照信号を使ってSAR生データから複数の同一シーンの画像を生成し，強度（あるいは振幅）での加算平均をとった画像を作成する。サブ参照信号のバンド幅は重複しないようにバンド幅と中心周波数を設定するので，ルック間のピクセル値には相関がなく，スペックル強度を加算平均することでS/N比は

$$\frac{<I>}{\sigma_I} = \frac{1}{\sqrt{N}} \tag{14.5}$$

となる。ここで，Nはルック数（サブ画像数）である。これは，ルック数Nでマルチルック処理をすることにより，スペックルノイズのゆらぎの標準偏差が$1/\sqrt{N}$に減少されることを意味している。マルチルック処理は，一般的な画像処理に利用される平均フィルタ（mean filter）と結果的には同じ効果が得られる。マルチルック処理は参照関数を複数に分割するためサブ参照信号のバンド幅が減少し，空間分解能が劣化する。つまり，Nルック処理された画像の分解能幅は参照信号の全バンド幅を使ったシングルルック画像の分解能幅と比べてN倍になる。このように，マルチルック処理はノイズ軽減の代償として分解能の劣化を伴う。ノイズ軽減と分解能劣化の関係は，ほとんど全てのノイズ軽減フィルタに共通する。

　従来のマルチルック処理はサブ参照関数を利用するが，全バンド幅の参照関数で生成されたシングルルック画像のピクセル平均をとることによって同等の効果を得られる。この方法では，図 14.32 にあるように，隣接する（相関していない）ピクセル値の平均値を新しいピクセル値とする。図の2ルック処理の例では，ノイズ軽減と同時に水平方向の分解能が半減する。一般的な SAR では，アジマス方向の分解能がレンジ方向のそれよりも高いので，分解能幅の間隔でサンプリングされた画像は，アジマス方向にN倍伸びた画像となってしまう。例えば，アジマス方向に 10 m，スラントレンジ方向に 20 m の分解能幅の画像を同じピクセル幅でサンプリングすると，50（アジマス）×50（スラントレンジ）km の画像では，5000×2500 ピクセルの画像となってしまう。そこで，アジマス方向に2ルック処理をすると，アジマス方向の分解能幅はスラントレンジ方向の分解能幅と同じ 20 m となり同数のピクセル数でサンプリングされ，スペックルノイズも約 0.71 倍の割合で軽減される。図 14.31 の中央と右図はそれぞれ4ルック（2×2）と9（3×3）ルックのピクセル平均画像である。ルック数が多くなるにつれてスペックルノイズが軽減されるが，分解能も劣化することが分かる。その他の代表的なスペックルフィルタには，ウインドウ内で統計的処理をする Lee／Enhanced Lee フィルタや，一般的な画像処理に使われる Median フィルタ，Gamma Map フィルタ，Frost フィルタなどがある[6),7)]。

推奨図書

1. 大内和夫：リモートセンシングのための合成開口レーダの基礎（第 2 版），東京電機大学出版局，2015.
2. 大内和夫（編著）：レーダの基礎—探査レーダから合成開口レーダまで，コロナ社，2021.

引用・参考文献

1) Ouchi, K.: Recent trend and advances of synthetic aperture radar with selected topics, Remote Sens., Vol. 5, No. 2, pp. 716–807, 2013.
2) Moriera, A. et. al.: A tutorial on synthetic aperture radar, IEEE Geosci. Remote Sens. Mag., 1（1），pp. 6–43, 2013.
3) Ouchi, K. and T. Yoshida: On the interpretation of synthetic aperture radar images of oceanic phenomena: Past and present, Remote Sens., 15, 1329, 2023.

4) Cumming, I. G. and F. H. Wong : Digital Processing of Synthetic Aperture Radar Data, Artech House, USA, pp. 225–282, 2005.

5) Madsen, S. N. : Estimating the Doppler centroid of SAR data, IEEE Trans. Aerosp. Electron. Syst., 25 (2), pp. 134–140, 1989.

6) Lee, J. S., I. Jurkevich, P. Dewaele, P. Wambacq and A. Oosterlinck : Speckle filtering of synthetic aperture radar images : A Review, Remote Sens. Rev., 8, pp. 313–340, 1994.

7) Lopes, A., E. Nezry, R. Touzi and H. Laur : Structure detection and statistical adaptive filtering in SAR images, Int. J. Remote Sens., 14 (9), pp. 1735–1758, 1993.

第15章　SARの高度解析

〈この章で学ぶべきこと〉

　1990年代に人工衛星搭載SARを使用した干渉SAR解析の有効性が示された。また，近年の人工衛星搭載SARは複数偏波による観測が可能になっている。本章では，干渉SARの観測原理や解析手法を学習し，標高抽出や地表面変動検出の原理を理解する。また，多偏波観測によるデータ解析手法を学習し，多偏波SARデータ解析で抽出できる観測対象物の散乱に関する情報について理解する。

学習目標：

① 干渉SARの観測原理および標準的なデータ解析手順を学習し，解析によって得られる干渉位相およびコヒーレンスについて理解する。

② 干渉SARデータ解析結果例（標高算出および地表面変動算出）を理解する。

③ 多偏波SARの観測原理を学習し，データ解析の結果によって抽出できる観測対象物の散乱に関する情報（偏波シグネチャおよび散乱分解等）について理解する。

④ 多偏波SARデータ解析結果例（偏波シグネチャ，散乱分解等）を理解する。

キーワード：

基線(baseline)，干渉位相(interferometric phase)，フラットアース位相(flat earth phase)，地形位相(topographic phase)，地表面変位位相（surface deformation phase），位相アンラッピング（phase unwrapping），コヒーレンス（coherence），散乱行列（scattering matrix），偏波シグネチャ（polarimetric signature），散乱分解（scattering decomposition），表面散乱（surface scattering），2回散乱（double bounce scattering），体積散乱（volume scattering），散乱エントロピー（scattering entropy），アルファ角（alpha angle），異方性（anisotropy）

15.1　干渉SARデータ解析

15.1.1　干渉SAR観測原理

（1）干渉について

　干渉SARはSARの利用技術として広く認知されているもののひとつである。この場合の干渉とは，「2つ以上の同種類の波動が同一点で会したときに，その波動が重なって互いに強めあったり弱めあったりする現象」に類似する。「ニュートンリング*1」は光の干渉として良く知られた一例であるが，**図 15.1** はその他の簡単な干渉の例である。図のように平面ガラス板2枚の右端に薄い膜（セロファン紙）を挟み，上から光を当てるとその反射光が干渉を起こして縞模様がみえる。図 15.1 で

311

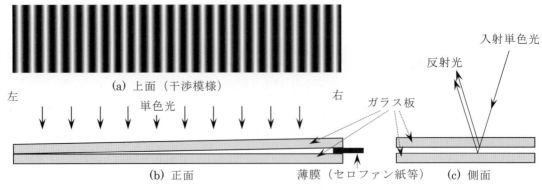

図 15.1 ガラス板による光の干渉

は，上層のガラス板下面で反射する光と，下層のガラス板上面の表面で反射する光が互いに干渉する。光が単色光の場合，2つの反射光は行路長差が波長の整数倍になると暗い縞を生じる。これは光が反射するとき，ガラスから空気に進もうとして反射する場合には位相は変化しないが，逆に空気からガラスに進もうとして反射する場合には位相が半波長だけ変化するからである。また，2つの反射光の行路長差が整数倍より半波長ずれると明るい縞ができる。よって，ガラスの左から右にかけて行路長差が徐々に長くなるので明暗の縞が繰り返しみえることになる。光が白色光の場合には，強めあう光の波長が場所によって異なるため，強めあう波長の光が虹色の帯の縞の繰り返しとしてみえる。干渉 SAR は，同じ場所からの2つの単一波長反射波（正確には後方散乱波）をデータ処理の段階で同一点で会させ，2つの波の行路長の差から干渉模様を得て利用するものである。その干渉模様は地形や地表面変位の影響を受けるため，地形の3次元計測や地表面変位の検出に利用される。

(2) SAR データの干渉

図 15.1 では，明暗模様が2つの光の行路長差と波動の波長で決まる。干渉 SAR では以下のように2つの波の行路長差とレーダ波長の関係を記述する。まず，複素 SAR 画像の画素値（複素数）x の位相（単位 rad）の一般式が次式である。

$$\mathrm{Arg}(x) = -4\pi R/\lambda + \eta \tag{15.1}$$

ここで Arg は位相をあらわす関数，R は SAR と画素間の行路長（視線距離と呼ばれる），λ はレーダ波長，η は散乱時の変化位相である。式 (15.1) より，2つの画素値 x_1 と x_2 に対する演算 $x_1 x_2^*$ の位相は次のようになる。

$$\mathrm{Arg}(x_1 x_2^*) = \mathrm{Arg}(x_1) - \mathrm{Arg}(x_2) = 4\pi(R_2 - R_1)/\lambda + \eta_1 - \eta_2 \tag{15.2}$$

---

*1 ニュートンリング：平面のガラス板の上に，曲率半径の大きい凸レンズを凸を下向きに置いて上方から単色光をあてると，その反射光が同心円状の明暗の環にみえる。

15.1 干渉SARデータ解析

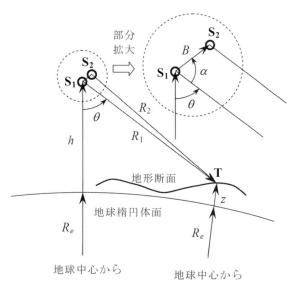

図 15.2 衛星SAR干渉幾何学（SARと地表散乱点を含むレンジ断面）

ここで，*は複素共役を意味する．干渉SARでは$\eta_1-\eta_2=0$に近い状態が期待できるので，$x_1 x_2^*$の位相は2つの行路長差をあらわすことになる．つまり，$x_1 x_2^*$の位相を求めることは2つのSAR画像を干渉させることに等しい．

(3) 干渉SARの幾何学

ここでは，2つの視線距離差の幾何学を考える．**図 15.2**は，衛星干渉SARの場合で，2つのSARの位置S_1，S_2と地表散乱点Tを含む面（レンジ面）の断面図をあらわす．S_1とS_2とを結ぶ線を基線（baseline），その長さを基線長という．衛星の軌道が回帰軌道であれば，視線距離R_1，R_2に比べて十分小さな基線長Bを持つデータが存在する．また，基線長Bが小さいほど式（15.2）で$\eta_1-\eta_2=0$に近い状態が期待でき，さらに地表散乱に経時的変化がなければ，$B=0$のときに$\eta_1-\eta_2=0$となる．図15.2の全体図では，基線Bを実際よりも著しく誇張している．実際のR_1，$R_2 \gg B$の場合には，基線部分の拡大図のようにR_1とR_2はほぼ平行となる．いま，S_1とS_2の時間経過の間に地表面変位がない場合を考えれば，S_1を基準にすると2つの視線距離差ΔR（干渉SARの行路長差）は次式で近似できる．

$$\Delta R = R_2 - R_1 \approx -B\cos\alpha \tag{15.3}$$

ここで，αは基準とするSAR（マスターSAR）の視線と基線のなす角である．マスターSARに対し，もう一方をスレーブSARといって区別する．式（15.2）と式（15.3）から，$\eta_1-\eta_2=0$を仮定すると干渉位相φは次式となる．

$$\varphi = 4\pi\Delta R/\lambda \approx -4\pi B\cos\alpha/\lambda \tag{15.4}$$

つまり，視線距離差が半波長変わると位相が2π［rad］変化し，一本の干渉縞が生じることがわか

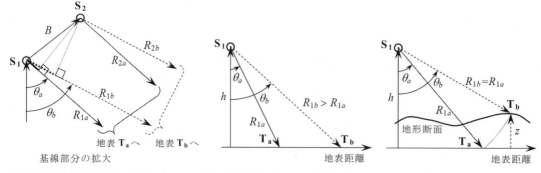

(a) 入射角と視線距離差の関係（θ_aの場合実線，θ_bの場合破線）　(b) 平坦地表に生じる入射角の違いで干渉位相が発生（フラットアース位相）　(c) 地形標高で生じる入射角の違いで干渉位相が発生（地形位相）

図 15.3 フラットアース位相と地形位相（SARと地表散乱点を含むレンジ断面）

る。なお，式（15.4）は回帰する衛星SARを干渉させる場合で，この方式はリピートパス干渉SARと呼ばれる。一方，同じプラットホームにひとつ余分に受信のみのアンテナを搭載し，2つのアンテナで得たSAR画像を干渉させる方式はシングルパス干渉SARと呼ばれる。この方式では，地表から2つの受信アンテナまでの距離だけが異なるために，式（15.4）の係数は4でなく2となる。

次に，視線距離差が何によって変わるかを**図 15.3**で考える。同図（a）は入射角と視線距離差の関係について，基線部分を拡大したものである。S_1とS_2から入射角が異なる2点の地表T_a, T_bをみるとき，入射角が大きいほどS_1, S_2からの視線距離差も大きくなる様子を読み取れる。さらに，同図（b）と（c）に，入射角が変わる2つの要因について地球を平坦に簡略化して示した。同図（b）は，平坦地表での視線距離による入射角変化をあらわしている。レーダから地表までの視線距離が長くなるのに従い，入射角も次第に大きくなり，視線距離差が増えて干渉縞が生じる。この平坦地表に生じる干渉位相をフラットアース位相φ_rと呼ぶ。同図（c）は，地形標高による入射角変化をあらわしている。地表の標高が高くなるのに従い，入射角も次第に大きくなり，視線距離差が増えて干渉縞が生じる。この地形標高による干渉位相を地形位相φ_tと呼ぶ。以上から干渉位相φは，

$$\varphi = \varphi_r + \varphi_t \tag{15.5}$$

となる。地球を平坦とした場合，両位相の変化率は幾何学的な関係から次式のようになる。

視線距離変化に対する干渉位相変化率 $\left(\dfrac{\partial \varphi}{\partial R}\right) = -\dfrac{4\pi B_\perp}{\lambda R \tan\theta}$ (15.6)

標高変化に対する干渉位相変化率 $\left(\dfrac{\partial \varphi}{\partial z}\right) = -\dfrac{4\pi B_\perp}{\lambda R \sin\theta}$ (15.7)

ここで，$B_\perp$は直交基線（視線に直交する成分，$B_\perp = B\cos\alpha$）と呼ばれる。

干渉位相からのフラットアース位相除去はフラットアース補正と呼ばれ，残った地形位相に式（15.7）を適用すれば標高算出を行える。通常の衛星シーンでは，観測幅内の視線距離変化が数十km

15.1 干渉 SAR データ解析

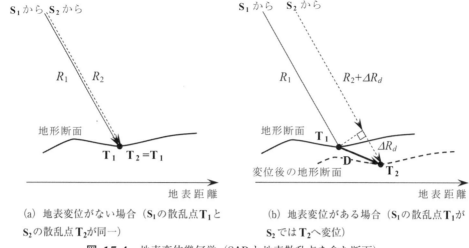

(a) 地表変位がない場合（S_1 の散乱点 T_1 と S_2 の散乱点 T_2 が同一）

(b) 地表変位がある場合（S_1 の散乱点 T_1 が S_2 では T_2 へ変位）

図 15.4 地表変位幾何学（SAR と地表散乱点を含む断面）

であるのに対し，標高の変化は数 km 以下である．式（15.6）と式（15.7）より，フラットアース位相の方が地形位相に比べて格段に優勢であることがわかる．

(4) 地表面変位の影響

2つの SAR 画像の取得時間の間に地表面の変位が発生した場合，式（15.5）に加えてさらに地表面変位によって視線距離差が生じる．図 15.4 は，S_1，S_2 と地表散乱点 T を含む断面について地表付近を拡大した幾何学図である．マスターとスレーブ SAR の視線方向は前述のように平行とみなせ，**図 15.4（a）**の地表面変位がない場合に比べ，**図 15.4（b）**の地表面変位がある場合は視線距離差に新たに地表面変位による増減が生じる．その大きさは，地表面変位 D を視線方向に投影した成分 ΔR_d となる．以上から，地表面変位がある場合には，干渉位相には地表面変位位相 φ_d が加わり以下となる．

$$\varphi = \varphi_r + \varphi_t + \varphi_d \tag{15.5}'$$

地表面変位量が画素サイズに比べて十分小さく，かつ画素内の変位が一様であれば，変位が生じた領域でも干渉が期待できる．このとき，干渉位相からフラットアース位相と地形位相を除けば，地表面変位位相（$\varphi_d = 4\pi \Delta R_d / \lambda$）のみが残る．なお，SAR 干渉で計測できる地表面変位には方向性があることに注意しなければならない．変位方向が視線方向に直交する場合，変位量に関わらず視線距離差は 0 となって計測できない．一方，変位方向と視線方向が一致した場合には視線距離差が最大で，半波長の大きさの変位で一本の干渉縞が生じる．

15.1.2 干渉 SAR データ解析手順

(1) 解析の流れ

干渉 SAR データ解析の流れの概要を説明する．

（a） SLC（Single Look Complex）画像の重ねあわせリサンプリング

マスター SAR とスレーブ SAR の SLC 画像を用意し，スレーブ SAR 画像をリサンプリングして，マスター SAR 画像と幾何学的に重なるようにする。SLC 画像は生データを処理して作成されるが，ALOS 衛星シリーズの PALSAR や PALSAR-2 では，JAXA のレベル 1.1 プロダクトの SLC 画像のほとんどが，そのまま干渉 SAR 解析に使用可能である。データ選定では，計測したい情報の種類，基線長，データ取得の時間間隔を考慮する。地形計測が目的の場合，式（15.7）より直交基線が大きいほど標高に対する位相感度は増大するが，逆にコヒーレンス（干渉性）（（2）で説明する）は劣化する。地表面変位計測が目的の場合は，直交基線が短いほど高コヒーレンスが期待でき，かつ地形の影響も抑制されて好都合である。取得時間間隔が短いほどコヒーレンスは高いという大まかな傾向はあるが，降雪や植生状態の変化によって大きなコヒーレンスの低下がおこることもある。

（b） 初期干渉位相計算

マスター SAR 画像の画素値 x_1 とリサンプリング後のスレーブ SAR 画像の画素値 x_2 の間で $x_1 x_2^*$ の演算を行う。干渉位相は Arg $(x_1 x_2^*)$ によって得られる。

（c） フラットアース（と地形）補正

標高計測が目的の場合，初期干渉位相からフラットアース位相を除去して地形位相を得る。地表面変動計測が目的の場合は，フラットアース位相と地形位相の両方を除去して変動位相を得る。フラットアース位相と地形位相の概算値は式（15.6）と（15.7）から得られるが，通常はもっと厳密な計算が必要となり，図 15.2 に示す S_1，S_2 と地表散乱点 T がつくる三角形 $S_1 S_2 T$ から「フラットアース位相」あるいは「フラットアース位相＋地形位相」を計算する。S_1，S_2 の座標計算には SAR データに付随する衛星の位置情報を利用し，T の座標計算では地球の楕円体形状と地形標高（z）を考慮する。また，これらの位相除去には複素数演算が利用される。

（d） 位相アンラッピング

複素数の位相として得られる干渉位相 θ は $[0, 2\pi)$（rad）の範囲に限られ，地形位相や地表面変位位相とは次式の関係を持つ。

$$\varphi_i = 4\pi \Delta R_i / \lambda = \theta_i + 2n\pi \tag{15.8}$$

ここで，添え字 i は地形（$i=t$）あるいは地表面変位（$i=d$）に対応し，n は整数である。（c）で得られる干渉位相には $2n\pi$ 成分が欠落しており，これを折り畳まれた（wrapped：ラップ）位相という。**図 15.5（a）** は折り畳まれた地形位相の概念図で，式（15.8）の $2n\pi$ 成分を回復すると**図 15.5（b）** となる。この操作を位相アンラッピング（phase unwrapping）という。最も簡単な考え方は，位相を追跡し，2π から 0 への変化では 2π を加え，0 から 2π への変化では 2π を減じる。この位相アンラッピングを正確に効率よく自動的に行う種々のアルゴリズムが提案されている[1]。位相が不連続となる場所ではアンラッピングが困難になるため，地表面

15.1 干渉 SAR データ解析

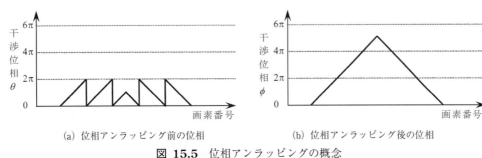

(a) 位相アンラッピング前の位相　　(b) 位相アンラッピング後の位相

図 **15.5** 位相アンラッピングの概念

変動計測では位相アンラッピング処理の適用が極めて限定される。

(e) 位相の物理量変換

式（15.6）と式（15.7）の逆変換式あるいは変換表をつくり，地形位相から標高算出，変位位相から地表面変動量算出を行う。

(f) 幾何補正と投影変換

(e) のデータを各種地図座標データと統合解析したり，GIS に組み込むため，SAR 特有のフォアショートニング歪みを補正し地図座標への投影変換を行う。標高計測の成果物はこの処理を経て DSM（Digital Surface Model）の様式となる。

(2) コヒーレンス

干渉 SAR データ解析では，干渉データの品質や位相精度を示す指標としてコヒーレンス（干渉性）がよく利用される[2]。ある一つの画素の干渉位相は，2つの SAR 画素値（複素数）x_1 と x_2 から，$x_1 x_2^*$ の位相として求まり，コヒーレンスは次式の相互相関係数の絶対値で与えられる。

$$\gamma = \langle x_1 x_2^* \rangle / \sqrt{\langle |x_1|^2 \rangle \langle |x_2|^2 \rangle} = |\gamma| e^{j\theta} \tag{15.9}$$

ここで，$\langle\ \rangle$ は集合平均を意味し，空間的に隣接する $M \times N$ 画素が母集団となる。式（15.9）の絶対値 $|\gamma|$ がコヒーレンス，θ は平均干渉位相である。コヒーレンス $|\gamma|$ の範囲は $[0, 1]$ で，特に，局所領域内で全て $|x_1|=|x_2|$ かつ $\mathrm{Arg}\,(x_1 x_2^*) = \theta_0$ のとき $|\gamma|=1$ かつ $\theta = \theta_0$ であり，また x_1 と x_2 との関係が振幅，位相ともに無相関のとき $|\gamma|=0$ かつ $\theta=0$ となる。コヒーレンスは局所領域内での位相の均一性の程度を表し，コヒーレンスが高いほど位相のばらつき（分散）は小さく，視覚的に鮮明な干渉模様を生じる。

15.1.3 解析結果例

干渉 SAR は地震等による地表面変動の計測によく用いられる。地形位相を除いて変動位相のみを得ることから，「差分干渉 SAR」とも呼ばれる。**図 15.6** は PALSAR-2 データによる 2016 年熊本地震による地表面変動の解析例である。視線方向は東（右）から西（左）で，図 15.6 (d) の地表面変動位相の黒から白への変化は視線距離の増加を，逆の白から黒への変化は視線距離の減少をあらわす。図 15.6 (e) のコヒーレンスは地表面変動位相の鮮明さと一致する。地表面変動量を得るため，

第15章 SARの高度解析

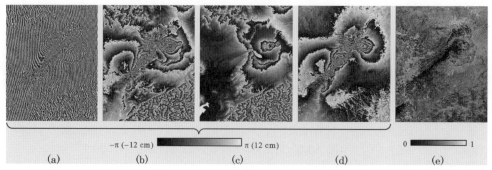

図 15.6 PALSAR-2データによる2016年熊本地震による地表変動の解析例（a）初期干渉位相，（b）初期干渉位相－フラットアース位相，（c）DEMから算出した地形位相，（d）地表変位位相，（e）コヒーレンス，（a）から（d）は全てラッピング位相。各画像の大きさは横約56 km×縦約69 km。視線方向は右から左（東から西），飛行方向は上から下（北から南）。

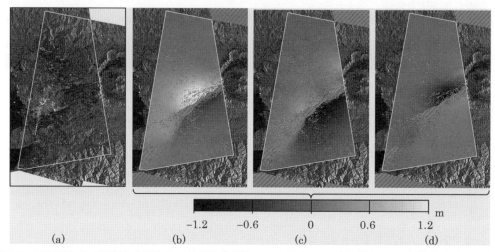

図 15.7 PALSAR-2の西向きと東向きの視線方向干渉ペア2組とMAIより得た2016年熊本地震の地表変位3次元分布（算出領域は白枠内）（a）SARモザイク画像，（b）東方向変位，（c）北方向変位，（d）上方向変位，（b）から（d）の斜線部分は低相関あるいは範囲外の除外部。各画像の大きさは横約51 km×縦約77 km，向きは右左下上がそれぞれ東西南北。（「JSPS科研費18 K 11618」より）

変位0の参照点を基準に位相アンラッピングを行うが，位相の正確さと周囲との連続性が算出される地表面変動量の精度に影響する。精度向上と時系列解析のため，高コヒーレンスが期待できるPermanent/Persistent散乱体（PS）のネットワークや短基線長干渉ペア，複数干渉ペアを使うなど様々な解析法が提案されている[3]。また，基本的な干渉SARは視線方向のみの変動に感度を有するが，多重開口干渉（MAI）は感度が劣るものの視線方向に交差するトラック方向の変動を検出できる。MAIやピクセルオフセット等を加えることにより同一地点に対して複数方向での変動を得ることができれば，変動量を3次元に分解することが可能となる。図15.6に示した西向きの視線方向と別の東向きの視線方向の計2組の干渉ペアにMAIを加えて地表変位を3次元分解した例が**図15.7**である。干渉SARをさらに発展させたSARトモグラフィでは，散乱体の高さ方向の散乱構造分布も得られる[4]。

15.2 多偏波 SAR データ解析

15.2.1 多偏波 SAR の観測原理

SAR で使用するマイクロ波は，第 5 章で示したように光と同様に電磁波である。太陽光は，進行方向に直交する方向（偏光方向）に振動しているが，ランダム偏光と呼ばれるようにあらゆる方向の偏光成分を含んでいる。偏光方向は，偏光フィルタを使用することによって，特定方向のみにすることが可能である。例えば，液晶ディスプレイでは直交する 2 枚の偏光フィルタと液晶を組みあわせることによって，光の透過と遮断をコントロールしている。マイクロ波においては，電界の振動方向は偏波（polarization）と呼ばれていて，この偏波により観測対象物の情報を抽出しようとするのが，多偏波 SAR（polSAR：polarimetric SAR）による観測である。

マイクロ波では偏波はアンテナによって決まる。進行方向と電界の振動方向を含む面（偏波面）が時間的に変わらないものは直線偏波と呼ばれる。また，時間とともに一定速度で回転するものは円偏波と呼ばれる。地上の通信や放送では直線偏波がよく使われており，偏波面が地表面と平行な直線偏波を水平偏波（H-pol：horizontal polarization），偏波面が地表面と垂直な直線偏波を垂直偏波（V-pol：vertical polarization）と呼ぶ。光が偏光フィルタの組みあわせで遮断されるのと同様に，水平偏波で送信したマイクロ波を垂直偏波で受信してもマイクロ波はほとんど受信できない。この性質は，異なる偏波を割りつけることで通信の混信回避に使われている。地表面にある観測対象物でマイクロ波が散乱されると，散乱された偏波面が送信された偏波面と異なる場合があり，観測対象物の性質（誘電率，形状，方向性等）によって偏波の変わり方が異なる。この違いを測定して観測対象物の性質を推定するのが偏波解析である。

図 15.8 に示すように，多偏波 SAR データは水平偏波用，垂直偏波用の 2 つのアンテナを使い交互に 2 つの異なる偏波のマイクロ波を送信し，観測対象物で散乱されアンテナに戻ってきたマイクロ波を異なる 2 つの偏波で同時に受信することで 4 組の偏波データを取得する。この 4 組のデータをそれぞれ SAR 画像再生処理することで，各偏波の画像を生成している。偏波データの記述方法として，水平偏波を H，垂直偏波を V で示し，送信および受信はその順序で示すと約束しておくと，多偏波 SAR の 4 組のデータは HH，HV，VH，VV と記述できる（例えば，HV は垂直偏波送信，水平偏波受信を示す）。

多偏波 SAR で観測しているのは，各偏波ごとの後方散乱係数を成分とした観測対象物の散乱行列（scattering matrix）[S] である。散乱行列は観測対象物による散乱前後の電界ベクトルの関係をあらわす 2×2 の行列で，以下のようにあらわせる。

$$\begin{bmatrix} E_H^s \\ E_V^s \end{bmatrix} = [S] \begin{bmatrix} E_H^i \\ E_V^i \end{bmatrix} = \begin{bmatrix} S_{HH} & S_{HV} \\ S_{VH} & S_{VV} \end{bmatrix} \begin{bmatrix} E_H^i \\ E_V^i \end{bmatrix} \tag{15.10}$$

ここで，E^i はレーダから送信された電界ベクトル，E^s は観測対象物で散乱されて受信アンテナに

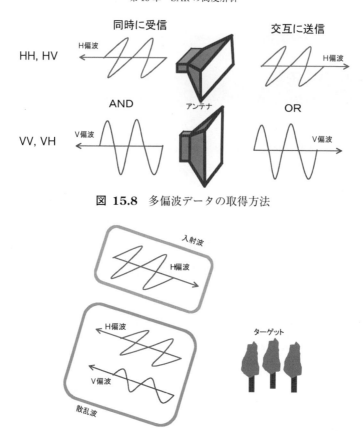

図 15.8 多偏波データの取得方法

図 15.9 観測対象物の散乱による偏波の変化

届く散乱波の電界ベクトルを示す。この式は水平 E_H^i と垂直 E_V^i の偏波成分を持ったマイクロ波が入射した時に，観測対象物によって偏波がどう変わるかを示している（図 15.9）。水平偏波と垂直偏波を重ねあわせることで任意の偏波の状態をつくれるため，HH，HV，VH，VV の 4 つの散乱係数が決まれば，任意の偏波を入射した時の観測対象物による散乱（偏波の変わり方）を推定できる。この意味で，HH，HV，VH，VV の偏波観測を全偏波観測と呼ぶ。なお，全偏波観測は独立な 2 つの偏波により実施でき，左旋偏波（L-pol：Left circular polarization），右旋偏波（R-pol：right circular polarization）の円偏波の組みあわせでも行える。

観測対象物の散乱行列を正確に求めるためには，コラム 1 に示すような多偏波データの校正を行わなくてはならない[5]。

15.2.2　多偏波 SAR データの解析手法

(1) 偏波シグネチャ

電界ベクトルの先端軌跡は，通常だ円を描く。図 15.10 に示すように，2 つの角度 φ，χ およびだ円の大きさを示す長さ A を使用することによって，だ円の形をあらわせる。ここで，角度 φ はオリエンテーション角（orientation angle），角度 χ はエリプティシティ角（ellipticity angle）と呼ばれ

る。直線偏波や円偏波は，図 15.10 中の表に示すようにだ円偏波の特殊なものとして表現される。

観測対象物の偏波ごとの散乱特性を視覚的に表現したものが偏波シグネチャ（polarization signature）と呼ばれる表現である[6]。観測対象物の散乱特性について，レーダで観測を行う偏波を変化させて受信電力を算出し，受信電力を偏波ごとに3次元表現したもので，各偏波の受信電力は多偏波観測された散乱行列から算出する。受信電力は送信と受信が同じ偏波の場合（Co-pol：Co-polarization）と，90°回転させて直交させた場合（Cross-pol：Cross-polarization）の2種類で表現する。

偏波シグネチャの例として，図 15.11（a）に示す2種類のコーナリフレクタ（14.3節参照）の偏波シグネチャの理論的な計算結果を示す。図 15.11（b）は3面コーナリフレクタ，図 15.11（c）は2面コーナリフレクタの例であり，偏波ごとに変化する受信電力が，対象物の種類によって特徴的な形をしているのがわかる。なお，3面および2面コーナリフレクタの散乱行列 $[S_{tr}]$ および $[S_{di}]$ は，式（15.11）および式（15.12）を使用した。

$$[S_{tr}] = A_{tr} \begin{bmatrix} 1 & 0 \\ 0 & 1 \end{bmatrix} \tag{15.11}$$

$$[S_{dt}] = A_{dt} \begin{bmatrix} 1 & 0 \\ 0 & -1 \end{bmatrix} \tag{15.12}$$

ここで，A_{tr} および A_{di} はコーナリフレクタの散乱断面積に関係する比例定数である。図 15.11 中の偏波シグネチャにおいて偏波をあらわすのは図 15.10 で説明した φ と χ の2つの角度であり，それぞれ $-90° \leq \varphi \leq +90°$，$-45° \leq \chi \leq +45°$ と変化させて，対応する受信電力を最大値で正規化して3次元表示している。

海面や市街地からの散乱に対する偏波シグネチャとして，PALSAR-2 データから算出した偏波シグネチャを図 15.12 に示す。使用した PALSAR-2 データは，JAXA の ALOS-2 サイト[7]にて PALSAR-2 ポラリメトリモードのサンプルデータ（シーン ID：ALOS 2229210750-180821）として配布されているもので，2018年8月21日に観測された米国カリフォルニア州サンフランシスコ市のレベル 1.1 データである。アジマス方向が約 69 km，レンジ方向がスラントレンジ上で約 23 km の領域を撮像している。図 15.12（a）には，偏波シグネチャを抽出した海水面と市街地の領域を全電力画像（4

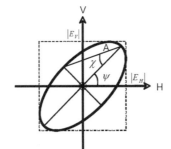

(a) だ円をあらわす各パラメータ　(b) 代表的な偏波と各パラメータとの関係

図 15.10　だ円偏波を表現するパラメータ

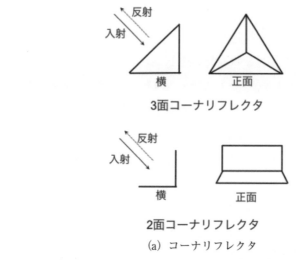

(a) コーナリフレクタ

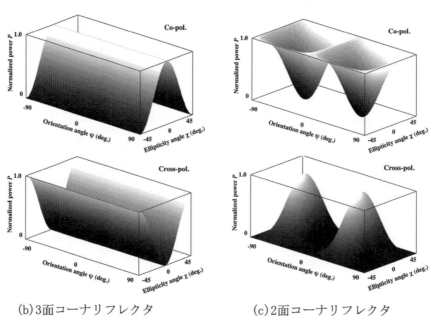

(b) 3面コーナリフレクタ　　　　　(c) 2面コーナリフレクタ

図 15.11　偏波シグネチャの計算例

偏波の合計）上に示している．**図 15.12（b）**は海水面，**図 15.12（c）**は市街地の偏波シグネチャである．なお，偏波シグネチャを計算した領域サイズはアジマス方向 500 サンプルでレンジ方向 300 サンプルの矩形領域である．図 15.12（b）の Co-pol シグネチャをみると，VV 偏波（$\varphi = 90°$, $\chi = 0°$）にピークがあるので，VV 偏波の方が HH 偏波（$\varphi = 0°$, $\chi = 0°$）より大きいことがわかる．また，図 15.12（c）の偏波シグネチャは図 15.11（c）に示したものと似ていることがわかる．このことから，市街地からの後方散乱には 2 面コーナリフレクタと同様な散乱メカニズムが含まれていることがわかる．以上のように，偏波シグネチャの形状から観測対象物の後方散乱に含まれている散乱メカニズムをある程度推定することが可能となる．

15.2 多偏波 SAR データ解析

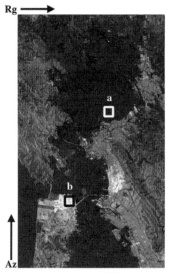

(a)全電力画像

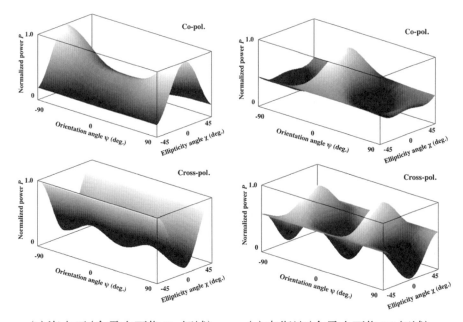

(b)海水面(全電力画像のa領域)　　(c)市街地(全電力画像のb領域)

図 15.12　PALSAR 画像から算出した偏波シグネチャ

(2) モデルベースの散乱分解（Freeman and Durden の方法）

散乱分解（scattering decomposition）については，散乱モデルに基づいた分解方法が提案されている。Freeman と Durden は，3 成分散乱モデル分解（対象物からの物理的な散乱メカニズムを 3 つに分解する）アルゴリズムを提案した[8]。観測対象物からの後方散乱が**図 15.13** に示す 3 つの散乱メカニズムで構成されるものとする。つまり，後方散乱が，表面散乱（surface scattering），2 回散乱（double bounce scattering），体積散乱（volume scattering）から構成されるものとし，散乱行列の各

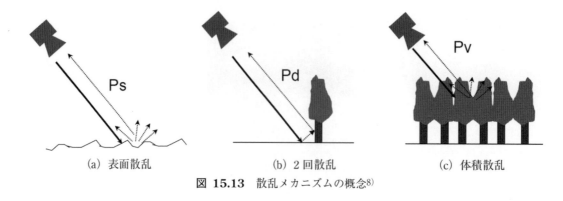

図 15.13　散乱メカニズムの概念[8]

要素から各散乱メカニズムが全体の後方散乱へ寄与する割合を推定するものである。

$$P = |S_{HH}|^2 + 2|S_{HV}|^2 + |S_{VV}|^2 = P_s + P_d + P_v \tag{15.13}$$

式（15.13）で示すように，全ての偏波で観測される後方散乱電力 P が，表面散乱 P_s，2回散乱 P_d，および体積散乱 P_v の3種類の散乱の合計となると仮定して，その寄与の割合を推定するものである。推定する概略手順を以下に示す。

(a) 体積散乱成分については，ランダムな角度に傾いた細い円柱状の散乱体で構成されている層としてモデル化を行い，各偏波における後方散乱をモデル計算する。

(b) 表面散乱成分についてはブラッグ散乱（Bragg scattering）*2 として，2回散乱成分については各面が異なる誘電率を持つ2面のコーナリフレクタとしてモデル化を行い，HH 偏波と VV 偏波の位相差を使用してどちらの成分寄与が大きいかを判断する。

(c) (a) を使用して HV 偏波の後方散乱から体積散乱寄与分を推定し，(b) を使用して HH 偏波および VV 偏波の後方散乱から2回散乱と表面散乱の寄与分を推定する。

以上の手順を図 15.12 で使用した PALSAR-2 データに適用した例を図 **15.14** に示す。**(a) (b) (c) (d)** はそれぞれ全電力，表面散乱，2回散乱，体積散乱を画像化したものである。それぞれの画像から，海水面においては表面散乱の寄与が大きく，市街地においては2回散乱の寄与が大きく，また郊外の山間部では森林の影響で体積散乱成分が大きいことが確認できる。

モデルベースの散乱分解については，ヘリックス（Helix）という散乱メカニズムを追加して4成分分解に拡張したもの[9]や，起伏の大きい場所において体積散乱を過大推定するという欠点を軽減する方法[10]等が提案されているが，まだ解決が必要な要素は残っている。

(3) 固有ベクトルを使った散乱分解（Cloude and Pottier の方法）

---

*2　ブラッグ散乱：ブラッグ共振に基づく散乱であり，表面散乱散乱をモデルとして使用される。表面の凹凸によって起きる共鳴散乱をモデル化したものである。

(a) 全電力　　(b) 表面散乱成分　　(c) 2回散乱成分　　(d) 体積散乱成分

図 15.14 Freeman and Durden による散乱分解例

散乱分解について，散乱行列から計算されるコヒーレンシー行列（コラム2参照）を，数学的な直交性を考慮して固有ベクトルに分解する解析方法が提案されている[11]。Cloude と Pottier は，散乱エントロピー（scattering entropy），固有ベクトルの極角をあらわすアルファ角（alpha angle），異方性（anisotropy）を使って，多偏波データを散乱メカニズムごとに分類するアルゴリズムを提案した[12]。

エントロピー H は秩序（ゆらぎ）の大きさをあらわす量で，確率 P_i を使って，$H = \sum_{i=1}^{n} -P_i \log_n P_i$ とあらわせる。コヒーレンシー行列の固有値 λ_i の割合から発生確率（$P_i = \lambda_i / \sum_{j=1}^{3} \lambda_j$）を求めてエントロピーを計算する。$H$ はひとつの状態だけが確率1で他の状態の確率が0であるような（秩序だった）場合には最小値0をとり，取りうる状態が等確率（$P_i = 1/n$）でおこるような完全ランダムの場合に最大値1をとるため，観測対象物による散乱メカニズムのランダム性を示している。アルファ角 α は 0° から 90° の間の値を取り，α が増加するにつれて，対応する散乱メカニズムは，表面散乱→体積散乱→2回散乱と変化する。異方性 A は，コヒーレンシー行列の第2固有値と第3固有値から計算される（$A = (\lambda_2 - \lambda_3)/(\lambda_2 + \lambda_3)$）。$A$ は散乱の異方性を示す量であり，第2固有値の方が第3固有値より大きいため，0から1の間の値をとる。$A = 0$ は異方性がなく等方的な場合に対応し，A が増加するとともに異方性は大きくなる。

図 15.15 に示すようにエントロピー－アルファ角（H-α）平面上で各領域が異なる散乱メカニズムに対応する。α については表面散乱，体積散乱（植生に対応する多数の棒状の誘電体による散乱），2回散乱（複数の層や面による散乱）の3つに分けられる。また，エントロピーについても3つに分けられ，エントロピーが増加するにつれて散乱する物体の形状，構造が複雑になる。例えば，低エントロピーの表面散乱領域では単純な面での鏡面散乱や主要な波長のブラッグ散乱であるのに対して，中エントロピーの表面散乱領域ではラフネスが大きい複雑な面での散乱となる。なお，H-α 平面の右の曲線より右側の値は取ることができない。

コラム2に示すように，多偏波SARデータの散乱行列からコヒーレンシー行列を作成し，コヒー

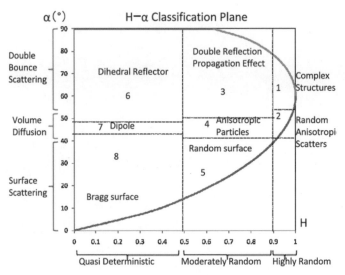

図 15.15 H-α 平面上での散乱メカニズム

レンシー行列を固有値分解することによって固有値と固有ベクトルを求め，H, α, A を計算する。

以上の手順を図 15.12 で使用した PALSAR-2 データに適用した例を図 **15.16** に示す。**(a)**，**(b)**，**(c)**，**(d)** はそれぞれエントロピー画像，アルファ角画像，異方性画像，H-α 平面を示す。水面からの散乱はエントロピーが小さく，アルファ角も 40° 以下のブラッグ散乱の領域であることがわかる。陸域からの散乱はエントロピーが比較的大きく，特に都市域については，アルファ角が 2 回散乱を示す箇所があることがわかる。

コラム 1：多偏波 SAR データの校正

実際のレーダでは送受信系で H 偏波と V 偏波のチャンネル間にレベルの違い（インバランス）や HV 偏波に受信系で V 偏波の漏れ込み（クロストーク）がおこる。これらの影響を除去して，理想的な散乱行列 $[S]$ を得るためには偏波較正が不可欠となる。

測定した散乱行列 $[Z]$ は，レーダの送受信系のインバランス（f_1, f_2）とクロストーク（δ_1, δ_2, δ_3, δ_4）を含んだ行列 $[R_X]$, $[T_X]$，および振幅較正係数 A を使って次式のようにあらわされる。

$$[Z] = \begin{bmatrix} Z_{HH} & Z_{HV} \\ Z_{VH} & Z_{VV} \end{bmatrix} = A[R_X][S][T_X] = A \begin{bmatrix} 1 & \delta_1 \\ \delta_2 & f_1 \end{bmatrix} \begin{bmatrix} S_{HH} & S_{HV} \\ S_{VH} & S_{VV} \end{bmatrix} \begin{bmatrix} 1 & \delta_3 \\ \delta_4 & f_2 \end{bmatrix}$$

散乱行列が既知のコーナリフレクタ（三面コーナレフ，45 度回転した二面コーナレフ等）や能動型較正器（ARC）が撮像されている画像を使って，測定した $[Z]$ からインバランスとクロストークを決定する[5]。測定した散乱行列 $[Z]$ は，$[R_X]$ および $[T_X]$ の逆行列を使って以下のように校正された散乱行列 $[S]$ に変換される。

$$[S] = \frac{1}{A}[R_X]^{-1}[Z][T_X]^{-1}$$

15.2 多偏波SARデータ解析

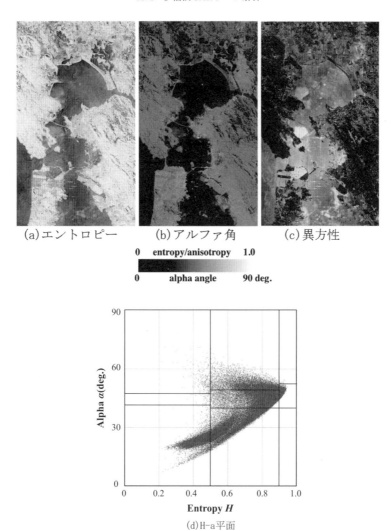

図 15.16 Cloude and Pottier による散乱分解例

なお,クロス偏波は平行偏波に比べて信号強度が100分の1以下であるため,偏波分離度が悪いと,平行偏波からの漏れ込みが大きくデータ品質が悪くなる。

コラム2:コヒーレンシー行列の固有値と固有ベクトル

後方散乱のコヒーレンシー行列 $[W]$ は,(15.16) に示すようにベクトル k の積として 3×3 の行列であらわせる。k は SAR 画像の各点で(15.17)のように散乱行列の要素から求まる量であり,SAR 画像の各点でのコヒーレンシー行列の固有値 λ_j と固有ベクトル e_j を求めることで,固有ベクトルを使った散乱分解を行う。

$$[W]=\langle k \cdot K^{*T} \rangle =[U_3]\begin{bmatrix} \lambda_1 & 0 & 0 \\ 0 & \lambda_2 & 0 \\ 0 & 0 & \lambda_3 \end{bmatrix}[U_3^{*T}]=\lambda_1 e_1 e_1^{*T}+\lambda_2 e_2 e_2^{*T}+\lambda_3 e_3 e_3^{*T}$$

$$k = \frac{1}{\sqrt{2}}[S_{HH}+S_{VV} \quad S_{HH}-S_{VV} \quad 2S_{HV}]^T$$
$$e_j = [\cos\alpha_j \quad \sin\beta_j \cos\beta_j e_j^{i\delta} \quad \sin\alpha_j \sin\beta_j e^{i\gamma_j}]^T$$
$$[U_3] = [e_1 \quad e_2 \quad e_3]$$

＊は複素共役 T は行列の転置を示す。

コラム 3：多周波 SAR データ

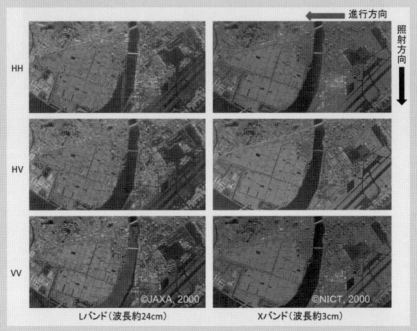

図　多周波多偏波画像

　航空機搭載 SAR（Pi-SAR）の L バンドと X バンドの画像を図に示す。左の列は L バンド画像，右の列は X バンド。上から順に HH，VH，VV の偏波画像を並べている。Pi-SAR では L バンドは波長約 24 cm，X バンドは波長約 3 cm を使用しており，マイクロ波は波長と同じ程度の形状に強く散乱される。例えば，滑走路の芝生は L バンドでは暗くみえるのに対して，X バンドでは明るくみえる。偏波については X バンドより L バンドの方が差を持つ部分が多い。図でも川の左側の畑で耕作の仕方の違い等により L バンドでは比較的大きな差が出ている。また，市街地の偏波による差も L バンドの方が多くの場所でみられる。図の各画像は 4 km×2 km であり，2000 年 10 月に 8260 m 上空から撮像された山口県岩国市周辺の画像である。

推奨図書・資料

1. 国土地理院の干渉 SAR ホームページ（https://www.gsi.go.jp/uchusokuchi/gsi_sar.html）は変動計測に主眼を置くが，干渉 SAR のしくみや実例が豊富に掲載されている（URL は 2024 年 4 月時点）。

15.2 多偏波 SAR データ解析

引用・参考文献

1) Ghiglia, D. C. and M.D. Pritt : Two-dimensional phase unwrapping Theory, Algorithms, and Software, John Wiley & Sons, Inc., New York, 1998.

2) Zebker, H. A., J. Villasenor : Decorrelation in interferometric radar echoes, IEEE Trans. Geosci. Remote Sens., 30 (59), pp. 950–959, 1992.

3) Liao, M., T. Balz, F. Rocca and D. Li : Paradigm Changes in Surface-Motion Estimation From SAR, IEEE Geosci. Remote Sens. Mag., 8 (1), pp. 8–21, 2020.

4) Rambour, C. et al. : From Interferometric to Tomographic SAR, IEEE Geosci. Remote Sens. Mag., 8 (2), pp. 6–29, 2020.

5) Quegan, S. : A Unified Algorithm for Phase and Cross-Talk Calibration of Polarimetric Data—Theory and Observations, IEEE Trans. Geosci. Remote Sens., 32 (1), pp. 89–99, 1994.

6) Zebker, H. A. and J. van Zyl : Imaging Radar Polarimetry—A Review, Proc. IEEE, 79 (11), pp. 1583–1606, 1991.

7) JAXA : ALOS–2 PALSAR–2 サンプルプロダクト（校正済み）, https : //www.eorc.jaxa.jp/ALOS/jp/alos-2/datause/a2_sample_j.htm（Accessed 2024.4.12）

8) Freeman, A. and S. L. Durden : A three-component scattering model for polarimetric SAR data, IEEE Trans. Geosci. Remote Sens., 36 (3), pp. 963–973, 1998.

9) Yamaguchi, Y., T. Moriyama, M. Ishido and H. Yamada : Four-component scattering model for polarimetric SAR image decomposition, IEEE Trans. Geosci. Remote Sens., 43 (8), pp. 1699–1706, 2005.

10) An, W., Y. Cui and J. Yang : Three-component model-based decomposition for polarimetric SAR data, IEEE Trans. Geosci. Remote Sens., 48 (6), pp. 2732–2739, 2010.

11) Cloude, S. R. and E. Pottier : A review of target decomposition theorem in radar polarimetry, IEEE Trans. Geosci. Remote Sens., 34 (2), pp. 498–518, 1996.

12) Cloude, S. R. and E. Pottier : A entropy based classification scheme for land applications of polarimetric SAR, IEEE Trans. Geosci. Remote Sens., 35 (1), pp. 68–78, 1997.

略語一覧

6 S（Second Simulation of a Satellite Signal in the Solar Spectrum）

AD, A/D（Analog-to-Digital）

ADCP（Acoustic Doppler Current Profiler）（セ）

ADEOS（ADvanced Earth Observing Satellite）（衛）

ADPCM（Adaptive Differential Pulse Code Moduration）

ADS（Airborne Digital Sensor）（セ）

ADS 40（Airborne Digital Sensor 40）（セ）

AERONET（AErosol RObotic NETwork）

AEWI（ASTER Enhanced Open Water Index）

AI（Artificial Intelligence）

AIRS（Atmospheric InfraRed Sounder）（セ）

AIRSAR（Airborne Synthetic Aperture Radar）（セ）

AISA（Airborne Imaging Spectrometer for Applications）（セ）

AIST（National Institute of Advanced Industrial Science and Technology）（組）

ALADIN（Atmospheric Laser Doppler Instrument）（セ）

ALOS（Advanced Land Observing Satellite）（衛）

AMI（Active Microwave Instrument）（セ）

AMSR（Advanced Microwave Scanning Radiometer）（セ）

AMSU（Advanced Microwave Sounding Unit）（セ）

APA（Average Producer's Accuracy）

APAR（Absorbed Photosynthetically Active Radiation）

APID（Application Process IDentifier）

ARC（Active Radar Calibrator）

ARVI（Atmospherically Resistant Vegetation Index）

ASAR（Advanced Synthetic Aperture Radar）（セ）

ASCAT（Advanced SCATterometer）（セ）

ASM（Attached Sync Marker）

ASNARO（Advanced Satellite with New system ARchitecture for Observation）（衛）

ASTER（Advanced Spaceborne Thermal Emission and Reflection Radiometer）（セ）

ASV（Autonomous Surface Vehicle）

ATBD（Algorithm Theoretical Basis Document）

AUA（Average User's Accuracy）

AVA（Average Accuracy）

AVHRR（Advanced Very High Resolution Radiometer）（セ）

AVIRIS（Airborne Visible IInfraRed Imaging Spectrometer）（セ）

AVISO（Archiving, Validation and Interpretation of Satellite Oceanography data）

AVNIR（Advanced Visible and Near Infrared Radiometer）（セ）

AW 3 D（ALOS World 3 D）

BAQ（Block Adaptive Quantization）

BDT（Binary Decision Tree）

BIL（Band Interleaved by Line）

BIP（Band Interleaved by Pixel）

BRDF（Bi-directional Reflectance Distribution Function）

BSQ（Band Sequential）

BT（Brightness Temperature）

CA（Classification Accuracy according to classes）

CAI（Cloud and Aerosol Imager）（セ）

CALIOP（Cloud-Aerosol Lidar with Orthogonal Polarization）（セ）

CALIPSO（Cloud-Aerosol Lidar and Infrared Pathfinder Satellite Observations）（衛）

CARABAS（Coherent All Radio Band Sensing）（セ）

CASI（Compact Airborne Spectrographic Imager）（セ）

CCA（Canonical Correlation Analysis）

CCD（Charge Coupled Device）

CCRS（Canada Centre for Remote Sensing）（組）

CCSDS（Consultative Committee for Space Data Systems）

CDOM（Colored Dissolved Organic Matter）

CE（Circular Error）

CEOS（Committee on Earth Observation Satellites）

CFC（Chloro Fluoro Carbon）

CGLS（Copernicus Global Land Service）（組）

CHRIS（Compact High Resolution Imaging Spectrometer）（セ）

CIA（Central Intelligence Agency）（組）

CIRC（Compact Infrared Camera）（セ）

CLAUDIA（CLoud and Aerosol Unbiased Decision Intellectual Algorithm）

CLAVR-1（CLouds from AVHRR-phase 1）

CMOS（Complementary Metal Oxide Semiconductor）

CMR（Common Metadata Repository）

CNN（Convolutional Neural Network）

COCCON（Collaborative Carbon Column Observing Network）

COG（Cloud Optimized GeoTIFF）

Co-pol（Co-polarization）

COSMO（COnstellation of small Satellites for the Mediterranean basin Observation）（衛）

CPR（Cloud Profiling Radar）（セ）

CRS（Coordinate Reference System）

CVA（Change Vector Analysis）

CZCS（Coastalzone Color Scanner）（セ）

DCRS（Danish Center for Remote Sensing）（組）

DCT（Didscrete Cosine Transform）

DEM（Digital Elevation Model）

DIAL（DIfferential Absorption Lidar）

DLR（Deutsches Zentrum für Luft－und Raumfahrt）（組）

DMC（Digital Mapping Camera）

DMSP（Defense Meteorological Satellite Program）（衛）

DN（Digital Number）

DoD（Department of Defense）（組）

DOP（Dilution Of Precision）

DOY（Day Of Year）

DPCM（Differential Pulse Code Moduration）

DPR（Dual-frequency Precipitation Radar）（セ）

DS-BAQ（Down-Sampling Block Adaptive Quantization）

DSM（Digital Surface Model）

DTM（Digital Terrain Model）

DU（Dobson unit）

DVI（Difference Vegetation Index）

DX（Digital Transformation）

EarthCARE（Earth Cloud Aerosol and Radiation Explorer）（衛）

EC-JRC（European Commission-Joint Research Centre）（組）

ECMWF（European Centre for Medium-range Weather Forecasts）（組）

ECOSTRESS（Ecosystem Spaceborne Thermal Radiometer Experiment on Space Station）（セ）

ECR（Earth Centered Rotating（coordinate system））

EGM（Earth Gravitational Models）

EGM 2008（Earth Gravitational Model 2008）

EHF（Extremely High Frequency）

EMISAR（Electromagnetics Institute Synthetic Aperture Radar）（セ）

EMIT（Earth Surface Mineral Dust Source Investigation）（セ）

ENSO（El Niño-Southern Oscillation）

ENVISAT（Environmental Satellite）（衛）

EO-1（Earth Observing-1）（衛）

EOS（Earth Observing System）

EPSG（European Petroleum Survey Group）（組）

ER（Error Ratio according to classes）

ERAST（Environmental Research Aircraft and Sensor Technology）

ERS（European Remote Sensing Satellite）（衛）

ERSDAC（Earth Remote Sensing Data Analysis Center）（組）

ERTS（Earth Resources Technology Satellite）（衛）

ESA（European Space Agency）（組）

ESAR（Experimental Synthetic Aperture Radar）（セ）

ESMR（Electrically Scanned Microwave Radiometer）（セ）

ETM＋（Enhanced Thematic Mapper Plus）（セ）

EUMETSAT（European Organisation for the Exploitation of Meteorological Satellites）（組）

EVI（Enhanced Vegetation Index）

fAPAR（fraction of Absorbed Photosynthetically Active Radiation）

FDBAQ（Flexible Dynamic Block Adaptive Quantization）

FFT （Fast Fourier Transform）

FM （Frequency Modulation）

FOV （Field Of View）

FTIR （Fourier Transform Infrared Spectroscopy）

FTS （Fourier Transform Spectrometer）（セ）

GCOM （Global Change Observation Mission）
（衛）

GCP （Ground Control Point）

GDEM （Global Digital Elevation Model）

GEISA （Gestion et Etude des Informations Spec-
troscopiques Atmospheriques）

GeoTIFF （Geographic Tagged Image File For-
mat）

GIS （Geographic Information System）

GLACE （Gravity Recovery and Climate Experi-
ment）（衛）

GLAS （Geoscience Laser Altimeter System）（セ）

GLC （Global Land Cover）

GLCM （Grey Level Co-Occurrence Matrix）

GLCNMO （Global Land Cover by National Map-
ping Organizations）

GLI （Global Imager）（セ）

GMI （GPM Microwave Imager）（セ）

GMS （Geosynchronous Meteorological Satellite）
（衛）

GNSS （Global Navigation Satellite System）

GOME （Global Ozone Monitoring Experiment）
（セ）

GOSAT （Greenhouse gases Observing SATel-
lite）（衛）

GOSAT-GW （Global Observing SATellite for
Greenhouse gases and Water cycle）（セ）

GPM （Global Precipitation Measurement）（セ）

GPS （Global Positioning System）

GRACE （（Gravity Recovery And Climate Experi-
ment））（衛）

GRS 80 （Geodetic Reference System）

GSD （Ground Sampling Distance）

GSI （Geospatial Information Authority of Japan）
（組）

GSICS （Global Space-based Inter-Calibration Sys-
tem）

GSIGEO （Geographical Survey Institute geoid
model）

GSMaP （Global Satellite Mapping of Precipita-

tion）

GTOPO 30 （Global Topographic 30 Arc-Second）

HDF （Hierarchical Data Format）

HH （Horizontal/Horizontal （polarization））

HIRS （ High resolution Infrared Radiation
Sounder）（セ）

HISUI （Hyperspectral Imager Suite）（セ）

HJ-1 （Huan Jing-1）（衛）

HK （House Keeping）

HOG （Histograms of Oriented Gradients）

HRG （High-Resolution Geometric）（セ）

HRS （High Resolution Stereo）（セ）

HRV （High Resolution Visible）（セ）

HRVIR （High-Resolution Visible and Infrared）
（セ）

HV （Horizontal/Vertical （polarization））

IASI（Infrared Atmospheric Sounding Interferome-
ter）（セ）

ICESat （Ice, Cloud and land Elevation Satellite）
（衛）

ICT （Information and Communication Technol-
ogy）

IFD （Image File Directory）

IFOV （Instantaneous Field Of View）

IGBP （International Geosphere-Biosphere Pro-
gramme）

IGY （International Geophysical Year）

IHRF （International Height Reference Frame）

ILAS （Improved Limb Atmospheric Spectrome-
ter）（セ）

IMU （Inertia Measurement Unit）

InSAR （Interferometric SAR）

IR （Infrared）

ISODATA （Iterative Self Organizing Data Analysis
Techniques A）

ISS （International Space Station）（（衛））

IT （Information Technology）

ITRF （ International Terrestrial Reference
Frame）

JAXA （Japan Aerospace Exploration Agency）
（組）

JERS （Japanese Earth Resources Satellite）（衛）

JGD （Japanese Geodetic Datum）

JGEOID （Japanese geoid model）

JPEG （Joint Photographic Experts Group）

JPL（Jet Propulsion Laboratory）（組）

JPRCS（Japan Plane Rectangular coordinate system）

JPSS（Joint Polar Satellite System）（衛）

JSPS（Japan Society for the Promotion of Science）（組）

KOMPSAT（Korea Multi-Purpose Satellite）（衛）

LAI（Leaf Area Index）

LAS（Live Access Server）

LASE（Lidar Atmospheric Sensing Experiment）（セ）

LIDAR（LIght Detection And Ranging）

LITE（Lidar In-space Technology Experiment）（セ）

LOESS（Locally Estimated Scatterplot Smoothing）

L-pol（Left circular polarization）

LST（Land Surface Temperature）

LUCAS（Laser Utilizing Communication System）（装）

LUT（LookUp Table）

MAD（Multivariate Alteration Detection）

MADAS（METI AIST Data Archive System）

MAI（Multiple Aperture Interferometry）

MCSST（Multi-Channel Sea Surface Temperature）

MEMS（Micro Electric Mechanical System）

MERIS（MEdium Resolution Imaging Spectrometer）（セ）

MESSR（Multi-spectral Electronic Self-Scanning Radiometer）（セ）

METI（Ministry of Economy, Trade and Industry）（組）

MF（Matched Filtering）

MISR（Multi-angle Imaging SpectroRadiometer）（セ）

MMS（Mobile Mapping System）

MODEM（Modulator-Demodulator）

MODIS（MODerate resolution Imaging Spectroradiometer）（セ）

MODTRAN（MODerate resolution atmospheric TRANsmission）

MOS-1/1 b（Marine Observation Satellite-1/1 b）（衛）

MSI（Multispectral Instrument）（セ）

MSS（Multi-Spectral Sensor）（セ）

MSU（Microwave Sounding Unit）（セ）

MTF（Modulation Transfer Function）

MVS（Multi-View Stereo）

NAOMI（New AstroSat Optical Modular Instrument）（セ）

NASA（National Aeronautics and Space Administration）（組）

NASDA（National Space Development Agency of Japan）（組）

NDMI（Normalized Difference Moisture Index）

NDSI（2）（Normalized Difference Snow Index）

NDSI（3）（Normalized Difference Spectral Index）

NDVI（Normalized Difference Vegetation Index）

NDWI（Normalized Difference Water Index）

NEMS（NIMBUS-E Microwave Spectrometer）（セ）

NGA（National Geospatial-Intelligence Agency）（組）

NICT（National Institute of Information and Communications Technology）（組）

NIR（Near InfraRed）

NITF（National Imagery Transmission Format）

NOAA（National Oceanic and Atmospheric Administration）（組）

NRA（NASA Radar Altimeter）（セ）

NSCAT（NASA SCATterometer）（セ）

OCO-2（Orbiting Carbon Observatory-2）（衛）

OCTS（Ocean Color and Temperature Scanner）（セ）

OLI（Operational Land Imager）（セ）

OMPS（Ozone Mapping and Profiler Suite）（セ）

ONERA（Office national d'études et de recherches aérospatiales）（組）

OVA（Overall Accuracy）

PALSAR（Phased Array type L-band Synthetic Aperture Radar）（セ）

PCA（Principal Component Analysis）

PCD（Payload Correction Data）

PDOP（Position Dilution of Precision）

PHARUS（PHased ARray Universal SAR）（セ）

PLS（Partial Least Squares）

POS（Position and Orientation System）

PPI（Pixel Purity Index）

PR（Precipitation Radar）（セ）

PRF（Pulse-Repetition Frequency）

PRI（Photochemical Reflectance Index）

PRISM（Panchromatic Remote-sensing Instrument for Stereo Mapping）（セ）

PRISMA（PRecursore IperSpettrale della Missione Applicativa）（セ）

PROBA-V（Project for On-Board Autonomy – Vegetation）（衛）

PROSAIL（PROSPECT + SAIL）

PROSPECT（leaf optical PROperties SPECTra）

PS（Permanent/Persistent Scatter）

PSC（Polar Stratospheric Cloud）

PSF（Point Spread Function）

PVI（Perpendicular Vegetation Index）

RADARSAT（Radar Satellite）（衛）

RAMSES（Radiation Measurement Sensor with Enhanced Spectral Resolution）（セ）

RAR（Real Aperture Radar）

RBD（Relative Band-Depth）

RCS（Radar Cross Section）

RD（Range-Doppler（method））

RESTEC（Remote Sensing Technology Center of Japan）（組）

RF（Radio Frequency）

RMS（Root Mean Square）

ROI（Region of Interest）

ROV（Remotely Operated Vehicle）

RPC（Rational Polynomial Coefficient）

R-pol（Right circular polarization）

RVI（Ratio Vegetation Index）

SAGE（Stratospheric Aerosol and Gas Experiment）（セ）

SAIL（Scattering from Arbitrarily Inclined Leaves）

SAM（1）（Stratospheric Aerosol Measurement）（セ）

SAM（2）（Spectral Angle Mapper）

SAOCOM（SAtélite Argentino de Observación COn Microondas）（衛）

SAR（Synthetic Aperture Radar）

SAVI（Soil Adjusted Vegetation Index）

SBUV（Solid Backscatter Ultraviolet Radiometer）（セ）

SD-Dem（Sudan-Demokeya）（場）

SEASAT（Sea Satellite）（衛）

SeaWiFS（Sea-viewing Wide Field-of-view Sensor）（セ）

SGD（Stochastic Gradient Descent）

SGLI（Second generation GLobal Imager）（セ）

SI（Le Système International d'Unité s）

SIF（Solar-Induced Chlorophyll Fluorescence）

SKYNET（Sky-radiometer Network）

SLAR（Side Looking Airborne Radar）

SLATS（Super Low Altitude Test Satellite）（衛）

SLC（Single Look Complex）

SMAP（Soil Moisture Active-Passive）（衛）

SMILES（Superconducting Submillimeter-Wave Limb-Emission Sounder）（セ）

SMMR（Scanning Multichannel Microwave Radiometer）（セ）

SMOS（Soil Moisture and Ocean Salinity）（衛）

SNR（Signal-to-Noise Ratio）

SPOT（Satellite Pour l'Observation de la Terre）（衛）

SRTM（Shuttle Radar Topography Mission）

SSM/I（Special Sensor Microwave/Imager）（セ）

SST（Sea Surface Temperature）

STL（Seasonal and Trend decomposition using LOESS）

Suomi NPP（Suomi National Polar-orbiting Partnership）（衛）

SWIR（Shortwave Infrared）

SWOT（Surface Water and Ocean Topography）（衛）

TABI（Thermal Airborne Broadband Imager）（セ）

TanDEM-X（TerraSAR-X add-on for Digital Elevation Measurement）（衛）

TANSO（Thermal And Near infrared Sensor for carbon Observation）（セ）

TCCON（Total Carbon Column Observing Network）

TDRS（Tracking and Data Relay Satellite）（衛）

TES（Tropospheric Emission Spectrometer）（セ）

TF（Transfer Frame）

TIFF（Tagged Image File Format）

TIR（Thermal Infrared）

TIROS（Television Infrared Observation Satellite）（衛）

略語一覧

TIRS（Thermal Infrared Sensor）（セ）

TM（Thematic Mapper）（セ）

TOMS（Total Ozone Mapping Spectrometer）（セ）

TOPEX（Topography Experiment）（衛）

TPS（Thin Plate Spline）

TRIC（Tokai University Research & Information Center）（組）

TRMM（Tropical Rain-fall Measuring Mission）（衛）

TROPOMI（Tropospheric Monitoring Instrument）（セ）

TSSS（Time Series analysis with State Space model）

UAV（Unmanned Aerial Vehicle）

UAVSAR（Uninhabited Aerial Vehicle Synthetic Aperture Radar）（セ）

UCD（UltraCamD）（セ）

UNEP（United Nations Environment Programme）（組）

UNESCO（United Nations Educational, Scientific and Cultural Organization）（組）

USGS（U.S. Geological Survey）（組）

USV（Unmanned Surface Vehicle）

UTC（Universal time coordinated）

UTM（Universal Transverse Mercator）

VH（Vertical/Horizontal（polarization））

VHF（Very High Frequency）

VIIRS（Visible / Infrared Imager Radiometer Suite）（セ）

VISHOP（VIsualization Service of Horizontal scale Observations at Polar region）

VISSR（Visible and Infrared Spin Scan Radiometer）（セ）

VMS（Vessel Monitoring System）

VNIR（Visible and Near InfraRed）

V-pol（Vertical polarization）

VV（Vertical/Vertical（polarization））

WDVI（Weighted Difference Vegetation Index）

WGS（World Geodetic System）

WMO（World Meteorological Organization）（組）

WVS（Water Vapor Scaling）

YAG（Yttrium Aluminum Garnet）

注記————

（セ）…センサ

（衛）…衛星

（組）…組織

（場）…場所

（装）…装置

索　引

〔欧文〕

6 S　182
A/D 変換　111, 160
AD コンバータ　131
ADEOS　71, 79, 149
AERONET　17, 183
ALOS　41, 73, 111, 157, 160, 194, 285, 316
APID　164
Aqua　71, 145, 168
ARVI　231
ASTER　41, 156, 175, 201, 263
Aura　148
AVHRR　38, 76, 145, 161, 186
AVIRIS　61, 146, 158
AW 3 D　42
AW 3 D 30　43
BIL　167
BIP　167
BRDF　99, 183
Brightness　58
BSQ　167
C バンド　83, 139, 306
CAI　187
CALIPSO　17, 148, 189
CCD　131, 180
CCSDS　164
CEOS 準拠フォーマット　167
CLAUDIA　187
CLAVR 1 アルゴリズム　187
CloudSat　153
CMOS　131
CNN　274
COG　168
Copernicus Open Access Hub　169
Copernicus 計画　39, 144
Corona　64
CPR　153
DEM　41, 165, 203, 299
DIAL　19
DMSP　149
DN　331

DN 値　173, 256
DPR　15, 152
DSM　43, 317
DVI　230
Earth Explorer　168
EarthCARE　153
ECR 座標系　200
EGM シリーズ　199
ETM +　144, 186
EVI　231
F 1-score　280
fAPAR　232
Frost フィルタ　309
F 値　279
GammaMap フィルタ　309
GCOM-W　149, 163
GCP　165, 195
GDEM　42
GeoEye　51
GeoTIFF　168
GLI　186
GMS　186
GOSAT　25, 148, 187
GPM　15, 116, 149
GPS　141
Greenness　58
GRS 80　198
GSD　140
GSICS　177
GSIGEO 2011　198
GTOPO 30　183
H 偏波　100, 326
haze　229
HDF　167
HDF-EOS　167
HH 偏波　324
HV 偏波　322
HyMAP　158
Hyperion　146, 158, 233
IFOV　118, 140
IHRF　198

索　引

IMU　120, 147, 161
IoU　280
ISODATA 法　264
ISS　110
ITRF 94　196
ITRF 2008　196
Jason-1　150
JGD 2000　196
JGD 2011　196
JGEOID 2008　199
JPRCS　199
K 平均法　261
kappa 係数　278
K-means　261
Ku バンド　83, 144, 286
L バンド　143, 285, 303
Landsat　5, 39, 73, 109, 144, 168, 194
Lee フィルタ　309
LIDAR　19, 132
LOESS 法　250
MAD 法　247
Marshall-Palmer の関係式　14, 139
Matched Filtering　61
MCSST　78
Median フィルタ　309
MEMS　123
MISR　183
MMS　124
MOD 35　187
MODIS　17, 38, 71, 145, 158, 175, 231
MODTRAN　106, 176
MSS　118
MTF　141
MVS　214
NDSI　232
NDVI　56, 231, 247
Nimbus　22, 71
NITF　167
NRA/Poseidon-1　150
p 偏光　100
PDOP　121
Pi-SAR　286, 328
Pixel Purity Index　61
PLS 回帰　226
Pol-InSAR　287

POS　333
Poseidon　150
PRI　227
PRISM　41, 111, 157, 194, 201
PROSAIL　226
PSF　141
RPC　203
RVI　231
s 偏光　100
S/N 比　139, 308
SAM 法　269
SAR　5, 41, 83, 129, 160, 245, 283
SAR トモグラフィ　318
SAVI　59, 231
SEASAT　137, 286
SeaWinds　71, 150
Sentinel　25, 73, 158, 286
SfM　214
SfM/MVS　214
SIF　227
SKYNET　17, 183
SLC　316
SMILES　149
Snell の法則　100
Sobel フィルタ　241
sounder　134
SPOT　38, 158
SRTM　41
star sensor　141, 200
STL 法　250
swath width　140
TanDEM-X　284
Tasseled Cap　58, 226
Terra　41, 71, 145, 156, 177, 251
Thin Plate Spline　205
TIFF　168
TM　56, 186, 203, 232
TOMS　22
TOPEX　150
TRMM　15, 56, 115, 133
UAV　49, 110, 122, 249, 286
U-Net　274
UTM 座標系　199
V 偏波　100, 326
VISSR　186

VMS　　87

VV 偏波　　286, 322

WDVI　　231

Wetness　　58

WGS 84　　196

WorldView　　51, 146, 160

WVS 法　　186

X バンド　　120, 139, 162, 285

yellowness　　229

Z-R 関係　　14

〔ア〕

アジマス　　143, 284, 321

アフィン変換　　247

アベレージングカーネル（鉛直分解能関数）
　　28

アルファ角　　325

アルベド　　58, 97

アレイ検出器　　130

暗画素法　　184

暗時校正　　175

アンテナ口径　　129

アンテナビーム　　138

アンテナ利得　　13, 135

〔イ〕

位相アンラッピング　　316

一次生産力　　75

移動平均法　　250

異方性　　325

イメージャ　　130

イメージングスペクトロメータ　　158

色空間　　222

陰影段彩表示　　43

インベントリ　　64

〔ウ〕

ウィーンの変位則　　96

ウィスクブルーム走査　　131

上向き分光輝度　　72

ウォード法　　261

右旋偏波　　320

雲水量　　12

雲頂温度　　12

雲頂高度　　187

運用制約　　157

運用デューティ　　157

雲粒直径　　12

雲量　　160, 187

〔エ〕

エアマス　　105

エアロゾル　　11, 16, 72, 103, 176

衛星コンステレーション　　51, 83, 112, 160

衛星座標系　　201

栄養塩　　74

エッジ　　239

エリプティシティ角　　320

エルニーニョ　　15, 26, 79

円軌道　　114, 200

エンコーダ　　274

遠赤外　　3

鉛直混合　　74

鉛直線偏差　　198

鉛直透過率　　104

鉛直分解能　　28, 153

エントロピー　　244, 264, 325

掩蔽観測　　27

円偏光　　94

円偏波　　320

〔オ〕

オイルスリック　　60, 304

応答関数　　180

応答速度　　147

オゾンホール　　23

オブジェクト指向型分類　　55

オフセット　　174, 218

オフナディア角　　283

オミッション誤差　　277

オリエンテーション角　　320

オルソ補正　　41, 165, 195, 205

オングストロームの法則　　16

温室効果ガス　　24, 54

温度・放射率分離処理　　186

音波　　1, 19, 125

オンボード校正　　174

オンボード処理　　111

索　　引

〔カ〕

海塩エアロゾル　　16

海塩粒子　　183

回帰軌道　　116, 313

回帰周期　　156

回帰日数　　75, 118, 144, 158, 286

海色　　87, 160, 187

回折現象　　132

回折格子　　27, 131

回折格子分光計　　132

階層的クラスタリング　　260

階調変換　　218

回転鏡　　177

回転遷移　　103

回転楕円体　　197

海氷密接度　　83

外部歪　　194

外部標定　　202

開放水面指数　　59

海面温度　　76

海洋性エアロゾル　　183

ガウス・クリューデル図法　　200

カウフマン法　　17

画角　　131

拡散反射　　99

確率的勾配降下法　　273

可視・赤外放射計　　11, 187

可視・反射赤外リモートセンシング　　5

可視域　　8, 22, 44, 80, 98, 120, 146, 157, 181, 226

可視光　　2, 11, 93, 187, 224

画質　　7, 118, 161, 179

画質改善　　179

画質劣化　　146

かすみ　　229

画　素　　7, 39, 75, 99, 140, 187, 194, 218, 240, 255,
　　　299, 312

画像強調　　9, 217, 240

画像座標　　203

画像座標系　　208

画像特徴　　256

画像濃度値　　218, 256

画像分類　　247, 255

画像変換　　58

活性化関数　　272

カテゴリ　　40, 256

カメラ・オブスキュラ　　4

刈幅　　156

干渉　　131, 179, 307, 311

干渉 SAR　　48, 283, 311

干渉位相　　313

干渉計　　132

含水量　　41

慣性系　　200

慣性計測装置　　120, 147

完全拡散面　　99

観測幅　　114, 131, 140, 299, 314

観測モード　　156, 170, 285

観測要求　　145, 155

感度　　12, 79, 131, 173, 225, 318

〔キ〕

機械学習　　188, 226, 239

機械式走査　　131

幾何学的情報　　161

規格化散乱断面積　　136, 302

規格化レーダ断面積　　302

幾何補正　　7, 49, 165, 170, 193, 317

気圏　　51

気候変動　　37, 71

擬似カラー表示　　222

機上校正　　175

気象レーダ　　13, 133

季節調整　　250

季節変動　　25, 249

基線　　313

輝線　　102

輝度　　95, 139, 160, 180, 245

軌道　　27, 113, 130, 156, 170, 285, 313

軌道・姿勢制御　　111

軌道6要素　　113

軌道傾斜角　　115

軌道高度　　84

軌道座標系　　200

軌道面　　115, 200

輝度温度　　30, 77, 101, 133, 184

肌理　　243

吸収　　2, 12, 45, 77, 93, 133, 180, 226

吸収係数　　133

吸収スペクトル　　148

吸収線　　25, 102

339

吸収帯　　25, 58, 104, 185, 227
共一次内挿法　　208
境界面　　97
仰角　　139
教師付き分類　　260, 265
教師データ　　256
教師無し分類　　261
共鳴散乱ライダー　　19
鏡面反射　　97, 304, 325
極軌道　　115, 145, 163
極軌道衛星　　79
極軌道気象衛星　　145
極半径　　197
キルヒホッフの放射法則　　95
キルヒホッフの法則　　77
近赤外　　3, 59, 80, 94, 119, 141, 233
近地点引数　　113
近地点通過時刻　　113
均等拡散面　　183

〔ク〕
空間解像度　　52, 81, 203, 228
空間情報　　7, 239, 274
空間分解能　　13, 41, 79, 112, 142, 155, 176, 286
空中写真　　5, 41, 81
空中写真測量　　41
屈折　　100, 205
屈折角　　100
屈折の法則　　100
屈折率　　81, 93
雲近傍効果　　187
雲検出　　187
雲プロファイリングレーダ　　153
雲粒子　　19, 139, 189
雲レーダ　　138, 152, 189
クラウド環境　　168
グラウンドトゥルース　　41, 148, 259
クラスタ　　260
クラスタ解析　　260
クラスタマッチング法　　184
クラスタリング　　260
グラウンドトルース　　41, 259
グランドレンジ　　283
グローバル土地被覆データ　　37
クロストーク　　180, 326

クロストラック方向　　151
クロスバリデーション　　50
クロロフィル　　73, 225
群平均法　　261

〔ケ〕
経験的ライン法　　184
傾斜度　　53
系統的補正　　194
経年変化　　210
ゲイン　　160, 174, 218
決壊洪水　　64
決定木法　　265
検出器　　130, 160, 175
検出素子　　140
減衰率　　80
懸濁物　　71
現地調査情報　　259
顕熱　　56

〔コ〕
広域同時性　　6
降雨強度　　13, 133
降雨散乱体積　　13
降雨レーダ　　13, 56, 133, 152
光学系　　140, 173, 201, 286
光学センサ　　8, 59, 79, 115, 130, 139, 144, 160, 180, 194
光学リモートセンシング　　6, 79
光学的厚さ　　16, 106, 133, 176, 182
光学的クロストーク　　180
公共測量座標系　　200
航空写真　　119, 259
航空機レーザスキャナ　　55
光合成有効放射吸収率　　232
高々度ジェット機　　110
黄砂　　19
交差エントロピー　　272
高次処理　　165
鉱床　　60
降水ナウキャスト　　29
合成開口処理　　296
合成開口レーダ　　42, 60, 75, 123, 129, 170, 283
校正係数　　174
校正精度　　12, 176

索　　引

恒星センサ　　200
恒星追尾装置　　195
校正ランプ　　145
高速フーリエ変換　　296
広帯域　　142, 164
光電変換　　131
勾配降下法　　273
後方散乱　　83, 136, 287, 322
後方散乱係数　　225, 302
後方散乱断面積　　2, 75, 136, 306
後方視　　41, 147
光路輝度　　106, 182
光路差　　132
ゴースト　　180
コーナーリフレクタ　　302
小型衛星　　5, 164
国際宇宙ステーション　　145
国際高さ基準座標系　　198
黒体　　77, 95, 145, 177
黒体放射　　95
誤差逆伝播法　　273
固体素子　　151
コニカルスキャン　　150
コヒーレンシー行列　　325
コヒーレンス（干渉性）　　317
コミッション誤差　　277
コンステレーション　　286
コントラスト・ストレッチ　　219
コントラスト低減法　　184
コントラスト変換　　218
コンボリューション　　208, 241

〔サ〕
最近隣内挿法　　208
最小二乗法　　204
最短距離法　　266
最長距離法　　261
サイドルッキングレーダ　　287
再配列　　203
最尤法　　247, 267
サウンダ　　26, 149
サウンディング　　26
左旋偏波　　320
雑音　　106, 140, 179
雑音等価反射率　　140

雑音等価放射輝度　　140
砂漠化　　58
座標参照系　　195
差分吸収ライダー　　19
サン・スカイフォトメータ　　16
3角波変換　　220
サングリッタ　　00
サングリント（サングリッター）　　101, 116
3軸ジャイロ　　120
3次元計測　　41, 312
三次畳み込み内挿法　　208
参照関数　　294
散乱　　2, 11, 77, 102, 130, 170, 180, 300, 319
散乱エントロピー　　320
散乱行列　　319
散乱計　　138
散乱係数　　136, 302, 320
散乱光　　16, 95, 132, 183
散乱体　　135, 289, 318
散乱体積　　14, 136
散乱断面積　　2, 75, 135, 301, 321
散乱分解　　323

〔シ〕
ジオイド　　198
ジオイド2024日本とその周辺　　202
ジオイド高　　198
ジオコーデッド　　203
ジオコード画像　　299
ジオメトリック　　139, 165
ジオレファレンス　　203
紫外線　　3, 122, 174
時間情報　　8, 167, 239
時間分解能　　118, 132, 249
色素濃度　　225
時系列解析　　53, 174, 181, 249, 318
事後確率　　267
自己相関関数　　251
システム補正　　165, 200
姿勢　　120, 141, 194
姿勢角　　120
姿勢制御　　111
姿勢制御用スラスタ　　158
事前確率　　268
自然災害　　8, 47, 66, 159

341

視線ベクトル 201
視太陽 115
下向き放射照度 185
実開口レーダ 287
実効瞬時視野 140
実効的粗さ 305
ジャイロ 141, 195
視野角 140
写真測量 41, 202
シャドウィング 246, 299
斜面方位 53
重回帰分析 25
重心ベクトル 262
重心法 261
集積度 131
シュードカラー 222
周波数帯 143
周波数帯域幅 130
周波数変調 290
重力ジオイドモデル 199
主成分回帰分析 226
主成分分析 228, 246
受動型 6, 25, 130, 160
準回帰軌道 116
循環変動 249
準拠楕円体 197
瞬時視野角 118, 140
準リアルタイム 143
条件分岐型アルゴリズム 188
昇交点 116
昇交点赤経 113
照合用データ 258
消散 103, 176
蒸発散 37
情報抽出 9, 239
正味放射量 56
植生指数 8, 51, 165, 230, 246, 265
植被率 232
昇交点通過時刻 116
ショット雑音 140
シリコン素子 131
深宇宙 145, 175
シングルパス干渉 SAR 285, 314
シングルルック処理 299
信号雑音比 139

深層学習 188, 246, 274
振動回転吸収帯 104
振動回転遷移 103
侵入深度 287, 306
森林管理 54

〔ス〕
水圏 51
水蒸気 20, 74, 102, 116, 133, 176, 226
垂直偏波 319
水平偏波 319
水溶性エアロゾル 183
数値地形図 49
数値標高モデル 210
数値予報 29
数値予報モデル 30
スカイラジアンス 182
スカイラジオメータ 12
スキャナ 55, 118, 164
スターセンサ 141
スタートラッカー 161, 195
ステファン・ボルツマン定数 96
ステファンの法則 96
ステラジアン 95
ステレオ画像 8, 41, 123, 201
ストライプノイズ 179
ストレッチ処理 181
スプリット・ウィンドウ法 78, 186
スペクトル角マッパー法 269
スペクトル強調処理 181
スペクトル情報 7, 217
スペクトル分解能 20, 280
スペクトロメータ 148
スペックルノイズ 307
スマート農業 49, 125
スミア 180
スラントレンジ 283, 321

〔セ〕
晴雲判別 187
正規化植生指数（NDVI） 231, 247
正規化水分指数 233
正規化分光指数 234
正規化水指数 65, 233
正規化ユークリッド距離 266

索　　引

正規化雪指数　232
静止衛星　130
静止気象衛星　11, 114
静止軌道　117, 163
星姿勢計　141
正準相関分析　246
正準変量　249
成層圏　20, 104, 122, 183
成層圏エアロゾル　20
成層圏プラットフォーム　121
生態系　51, 75, 226
晴天信頼度　187
生物圏　51
生物多様性　37, 53
精密補正　204
世界測地系　196
赤外線　3, 26, 130
赤道面　115, 197
雪氷圏　37
鮮鋭化　243
全球ジオイドモデル　202
センサ座標系　201
センサ劣化因子　174
全天日射計　12
潜熱　56
全偏波　286
全偏波観測　320
前方散乱　16
前方視　41
占有率　40

〔ソ〕
ソイルライン　230
相互校正　175
相互相関関数　251
走査　131, 206
走査鏡　145
像面走査　131
ソーラープレーン　110
測地系　168, 195
素子　174

〔タ〕
ダークオブジェクト法　184
帯域　186, 285

帯域通過フィルタ　131
大気汚染エアロゾル　16
大気海洋相互作用　76
大気の窓　104, 143, 181
大気補正　8, 72, 106, 165, 180, 245
体積散乱　98, 136, 304, 323
代替校正　174, 176, 177, 178
ダイナミックレンジ　64, 140, 160, 220
対物面走査　131
太陽光拡散板　175
太陽高度　245
太陽定数　94
太陽天頂角　16, 99, 183
太陽同期軌道　113
太陽同期準回帰軌道　8, 113
太陽非同期軌道　115
太陽放射　16, 44, 96
大陸性エアロゾル　183
対流圏　20, 104, 183
ダイレクトダウンリンク　163
ダイレクトプレイバック　162
ダウンリンク　158
楕円軌道　114
楕円体高　197, 299
楕円偏光　94
ダゲレオタイプ・カメラ　5
多次元正規分布　267
多重開口干渉　318
多重散乱　98, 183, 303
多重反射　101, 180, 304
タセルドキャップ　229
畳み込み演算　294
畳み込み積分　240
畳み込み層　274
畳み込みニューラルネットワーク　274
多波長性　6
ダブル反射　302
多偏波SAR　283, 319
多変量解析法　226
多変量変化検出　247
単散乱　183
単散乱アルベド　183
暖水塊　79
炭素固定　53
短波長赤外　3, 94, 141, 180

343

〔チ〕

地球温暖化　11, 54

地球観測衛星　5, 51, 110, 133, 161, 286

地球基準座標系　196

地球楕円体　138, 197, 299

地形位相　314

地形解析　43

地形歪　195

地形補正　43

地圏　51

地上解像度　118, 147, 161, 234

地上基準点　195

地上局　162

地上校正　174

地上サンプリング間隔　140

地上システム　7

地上視程　107

地上処理　155

地上分解能　260

地上レーダ　13

地心直交座標系　196

地図座標　202, 299, 317

地図座標系　199

地図投影　49, 170, 193, 299

地表輝度比率　181

地表面温度　8 , 56, 97, 120, 147, 170, 178, 251

地表面変位位相　315

地方平均太陽　116

チャープパルス　290

チャープ変調　294

中間赤外　3, 59

中心投影　193

昼夜アルゴリズム　186

直線偏光　94

直線偏波　94, 319

直下視　41, 115, 147, 201

地理学的経緯度　199

地理空間情報　124, 167

地理座標　199

地理座標系　199

〔ツ〕

月校正　177

〔テ〕

ディープブルー法　17

ディジタル値　7, 50, 160

ディジタルデータ　161

ディジタル標高モデル　41

低次レベル処理　7, 173

データ記録装置　111, 158

データ形式　167, 203

データ中継衛星　158

データ同化　30

データレート　158

テクスチャ　55, 243

テクスチャ特徴量　243

デシジョンツリー法　265

デジタルカメラ　118, 147, 214, 223

テストデータ　274

デストライピング　179

デュアル・ウィンドウ法　78

テレメトリデータ　161

田園エアロゾル　181

電荷結合素子　131

点型検出器　177

天空光　16

天空放射　182

点光源　141

電子遷移　104

電子式走査　131

伝送速度　140

点像分布関数　141

伝送レート　162

デンドログラム（樹形図）　261

天然ダム　47

電波反射鏡　302

伝搬方向　93

電離層　151

〔ト〕

投影座標系　199

投影法　193

透過　42, 77, 98, 131, 170, 226, 319

透過率　24, 72, 103, 185, 227

東京湾平均海面　198

同時生起行列　244

透明度　74

トゥルーカラー　224

索　引

トーンカーブ　218
特徴抽出　9, 225, 239
特徴ベクトル　256
特徴量　225, 245, 263
都市型エアロゾル　183
土壌エアロゾル　16
土壌輝度　37, 119, 170, 182
土壌区分図　50
土壌水分　50
土地被覆　9, 37, 119, 170, 182, 212, 255
土地利用　37, 240, 255
ドップラー効果　148, 292
ドップラーライダー　20
ドップラーレーダ　30
ドブソン分光光度計　22
ドリフト誤差　121
トレーニングデータ　39, 258
トレンド　233, 249
ドローン　5, 122

〔ナ〕
内挿　203, 208
内部歪　194
内部標定　202
ナチュラルカラー　223
等ポテンシャル面　198

〔ニ〕
2回散乱　323
2次元検出器　131
二重偏波気象ドップラーレーダ　15
日周回数　116
2分決定木　00
二方向性反射率分布関数　93
日本測地系2000　196
日本測地系2011　196
日本のジオイド2011　198
入射角　8, 97, 136, 205, 284, 314
入射光線　97
ニュートンリング　311
ニューラルネットワーク　272

〔ネ〕
熱画像　43
熱雑音　142, 308

熱収支　55
熱赤外　3, 11, 77, 94, 149, 184, 225
熱赤外センサ　5, 118, 147
熱赤外リモートセンシング　5, 26
熱帯降雨観測衛星（TRMM）　15, 115
熱放射　24, 77, 95, 133, 180

〔ノ〕
ノイズ　7, 131, 169, 173, 240, 298, 307
濃淡ヒストグラム　244
能動型　6, 25, 130, 160, 283

〔ハ〕
バイオマス量　59
媒質　97
バイスタティックレーダ　284
ハイパースペクトル赤外サウンダ　30
ハイパースペクトルセンサ　52, 120, 131, 146, 233
ハウスキーピング　111, 163
パケット　164, 179
ハザードマップ　48
パス　152, 169
バス部　111
パスラジアンス　17, 72, 182
波長域　101, 120, 129, 156, 223
波長帯　3, 11, 77, 133, 165, 176, 217
波長分解能　61, 81, 104, 132, 228
バルク水温　78
パルス圧縮　143, 161, 290, 295
パルス幅　136, 289
パルスレーダ　135
ハロゲンランプ　175
汎化性能　274
パンクロマチックバンド　157
反射　2, 12, 30, 53, 78, 97, 115, 130, 170, 175, 215, 217, 284, 312
反射角　97
反射強度　29, 50, 157
反射係数　99, 301
反射赤外　3
反射面　97
反射率　2, 17, 37, 77, 97, 148, 173, 225
半値幅　141
反転解析　28

345

バンド間演算　182, 225, 246, 265
判別関数　257
判別効率表　275
判別手法　257
判別精度評価　275

〔ヒ〕
ヒートアイランド　43
ビーム幅　136, 291
非階層的クラスタリング　261
日傘効果　16
ピクセル　7, 55, 307
非系統的補正　194
ヒストグラム平滑化　222
ヒストグラム平坦化　222
ヒストグラムマッチング法　184
ピッチング　121
ビット数　140, 160
微分処理　233, 240
ひまわり　29, 117, 218
氷河湖　64
氷河湖決壊洪水　64
氷河質量　64
氷河質量変動　64
標高　64, 183, 195, 314
標準光源　175
標準白板　99
標準ユークリッド距離　264
表皮厚さ　77
表皮温度　77
表面温度　44, 96, 181
表面散乱　101, 136, 303, 323
貧栄養　74

〔フ〕
ファジー理論　264
ファンビーム　137
フィルタ　145, 223
フィルタ処理　240
フィルタリング　240
フーリエスペクトル　00
フーリエ変換　179, 296
フーリエ変換赤外分光計（FTIR）　178
フーリエ変換分光計　25
プーリング処理　274

プーリング層　274
フェーズドアレイ方式　76, 285
フェノロジー　245
フォアショートニング　287, 317
フォールスカラー　223
複合雲検出アルゴリズム　189
複素屈折率　13, 139
降交点通過時刻　116
プッシュブルーム走査　131
プッシュフレーム　145
フットプリント　150
不変オブジェクト法　184
浮遊粒子　71
ブラウズ画像　168
フラウンホーファ線　102
ブラッグ散乱　324
フラットアース位相　314
フラットアース補正　314
プラットフォーム　2, 76, 109, 179, 214, 283
プランク関数　177
プランク定数　95
ブリュースタ角　100
ブルーミング　180
フレネル反射　301
プロダクト　7, 165, 182, 251
プロダクトレベル　164
プロデューサ分類精度表　276
プロファイラ　30, 158
分光　139, 224
分光計　22, 148
分光指数　230
分光素子　130
分光反射特性　232
分光反射率　8, 100, 227
分光放射輝度　95
分散共分散行列　267
分類精度　81, 257
分類精度表　275
分類精度評価　258
分類精度評価指標　258

〔ヘ〕
平均精度　258, 278
平均フィルタ　309
平均プロデューサ精度　278

索　引

平均ユーザ精度　278
平行平板多層大気　181
ベイズの定理　268
ベイズ理論　268
平面直角座標系　199
ヘディング　121
ヘリックス　324
変化検出　39, 245
変化ベクトル解析　246
偏光　94, 141
変質鉱物　61
変質帯　61
ペンシルビーム　150
変調伝達関数　141
変調方法　135
変動成分　249
偏波　15, 100, 133, 139
偏波観測　170, 320
偏波シグネチャ　320
扁平率　197

〔ホ〕
ポインティング　94, 156, 201
ポインティング角　206
ポインティング機能　156, 201
ポインティングベクトル　94
方位角依存　150
放射　2, 15, 58, 77, 102, 130, 170, 182, 217, 289
放射温度計　178
放射輝度　7, 15, 77, 94, 133, 160, 173
放射計　15, 130, 307
放射源　2, 181
放射照度　94
放射赤外　3
放射伝達　76, 106, 183, 226
放射伝達コード　176
放射伝達モデル　233
放射伝達理論　182
放射率　2, 77, 101, 177
放射量　177
放射量校正　173, 247
放射量補正　170, 173
圃場　49, 125
ポラリメトリックトモグラフィ　287
ボルツマン定数　95

ボロメータ　147

〔マ〕
マイクロ波　3, 11, 42, 75, 94, 130, 170, 187, 283, 319
マイクロ波高度計　84, 130, 138, 150
マイクロ波散乱計　30, 83, 133, 150
マイクロ波センサ　53, 132, 142, 149
マイクロ波放射計　8, 11, 83, 133, 149, 163
マイクロ波リモートセンシング　5, 143
マクスウェル方程式　100
マッチアップ　78
マハラノビス汎距離　267
マルチ・チャンネル海面温度　78
マルチスペクトルセンサ　60, 81, 118, 131, 144, 158
マルチスペクトルデータ　229, 256
マルチチャネル法　186
マルチパス　246
マルチルックアジマス処理　170
マルチルック処理　299

〔ミ〕
ミー散乱　15, 105
ミー散乱ライダー　20
水収支　55
ミリ波　11, 149

〔ム〕
無人航空機　122, 214, 286
無相関ストレッチ　221

〔メ〕
迷光　81, 180
明度　173, 245
メディアンフィルタ　241
メディアン法　261

〔モ〕
モービルマッピングシステム　124
モザイク　194
モザイク処理　212
モノスタティック SAR　302
モノスタティックレーダ　135

347

〔ヤ〕

有機懸濁物質　73

〔ユ〕

ユークリッド距離　262
ユーザ分類精度表　276
有色溶存有機物　71
尤度　267
有理多項式係数　203
ユニバーサル横メルカトル　299

〔ヨ〕

葉面積指数　232
ヨーイング　121
ヨーステアリング　297

〔ラ〕

ライダー　19, 130, 189
ライン検出器　131
ライン走査方式　147
ラジオゾンデ　178
ラジオメトリック　139, 165
ラジオメトリック補正　161, 299
ラニーニャ　15, 79
ラプラス演算子　241
ラベリング　260
ラマン散乱ライダー　19
ランダムサンプリング　260
ランダムフォレスト　266
ランダム偏光　94, 319
ランバート散乱　99
ランバート反射　107
ランベルト面　183

〔リ〕

リアクションホイール　158
リサンプリング　203, 316
リトリーバル解析　28
リニアメント　60, 240
リピートパス干渉 SAR　285, 314
リムサウンダ　149
硫酸塩エアロゾル　17
量子化　140, 160, 173
量子化ビット数　140, 160
林冠　55

林相区分　55

〔ル〕

ルックアップテーブル　183
レイオーバ　299
レイテンシ　163
レイリー基準　98, 305
レイリー近似　13
レイリー散乱　22, 103, 181, 302
レーザ光　00
レーザ高度計　19, 55, 119, 132, 163
レーザスキャナ　133
レーザレーダ　19, 130, 147
レーダ断面積　135, 301
レーダ反射因子　13, 138, 189
レーダ方程式　13, 135
レジストレーション　195
レベル 1　166
レベル 1.5　166
レンジ・ドップラー法　294
レンジ圧縮　170
レンジ方向　142, 289
レンジマイグレーション補正　298

〔ロ〕

ロウ　169
ローリング　121

348

第 2 版編集委員会

委員長　外岡秀行 （茨城大学）

委員　小畑建太 （愛知県立大学）　　　　齋藤尚子 （千葉大学）

作野裕司 （広島大学）　　　　　　島﨑彦人 （木更津工業高等専門学校）

松永恒雄 （国立環境研究所）　　　横矢直人 （東京大学）

若林裕之 （東北学院大学）

著者一覧

[］内は執筆箇所を示す（ C はコラム）。所属名に付した＊は名誉教授を示す。

第 1 章　建石隆太郎 （千葉大学＊）［1.1～3］　　　杉村俊郎 （日本大学）［1.1～3］

外岡秀行 （茨城大学）［1.4, C 1］　　　関根秀真 （三菱総合研究所）［1.5］

第 2 章　中島　孝 （東海大学）［2.1.1］　　　　岡本謙一 （鳥取環境大学＊）［2.1.2］

中島映至 （東京大学＊）［2.1.3, C 1］　　長澤親生 （東京都立大学＊）［2.1.4］

杉田考史 （国立環境研究所）［2.2］　　　吉田幸生 （国立環境研究所）［2.3.1～3, C 2］

今須良一 （東京大学）［2.3.4］　　　　　齋藤尚子 （千葉大学）［2.3.4］

内野　修 （気象研究所）［2.4］

第 3 章　建石隆太郎 （千葉大学＊）［3.1(1), C 1］　杉村俊郎 （日本大学）［3.1(2), C 1］

政春尋志 （元　東洋大学）［3.2］　　　　梅干野晁 （東京工業大学＊）［3.3］

内田太郎 （筑波大学）［3.4］　　　　　　本郷千春 （千葉大学）［3.5］

金子正美 （酪農学園大学）［3.6］　　　　平田泰雅 （森林総合研究所）［3.7］

近藤昭彦 （千葉大学＊）［3.8］　　　　　星野仏方 （酪農学園大学）［3.9, C 2］

児玉信介 （産業技術総合研究所）［3.10］　藤田耕史 （名古屋大学）［3.11］

第 4 章　浅沼市男 （東京情報大学＊）［4.1.1, 4.1.3～4］　作野裕司 （広島大学）［4.1.1～2］

川村　宏 （東北大学＊）［4.2］　　　　　栗原幸雄 （東京海洋大学）［4.2］

山野博哉 （東京大学／国立環境研究所）［4.3］　江淵直人 （北海道大学）［4.4］

齊藤誠一 （北海道大学＊）［4.5］

第 5 章　久世宏明 （千葉大学＊）［5.1～6, C 1～4］

第 6 章　佐久間東陽 （木更津工業高等専門学校）［6.1～2］　齊藤和也 （日本測量調査技術協会）［6.3, 6.4.3～4］

佐々修一 （日本大学）［6.4.1～2］

第 7 章　岩崎　晃 （東京大学）［7.1, 7.2.1, 7.3.1, 7.4.1］　浦塚清峰 （情報通信研究機構）［7.2.2, 7.3.2, 7.4.2］

第 8 章　山口　靖 （名古屋大学＊）［8.1］　　　高久淳一 （リモート・センシング技術センター）［8.2.1, 8.2.3］

竹島敏明 （リモート・センシング技術センター）［8.2.2］

第 9 章　外岡秀行 （茨城大学）［9.1.1, 9.3.1］　　新井康平 （佐賀大学＊）［9.1.2, 9.3.2］

小畑建太 （愛知県立大学）［9.1.2］　　　森山雅雄 （長崎大学）［9.1.3, 9.3.3］

浦井　稔 （宇宙システム開発利用推進機構）［9.2］　中島　孝 （東海大学）［9.4］

第10章　建石隆太郎（千葉大学＊）[10.1, 10.3.3]　　　島﨑彦人（木更津工業高等専門学校）[10.2.1]
　　　　政春尋志（元　東洋大学）[10.2.2, C 1]　　　　飯倉善和（弘前大学＊）[10.3.1〜2, 10.3.4, 10.4, C 2〜4]
　　　　田殿武雄（宇宙航空研究開発機構）[10.3.5]　　沖　一雄（京都先端科学大学／東京大学）[10.5]
　　　　神野有生（山口大学）[10.6]

第11章　長　幸平（東海大学）[11.1]　　　　　　　　井上吉雄（東京大学）[11.2, C 1〜4]

第12章　六川修一（東京大学＊）[12.1]　　　　　　　外岡秀行（茨城大学）[12.2, C 1]
　　　　村松加奈子（奈良女子大学）[12.3]

第13章　小島尚人（東京理科大学）[13.1〜2, 13.6, C 1]　外岡秀行（茨城大学）[13.3〜4]
　　　　横矢直人（東京大学）[13.5]

第14章　大内和夫（元　東京大学）[14.1, 14.3]　　　　伊藤陽介（鳴門教育大学）[14.2]

第15章　木村　宏（元　岐阜大学）[15.1]　　　　　　小林達治（情報通信研究機構）[15.2, C 3]
　　　　若林裕之（東北学院大学）[15.2, C 1〜2]

基礎からわかるリモートセンシング　第2版

2011年6月8日　初版第1刷発行
2025年2月26日　第2版第1刷発行

編　著　日本リモートセンシング学会
発行者　柴　山　斐呂子

検印省略

〒102-0082　東京都千代田区一番町27-2
電話03（3230）0221（代表）
FAX03（3262）8247
振替口座　00180-3-36087番
http://www.rikohtosho.co.jp

発行所　理工図書株式会社

©2025　日本リモートセンシング学会
Printed in Japan　ISBN978-4-8446-0963-6
印刷・製本：藤原印刷株式会社

＊本書の内容の一部あるいは全部を無断で複写複製（コピー）することは，
法律で認められた場合を除き著作者および出版社の権利の侵害となりますの
でその場合には予め小社あて許諾を求めて下さい。
＊本書のコピー，スキャン，デジタル化等の無断複製は著作権法上の例外を
除き禁じられています。本書を代行業者等の第三者に依頼してスキャンやデ
ジタル化することは，たとえ個人や家庭内の利用でも著作権法違反です。

★自然科学書協会会員★工学書協会会員★土木・建築書協会会員

MEMO

MEMO

MEMO

MEMO

MEMO